高等学校电子信息类专业应用
创新型人才培养精品系列

微型计算机原理与接口技术

微课版

刘莹 刘辉林◎主编

人 民 邮 电 出 版 社
北 京

图书在版编目（CIP）数据

微型计算机原理与接口技术 ： 微课版 / 刘莹, 刘辉林主编. -- 北京 ： 人民邮电出版社, 2025. --（高等学校电子信息类专业应用创新型人才培养精品系列）.
ISBN 978-7-115-66993-3

Ⅰ. TP36

中国国家版本馆 CIP 数据核字第 2025X66L11 号

内 容 提 要

本书以 80×86 微处理器为基础，围绕 80×86 微处理器、汇编语言、相关接口技术等进行详细描述，并适当引入新兴的接口技术。本书共 14 章，包括绪论、微型计算机的内部接口、汇编语言程序设计、总线、串行通信及接口、并行通信及接口、中断控制接口、DMA 接口、定时器/计数器接口、82380 多功能接口芯片、硬盘与光盘接口、专用键盘接口与通用鼠标接口、显示器接口、打印机接口。

本书可作为计算机科学与技术、电气工程及其自动化、电子信息工程、自动化等专业相关课程的教材，也可作为相关工程技术人员的参考用书。

◆ 主　　编　刘　莹　刘辉林
　责任编辑　徐柏杨
　责任印制　胡　南

◆ 人民邮电出版社出版发行　　北京市丰台区成寿寺路 11 号
　邮编　100164　　电子邮件　315@ptpress.com.cn
　网址　https://www.ptpress.com.cn
　三河市君旺印务有限公司印刷

◆ 开本：787×1092　1/16
　印张：20.25　　2025 年 6 月第 1 版
　字数：569 千字　　2025 年 6 月河北第 1 次印刷

定价：79.80 元

读者服务热线：(010)81055256　印装质量热线：(010)81055316
反盗版热线：(010)81055315

前言

微型计算机接口技术是计算机科学与技术、电子信息工程等专业从业者的一项核心技能，熟练掌握该项技术的从业者能够提升自己的专业技能，增加自己的职业竞争力。对于大学生而言，学习微型计算机接口技术会为他们在嵌入式系统、物联网技术、人工智能硬件等相关领域进行进一步学习和科研工作奠定基础。随着相关领域技术的不断发展，微型计算机接口相关的新标准和新技术层出不穷，因此编者秉持严谨认真的态度，广泛查阅资料，针对新标准和新技术，进行了全面且细致的梳理，力求为读者呈现条理清晰、内容翔实的知识体系。本书可以让读者及时了解行业的最新动态和发展趋势，保持知识的更新和迭代。

微型计算机接口技术涉及计算机硬件、软件、通信协议等多个领域的知识。本书系统地阐述了微型计算机接口技术基础知识，帮助读者从基础概念到高级应用，逐步构建起完整的知识体系，了解不同接口类型的特点、工作原理及应用场景。本书深入剖析了接口的电气特性、信号传输方式、数据格式等细节内容，使读者不仅知其然，更知其所以然，为解决复杂的接口问题提供理论支持。本书还紧密关注技术前沿动态，对选取接口技术领域的新技术、新标准予以描述。

本书由 14 章组成。第 1 章是绪论，重点介绍了微型计算机的基本结构、接口技术的基本概念、端口的编址方式、译码电路的设计及接口的分类。第 2 章以 80386/80486 微处理器为例，介绍了微处理器的内部结构以及微处理器与存储器的接口，包括与 DRAM 和高速缓存控制器的接口。第 3 章介绍了汇编语言的基本格式、寻址方式、输入输出指令和中断指令，以及接口程序设计方法与实例。第 4 章介绍了 IBM PC 系列微型计算机系统中常用的总线，包括 IBM PC 总线、ISA 总线、PCI 总线和 PCI Express 总线。第 5 章 ~ 第 10 章详细描述了串行通信及接口、并行通信及接口、中断控制接口、DMA 接口、定时器/计数器接口以及 82380 多功能接口芯片。第 11 章 ~ 第 14 章分别介绍了硬盘与光盘接口、专用键盘接口与通用鼠标接口、显示器接口、打印机接口。

本书从基础知识着手，通过具体案例展开介绍，循序渐进地引导读者深入理解相关知识。本书精心配备了丰富多样的思考题，用于巩固所学理论；本书针对重点内容还设有实验设计，让读者将理论知识与实践紧密结合。读者可以在系统学习基础知识后，借助实际案例进一步领会知识的应用场景与方法，通过完成思考题和实验设计检验自己对知识点的掌握程度，强化理解与记忆。同时，实验设计能激发读者的动手能力，培养其独立思考与解决实际问题的能力，在实践操作中真正掌握所学内容，逐步提升自身在该领域的专业素养与技能水平。

本书由东北大学刘莹、刘辉林老师主编，高福祥、夏利、刘铮老师参与了编写。

限于作者水平，本书疏漏和不妥之处在所难免，敬请读者不吝赐教。

编者

2025 年春于沈阳

目 录

第1章 绪论

第2章 微型计算机的内部接口

第3章 汇编语言程序设计

第4章 总线

第5章 串行通信及接口

第6章 并行通信及接口

第 7 章 中断控制接口

第 8 章 DMA 接口

第 9 章 定时器/计数器接口

第 10 章 82380 多功能接口芯片

第11章 硬盘与光盘接口

第12章 专用键盘接口与通用鼠标接口

第13章 显示器接口

第14章 打印机接口

第1章 绪论

1.1 微型计算机的结构

在重点介绍 I/O 接口之前，为使读者能够对微型计算机系统有总体的了解，本章首先介绍 IBM PC 系列微型计算机的基本结构及发展趋势，后面章节再对各个部分进行详细描述。

1.1.1 PC/XT 机和 PC/AT 机的基本结构

PC/XT 机是采用 8088 中央处理器（central processing unit，CPU）构成的第一代个人计算机。PC/XT 机以微处理器为核心，通过地址锁存器、数据收发器、总线控制器以及中断控制器和 DMA 控制器（DMAC）形成 PC 总线，8088 CPU 通过 PC 总线与存储器系统和 I/O 设备交换数据，如图 1-1 所示。

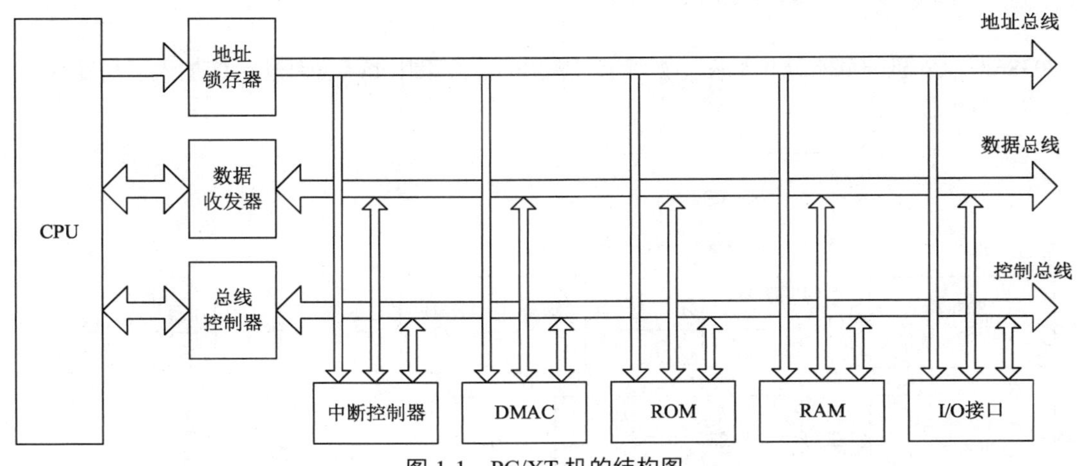

图 1-1 PC/XT 机的结构图

为了减少 CPU 的引脚数目，8088 的部分地址线与数据线复用（AD0～AD7），部分地址线与状态线复用（A16/S3～A19/S6），所以采用地址锁存器（74LS373）将其分离。在第一个时钟周期，地址锁存使能信号（ALE=1）将这些引脚输出的地址保存在这些锁存器中，其余的地址引脚可以直接输出，也可以通过缓冲器（74LS244）输出以提高驱动能力。这样就形成了地址总线 A0～A19。地址总线是 CPU 发出的，用于对存储器的存储单元和 I/O 设备的端口进行寻址。

为提高 CPU 数据引脚的负载驱动能力，AD0～AD7 引脚接入双向缓冲器（74LS245）。双向缓冲器又称数据总线收发器。因此形成数据总线 D0～D7。数据总线用于 CPU 与存储器和 I/O 接口传送数据信息，是双向总线。

在最小模式下，给存储器和 I/O 接口的控制信号（如读写信号）均由 CPU 产生，不必进行其他考虑。在最大模式下，因为没有足够的引脚，需要增加一个外部总线控制器（8288），它将状态信号 S0#～S2#译码产生存储器的读写信号、I/O 读写信号、INTA 中断响应信号以及给地址锁存器和数据收发器的控制信号。S0#～S2#译码产生信号形成了 PC 总线的控制总线。控制总线有 CPU 发出的，也有外部提供给 CPU 的，但每根总线都是单向的，分别传送控制信号、状态信号等。

此外，由中断控制器 8259A 提供总线中的中断请求信号 IR0～IR7，由 DMA 控制器 8237A 提供总线中的 DMA 请求和响应信号 DREQ0～DREQ3、DACK0#～DACK3#。#代表低电平有效。

存储器包括 ROM（固化 BIOS 程序，用于系统的初始化程序、自检程序、引导程序和基本输入/输出程序）和 RAM（内存），它们分别与 PC 总线的 20 位地址总线、8 位数据总线和 I/O 读写信号相连。

主板上基本的 I/O 接口包括：8253A（可编程定时器/计数器），用于维护系统的时钟、动态存储器刷新和系统的扬声器；8255A（可编程并行接口），用于输入系统的配置信息、输入键盘的扫描码及输出一些控制信号。

其他一些 I/O 接口，如连接 CRT 显示器的显示器适配器，连接光盘、硬盘、打印机、绘图仪等设备的集成设备电路（IDE 适配器），分别作为扩展板与 PC 总线相连。

主板上还有协处理器 8087 和时钟发生器 8284A，本章暂不作介绍。

对于 PC/AT 机，其基本结构与 PC/XT 机相同，只是针对 80286 处理器，地址总线为 24 位，数据总线为 16 位，所以增加了 BHE 高位字节使能信号。此外，中断控制器由 2 片 8259A 组成，DMA 控制器由 2 片 8237A 组成，因此增加了中断请求信号 IR8～IR15，增加了 DMA 请求、响应信号 DREQ4～DREQ7、DACK4#～DACK7#。

1.1.2 80386/80486 机的基本结构

80386/80486 机的基本结构如图 1-2 所示。最初的总线采用 ISA 总线，后期加入了局部总线，如 VL 总线、PCI 总线。

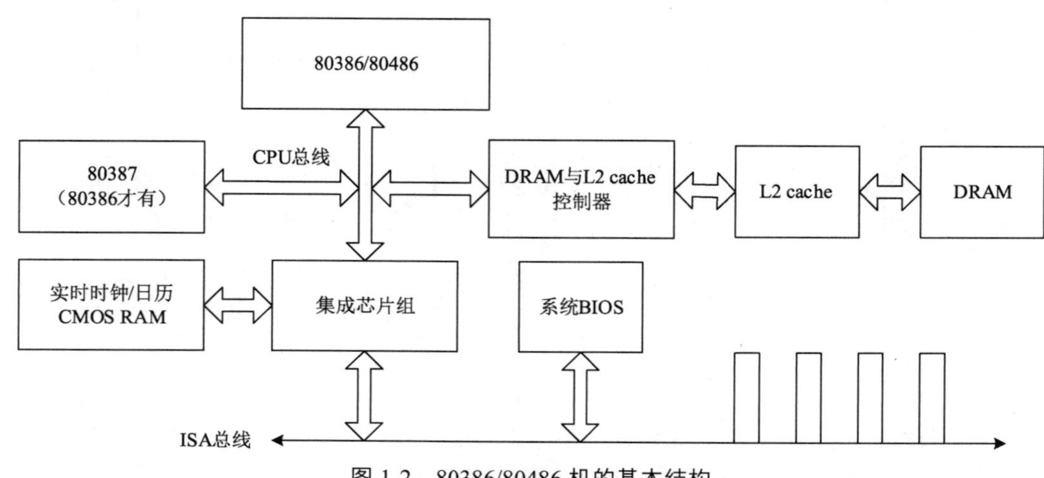

图 1-2 80386/80486 机的基本结构

由于总线在传输速率方面的瓶颈，主存脱离系统总线与 CPU 总线直接相连，而且开始采用单列直插存储器模块（SIMM），即所谓的内存条，主要是 EDO DRAM。由于 CPU 的运行速度增长得远比存储器快，需要采用高速缓存技术提高系统的性能。80486 集成了协处理器（80387）和高速缓冲存储器，所以不必再用外部的协处理器，但还是需要一个 2 级 cache。

由于微电子技术的飞速发展，系统开始使用芯片组来替代第 1、2 代微型计算机的多个单功能芯片，比如 82380/82385 芯片组。82385 是高速缓冲存储器 cache 的控制器，82380 是一个多功能外设支持芯片，内部集成有一个高速的 8 通道 32 位 DMA 控制器、一个 20 级可编程中断控制器（15 个外部中断请求和 5 个内部中断请求）、4 个 16 位可编程定时器/计数器、DRAM 刷新控制器等。

以前的系统断电后不能继续维护系统的日期和时钟，且每次开机都需要了解系统的配置，所以采用实时时钟/日历 CMOS RAM 器件，比如 MC146818。由于采用了 CMOS 工艺，所以可以依靠电池供电。它具有两个功能：自动定时，无论开机与否都可以维护系统的日历和时钟；64B 的静态存储器，可以保存系统的日期和时间，以及系统的配置信息。

其他外围接口器件除了一部分集成在芯片组里面，基本都挂接在 ISA 总线上。

1.1.3 Pentium 机的基本结构

随着 PCI 总线越来越普及，微型计算机系统主要开始多总线、南北桥结构，采用 Pentium 系列为处理器，如图 1-3 所示。多总线包括 CPU 总线（后文也称系统总线）、PCI 总线、ISA 总线以及存储器总线和 AGP 总线。为了提高视频带宽，减轻 PCI 总线的负担，显卡被从 PCI 总线中分离出来，采用一种专用的 AGP 总线，也叫作加速图形端口，其主要用途是配合 DIB 双重独立总线技术和 MMX 多媒体技术，提高图形尤其是 3D 图形的处理能力。CPU 总线、PCI 总线、ISA 总线通过高度集成的多功能芯片组连接起来，通常被称作北桥和南桥，比较典型的是 Intel82443BX 和 Intel82371EB 组合（440BX 芯片组）。

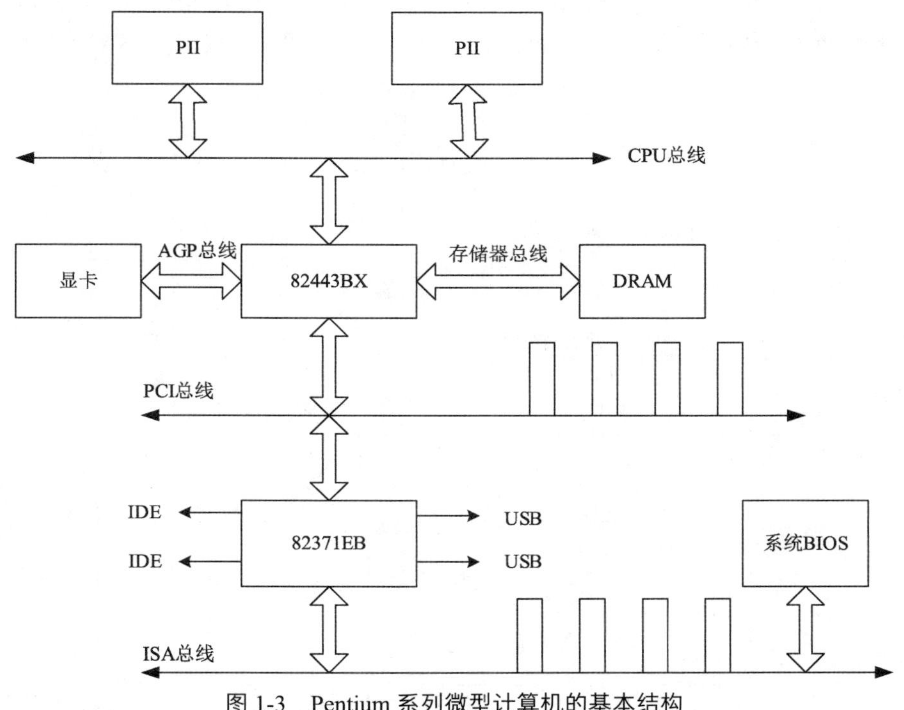

图 1-3 Pentium 系列微型计算机的基本结构

北桥也称作 CPU-PCI 桥，比如 Intel82443BX，芯片内集成有：CPU 总线接口，支持双处理器；

主存储器控制器，形成存储器总线，连接双列直插存储器模块（DIMM），主要是 SDRAM 和 DDR DRAM；PCI 总线接口，形成 PCI 总线，连接高速外围设备；PCI 仲裁器，实现 PCI 总线的主控技术；AGP 接口，连接显卡，使 3D 图形数据省略了越过 PCI 总线的过程，从而很好地解决了低带宽 PCI 接口造成的系统瓶颈问题。

南桥也称作集成外围控制器，比如 Intel82371EB，芯片内集成有：PCI-ISA 桥接器，形成 ISA 总线，连接较低速的外围设备，如打印机、扫描仪等；2 个 8259 中断控制器，为外部设备提供 15 个中断请求信号以及输出非屏蔽中断请求信号 NMI、中断请求信号 INTR；1 个 8253/8254，提供 3 个定时器/计数器，用作时钟发生器和系统实时时钟；1 个 DMA 控制器，提供 7 个 DMA 通道，支持快速的数据传输；译码器，为 BIOS、实时时钟和键盘控制器提供片选信号；IDE 控制器，提供 2 个 EIDE 接口，1 个是主要的 IDE 接口（primary），1 个是辅助的 IDE 接口（secondary），可以连接 4 个硬盘或光盘驱动器；1 个 USB 主机控制器，提供 2 个通用的 USB 连接端口；电源管理模块。

1.1.4 新一代微型计算机的基本结构

南北桥结构的微型计算机被广泛应用多年。尽管 PCI 总线能够为外围设备提供高速的信息传输，而且分离出 AGP 高速图形端口能够加速图形处理速度，但是这种结构几乎所有的外部设备都需要通过 PCI 总线，南北桥之间的频繁数据交换使得 PCI 总线成为系统的瓶颈。

如图 1-4 是一个以根组件为核心，采用 PCI Express 总线和传统 PCI 总线的新一代微型计算机系统的基本结构。在这种结构中，交换器取代了南北桥结构中的 I/O 桥接器，它通过点到点的链路将所有的设备连接起来。为了与现有 PCI 兼容，PCI Express 架构仍保留 PCI 接口，通过 PCI Express-PCI 桥提供一个 PCI 总线，以支持传统的 PCI 业务。用于显卡的接口 AGP 也被 PCI Express 取代。从图 1-4 中可以看出，根组件和交换器之间的通信不再通过 PCI 总线，CPU 和外部设备之间频繁大量的数据交换也不受 PCI 总线的制约。随着外部设备的更新，被广泛采用多年的 ISA 总线被彻底淘汰。

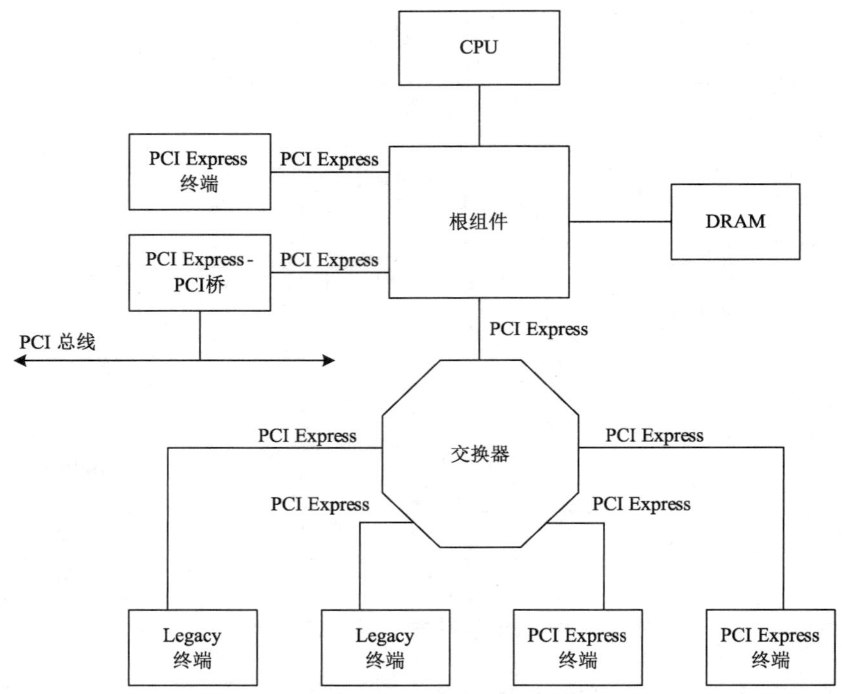

图 1-4 新一代 Pentium 系列微型计算机的基本结构

1.2 接口技术的基本概念

计算机系统由硬件子系统和软件子系统组成。组成计算机系统的所有电子的、机械的、磁性的和光学的元件或部件称为计算机的硬件子系统。软件子系统包括系统软件和应用软件。从计算机的组成的角度看，计算机硬件子系统的结构如图 1-5 所示。

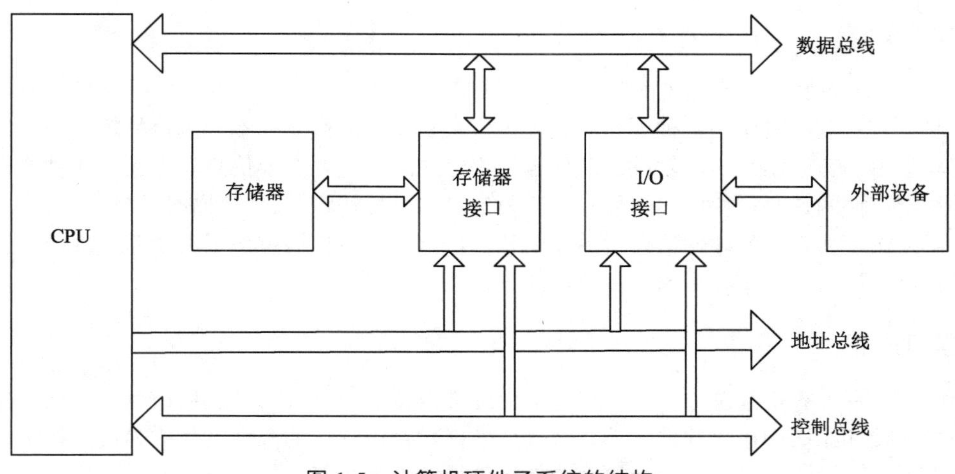

图 1-5 计算机硬件子系统的结构

硬件子系统的核心是 CPU，它通过系统总线（数据总线、地址总线和控制总线）与存储器和 I/O 设备相连，实现对信息和程序的存储及输入、输出。但是，存储器和 I/O 设备并非直接挂接在总线上，而是通过一个称为接口（interface）的电路相连，前者称为存储器接口，后者称为 I/O 接口。其中存储器接口比较简单，I/O 接口比较复杂。本书主要介绍 I/O 接口的概念和微型计算机系统中常用的接口逻辑和接口芯片。

1.2.1 接口概述

两个部件或两个系统之间的交接部分称为接口。接口可以是两个电子部件或两种设备之间的逻辑电路，称为硬件接口；也可以是两个软件之间为交换信息而约定的逻辑边界，称为软件接口。

接口概述

1. 硬件接口

任何计算机系统都配有各种不同的外部设备，其中包括输入设备和输出设备，但是主机不能与其直接相连，即不能直接将它们挂接在系统总线（地址总线、数据总线和控制总线）上，其原因如下。

（1）外部设备的品种繁多，结构各异。有电子式的、机械式的、机电式的、光电式的，组成设备本身控制电路的电子元件有 MOS 器件，也有 TTL 器件，所需要的控制信号的数量和电平的高低也不尽相同。

（2）外部设备输入、输出数据信号的类型不同。有的是数字量，有的是模拟量，有的是开关量。数字量的长度（二进制的位数）和电平的高度可能不同，模拟量中还有电流量和电压量的区别。

（3）外部设备的工作速度差异很大。有的工作速度与主机很接近，而有的相差几个乃至十几个数量级。

以显示器为例，在 IBM PC 系统中，使用的显示器有彩色的，也有单色的，而彩色显示器又有 CGA 显示器、EGA 显示器、VGA 显示器、SVGA 显示器的区别，不同类型显示器的技术性能不同，所需要的控制信号的种类和数量也不同，同一个主机连接不同的显示器，就须输出与其技术性能相匹配的控制信号，这就需要不同的控制电路作为二者之间的桥梁，这个控制电路称为显示适配器，俗称显示卡。

2．软件接口

任何计算机系统都配有丰富的软件，至少配有多种编程语言。用户在开发研制各种系统软件和应用软件时，有可能同时使用几种不同的编程语言来实现，以便发挥不同语言的特点。比如，同时用 C 语言和汇编语言编制某功能软件，两种语言程序之间一定要交换信息。那么，两种语言之间就要有一种约定，使两种语言程序之间能相互交换信息，这种约定就是一种软件接口。本书主要介绍 IBM PC 系列微型机系统的硬件接口，不介绍软件接口。这里仅通过例子来说明软件接口的概念，希望读者在讨论接口时，不要忽略软件接口的存在。

3．接口技术

由前所述，在计算机系统中，要实现主机对外部设备的控制及与其交换信息，必须有专门的接口硬件信号连接和相应的接口软件驱动。对接口硬件和接口软件的综合设计称为接口技术。由于外部设备的多样性，接口技术成为微型机系统软硬件设计中十分复杂的部分。

1.2.2 接口的功能

硬件接口实际上就是完成某种逻辑功能和转换功能的电子线路，所以它可能很简单，只用一片或几片集成电路芯片就可以构成一个接口电路，例如一片 Intel 8212 芯片就可用作并行 I/O 接口；有的接口却相当复杂，由若干集成电路芯片按一定的逻辑构成可以组装成一个独立的电子部件，称为控制卡，例如显示器接口电路、磁盘接口电路等。目前，集成电路的生产厂家多利用大规模集成电路构成功能很强的通用或专用的接口芯片，用这些接口芯片和一些辅助电路就可以组成某个具体设备的硬件接口电路。

在计算机系统中，硬件接口电路是 CPU 和外部设备之间交换信息的桥梁，它既要能接收来自系统总线的各种信息（地址、数据和控制信息），又要能接收来自外部设备的各种信息（数据和状态信息），它的桥梁作用和基本组成如图 1-6 所示。

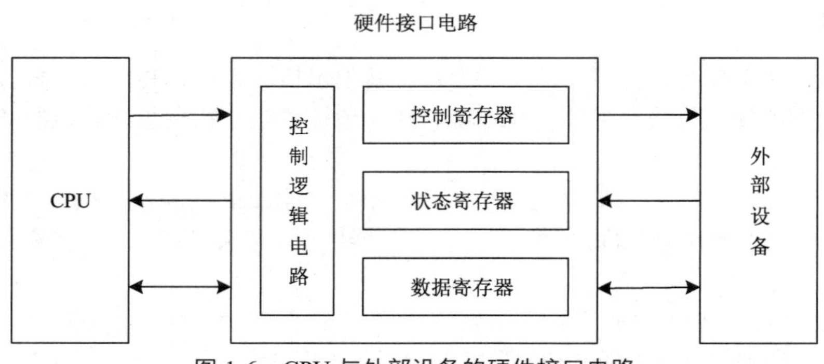

图 1-6 CPU 与外部设备的硬件接口电路

由于接口电路是 CPU 和外部设备之间的桥梁，所以，接口电路应具有下述主要功能。

（1）地址译码和设备选择逻辑。一个计算机系统可能连接有多台外部设备，每台外部设备都有自己的接口电路，主机要与哪一台外部设备交换信息，就用地址来选中该设备的接口电路，接口电路应能对地址信号进行译码，以便确定是否被选中。

（2）数据缓冲或锁存。在任何计算机系统中，数据都是通过数据总线传送的，而数据总线是主机与系统中所有部件传送数据的公共信号线，只有被选中的部件才能享用一个读周期或一个写周期，即读写周期过去后，数据总线上的数据信息便消失。对于输出设备来说，在这样短的时间内，一般的外部设备不可能接收并驱动设备产生动作，这就需要接口电路能够保存数据；对于输入设备来说，要将数据送给主机，但是主机不一定能及时取走，也需要接口电路来保存数据，以适应两者速度上的差异。

（3）设置、保存控制命令和译码。接口电路接收来自主机的命令后，要保存命令并产生相应的控制信号，控制接口本身的逻辑电路。

（4）监测、保存外部设备的状态。主机在与外部设备交换信息的过程中，常常需要了解外部设备的状态，以便知道外部设备的工作是否正常，是否准备就绪，以决定可否与其进行数据传送。

（5）信息转换。一般情况下，主机送至或取自数据总线的数据都是以字节或字的形式并行处理的，而有些设备只能一位一位地串行接收或发送数据，这就要求接口电路具有能将主机输出到设备的并行数据转换为串行数据，将设备输入的串行数据转换为并行数据的功能。当计算机用于过程控制时，其控制对象所需的控制信号和输入给计算机的数据信号是模拟信号，而计算机只能处理数字信号，这种情况下，就要求接口电路能将数字信号转换为模拟信号，或将模拟信号转换为数字信号。

（6）中断控制逻辑。主机与外部设备交换信息时，一般有两种方式：查询方式和中断方式。接口电路中保存的外部设备状态，可满足主机使用查询方式传送数据时的需要，若允许主机以中断方式传送数据，则需要接口电路有相应的中断控制逻辑。

由于设备的多样性，主机对其控制的方式也必然随之改变，并非所有的接口电路都必须具有以上所述的功能，在设计接口电路时，可根据所连接的设备不同而异。但是，前 4 条功能是一般 I/O 接口所必备的功能。

1.2.3 输入输出数据的传送方式

从 ENIAC 到当前最先进的计算机都采用的是冯・诺依曼体系结构。按照冯・诺依曼理论的要点（数字计算机的数制采用二进制，计算机按照程序顺序执行）构成的计算机，必须具有如下功能：把需要的程序和数据送至计算机中；具有长期记忆程序、数据、中间结果及最终运算结果的能力；能够完成各种算术、逻辑运算和数据传送等数据加工处理；能够根据需要控制程序走向，并能根据指令控制计算机的各部件协调操作；能够按照要求将处理结果输出给用户。由此可以看出，在计算机的运行过程中，CPU 总是在访问内存，取指令或读写数据，同时还要不断地访问外部设备，获取外部数据或命令以及输出结果。

CPU 和外部设备之间传送的信息包括给外部设备的命令、外部设备输入的状态和输入输出的数据。CPU 和外部设备的数据传送方式不同，接口电路的功能和设计方法也不一样。下面介绍 CPU 和外部设备之间的主要数据传送方式。

1．程序控制方式

程序控制的数据传送方式又分为直接传送方式和查询方式。这类传送方式都是在 CPU 的控制下，通过预先编写的 I/O 程序实现数据的传输。这种传送方式过度占用 CPU 资源，传送速度较慢。

直接传送方式是一种最简单的传送方式，也称为基本输入输出方式。这种方式应用在外部设备已经准备好接收数据，或者已经准备好发送数据的情形，其接口电路的设计简单，主要应用于与简单的外部设备的数据传送。如图 1-7（a）所示，74LS244 是一片三态缓冲器，被用于组成一个输入端口。输入端与 8 个开关（也可以是跳线）相连，输入的是 TTL 数据，输出端连接在数据总线上。CPU 在执行一个输入指令（如 IN AL，xxxH）时，SEL#变为低电平，74LS244 的输入线（A）和输出线（Y）相连，因此开关的状态转换成 TTL 逻辑的“1”和“0”被送到数据总线上，然后被读入 CPU 内部的寄存器 AL。这个输入接口只起到一个三态门的作用。如图 1-7（b）所示，74LS374 是一片锁存器，构成一个输出端口。输入端与数据总线相连，接收来自 CPU 的数据，输出端连接到 8 个发光二极管（LED）上，当 CPU 执行一条输出指令时，如 OUT xxxH，AL，SEL#变为低电平，AL 中的数据出现在数据总线上，并被写入 74LS374 芯片中；OC 引脚接地，表示允许输出，那么数据就会输出到芯片的输出端，控制发光二极管，“0”则发光，“1”则不发光。这里输出端口起到一个保持的作用，因为 CPU 执行指令的时间很短，数据出现在数据总线上的时间也短，所以观察不到 LED 是否发光。

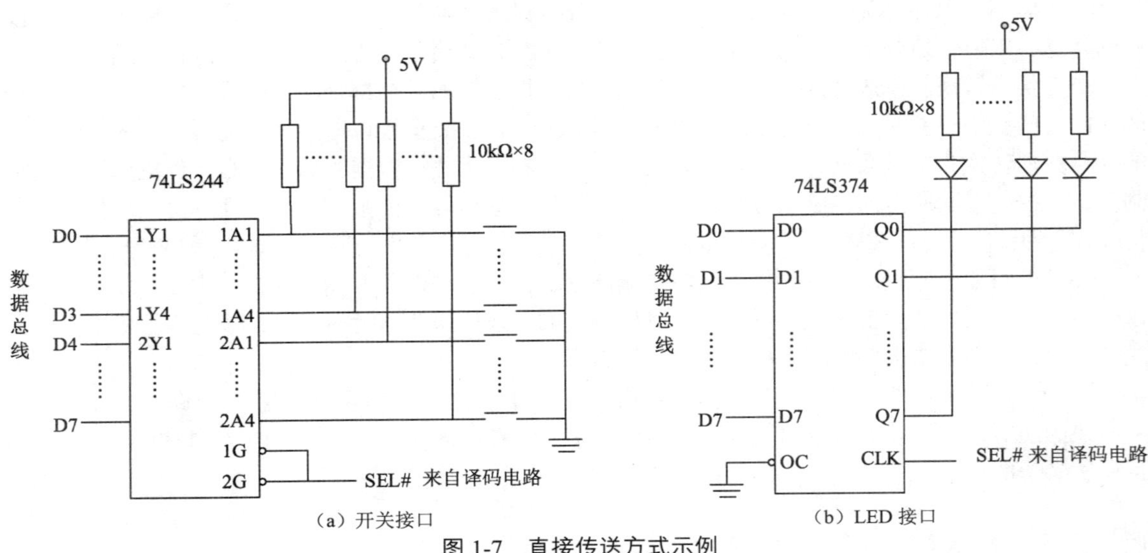

（a）开关接口　　（b）LED 接口

图 1-7　直接传送方式示例

查询方式也称为条件传送方式。CPU 通过程序不断读取并测试外部设备的状态，当外部设备处于准备好状态或空闲状态时，CPU 执行输入输出指令与外部设备交换数据。一些 I/O 设备接收或发送信息的速度都比 CPU 慢很多，为了使 I/O 设备与 CPU 同步，可以采用握手或查询的方式。例如打印机需要打印大量的字符，这时候可以通过握手的方法进行流量调节，降低 CPU 的发送速度，以匹配打印机的接收能力。

图 1-8 是一个 CPU 与打印机的输出接口，它是采用握手方式传送数据的典型实例。先把一个要打印字符的 ASCII 码数据放在 AL 寄存器中，执行 OUT 指令，地址信号、M/IO#和 WR#产生选通信号 SEL0#，ASCII 码经由数据总线从左面的锁存器输出，然后同样通过中间的锁存器给打印机发送一个选通信号 STB，打印机收到这个信号后接收数据，保存在缓冲器中，并返回一个应答信号 ACK，CPU 不断执行 IN 指令，通过右面的缓冲器输入打印机的状态，如果 ACK 是无效信号，则继续查询，否则 CPU 发送下一个 ASCII 码给打印机。

2．中断方式

查询方式下，CPU 的效率低，而且响应速度慢。像键盘和鼠标这样的 I/O 设备，需要 CPU 及时地响应按键信息，这时就需要采用中断方式。这种方式下，CPU 和外部设备并行工作，CPU 不需要反复测试外部设备的状态，只有当外部设备做好接收数据的准备或已经准备好发送数据时，主动向 CPU 发送中断请求信号，CPU 暂停当前程序的执行，转去执行对应的中断服务子程序，为该外部设备进行数据传送服务。

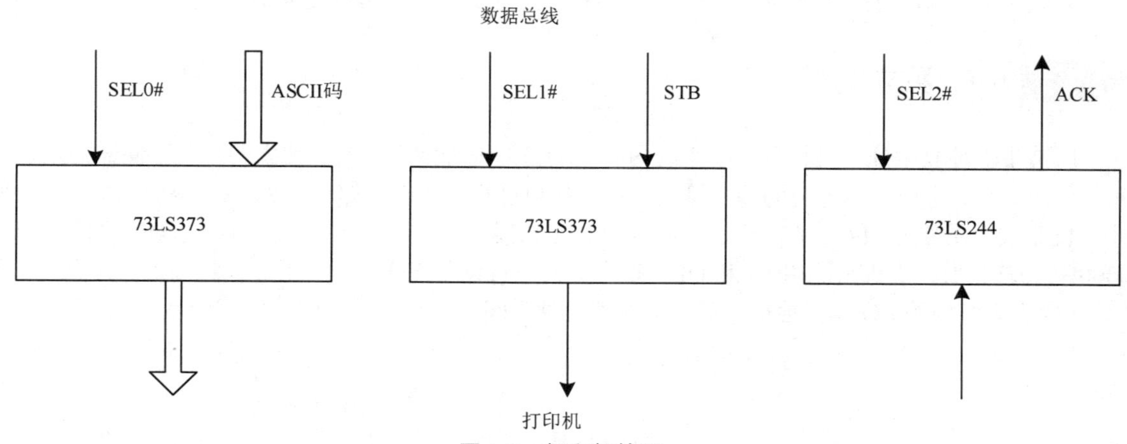

图 1-8　打印机接口

图 1-9 是一个键盘输入接口，以中断方式完成数据输入操作。当键盘有键按下时，键盘会输入一个按键对应的扫描码，先经过一个移位寄存器，将串行数据转换成并行数据，输入并行接口芯片 8255A 的 A 口，8255A 会自动向 CPU 发送一个中断请求信号 IRQ1，CPU 收到中断请求信号后暂停当前程序，转去执行键盘中断子程序，将 8255A 的 PA 口数据也就是按键扫描码读入，存入键盘缓冲区中。由此可以看出，中断方式既能够节省 CPU 大量的时间，又能够实时响应外部设备的数据输入请求。

SEL0#　IRQ1　扫描码
CS#　PC　D0~D7
8255A
PA
来自移位寄存器
键盘

图 1-9　键盘输入接口

3. 直接存储器存取方式

中断方式仍然需要 CPU 通过执行输入输出指令完成输入输出操作，而且每次执行中断子程序都要保护现场、恢复现场、修改地址和计数器以及检测外设的状态，这样对于大批量的数据传输，仍然需要占用 CPU 的大量时间。此时可以采用直接存储器存取（DMA）方式，即 CPU 将总线控制权切换给 DMA 控制器，由 DMAC 发出地址信号和读写信号，控制数据直接从外部设备到存储器或者直接从存储器到外部设备。在 DMAC 中，硬件自动完成地址和计数器的更新，因此，DMA 方式传送效率更高。DMA 方式的缺点是接口电路的设计复杂，代价高。

1.3 端口的编址方法

端口的编址方法

一个接口电路中一般有多种寄存器，其中有控制寄存器、数据寄存器和状态寄存器，各类寄存器的多少取决于接口的功能，有的仅有三四个，有的有十几个，有的则有几十个。主机对外部设备的访问，实际上是对这些寄存器的读写。一般来说，一个寄存器有唯一的一个地址，每个地址为一个 I/O 端口，这个地址称为 I/O 端口地址。一个接口可能有多个 I/O 端口地址，以便主机对同一个接口中的不同寄存器进行操作。有的接口中，几个寄存器共享一个 I/O 端口地址，这时，接口依据操作命令的性质，或操作命令的次序，或送入 I/O 端口的内容，来区分不同的寄存器。

系统为 I/O 端口分配地址的方法有两种：I/O 独立编址和存储器映像编址。

1.3.1 I/O 独立编址

所谓 I/O 独立编址，是指分配给系统内所有端口的地址空间是完全独立的，与存储器的地址空间无任何关系，主机使用专门的输入输出指令对端口进行操作。例如，以 8086/8088 为 CPU 的微型计算机系统，分配给 I/O 端口的地址空间是与存储器地址空间分开的 64KB 空间，地址范围为 0000H～0FFFFH，主机只能用 IN 和 OUT 指令对其进行读写操作。

I/O 独立编址的 I/O 端口地址空间与存储器地址空间的逻辑关系如图 1-10 所示。

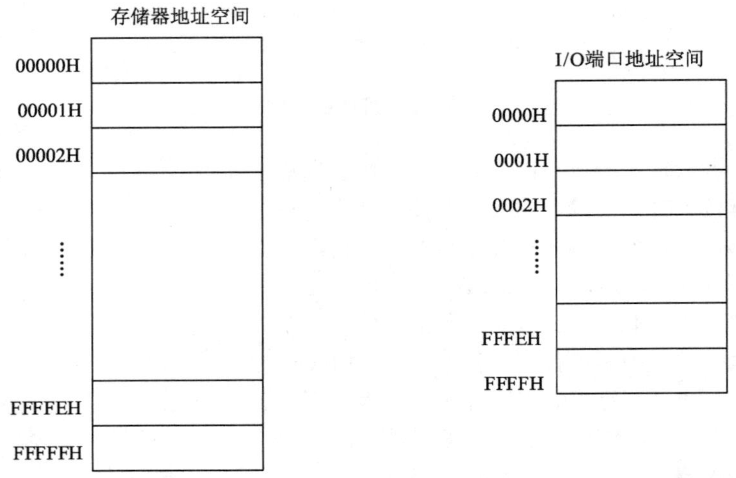

图 1-10 I/O 独立编址的 I/O 端口地址空间与存储器地址空间的逻辑关系

采用 I/O 独立编址的优点如下。

（1）外部设备不占用存储器的地址空间。

（2）程序设计时易于区分是对存储器操作还是对 I/O 端口操作。

采用 I/O 独立编址的缺点是对 I/O 端口操作的指令类型少，操作不灵活。

1.3.2 存储器映像编址

所谓存储器映像编址，是指分配给系统内所有端口的地址空间与存储器的地址空间统一编址，即 I/O 端口地址空间是存储器地址空间的一部分，主机把一个 I/O 端口视为一个存储单元，对 I/O 端口的读写操作等同于对存储器的读写操作。

存储器映像编址的 I/O 端口地址空间与存储器地址空间的逻辑关系如图 1-11 所示。

采用存储器映像编址的优点如下。

（1）凡是可对存储器操作的指令都可对 I/O 端口操作，指令类型多，编程灵活。

（2）不需要专门的 I/O 指令。

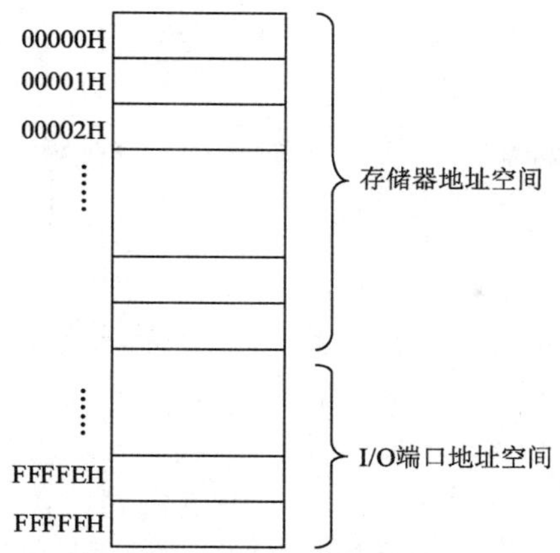

图 1-11　存储器映像编址的 I/O 端口地址空间与存储器地址空间的逻辑关系

（3）I/O 端口可占有较大的地址空间。

采用存储器映像编址的缺点是 I/O 端口地址占用存储器的部分地址空间，使可用内存容量减少。

1.4　I/O 接口的译码电路

I/O 接口的地址译码与存储器的地址译码非常相似，尤其是在存储器映像编址方式下。本节要讨论的是 I/O 独立编址方式下 I/O 接口的译码电路。I/O 独立编址的地址译码的主要不同是只对地址 A0～A15 进行译码。在 PC 系列微型机中，因为系统肯定不会超过 1024 个 I/O 端口，所以通常只对地址 A0～A9 进行译码。另一个区别是需要 M/IO 激活译码电路，只是有时候通过 IOR 或 IOW 实现其作用。为简单起见，本书没有注明采用哪种方式激活译码电路。AEN 信号是 CPU 输出的地址使能信号，只有在 CPU 占有总线控制权的时候有效（低电平），在 DMA 周期无效。因此，在译码电路中也经常使用。

1.4.1　固定单端口译码

当接口电路只需要一个片选信号，而且 I/O 接口芯片的端口地址固定不变的时候，只设计一个简单的固定单端口译码电路即可，比如采用 TTL 逻辑的“与”“或”“非”门电路，如图 1-12 所示。这是一个用反相器芯片和与非门芯片组成的译码电路。因为事先已确定该芯片的端口地址为 2F4H～2F7H，芯片内部需要 4 个端口地址，因此将 A0、A1 与接口芯片直接相连，剩余的端口地址引脚与外部译码电路相连。根据端口地址范围可以确定其余地址，即 10 1111 01XXB。可以看出当引脚 A8 和 A3 为低电平，其余引脚为高电平时，片选信号 CS#有效（低电平），因此只需要将 A8 和 A3 通过反相器输入与非门 74LS30，其余引脚直接输入 74LS30，即可以保证对于这 4 个端口地址，片选信号均有效。

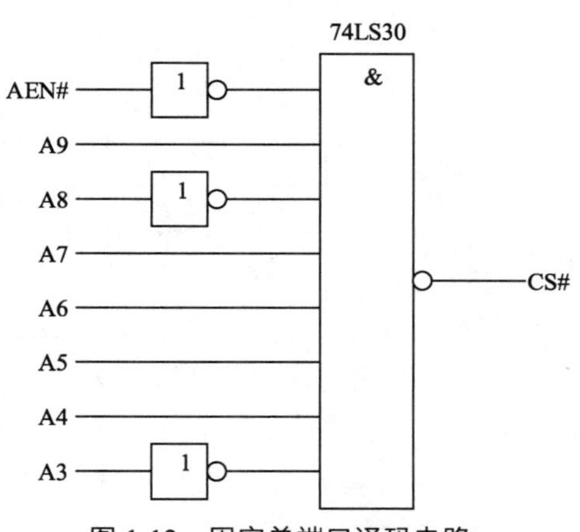

图 1-12　固定单端口译码电路

1.4.2 固定多端口译码

当接口电路中需要多个片选信号，而且 I/O 接口芯片的端口地址固定不变的时候，可以采用 2-4 线译码器或 3-8 线译码器，比如采用 TTL 逻辑 74LS138，如图 1-13 所示。74LS138 是一个被广泛采用的译码器，3 个输入端，对应 8 个输出端，即 ABC=000 时，CS0#有效，ABC=001 时，CS1#有效，以此类推。例如，如果确定了 8 个接口芯片的端口地址，由此得出高位地址为 A9A8A7A6A5=10011，那么，A8、A7 和 AEN 为低电平，A9、A6、A5 为高电平时，译码电路应该被激活，从而将 A8、A7 和 AEN 通过一个或门与 G2A#、G2B#相连，A9、A6、A5 通过一个与门与 G1 相连。低位地址 A2、A3、A4 连接 74LS138 的输入端，8 个输出端可作为 8 个接口芯片的片选信号。

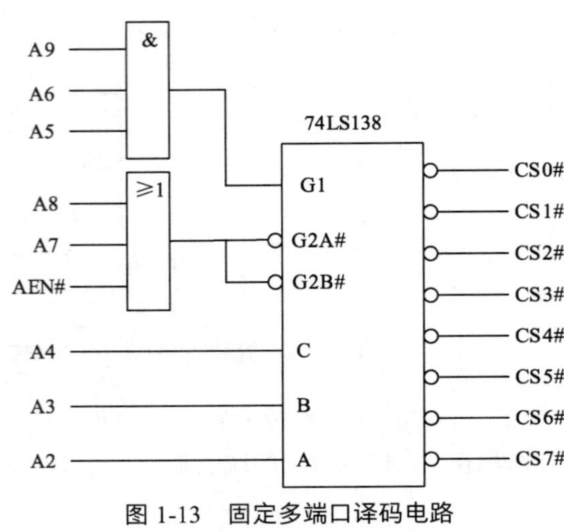

图 1-13 固定多端口译码电路

1.4.3 可选单端口译码

有时接口电路中只需要一个片选信号，但是希望 I/O 接口芯片的端口地址可变，因为这样该接口电路就可以在不同的计算机上使用。这时译码电路可以采用类似比较器这样的器件，通过手动开关调节接口芯片的端口地址，比如调节接口芯片的端口地址为 2F4H～2F7H 或者 3F4H～3F7H，如图 1-14 所示。74LS85 是一个比较器，当 A0～A3=B0～B3 时，输出 $F_{A=B}$ 为 1，这时可以手动控制 K0～K3，如图 1-14 所示，将 K1 闭合，K0、K2、K3 断开，则当 A9A8A7A6=1011 时输出为 1，如果将 K1 断开，那么 A9A8A7A6=1111 时输出为 1。再看 74LS30，当所有输入端都是 1 时，输出为 0，即片选信号有效。那么就是 A5A4A3A2=1101 时，片选信号有效。

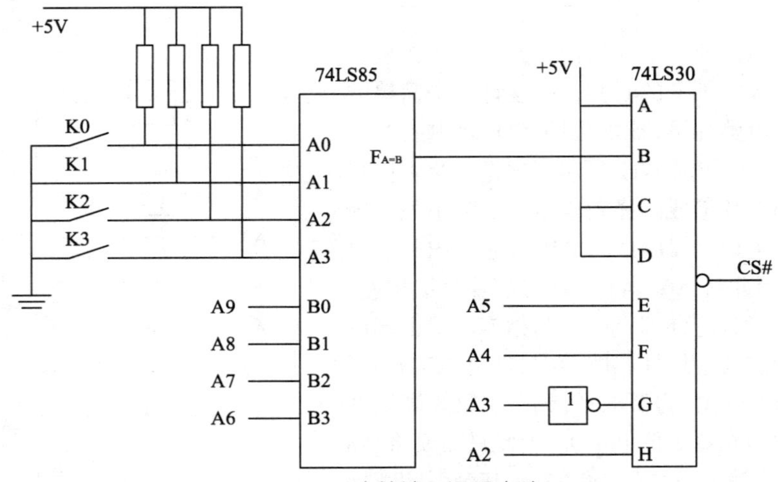

图 1-14 可选单端口译码电路

1.4.4 可选多端口译码

PAL16L8 和 GAL16V8 都是常用的可编程逻辑器件（programmable logic device，PLD），其中 PAL16L8 称为可编程阵列逻辑，编程通过熔断熔丝而将不同的输入连接到或门阵列上实现；GAL16V8 是第二代 PLD 器件，称为门阵列逻辑，具有电可擦除功能，设计更加灵活、方便。图 1-15 是一个 GAL16V8 芯片，可以通过编程改变其内部逻辑，所以可以算作可选多端口译码器，其输入端为高位地址 A9～A15 及 I/O 读信号 IOW，输出为片选信号 Y0～Y7。

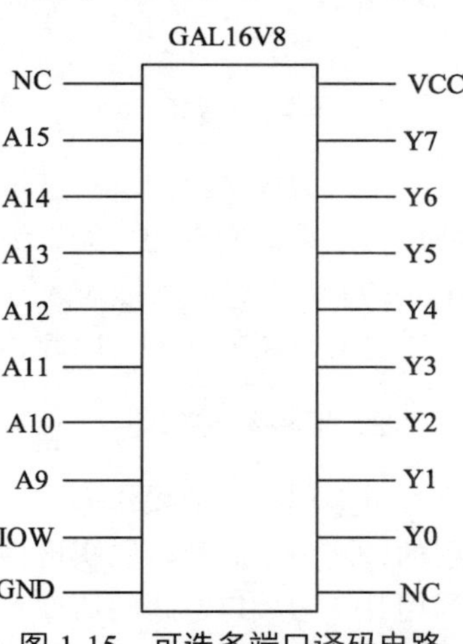

图 1-15　可选多端口译码电路

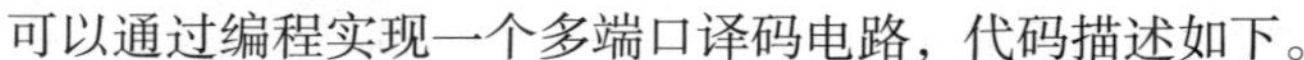

可以通过编程实现一个多端口译码电路，代码描述如下。

```
GAL16V8
ADDRESS DECODER
JINE 03/03/07
DECODE
；PINS 1    2    3    4    5    6    7    8    9    10
          NC A15 A14 A13 A12 A11 A10 A9 IOW GND
；PINS 11   12   13   14   15   16   17   18   19   20
           NC   Y0   Y1   Y2   Y3   Y4   Y5   Y6   Y7   VCC
/Y0=/A15*/A14*/A13*/A12*/A11*/A10*/A9
/Y1=/A15*/A14*/A13*/A12*/A11*/A10*A9
                    ……
```

1.5 接口的分类

计算机系统可以连接多台外部设备，这就需要多个接口，因此接口的种类很多，一般按传送方式、灵活性、通用性和输入输出信号种类进行分类。

1.5.1 按传送方式分类

计算机系统所连接的设备有并行设备，也有串行设备，数据传送也就有并行传送和串行传送方式之分，因此，接口相应地分为并行接口和串行接口。

1．并行接口

并行接口每次可同时接收或发送一个字节或一个字（两个字节），如并行打印机接口、显示器接口等。并行接口电路使用并行接口芯片，常用的并行接口芯片有 Intel 公司生产的 8212、8155、8156、8255、8755，Zilog 公司生产的 PIO，Motorola 公司生产的 MC6820，等等。

2．串行接口

串行接口每次只能从外部设备中接收或向外部设备发送一位数据，如串行通信、绘图仪、鼠标接口等。在计算机系统中，主机是并行发送和接收数据的，串行接口的功能是将主机输出至外部设备的并行数据转换为串行数据，或将外部设备输入至主机的串行数据转换为并行数据。串行接口电路使用串行接口芯片，常用的串行接口芯片有 Intel 公司生产的 8251，Zilog 公司生产的 SIO、Z8530 SCC，Motorola 公司生产的 MC6850，还有 National Semiconductor 公司的 Ins 8250，等等。

1.5.2 按使用灵活性分类

1. 不可编程接口

不可编程接口用电子逻辑电路实现控制功能，接口电路使用的接口芯片都是不可编程的，即不能用程序来改变它的功能。例如，Intel 8212 是一个不可编程的 I/O 接口芯片，当用其作为输入接口电路的器件时，必须按输入方式进行连接，一旦连接完毕，该接口只能用作输入。要想改变其功能，必须改变电路的连接。因此，不可编程接口使用起来极不灵活。

2. 可编程接口

可编程接口的操作方式、功能可以通过程序进行设置和改变，接口电路使用的接口芯片是可编程的，同一个芯片可以实现多种不同的接口功能。例如，Intel 8255 是一个可编程的 I/O 接口芯片，当用其作为接口电路的器件时，可按输入和输出两种方式进行连接，一旦连接完毕，该接口既可用作输入，也可用作输出，根据接口连接的外部设备的具体情况，通过程序进行设置。

1.5.3 按接口的通用性分类

1. 通用接口

通用接口是按某种标准为多类外部设备设计的标准接口。例如，RS-232-C 接口是一个标准的串行接口，凡是符合 RS-232-C 标准的设备都可以连接在这样的接口上，进行输入和输出。这类接口电路使用的芯片都是可编程接口芯片，如 Intel 公司生产的 8155、8156、8255、8755、8251，Zilog 公司生产的 PIO、SIO，等等。

2. 专用接口

专用接口是为某种用途或某类设备设计的接口。专用接口使用的接口芯片也是专用芯片，如 Intel 公司生产的 8279 键盘/显示器接口芯片、8275 CRT 控制器接口芯片，Motorola 公司生产的 MC6845 CRT 控制器芯片，等等。

1.5.4 按输入输出信号分类

1. 数字接口

数字接口电路都由数字电路组成，它所接收的信号都是数字信号，并行接口和串行接口都属于数字接口。

2. 模拟接口

模拟接口电路由数字电路和模拟电路组成，它的功能是将数字信号转换为模拟信号，或者将模拟信号转换为数字信号。模拟接口电路要使用数/模转换（DAC）芯片或模/数转换（ADC）芯片。常用的 DAC 芯片有 DAC0800、DAC0808/0807、DAC0832、AD7520、AD7522、AD7533 等，常用的 ADC 芯片有 ADC0800、ADC0808/0809、ADC0816/0817、ADC1210/1211、AD574、AD7570、MC14433 等。

1.6 小结

本章主要介绍了×86 系列微型计算机的基本结构和发展趋势、接口技术的基本概念、接口的功能、端口的编址方法、I/O 接口的译码电路和接口的分类。

×86 系列微型计算机的基本结构包括单总线结构、双总线结构、多总线结构以及星形结构。本章回顾了第一代、第二代直到 Pentium 机的组成以及芯片组的作用。

接口分为硬件接口及软件接口，接口技术讨论的是计算机软、硬件接口的综合设计，但本书主要讨论的是硬件接口。

硬件接口是完成某种逻辑功能和转换功能的电子电路，其结构有的非常简单，有的则非常复杂，由其功能决定。目前，计算机的接口电路的功能越来越强，结构越来越复杂，向着高集成度和多功能化发展。

主机对接口的访问使用的是其端口地址。关于端口的编址方法有两种：I/O 独立编址和存储器映像编址。前者不占用存储器空间，但灵活性差；后者占用存储器空间，但可以使用访问存储器的指令来访问 I/O 端口，因此灵活性好，使用方便。

译码电路是 I/O 接口的重要部分，根据端口的编址方式不同，设计方法也有区别，本章只针对 IBM PC 机的独立编址方式介绍了几种译码电路的设计方法，在其他情况下可以考虑具体环境进行设计。

接口的分类方法有按传送方式分类、按使用灵活性分类、按接口的通用性分类和按输入输出信号分类等。本书在后面的章节中介绍的各种接口芯片，主要是按其传送方式及功能来划分的。

1.7 思考题

1. 什么是接口？硬件接口和软件接口的主要区别在哪里？
2. 接口的基本功能是什么？
3. 什么是端口？端口的编址方法有几种？各有什么特点？
4. 如何判断一个 CPU 是否支持端口的 I/O 独立编址？说出你所熟悉的 CPU 对端口的编址使用的是哪种方法。
5. 支持 I/O 独立编址的 CPU 是否允许对存储器映像编址？
6. 常见的对接口的分类方法有哪几种？

第 2 章

微型计算机的内部接口

微型计算机（microcomputer）简称微型机，其核心部件是微处理机（microprocessor），也称微处理器、中央处理器。微处理器的内部结构和引脚功能直接关系到与之连接的电子部件及各种接口的连接使用方法，在学习接口之前，掌握微处理器的相关理论是非常重要的。

2.1 微处理器的发展概况

第一台微处理器是 1971 年美国 Intel 公司发明的 Intel 4004，尽管其结构和性能还很不完善，但它具有价格上的优势。微处理器的出现，标志着计算机的发展进入了一个崭新的阶段，从那时起至今已经有 50 多年的历史。

第一代（1971～1973 年）微处理器是低档的 4 位微处理器 Intel 4004 及由它组成的微型计算机 MCS-4。它使用机器语言和汇编语言，基本指令的执行时间为 10～15μs。

第二代（1974～1977 年）微处理器是 8 位微处理器，初期产品有 Intel 公司的 8080 和 Motorola 公司的 MC6800，1976 年 Zilog 公司生产了性能较高的 Z-80。这 3 种微处理器的指令系统比较完善，具有典型的计算机体系结构、中断功能和 DMA 控制功能。因此，以这 3 种微处理器为 CPU 的微型计算机也较为普遍。这些微型计算机除用机器语言、汇编语言外，还陆续配上了 BASIC、FORTRAN 等高级语言及相应的解释程序和编译程序。

第三代（1978～1984 年）微处理器是 16 位微处理器，初期产品有 Intel 8086、Motorola 公司的 MC68000 和 Zilog 公司的 Z-8000。这 3 种微处理器是第三代微处理器的代表产品，也是国际上最流行的 16 位微处理器。后来，Intel 公司又推出了 80286 微处理器。第三代微处理器比第二代微处理器的运行速度高 2 ～ 5 倍，每秒可执行 100 万条（1MIPS）以上的指令，赶上甚至超过了小型计算机。由 16 位微处理器组成的微型计算机配备了多种高级语言、完善的操作系统、大型的数据库。在事务管理、实时数据处理和实时控制领域开辟了广泛的应用前景。

第四代（1985～1992 年）微处理器是 32 位微处理器。初期产品有 Intel 公司的 80386，每秒可执行 300 万条（3MIPS）指令，后来又推出了 80486，每秒可执行 5000 万条（54MIPS）以上的指令。80486 中集成了 8KB 的一级 cache 和一个相当于 80387 的数学协处理器。由 32 位微处理器为 CPU 的微型计算机，其功能足以与高档的小型计算机相匹敌。

第五代（1993～1995 年）微处理器是 Intel 公司推出的 Pentium（奔腾）微处理器，它是继 80486 之后 X86 家族中又一新成员，按理说应叫作 80586。它采用了全新体系结构，运用超标量流水线设计，在 80486 体系结构的基础上做了一些改进，内部集成的一级 cache 达到了 16KB，总体性能大大超过了 80486，每秒钟可执行超过 10000 万条（112MIPS）指令，Pentium 的推出，为用户在图形、图像处理，语音识别和 CAD/CAM 等方面的应用奠定了基础。

第六代（1995 年末）微处理器是 Intel 公司推出的 Pentium Pro（高能奔腾）微处理器，它是针对 32 位软件设计的具有 RISC 核心但仍与 X86 指令相兼容的微处理器，运算速度可达 300MIPS。

为了提高 Pentium Pro 的性能，Intel 公司采用了 3 路标量体系结构和 14 级流水线，使得 CISC 的指令更加 RISC 化，并且允许动态指令执行。另外，CPU 内部除了集成有一级 cache 外，还增加了 512K 的二级 cache，该 cache 与 CPU 之间通过一条 64 位的专用总线相连，提高了 CPU 与 cache 之间的数据传输速度。Pentium Pro 在运行 16 位和 16 位、32 位混合代码的性能与 Pentium 相差不大，但运行纯 32 位代码时要快得多。

1997 年初，Intel 公司推出了编号为 P55C 的具有多媒体扩展（Multi Media eXtensions，MMX）指令集的 Pentium 处理器，以支持越来越多的多媒体应用。这种微处理器除了引进了新的多媒体指令外，还增加了 8 个 64 位的寄存器和 4 种新的数据类型。Pentium Pro 的 MMX 版本命名为 Klamath，Pentium II也于 1997 年的上半年推出。

第六代之后，微处理器又有了巨大的发展。1999 年上半年，Intel 公司推出了 PentiumIII，Pentium III比 Pentium II增加了 70 条新指令，增强了 3D 数据处理能力，提高了浮点运算的速度。

Northwood 在 2002 年至 2004 年作为 Netburst 架构的主力，在这之后 Intel 公司发布了 Prescott，带来了巨大的性能提升。Prescott 使用 90nm 工艺，二级 cache 增至 1MB，使用全新的 LGA 775 接口，支持 DDR2 内存，使用新的 FSB，这使得 Prescott 相较 Northwood 有了更大的带宽，极大地提高了 Netburst 架构的性能。Prescott 同时也是第一款 64 位 X86 CPU，能够支持更大的 RAM。

2003 年 Intel 公司发布了旗下第一款为笔记本计算机设计的专用架构。Pentium-M 基于 P6 架构，采用 12-14 级可变流水线，这也是 Intel 第一款可变流水线长度的微处理器，首款微处理器采用 130nm 工艺，包含 1MB 二级 cache。主频达到 1.8GHz 而功耗只有 24.5W。2004 年发布的名为 Dothan 的后继微处理器，采用 90nm 工艺，拥有 2MB 二级 cache 和更多的辅助核心，改善了 IPC，最终达到 2.27GHz 主频和仅仅 27W 的功耗。

Pentium D 处理器和 Prescott 有共同的问题。两片基于 Netburst 架构的芯片发热巨大、能耗惊人，频率则最多只有 3.2GHz。

2006 年 Intel 公司推出 Core 2 系列，其中售出的大部分是 Core 2 Duo（双核）和 Core 2 Quad（四核），四核产品是将两个单芯双核芯片封装在一起，单核产品则由双核屏蔽而成，配置的二级 cache 从 512KB 到 12MB 不等。

Core 2 处理器广受欢迎，但 Intel 公司需要一些价格低廉的产品来攻占低端市场，于是 2008 年，Atom 诞生了。Atom 的大小仅有 26 平方毫米，不及 Core 2 的四分之一。Intel 公司并没有选择完全重新设计 Atom Bonnell 架构，而是选择以 P5 架构为基础。第一款 Atom 芯片的核心代号 Silverthorne，TDP（热设计功耗）仅有 3W，让它能够在无法使用 Core 2 的地方发挥功用。Silverthrone 的 IPC 性能毫无亮点，不过主频还是能够达到 2.13GHz。配有 512KB 二级 cache，接替 Sliverthorne 的是 Diamondville，主频降低至 1.67GHz，增加 64 位支持，改善了面对 64 位软件的性能表现。

2008 年，Intel 公司推出基于 Nehalem 架构的第一款 Core i7，Nehalem 产品线包括单核到四核，采用 45nm 工艺，Intel 公司再一次增加了处理器的流水线，这次是 20-24 级流水线，主率没有任何提升。同时 Intel 第一款采用睿频技术的处理器。尽管最高频率是 3.33GHz，不过可以短时运行在 3.6GHz。Nehalem 与 Core 2 相比，在满负载情况下性能最高能提高一倍。

2009 年，Intel 公司发布了两款新的基于 Bonnell 架构的 Atom 处理器。第一款代号为 Pineview，依旧采用 45nm 工艺，采用集成部分原属于主板的组件的方法来提升性能，包括集成显卡和内存控制器，并且降低了功耗和发热。

2010 年，Intel 公司使用 32nm 工艺重做了 Nehalem 并命名为 Westmere，它的底层架构没有太多变化，但是通过制程工艺带来的进步，Intel 公司可以在微处理器中塞下更多的东西，Westere 有 10 核心以及多达 30MB 的三级 cache，集成在其中的核显架构类似 GMA 4500，除了前者多出了两个 EU，主频从低端微处理器的 166MHz 到高端微处理器的 900MHz。

2014推出的Broadwell采用14nm工艺，最初为移动端而设计，首个Broadwell产品是Core M，它是双核超线程微处理器，TDP仅有3～6W，但是在桌面市场，几乎难见Broadwell的身影，仅在2015年中期发布寥寥几款产品。Broadwell集成了Intel公司史上最强核显，包括48组EU单元，128MB L4 eDRAM缓存，解决了核显的带宽问题，在游戏性能的测试中，表现优于AMD公司最快的APU。

2015年，在Broadwell桌面端发布后不久，Intel公司发布了下一代产品Skylake架构，支持DDR4内存，能够比DDR3内存提供更高的带宽，还有全新的DMI 3.0总线。升级的PCI Express控制器，支持更多的设备连接，同时iGPU也得到了升级，最高端型号为Iris Pro Graphics 580（Skylake-R系列），包含72组EU和128 MB L4 eDRAM缓存，但大部分CPU搭载的是包含24组EU的核显，其架构与上代Broad架构相似。

国内流行的微型计算机处理器主要包括Intel和AMD。Intel公司提供了多种处理器型号，包括但不限于Pentium、Pentium Pro、Pentium MMX、Pentium II、Pentium III、Pentium IV等；AMD公司也提供了多种处理器，包括AMD K5、AMD K6、AMD K7等。但是由于80386和80486在微处理器发展过程中最具代表性，因此，在本章主要以80386和80486为主进行介绍。

2.2 80386/80486微处理器

80386/80486微处理器是在8086/8088、80286基础上发展起来的，其指令系统完全与8086/8088、80286兼容，即在8086/8088、80286微型计算机上运行的软件，可不加任何修改地在80386/80486微型计算机上运行。

2.2.1 80386的内部结构

80386的内部结构如图2-1所示。

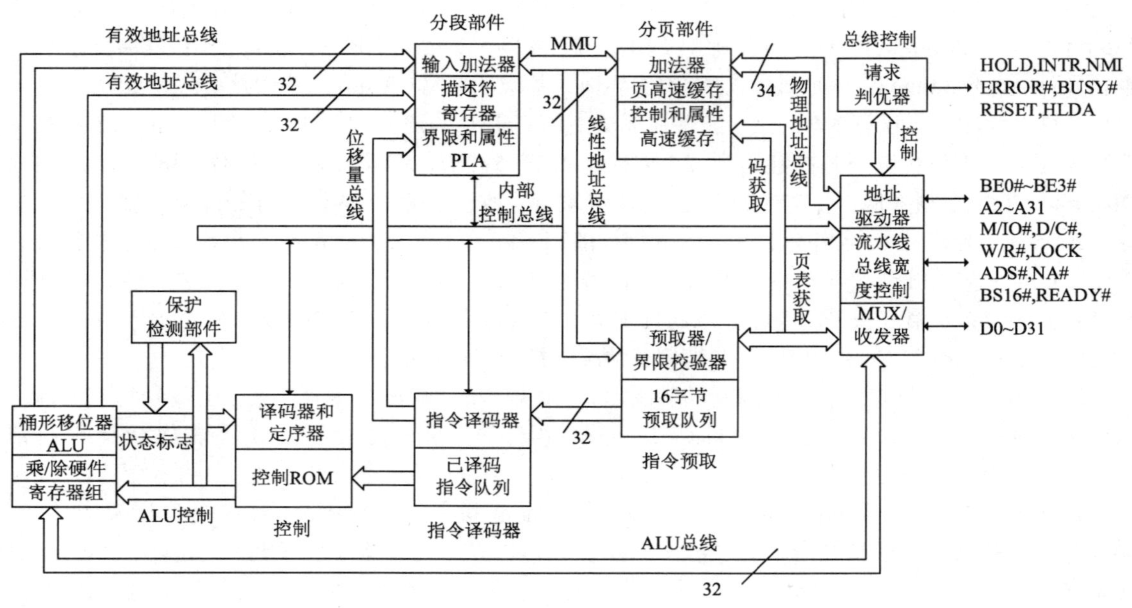

图2-1 80386的内部结构

按功能模块来划分，80386 主要由总线接口单元、指令预取单元、指令译码单元、执行单元和存储器管理单元及各类内部总线组成。

80386 的内部结构

1．总线接口单元

总线接口单元（bus interface unit，BIU）是 80386 与外部设备的接口，主要由请求判优器、地址驱动器、流水线总线宽度控制器和多路转换/收发器等 4 个部件组成。其功能是产生访问存储器和 I/O 端口的地址、各种控制信号，发送 / 接收数据，以及控制与协处理器 80387（80287）的接口。

2．指令预取单元

指令预取部件（instruction prefetch unit，IPU）主要由指令预取器/界限校验器和 16 字节预取队列组成。其功能是当 CPU 执行指令且系统总线空闲时，从存储器读取指令代码放至指令队列中，实现取指令与执行指令并行操作，以提高运行速度。

3．指令译码单元

指令译码单元（instruction decode unit，IDU）主要由指令译码器和已译码指令队列组成。其功能是从指令队列中获得指令并译码。

4．执行单元

执行部件（execution unit，EU）主要由译码器、定序器、控制存储器、保护检测部件、寄存器组和算术逻辑运算器组成。其功能是完成指令所规定的操作。

5．存储器管理单元

存储器管理单元（memory management unit，MMU）由分段部件和分页部件组成。其中，分段部件由输入加法器、描述符寄存器及界限和属性 PLA 组成，它的功能是将指令规定的逻辑地址转换为线性地址；分页部件由加法器、页高速缓存、控制和属性高速缓存组成，它的功能是将线性地址转换成物理地址（分页部件是一个可选部件，若不使用，则线性地址即为物理地址）。

2.2.2　80386 的寄存器

80386 内部共有 8 类寄存器，这 8 类寄存器是通用寄存器、段寄存器、标志寄存器、指令指针、控制寄存器、系统地址寄存器和系统段寄存器、调试寄存器、测试寄存器。

1．通用寄存器

80386 有 8 个 32 位通用寄存器，如图 2-2 所示。

这些 32 位通用寄存器，都是在 8086/8088、80286 的 16 位通用寄存器的基础上扩展的，所以它们的名字是在原寄存器的名字前面加一个“E”，表示扩展之意，即 EAX、EBX、ECX、EDX、ESP、EBP、ESI 和 EDI。它们的低 16 位，也可以作为 16 位寄存器使用，名字仍用原来的寄存器名字，如同在 8086/8088 微型计算机系统中一样使用，其中 EAX、EBX、ECX 和 EDX 的低 16 位又可以分成两个 8 位寄存器，也仍用原来的名字。例如，EAX 是 32 位寄存器，AX 是 16 位寄存器，AH、AL 为 8 位寄存器。

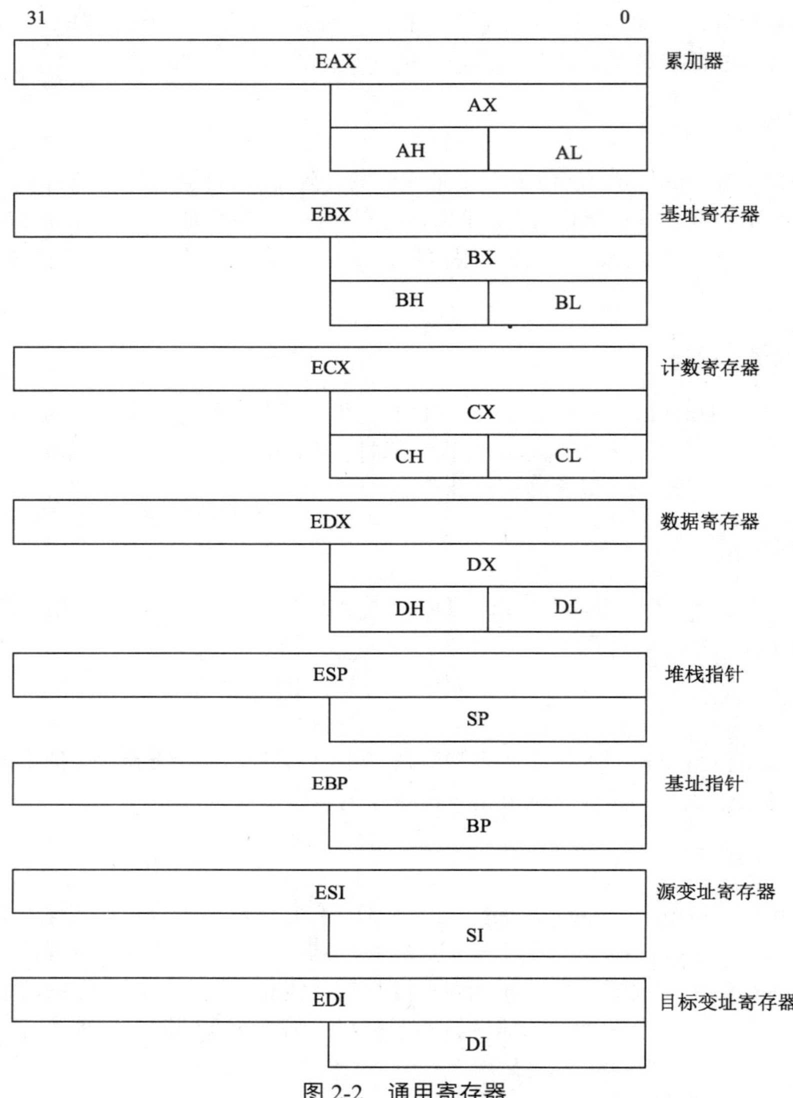

图 2-2　通用寄存器

2. 段寄存器

80386 中有 6 个 16 位的段寄存器，即 CS、SS、DS、ES、FS 和 GS。如图 2-3 所示。

在 80386 微型计算机系统中，存储单元的逻辑地址仍由段基地址和偏移量两部分组成，但段基地址不是由段寄存器的值直接确定的，而是放在一个段描述符表中，段寄存器的值是该表的索引值，所以这些段寄存器也被称为选择器。

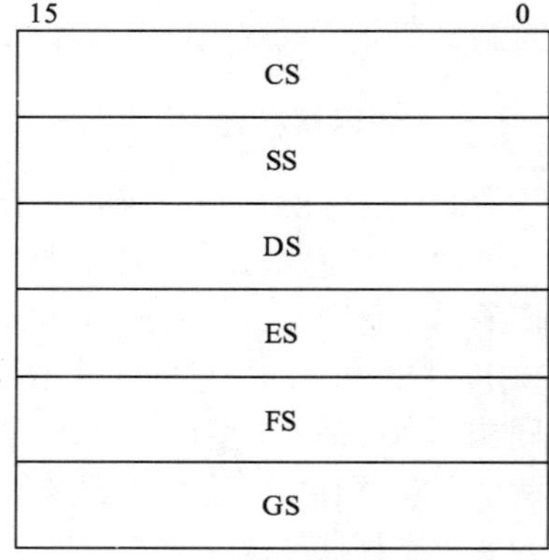

图 2-3　段寄存器

3. 标志寄存器

80386 中有一个 32 位的标志寄存器，它也是由 8086/8088、80286 的标志寄存器扩展而来。因此，它的低 12 位（第 0～11 位）仍保持原来的意义和用法，同时又增加了 5 个标志，如图 2-4 所示。

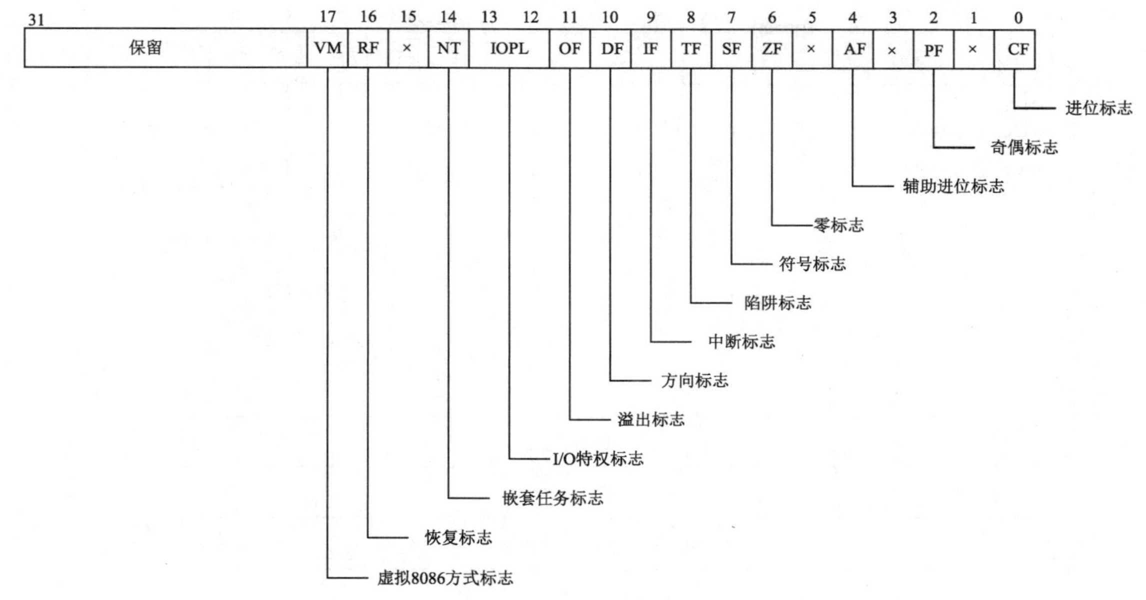

图 2-4　标志寄存器

新增加的标志的意义如下。

（1）IOPL：I/O 特权标志，表示 CPU 当前正在执行任务的特权级（0，1，2，3 级）。

（2）NT：嵌套任务标志，表示 CPU 当前执行的任务是否嵌套于另一任务之中。

（3）RF：恢复标志，与调试寄存器的断点和单步操作一起使用。RF=1 时，在下一条指令执行期间，对任何调试故障不予理睬，当成功地执行一条指令（指令执行时未产生故障）后，RF 自动被复位为 0。

（4）VM：虚拟 8086 方式标志。当此 VM=1 时，80386 工作在虚拟 8086 方式，这时 80386 系统相当于一个工作速度相当高的 8086 系统。

此外“×”表示此处未定义，可以为 0，也可以为 1。

4．指令指针

80386 中的指令指针是一个 32 位的寄存器，称为 EIP，其作用是指出将要执行的指令地址的偏移量。

5．控制寄存器

80386 有 4 个控制寄存器 CR0～CR3，用于保存所有任务的状态，如图 2-5 所示。

（1）控制寄存器 CR0

该寄存器定义了 6 个控制状态位。其中第 15～0 位称为机器状态字。

PE：允许保护位。将 PE=1 时，CPU 进入保护方式下工作。

MP：监控协处理器。该位与 TS 位一起使用。当 TS=1 时，若 MP=1，则执行 WAIT 指令时会产生陷阱中断。

EM：模拟协处理器。当 EM=1 时，协处理器的任何指令都会产生陷阱中断。

TS：任务切换。当完成任务切换操作后，TS 被置为 1。

ET：协处理器类型。ET=1 表示使用 80387 协处理器。

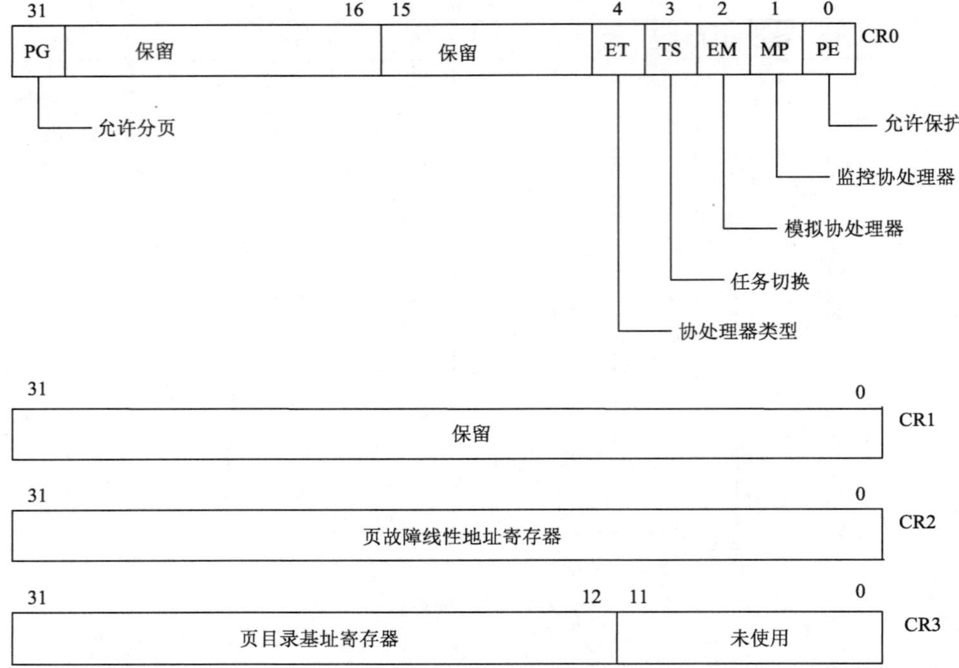

图 2-5　控制寄存器

PG：允许分页。PG=1 表示允许片内分页部件工作。

（2）控制寄存器 CR1

保留，未使用。

（3）控制寄存器 CR2

保存页故障线性地址。

（4）控制寄存器 CR3

CR3 的第 0～11 位未使用，第 12～31 位保存页目录表的物理地址，称为页目录基址寄存器。

6．系统地址寄存器和系统段寄存器

80386 微型计算机系统通过段寄存器（选择器）选择描述符表项来确定存储单元的物理地址。这些描述符表包括：全局描述符表 GDT、中断描述符表 IDT、局部描述符表 LDT 和任务状态段 TSS，每一个任务对应一个 LDT 和 TSS。系统地址寄存器如图 2-6 所示。

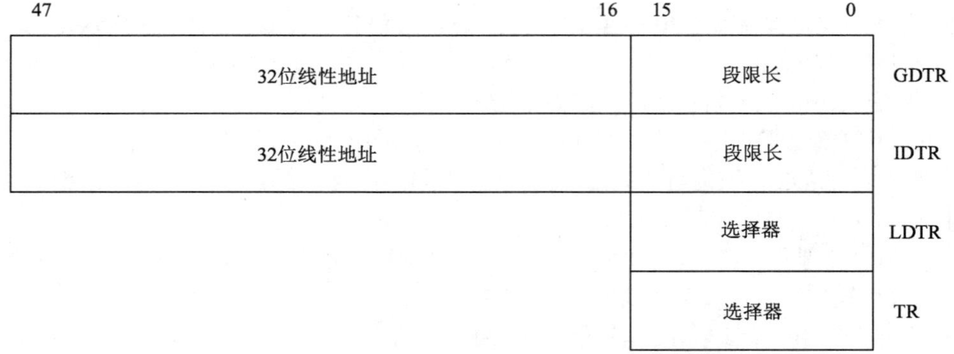

图 2-6　系统地址寄存器

（1）GDTR：全局描述符表寄存器，48 位，用于存放全局描述符表 GDT 的基地址（32 位）和段限长（16 位）。

（2）IDTR：中断描述符表寄存器，48 位，用于存放中断描述符表 IDT 的基地址（32 位）和段限长（16 位）。

（3）LDTR：局部描述符表寄存器，16 位，用于存放选择局部描述符表 LDT 的基地址。

（4）TR：任务状态段寄存器，16 位，用于存放任务状态段 TSS 的基地址。

7．调试寄存器

80386 有 8 个 32 位调试寄存器，分别命名为 DR0～DR7，如图 2-7 所示。

（1）DR0～DR3：保存线性断点地址。

（2）DR4～DR5：保留。

（3）DR6：保存断点状态。

（4）DR7：断点控制寄存器，用于设置断点的条件。

图 2-7　调试寄存器

8．测试寄存器

80386 中有 2 个 32 位测试寄存器，名为 TR6 和 TR7，用于测试 TLB（转换后援缓冲区）。

（1）TR6：测试命令寄存器，用于存放测试 TLB 的标志和控制信息。

（2）TR7：测试数据寄存器，用于存放测试 TLB 期间写入或读出数据块的数据。

2.2.3　80386 的引脚信号

80386 是一块超大规模集成电路芯片，具有 132 个引脚，其引脚排列如图 2-8 所示。

80386 各引脚功能说明如下。

（1）Vss：电源地线。

（2）Vcc：电源+5V。

（3）D0～D31：数据总线。传送数据信号。

（4）A2～A31：地址总线。与 BE0#～BE3#的组合构成 32 位地址信号。

（5）BE0#～BE3#：字节允许信号。由于数据宽度为 32 位，且可以以字节、字或双字为单位传送数据，所以要用字节允许信号来选通地址总线的不同部分。

（6）RESET：复位信号。中止 80386 的一切操作。

（7）HOLD：总线保持请求信号。连接在总线上的其他主设备向 80386 请求总线使用权。

（8）HLDA：总线保持响应信号。当 80386 接收到其他主设备请求总线信号 HOLD 后，若 80386 同意，则输出 HLDA 予以响应，放弃对局部总线的控制，并进入保持响应状态。

（9）CLK2：为 80386 提供的基本定时信号。

（10）W/R#：写/读信号。W/R#=1 时，写有效，W/R#=0 时，读有效。

（11）D/C#：数据/控制信号。D/C#=1 时，传送数据信号，D/C#=0 时，传送控制信号。

（12）M/IO#：存储器/IO 操作。M/IO#=1 表示对存储器读写，M/IO#=0 表示对 I/O 端口读写。

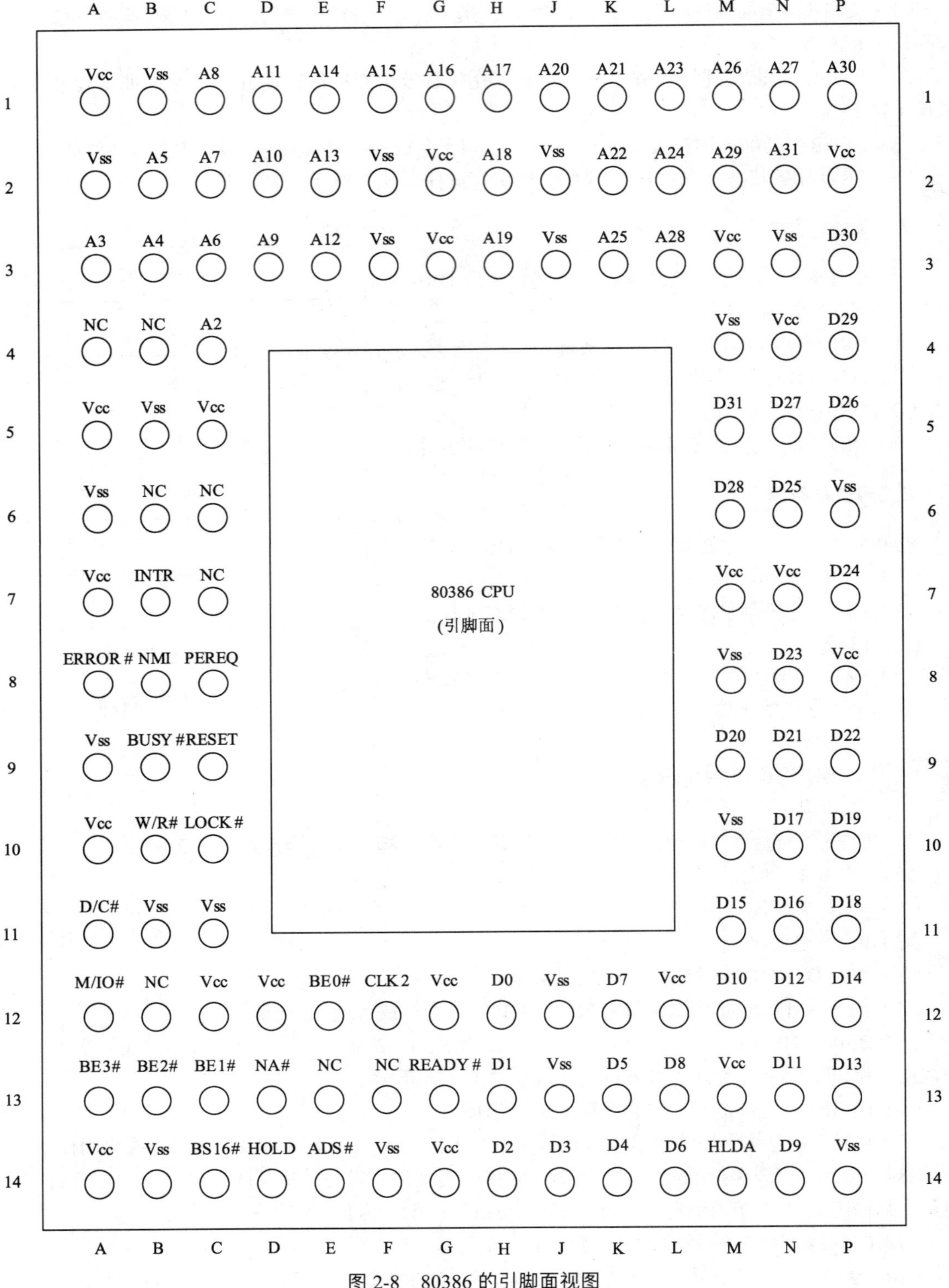

图 2-8 80386 的引脚面视图

（13）LOCK#：总线锁定信号。禁止其他主设备请求总线使用权。

（14）ADS#：地址状态信号。表示总线周期信号有效，地址及有关控制信号正在发出。

（15）READY#：传送响应信号。表示总线周期结束，存储器或 I/O 端口已接收到或已发出数据。

（16）NA#：下一地址请求信号。当 NA#=0 时，80386 未接收到 READY 信号，总线周期未结束，仍表示系统已准备好接收新的地址及有关控制信号。

（17）BS16#：总线宽度信号。当此信号有效时，强制当前的总线周期使用数据总线的低 16 位。

（18）INTR：中断请求信号。当此信号有效时，至少有一个外部设备产生中断服务请求。

（19）NMI：不可屏蔽中断请求信号。此信号有效表示发生了不可屏蔽中断。

（20）PEREQ：协处理器请求信号。此信号有效表示协处理器要求 80386 控制它与存储器之间的操作数的传送。

（21）BUSY#：协处理器忙。此信号有效表示协处理器正在执行一条指令。

2.2.4 80486 的内部结构

80486 在 80386 基础上进行了若干改进和扩充，它相当于将 80386 和 80387 集成在同一个芯片内，同时增加了片内高速缓存（cache memory）和易于构成多处理机结构的机制。同时，80486 采用了 RISC（reduced instruction set computer，精简指令集计算机）技术，降低了执行每条指令所需的时钟数；还采用了突发式总线（burst bus）的总线技术，即取得一个地址后，与该地址相关的一组数据都可以进行输入输出操作。由于上述技术的使用，80486 的处理速度大大提高，总体性能远远超过了 80386。80486 的内部结构如图 2-9 所示。

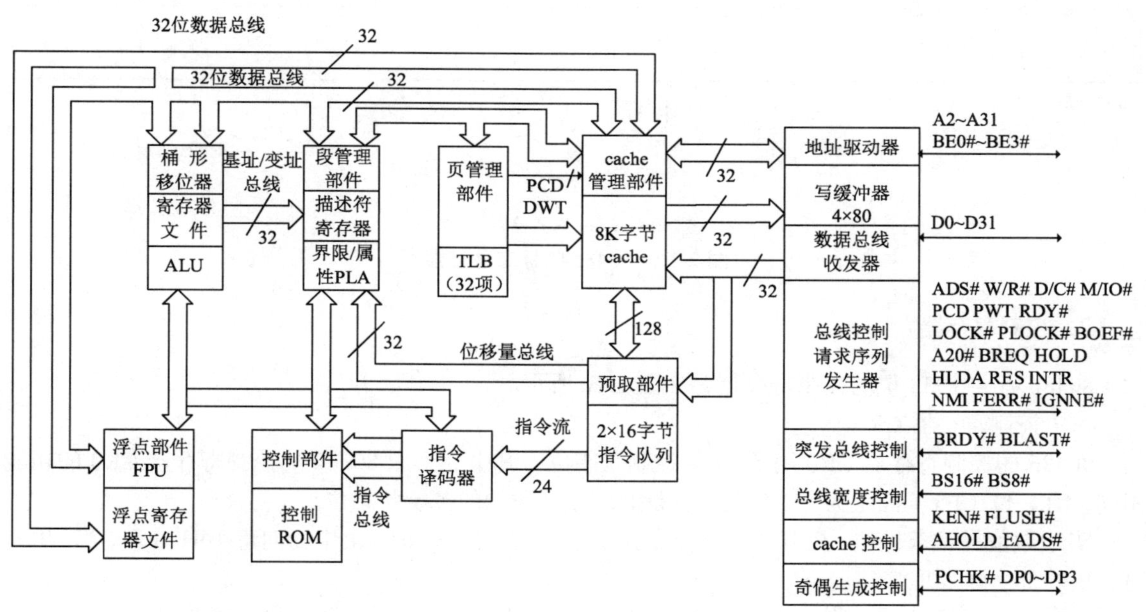

图 2-9　80486 的内部结构

80486 除具有 80386 的部件之外，增加了相当于 80387 的浮点运算单元和高速缓存部件。本小节不再说明与 80386 相同的部件，只说明增加的主要部件的功能。

（1）浮点处理单元（float processing unit）

浮点处理单元相当于 80387 协处理器，完成浮点运算。

（2）高速缓存（cache memory）

80486 内配有 8KB 的高速缓存，指令与数据混合存放，用于存放频繁访问的指令和数据。高速缓存部件截取 CPU 对内存的访问，检查所访问的数据和指令是否在高速缓存中，若在高速缓存中，称为“命中”，否则称为“未命中”。若“命中”则从高速缓存中取出数据或指令；否则，通过总线从主存储器中读取数据或指令。高速缓存部件设计得好会提高命中率，减少系统总线的占用率，使系统总线有更多的时间用于其他控制。

2.2.5 80486 的寄存器

80486 包括原 80386 和 80387 的各类寄存器，并有所扩充和增加。

（1）原 80386 的寄存器：通用寄存器、段寄存器、标志寄存器、指令指针、控制寄存器、系统地址寄存器和系统段寄存器、调试寄存器、测试寄存器。

（2）原 80387 的寄存器：数据寄存器、标志字、状态字、指令指针、数据指针和控制字。

80486 中的通用寄存器、段寄存器、指令指针、系统地址寄存器和系统段寄存器调试寄存器结构及用法，与 80386 基本相同，不再赘述。下面仅介绍不同的部分。

1. 标志寄存器

80486 的标志寄存器比 80386 标志寄存器多用了一位（第 18 位），其他各位的意义与 80386 的标志寄存器相同。如图 2-10 所示。

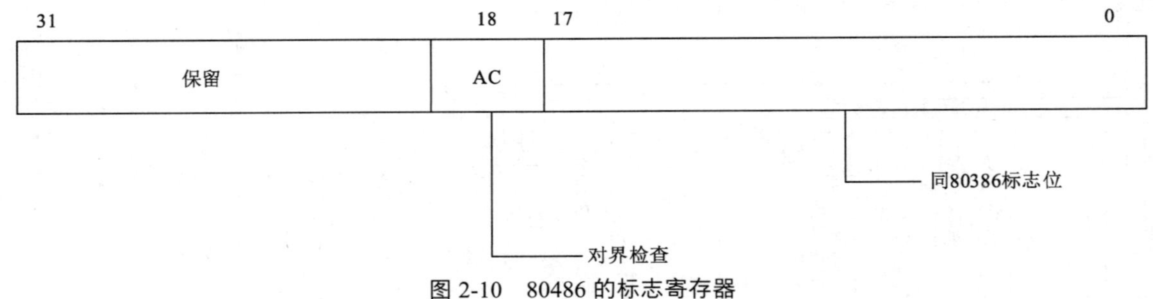

图 2-10 80486 的标志寄存器

2. 控制寄存器

80486 有 4 个 32 位的控制寄存器，如图 2-11 所示。

（1）控制寄存器 CR0

80486 的控制寄存器 CR0 用了 11 个控制状态位，其中 5 个原 80386 的控制寄存器 CR0 的功能相同，有一位（ET）固定为 1，其余 5 位是 80486 新增加的控制状态位。

NE：数值异常条件位，控制非屏蔽浮点异常条件，当 NE=1 时，由中断向量 16H 处理，当 NE=0 时，由外部中断处理。

WP：管理程序写保护位，若 WP=1，向只读页面进行写操作时，产生写故障异常。

AM：对界检查控制位，当 AM=1 时，允许标志寄存器的 AC（对界检查）位有效；AM=0 时，AC 位无效。

NW：不直写（not write through）位，当 NW=1 时，禁止直写和写无效周期。

CD：禁止高速缓存位，当 CD=1 时，高速缓存“未命中”时，不进行高速缓存填入操作；当 CD=0 时，高速缓存“未命中”时，执行高速缓存填入操作。

（2）控制寄存器 CR1 和 CR2

CR1 保留，CR2 仍用作页故障线性地址寄存器。

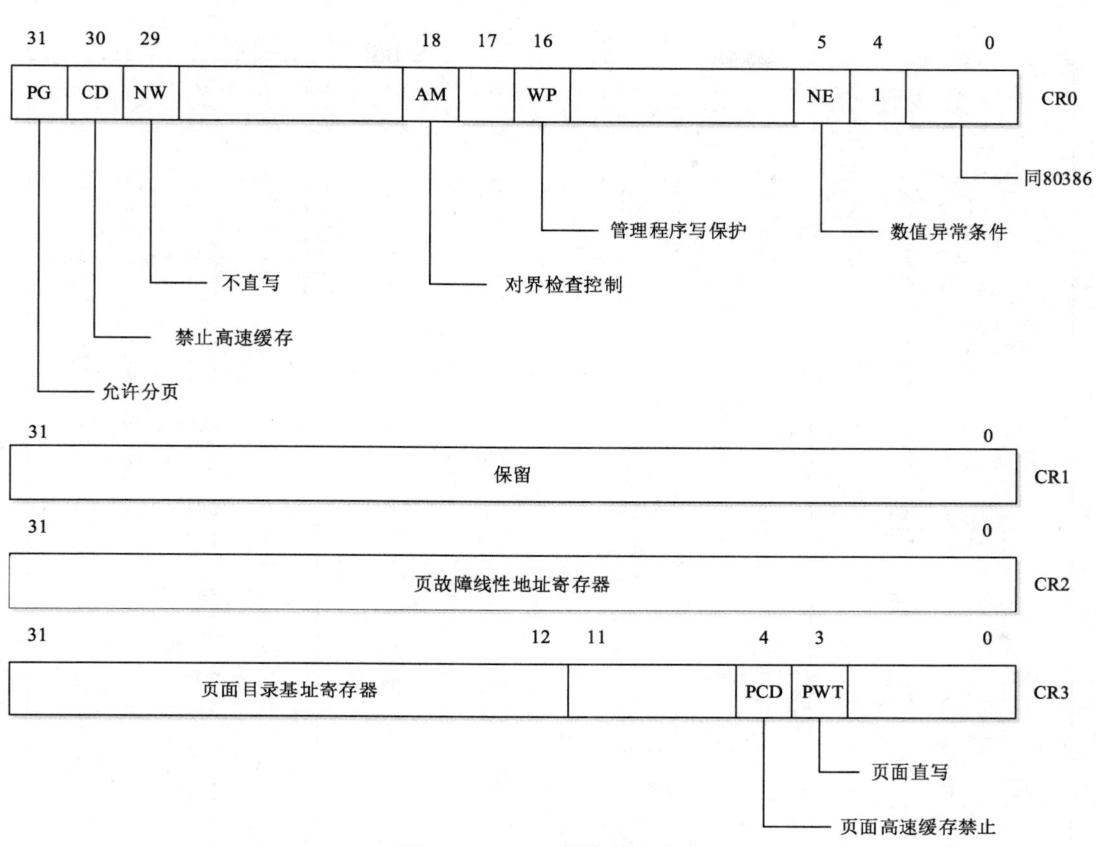

图 2-11　80486 的控制寄存器

（3）控制寄存器 CR3

CR3 的前 12 位中只用了 PWT 和 PCD 两位，第 12～31 位用作页面目录基址寄存器。

PWT：页面直写位，当 PWT=1 时，在当前访问页面时，直写。当 PWT=0 时，回写。

PCD：页面高速缓存禁止位，当 PCD=1 时，禁止对高速缓存读取和写入。

3．测试寄存器

80486 中有 5 个 32 位的测试寄存器，其名字分别为 TR3～TR7。其中 TR3、TR4 和 TR5 用于测试高速缓存的功能和读写能力，TR6、TR7 用于测试转换后援缓冲器（TLB）。

TR3：高速缓存数据测试寄存器，通过读寄存器对高速缓存进行写入和读取。

TR4：高速缓存状态测试寄存器，存放高速缓存测试期间的标志和有效位等信息。

TR5：高速缓存控制测试寄存器，对高速缓存测试有 5 种操作，TR5 来指明对高速缓存进行测试操作的种类及将被存取的组和组中的项。

TR6、TR7 的用法同 80386。

2.2.6　80486 的引脚信号

80486 是一个超大规模集成电路芯片，具有 168 个引脚，其引脚排列如图 2-12 所示。

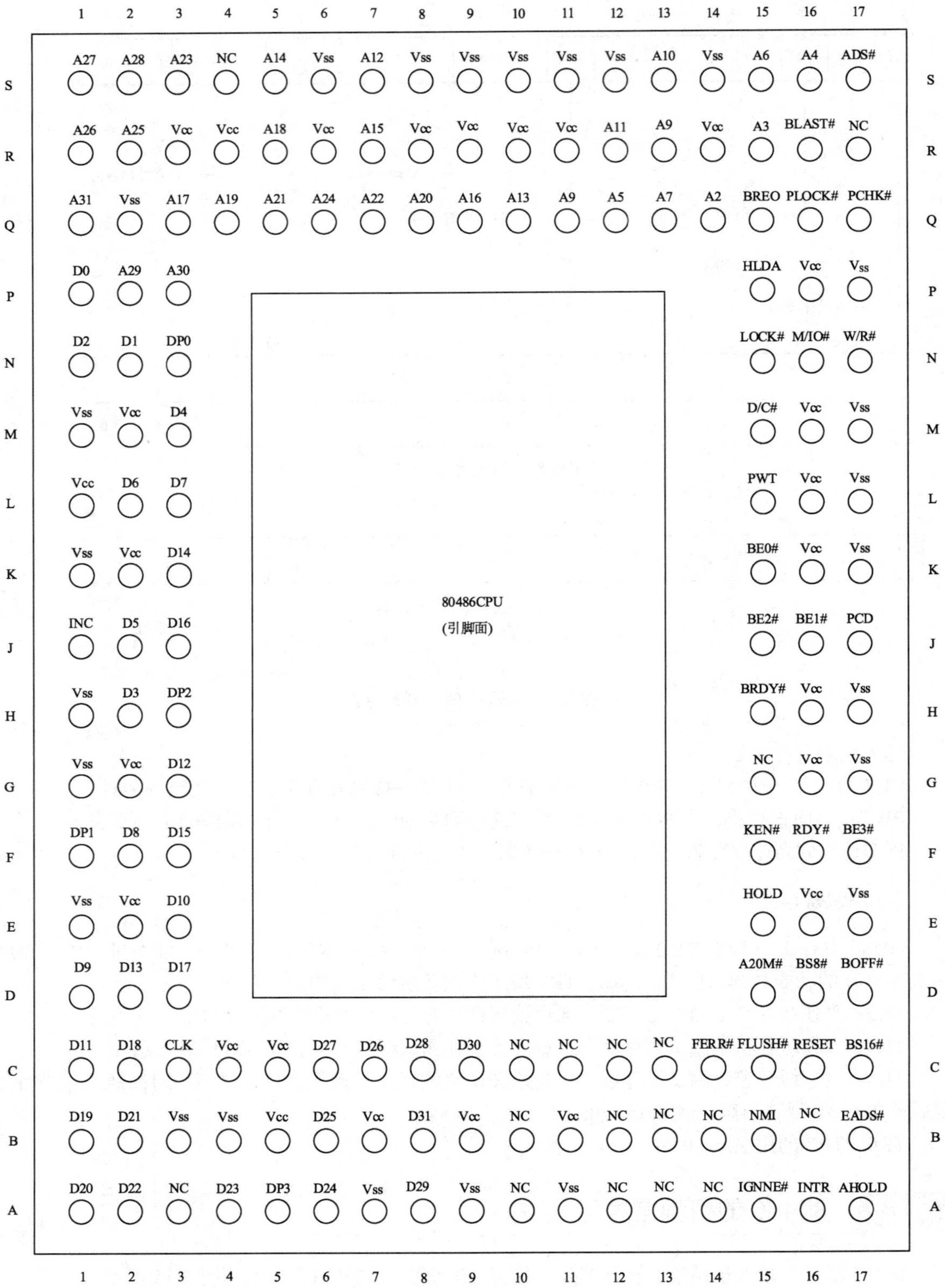

	1	2	3	4	5	6	7	8	9	10	11	12	13	14	15	16	17	
S	A27	A28	A23	NC	A14	Vss	A12	Vss	Vss	Vss	Vss	Vss	A10	Vss	A6	A4	ADS#	S
R	A26	A25	Vcc	Vcc	A18	Vcc	A15	Vcc	Vcc	Vcc	Vcc	A11	A9	Vcc	A3	BLAST#	NC	R
Q	A31	Vss	A17	A19	A21	A24	A22	A20	A16	A13	A9	A5	A7	A2	BREO	PLOCK#	PCHK#	Q
P	D0	A29	A30												HLDA	Vcc	Vss	P
N	D2	D1	DP0												LOCK#	M/IO#	W/R#	N
M	Vss	Vcc	D4												D/C#	Vcc	Vss	M
L	Vcc	D6	D7												PWT	Vcc	Vss	L
K	Vss	Vcc	D14												BE0#	Vcc	Vss	K
J	INC	D5	D16												BE2#	BE1#	PCD	J
H	Vss	D3	DP2												BRDY#	Vcc	Vss	H
G	Vss	Vcc	D12												NC	Vcc	Vss	G
F	DP1	D8	D15												KEN#	RDY#	BE3#	F
E	Vss	Vcc	D10												HOLD	Vcc	Vss	E
D	D9	D13	D17												A20M#	BS8#	BOFF#	D
C	D11	D18	CLK	Vcc	Vcc	D27	D26	D28	D30	NC	NC	NC	NC	FERR#	FLUSH#	RESET	BS16#	C
B	D19	D21	Vss	Vss	Vcc	D25	Vcc	D31	Vcc	NC	Vcc	NC	NC	NC	NMI	NC	EADS#	B
A	D20	D22	NC	D23	DP3	D24	Vss	D29	Vss	NC	Vss	NC	NC	NC	IGNNE#	INTR	AHOLD	A
	1	2	3	4	5	6	7	8	9	10	11	12	13	14	15	16	17	

80486CPU
(引脚面)

图 2-12 80486 的引脚面视图

80486 的各引脚功能说明如下。

（1）Vss：电源地线。

（2）Vcc：电源+5V。

（3）D0～D31：数据总线。传送数据信号。

（4）A2～A31：地址总线。与 BE0#～BE3#的组合构成 32 位地址信号。

（5）BE0#～BE3#：字节允许信号。用于选通地址总线的不同部分，以实现对字节、字和双字的读写。

（6）RESET：复位信号。用于中止 80486 的一切操作。

（7）HOLD：总线保持请求信号。总线上另一主设备向 80486 请求总线使用权。

（8）HLDA：总线保持响应信号。80486 放弃总线控制权，进入保持状态。

（9）CLK：时钟信号。为 80486 提供基本定时信号。

（10）W/R#：写/读信号。W/R#=1 时，写有效；W/R#=0 时，读有效。

（11）D/C#：数据/控制信号。D/C#=1 时，传送数据信号，D/C#=0 时，传送控制信号。

（12）M/IO#：存储器/IO 操作。M/IO#=1 表示对存储器读写，M/IO#=0 表示对 I/O 端口读写。

（13）LOCK#：总线锁定信号。禁止其他主设备请求总线使用权。

（14）ADS#：地址状态信号。表示总线周期信号有效，地址及有关控制信号有效。

（15）RDY#：非突发方式就绪信号。表示当前总线周期结束，存储器或 I/O 设备已接收到或已发出数据。

（16）BS8#：总线宽度 8。强制 80486 运行多总线周期，完成单个周期不能接收或不能提供的 32 位数据设备请求。

（17）BS16#：总线宽度 16。强制 80486 运行多总线周期，完成单个周期不能接收或不能提供的 32 位数据设备请求。

（18）INTR：可屏蔽中断请求信号。

（19）NMI：不可屏蔽中断请求信号。

（20）DP0～DP3：数据校验信号。数据总线的每个字节都有校验数据引脚，在写周期时产生数据校验位，在读周期时，校验信息必须回送校验引脚。

（21）PCHK#：校验状态。若为低电平，指出校验出错。

（22）PLOCK#：伪锁定。若为低电平，说明当前总线操作需要一个以上总线周期才能完成。

（23）BRDY#：突发方式就绪信号。系统已准备好突发读/写操作。

（24）BLAST#：突发结束信号。

（25）BREQ#：内部总线周期挂起信号。表示 80486 内部有总线请求。

（26）BOFF#：总线屏蔽信号。强制 80486 在下一个时钟周期内使总线处于高阻态。

（27）AHOLD：地址保持请求信号。在高速缓存无效周期，允许另外的主设备使用地址总线。

（28）EADS#：有效地址状态信号。将一组有效的外部地址送至 80486 的地址引脚上。

（29）KEN#：高速缓存允许信号。该信号有效表示当前周期允许高速缓存。

（30）FLUSH#：高速缓存刷新信号。强迫 80486 刷新其内部高速缓存。

（31）PWT：页面直写信号。反映控制寄存器 CR3 的 PWT 状态或页面属性的 PWT 状态。

（32）PCD：页面禁止高速缓存信号。反映控制寄存器 CR3 的 PCD 状态或页面属性位的 PCD 状态。

（33）FERR#：浮点出错信号。表示浮点运算出错。

（34）IGNNE#：忽略数值错信号。忽略数值错并继续执行非控制型浮点指令。

80386 和 80486 微处理器的内部结构比 8086/8088 微处理器复杂得多，本节只是简要介绍了它们的内部结构及引脚信号的意义，至于它们的内存管理机制、高速缓存机制等，涉及的知识面较广且深，本书不予介绍，有兴趣的读者可阅读专门书籍。

2.3 80386/80486 与存储器的接口

在 80386/80486 微型计算机系统中，存储器由三部分组成，一部分是主存储器， 由动态随机存储器（DRAM）组成，用于存放当前 CPU 运行的程序和数据；另一部分是只读存储器， 存放固化了的基本输入输出系统（BIOS），还有一部分则是为了配合 80386、80486 的高速度和高效率而采用的高速缓存。本节主要介绍 80386、80486 与主存储器和高速缓存的电路。

2.3.1 80386/80486 与主存储器的接口

1．一般存储器接口

一般存储器接口由地址译码器、地址锁存器和数据收发器组成。其逻辑结构如图 2-13 所示。

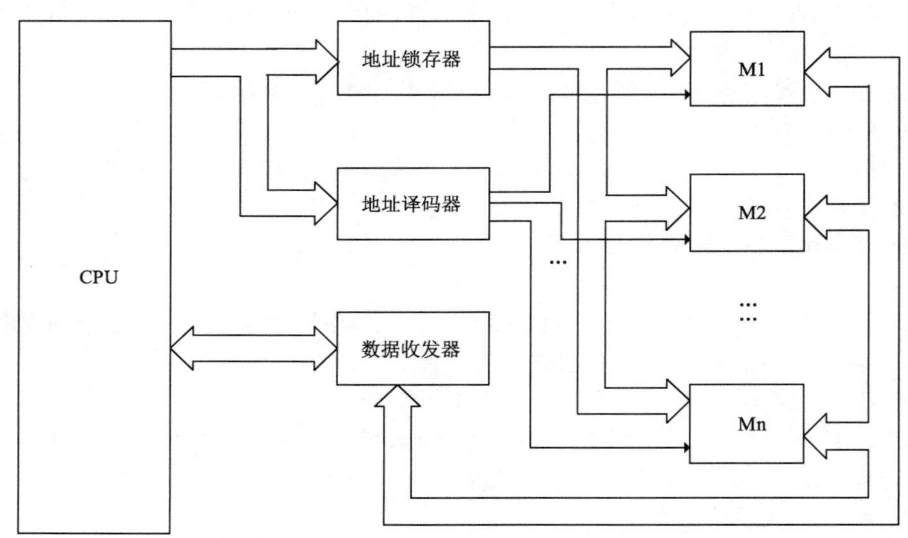

图 2-13　一般存储器接口逻辑

地址译码器的作用是对地址总线上变化的地址信号，产生一个存储器芯片的片选信号，选择不同的存储芯片。

地址锁存器的作用是锁存地址信号，用于选中某存储芯片中的指定单元。是否需要锁存器，依 CPU 的类型或系统的结构而定。一般来说，在两种情况下需要地址锁存器，一种是地址总线与数据总线采用分时共享的情况，此时两种总线的部分或全部引脚公用，CPU 无法在发送地址的同时传送数据，其连接逻辑如图 2-13 所示。另一种是在整个总线周期需要维持地址信号有效，且下一个总线周期的新地址在当前总线周期结束前出现在地址总线上的情况，这种情况是系统采用了流水线的结构，地址信号采用重叠并行传送，在这种情况下，地址译码器放在地址锁存器的前面或放在地址锁存器的后面，地址锁存器将锁存选择存储芯片信号及选择该芯片的内存单元地址信号，以保证在当前总线周期结束之前地址信号一直有效。

数据收发器的主要作用是提高数据总线的驱动能力，如果在某一时刻数据总线的信号同时为多个部件使用，CPU 的输出负载增大，而 CPU 的输出能力是有限的，这时就需要通过数据收发器增大 CPU 的负载能力，所以数据收发器也称为数据收发驱动器，具有双向驱动能力。

地址译码器可由一般 TTL 电路、GAL 电路或 PAL 电路构成。地址锁存器、数据收发器可由一般 TTL 电路构成。一般存储器接口适合于 ROM、EPROM、SRAM。

2．80386/80486 的存储器接口

主存储器可采用静态存储器（SRAM）或动态存储器（DRAM），SRAM 价格较高，集成度低，而 DRAM 价格较便宜，集成度高。因此，IBM PC 系列微型计算机都采用 DRAM，但 DRAM 存储的信息容易丢失，每隔一段时间需要读出放大后再写入，这个过程称为刷新。所以，使用 DRAM 的系统，都需要有刷新电路。

图 2-14 所示为 80386/80486 与 DRAM 的接口电路连接图。

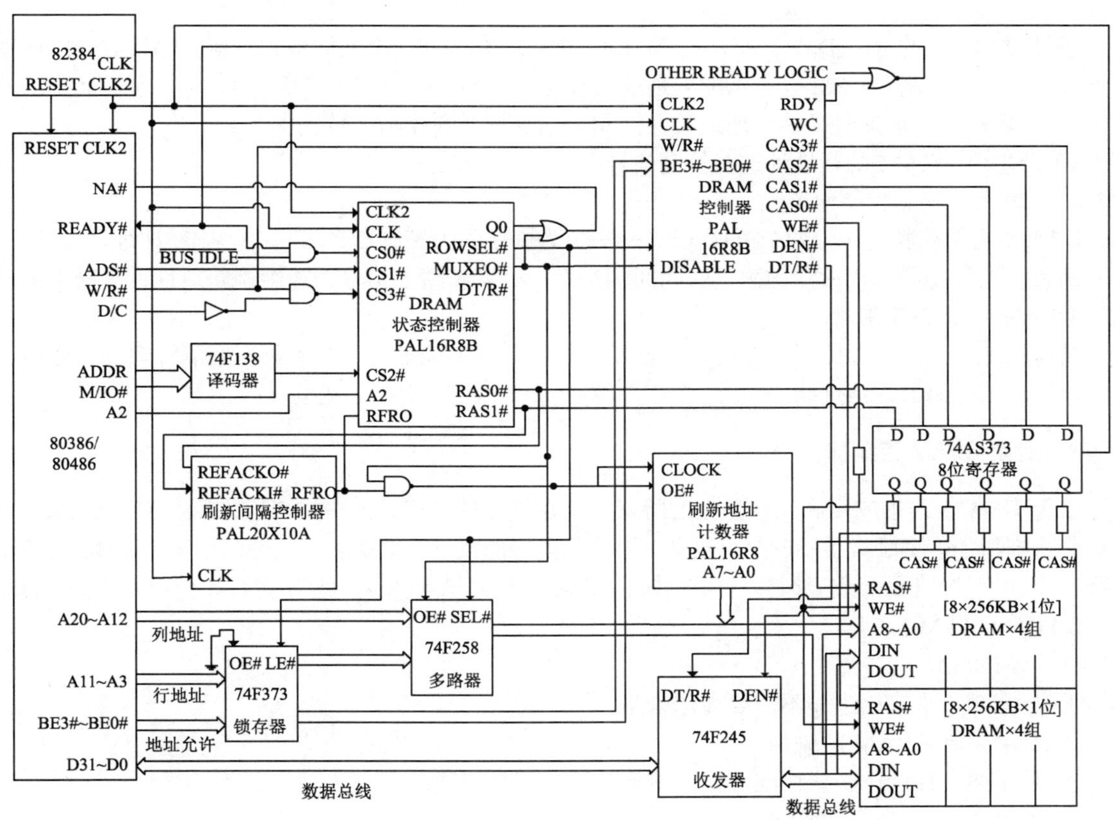

图 2-14　80386/80486 与 DRAM 的接口电路连接图

下面分析图 2-14 所示部件的作用及工作过程。

（1）DRAM 阵列

图 2-14 给出的 DRAM 阵列包含上下两排，每排的长度可任意，图 2-14 中为 256K。每排 32 位宽，垂直划分为 4 个字节列，每列宽度为 8 位（字节），每个字节列有一个列地址选择信号 CAS#，这个信号为两排所共用，以确定选中的 DRAM 的部分字节或全部字节。每一排有一个行地址选择信号 RAS#，用以确定选中上排 DRAM 或下排 DRAM。地址信号 A8～A0 用于确定选中的内存单元。

数据总线 32 位宽，用于将选中的内存单元的数据输出或将数据信息写入选中单元。

（2）DRAM 控制器

DRAM 控制器由两个 16R8B 的 PAL 组成，其中一个为 DRAM 控制器，另一个为 DRAM 状态控制器，二者配合实现对 DRAM 的地址选择和读写控制。

DRAM 控制器用于监视 CPU 的芯片选取、DRAM 的刷新周期、DRAM 周期和监视现行需要刷新的每一排存储器。

① 根据 CPU 送出的 BE0#～BE3#信号产生 CAS0#～CAS3#，控制 DRAM 的列地址选择信号 CAS#，选中要读写的部分字节或全部字节。

② 根据 CPU 送出的 W/R#，产生 WE#信号，对被选中的存储单元进行 DRAM 的读写。

③ 产生 DEN#和 DT/R#信号，控制数据收发器的传送及传送方向。

DRAM 状态控制器用于检测 DRAM 片选信号，当该信号有效时，控制对 DRAM 的读取或写入操作。如果 DRAM 控制电路处于 DRAM 刷新周期，则锁住对 DRAM 的读取操作，待刷新后执行下列操作。

① 检测 CPU 的 READY#、ADS#、W/R#、D/C#、M/IO#、地址信号和刷新间隔计数器的刷新请求信号，产生控制 DRAM 控制器的列地址选择（ROASEL#）和 WE#等信号。

② 产生对多路地址转换器、地址锁存器和数据收发器的控制信号。

③ 产生对 DRAM 的行地址选择控制信号。

（3）DRAM 刷新控制电路

DRAM 刷新控制电路由两个 PAL 组成，一个为刷新间隔控制器，另一个为刷新地址计数器。

刷新间隔控制器：按所需的固定时间间隔产生一个刷新请求信号，送给刷新地址计数器，同时送至 DRAM 的状态控制器。

刷新地址计数器：存储下一个将要被刷新的存储位置的地址，当接到刷新间隔计数的信号后，将此地址送至存储器的地址线。

3．专用 DRAM 控制器

由于 DRAM 的集成度高、容量大的特点，其在微型计算机系统中被普遍采用。但由于 DRAM 需要不断刷新，致使存储器接口变得复杂，为简化电路的设计，出现了一些专门用于 DRAM 的控制电路芯片，可直接应用于微型计算机系统中的 DRAM 控制。W4006AF 是 WACOM 公司专门为 80386 系统设计的 DRAM 控制器。

（1）W4006AF 的特点

① 与 80386 直接相连，不需要外加电路。

② 自动控制 DRAM 的刷新。

③ 采用两个存储体交错访问方式，不需要插入等待周期。

④ 可对 256K～16M 位的 DRAM 直接访问。

⑤ 最多可控制 128 个 DRAM 芯片。

⑥ 采用 CMOS 工艺，功耗低。

（2）W4006AF 的功能结构

W4006AF 的功能结构框图如图 2-15 所示。

① 地址比较电路：将 W4006AF 的地址指定信号与其内部的 A31～A2 的地址信号进行比较，如果一致，则进入工作状态。

② 地址控制电路：由 A31～A2 信号产生对存储器地址单元的选择信号 MA01～MAB1 和 MA02～MAB2。

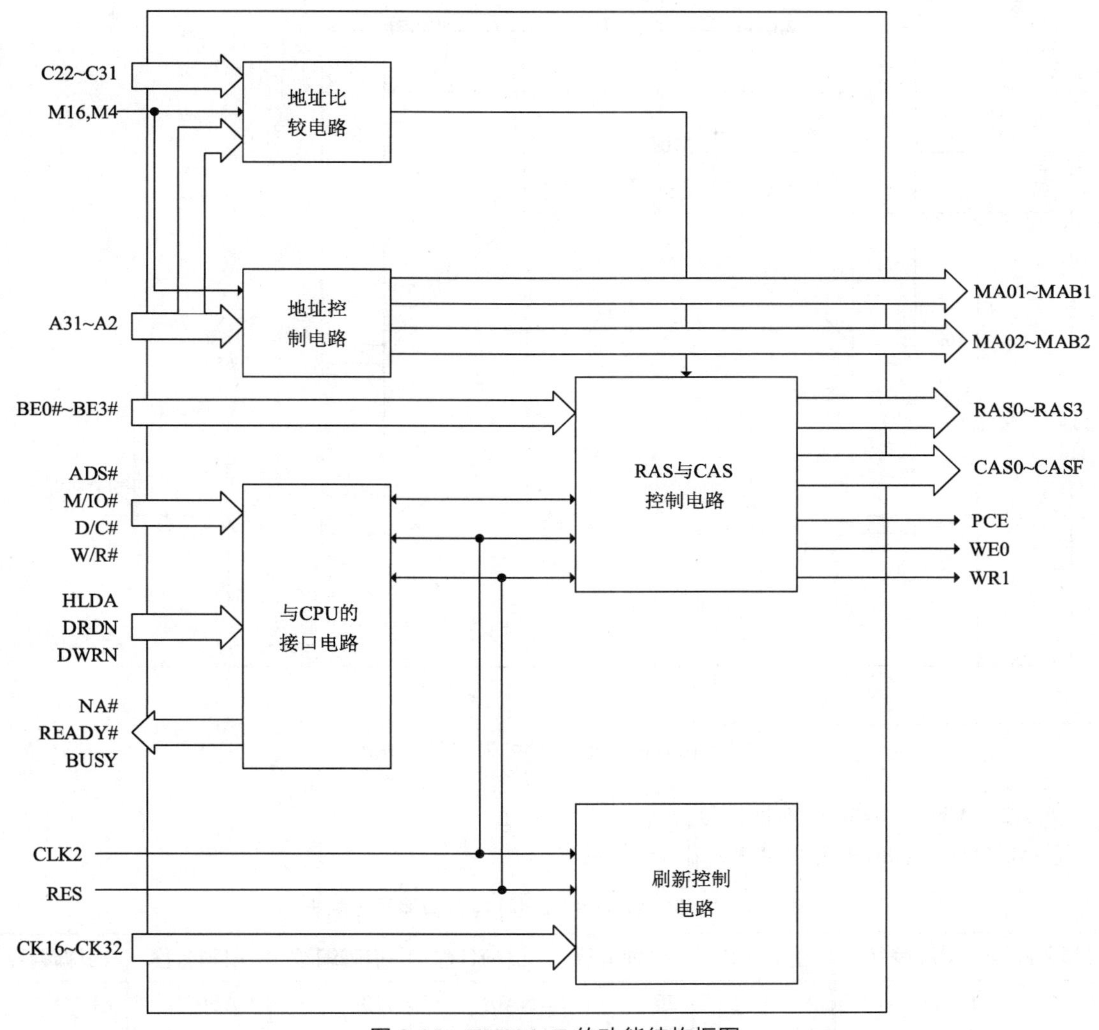

图 2-15　W4006AF 的功能结构框图

③ 与 CPU 的接口电路：对 CPU 的有关存储器操作的控制信号和 DMA 的读写信号进行处理，产生对存储器的行、列地址的控制电路和刷新电路的控制信号，同时产生对 CPU 的请求信号 NA# 和 READY#。

④ RAS 与 CAS 控制电路：根据 CPU 发出的字节选择信号 BE0#～BE3#及控制信号产生对存储器行、列地址的选择信号及读写信号。

⑤ 刷新控制电路：根据 CK16，CK32 指定的刷新工作频率，产生刷新控制信号。

（3）W4006AF 的引脚信号

W4006AF 是一个具有 144 个引脚的大规模集成电路芯片，其外型与引脚排列如图 2-16 所示，引脚编号与名称如表 2-1 所示，各引脚的功能介绍如下。

① VDD：电源+5V。

② Vss：电源地线。

③ C22～C31：W4006AF 的地址指定信号。

④ M4，M16：指定被控制的 DRAM 的容量，见表 2-2。

⑤ BE0#～BE3#：80386 的字节选择信号。

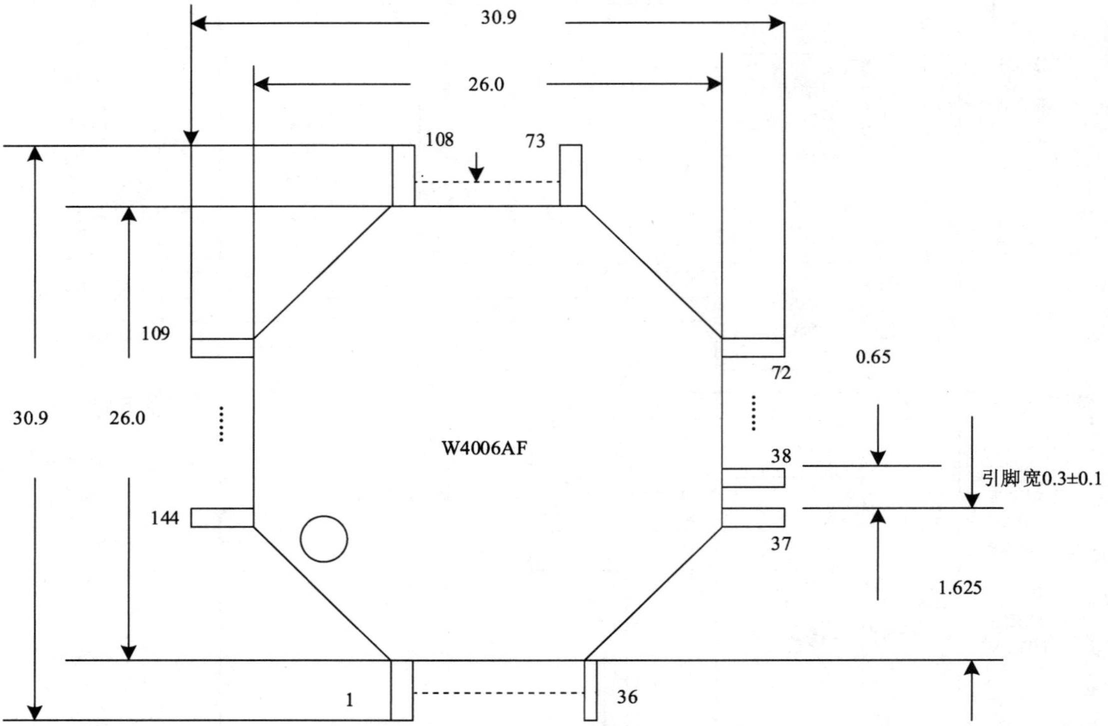

图 2-16　W4006AF 的外形与引脚排列

⑥ A2～A31：80386 的地址信号。

⑦ M/IO#：80386 的存储器/IO 端口选择信号。

表 2-1　W4006AF 的引脚名称与引脚编号对照表

引脚名称	引脚编号	引脚名称	引脚编号	引脚名称	引脚编号	引脚名称	引脚编号
V_{DD}	1，18	A2	20	NA01	110	CAS0	81
	54	A3	21	NA11	111	CAS1	82
	72，73	A4	22	NA21	112	CAS2	83
	90	A5	23	NA31	113	CAS3	84
	117	A6	24	NA41	115	CAS4	87
	126	A7	25	NA51	116	CAS5	88
	135	A8	26	NA61	118	CAS6	92
	144	A9	27	NA71	119	CAS7	93
V_{SS}	3，9，19，36	A10	28	MA81	121	CAS8	97
	37，55，63，78	A11	29	MA91	122	CAS9	98
		A12	30	MAA1	123	CASA	99
	80，85，91，94	A13	31	MAB1	124	CASB	100
		A14	32	MA02	128	CASC	104
	96，101，103	A15	33	MA12	129	CASD	105
	108，109	A16	34	MA22	130	CASE	106
	114，120	A17	38	MA32	131	CASF	107
	127，132						
	138，143						

续表

引脚名称	引脚编号	引脚名称	引脚编号	引脚名称	引脚编号	引脚名称	引脚编号
C22	4	A18	39	NA42	133	RAS0	79
C23	5	A19	40	NA52	134	RAS1	86
C24	6	A20	41	NA62	136	RAS2	95
C25	7	A21	42	NA72	137	RAS3	102
C26	8	A22	43	NA82	139	WR0	77
C27	10	A23	44	NA92	140	WR1	125
C28	11	A24	45	NAA2	141	CK16	71
C29	12	A25	46	NAB2	142	CK32	70
C30	13	A26	47	BUSY	74	DWRN	68
C31	14	A27	48	READY#	75	DRDN	69
M4	15	A28	49	NA#	76	SLOW	17
M16	16	A29	50	ADS#	67	ACT	35
BE0#	59	A30	51	TST	60	PCE	89
BE1#	58	A31	52	RES	61	NC	65
BE2#	57	M/IO#	62	D/C#	53	CLK2	2
BE3#	56	W/R#	64	HLDA	66		

⑧ W/R#：80386 的写/读信号。

⑨ RES：复位信号。

⑩ ADS#：80386 的地址状态信号。

⑪ TST：用来测试内部计数器的信号，可接地。

⑫ HLDA：此信号为低电平时，表示 DMA 方式。

⑬ DRDN：DMA 方式时，来自 DMA 的读信号。

⑭ DWRN：DMA 方式时，来自 DMA 的写信号。

⑮ CK32，CK16：指定 W4006AF 的工作时钟信号的频率，见表 2-3。

⑯ BUSY：此信号有效表示 W4006AF 处于忙状态。

⑰ READY#：对 80386 的就绪（READY#）进行控制的信号。

⑱ NA#：对 80386 的下一个地址（NA#）信号的控制信号。

⑲ WR0，WR1：对存储器的写信号。

⑳ RAS0～RAS3：对存储器的行地址选通信号。

㉑ CAS0～CAS3：对存储器的列地址选通信号。

㉒ MA01～MAB1：对存储器单元地址选择信号。

㉓ MA02～MAB2：对存储器单元地址选择信号。

表 2-2　DRAM 的容量选择

M16	M4	容量
0	0	1MB
0	1	4MB
1	0	16MB
1	1	256MB

表 2-3　时钟信号频率选择

CK32	CK16	频率
0	0	32MHz
0	1	40MHz
1	0	50MHz
1	1	预约

（4）W4006AF 的应用

W4006AF 作为 DRAM 控制器应用于 80386 微型计算机系统中，与 CPU 相连不需要任何外加电路，与 DRAM 连接时，每个控制信号需要接一个 20～47Ω 的阻尼电阻，但需要设置工作方式的相应电路。图 2-17 为采用 W4006AF 作为 DRAM 控制器的接口电路。

① 从图 2-17 中可以看出，80386 CPU 与 W4006AF 的对应引脚直接相连。W4006AF 的输出端通过一个阻尼电阻与 DRAM 阵列的控制端相连。

② WR0，WR1 分别与 DRAM 阵列的 WE#端相连。

③ RAS0～RAS3：分别连接在 DRAM 的 4 个存储体上，作为行地址选择信号，即选择不同存储体。

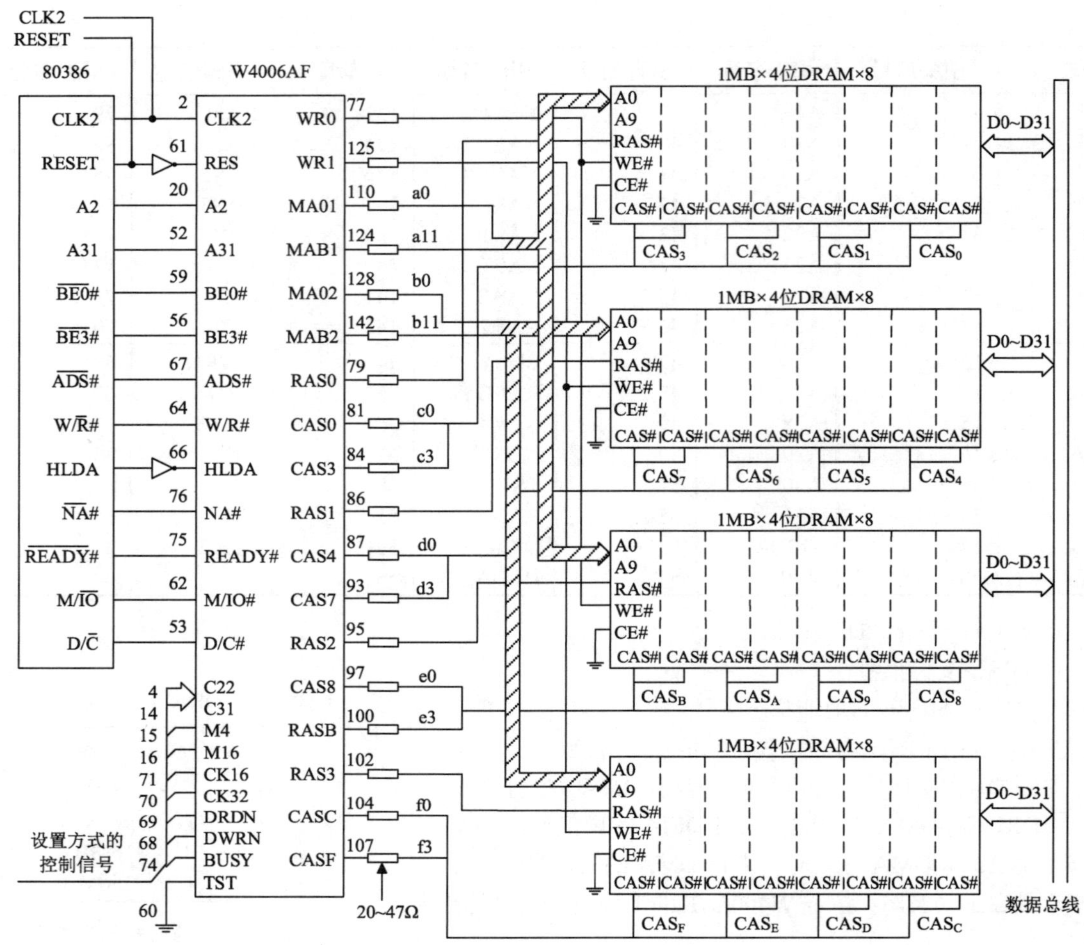

图 2-17　采用 W4006AF 的接口电路

④ CAS0～CAS3：作为第一个存储体的列地址选择信号。

⑤ CAS4～CAS7：作为第二个存储体的列地址选择信号。

⑥ CAS8～CASB：作为第三个存储体的列地址选择信号。

⑦ CASC～CASF：作为第四个存储体的列地址选择信号。

⑧ MA01～MAB1：连接在第一、三个存储体的地址线，作为该存储体上的指定单元的地址。

⑨ MA02～MAB2：连接在第二、四个存储体的地址线，作为该存储体上的指定单元的地址。

4．单列直插存储器模块

一般 80386/80486 微型计算机系统可配接 1M 到数十 MB 的存储器。主板上一般有 4 个或 8 个内存扩充槽，每个扩充槽上可插入一个内存条，称为单列直插存储器模块（single inline memory module，SIMM）。常见的单列直插存储模块有两种：一种是 30 个引脚（简称为 30 线 SIMM），数据宽度为 8 位（无奇偶校验位）或 9 位（有奇偶校验位）；另一种是 72 引脚（简称为 72 线 SIMM），数据宽度为 32 位（无奇偶校验位）或 36 位（有奇偶校验位）。随着 Pentium 和 Pentium Pro 的推出，新出现了一种双列直插存储器模块（double inline memory module，DIMM），其引脚数为 168，数据宽度为 64 位。

30 线和 72 线 SIMM 的外形结构如图 2-18 所示，其引脚编号与引脚名称分别见表 2-4 和表 2-5。

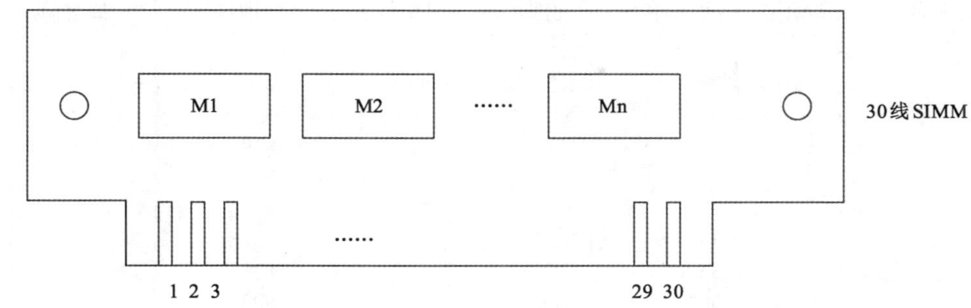

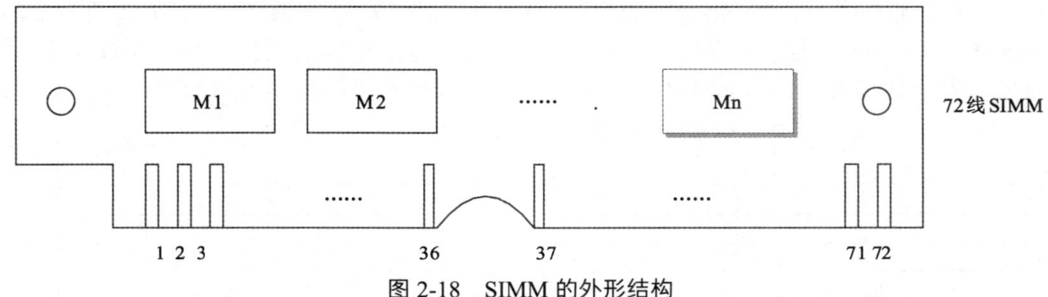

图 2-18　SIMM 的外形结构

表 2-4　30 线 SIMM 的引脚编号与引脚名称对照

引脚编号	引脚名称	引脚编号	引脚名称	引脚编号	引脚名称
1	Vcc	11	A4	21	WE#
2	CAS#	12	A5	22	Vss
3	DQ0	13	DQ3	23	DQ6
4	A0	14	A6	24	NC
5	A1	15	A7	25	DQ7
6	DQ1	16	DQ4	26	Q8
7	A2	17	A8	27	RAS#
8	A3	18	A9（NC）	28	CAS8#
9	Vss	19	A10（NC）	29	D8
10	DQ2	20	DQ5	30	Vcc

表 2-5　72 线 SIMM 的引脚编号与引脚名称对照

引脚名称	引脚编号	引脚名称	引脚编号	引脚名称	引脚编号	引脚名称	引脚编号
1	Vss	19	NC	37	DQ17	55	DQ12
2	DQ0	20	DQ4	38	DQ35	56	DQ30
3	DQ18	21	DQ2	39	Vss	57	DQ13
4	DQ1	22	DQ5	40	CAS0#	58	DQ31
5	DQ19	23	DQ23	41	CAS2#	59	Vcc
6	DQ2	24	DQ6	42	CAS3#	60	DQ32
7	DQ20	25	DQ24	43	CAS1#	61	DQ14
8	DQ3	26	DQ7	44	RAS0#	62	DQ33
9	DQ21	27	DQ25	45	RAS1#	63	DQ15

续表

引脚名称	引脚编号	引脚名称	引脚编号	引脚名称	引脚编号	引脚名称	引脚编号
10	Vcc	28	A7	46	NC	64	DQ34
11	NC	29	NC	47	WE#	65	DQ16
12	A0	30	NC	48	NC	66	NC
13	A1	31	Vcc	49	DQ9	67	PD1
14	A2	32	A8	50	DQ27	68	PD2
15	A3	33	NC	51	DQ10	69	PD3
16	A4	34	RAS2#	52	DQ28	70	PD4
17	A5	35	DQ26	53	DQ11	71	NC
18	A6	36	DQ8	54	DQ29	72	Vss

在每个 SIMM 上，焊接有存储器芯片。存储器芯片的种类较多，常用的存储芯片有 256K × 1 位，1M × 1 位，4M × 1 位，256K × 4 位，1M × 4 位，4M × 4 位等。SIMM 焊有不同的存储器芯片，则印刷电路不同，但作为插入内存扩充槽中的 SIMM 都须遵循表 2-4 及表 2-5 所示接口标准。

图 2-19 所示的是由 256K（或 1M）× 4 位的存储芯片构成的一块 30 线 SIMM。

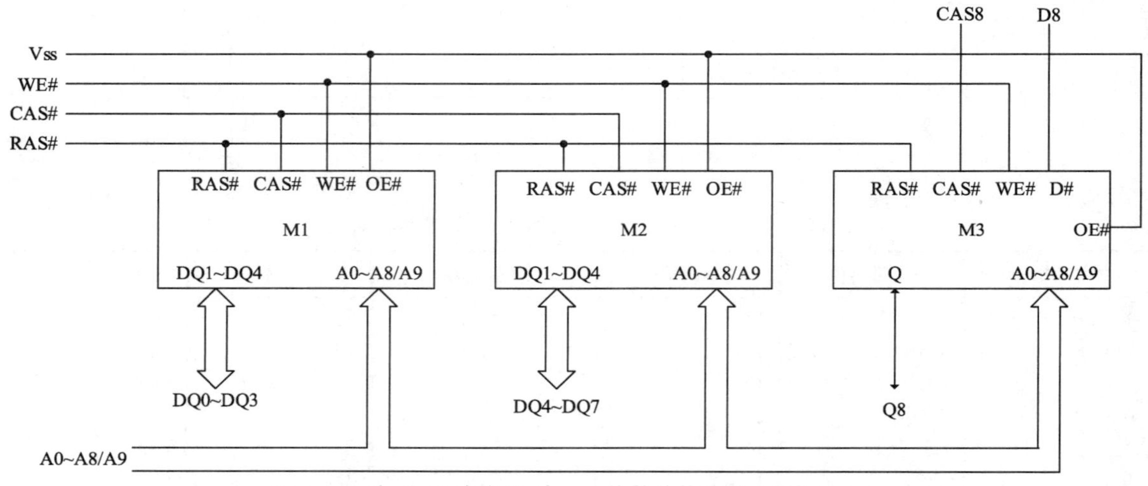

图 2-19 由 256K（或 1M）× 4 位芯片构成的 30 线 SIMM

图 2-19 所示的 SIMM 中采用两块 256KB（或 1MB）× 4 位的芯片（M1 和 M2）和一块 256KB（或 1MB）× 1 位的存储器芯片（M3），其中 M1 和 M2 组合一起为一个字节宽度的数据，M3 为 1 位，作为奇偶校验位，D8 是奇偶校验位的输入，Q8 是奇偶校验位的输出，用于检查 SIMM 工作的正确性。

2.3.2 高速缓冲存储器接口

1．高速缓冲存储器的基本概念

如前所述，当采用动态随机存储器（DRAM）时，需要对 DRAM 不断刷新，在这种情况下，CPU 访问 DRAM 时，若与 DRAM 控制器的自动刷新周期冲突，则须等待。实际上即使不发生冲突，由于 CPU 工作速度高，而 DRAM 的工作速度低，CPU 访问 DRAM 时，也需要插入等待周期，这大大降低了 CPU 的工作速度。若选用工作速度高的 DRAM 或静态随机存储器（SRAM）会增加系统的成本，降低性能价格比。所以，80386、80486、Pentium 系统采用高速缓存的方法提高系统总线的性能，即用小容量的 SRAM 作为高速缓冲存储器（cache），用 DRAM 的低价格、高集成度、体积小的优点获得较大的存储空间，二者结合起来，提高系统的性能价格比。

所谓高速缓存，就是把 CPU 经常访问的指令代码和数据保存到由 SRAM 组成的 cache 中，把不经常使用的指令代码和数据保存在由 DRAM 组成的低速存储器中。

cache 是面向 CPU 工作的存储器，它利用程序对存储器访问的时间上和空间上具有局部区域性的特性，即对于大多数程序来说，在某个时间片内，CPU 会集中地访问内存某一特定的存储区域，譬如，在某时间片内，CPU 执行一段循环程序时，会反复从某段存储区中取指令代码，在某段程序中，反复调用一个子程序；执行压栈和出栈指令时，总是从堆栈中存取数据；等等。此时，如果将存储在 DRAM 的代码和数据放入 cache 中，使 CPU 集中访问 cache，就会大大提高 CPU 的工作速度。cache 在系统中的位置见图 2-20。

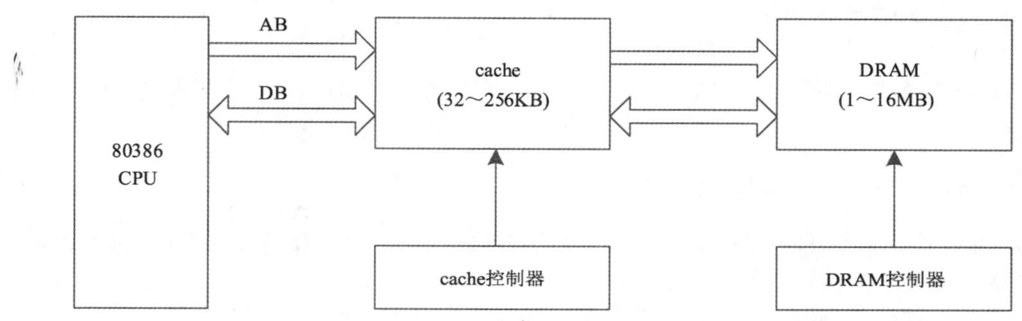

图 2-20　cache 在系统中的位置

开机时，cache 中无任何内容，当 CPU 从主存储器中读取代码和数据时，读取的内容同时被复制到 cache 中。此后，CPU 每次读取主存储器的内容时，cache 控制器检查 CPU 发出的地址，判断要读取的代码或数据是否在 cache 中，若在 cache 中，则称为“命中”，CPU 便可以从 cache 中获得要读的代码和数据，这就比从 DRAM 中获得数据快得多。如果要读的代码和数据不在 cache 中，称为“未命中”，这时，便需要从 DRAM 中获得代码或数据，访问 DRAM 比访问 cache 要花费更多的时间，也就降低了系统的效率。程序中的转移指令会造成非局域性的操作，使“命中”率降低，因此设计 cache 的一个主要的目标是提高 cache 的“命中”率。

2．cache 系统的基本结构及原理

cache 系统一般由 3 部分组成：cache 本体（静态随机存储器 SRAM），cache 与主存的地址映像及变换部件、cache 替换策略。

在微型计算机系统中，cache 的本体配有 32～256KB 的高速存储器，一般由 SRAM 构成。cache 系统的工作原理是将 cache 本体和主存分成大小相同的块，每一块由若干个字节组成。每当 CPU 给出一个内存地址时，cache 系统的地址变换部件对该地址进行判断，该地址是否在 cache 中，若有，则将数据读出或写入；否则从主存中读取或写入，同时将数据写入 cache。如果此时 cache 已满，则根据替换算法，用主存中的块数据替换 cache 中的块数据，并修改有关地址映像关系和 cache 使用标志等。

地址映像是指将主存中的块按什么规则装入 cache 本体。

地址变换是指 CPU 送出地址后怎样将该地址变换成对应的 cache 地址。

cache 与主存地址映像及变换方法一般有 3 种：全相联映像及变换、直接映像及变换和组相联映像及变换。

cache 的替换算法一般有随机算法（RAND）、先进先出算法（FIFO）和最近最少使用法（LRU）。

有关地址映像及变换方法、替换算法及各自的工作原理和优缺点，在计算机组成原理课中已详细论述，本章不再讨论。

2.4 高速缓存控制器 82385

82385 是 Intel 公司推出的专用 cache 控制器，是用于 80386 的 32 位高性能 cache 接口电路。在一个芯片内集成了 cache 目录和所有 cache 控制逻辑。

2.4.1 82385 的引脚信号

82385 有 PGA 和 PQFP 两种封装形式，图 2-21 为 PGA 封装的 82385 引脚图，其引脚功能说明如下所述。

1．82385 与 80386 的接口信号

（1）RESET：80386 的复位，输入。直接连接系统复位端，用于清理 cache 目录的标签位。

（2）A2～A31：80386 的地址总线，输入。直接连至系统地址总线。

（3）BE0#～BE3#：80386 的字节允许信号，输入。直接连至 80386 的同名端。

（4）CLK2：80386 的时钟信号，输入。提供 82385 的定时信号。

（5）READY#：就绪，输出。用以终止 80386 的全部总线周期。

（6）BRDYEN#：总线就绪允许，输出。用以控制送往 80386 的 BREADY#信号。

（7）READYI#：80386 就绪，输入。通知 82385 目前总线周期已完成，以使 82385 追踪 80386 总线状态。

（8）ADS#：80386 的地址状态，输入。通知 82385 新地址及总线周期信号已经输出。

（9）M/IO#：80386 的存储器/IO，输入。直接连至 80386 的同名端。

（10）W/R#：80386 存储器的写/读信号，输入。直接连至 80386 的同名端。

（11）D/C#：80386 的数据/控制，输入。直接连至 80386 的同名端。

（12）LOCK#：80386 的封锁信号，输入。直接连至 80386 的同名端。

（13）NA#：80386 的下一地址请求信号，输出。控制 80386 的并行输出。

2．cache 控制信号

（1）CALEN：cache 地址锁存允许，输出。用于控制 80386 与 cache 地址输入之间的地址锁存器。

（2）CT/R#：cache 发送/接收信号，输出。控制数据收发器发送还是接收。

（3）CS0#～CS3#：cache 芯片选择信号，输出。用于选择 cache 的 4 个字节（32 位）。

（4）COEA#，COEB#：cache 输出允许信号，输出。当此信号有效时，选中 cache 并输出数据。

（5）CWEA#，CWEB#：cache 写入允许信号，输出。当此信号有效时，选中 cache 并将数据写入 cache。

3．局部译码信号

（1）LBA#：80386 局部总线存取信号，输入。该信号有效表示当前总线周期是 80386 存取局部总线部件，而不是存取 cache。

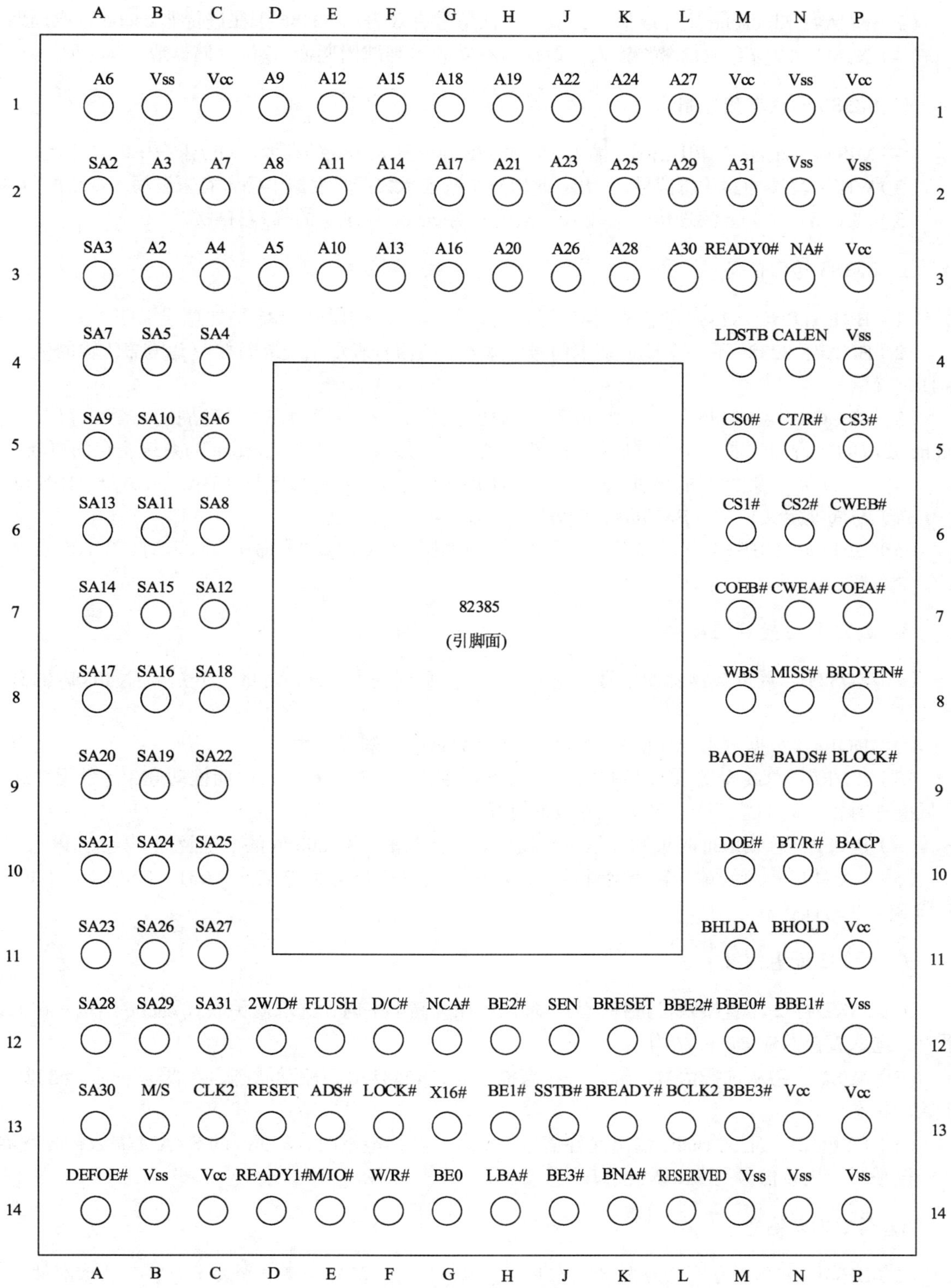

	A	B	C	D	E	F	G	H	J	K	L	M	N	P	
1	A6	Vss	Vcc	A9	A12	A15	A18	A19	A22	A24	A27	Vcc	Vss	Vcc	1
2	SA2	A3	A7	A8	A11	A14	A17	A21	A23	A25	A29	A31	Vss	Vss	2
3	SA3	A2	A4	A5	A10	A13	A16	A20	A26	A28	A30	READY0#	NA#	Vcc	3
4	SA7	SA5	SA4									LDSTB	CALEN	Vss	4
5	SA9	SA10	SA6									CS0#	CT/R#	CS3#	5
6	SA13	SA11	SA8									CS1#	CS2#	CWEB#	6
7	SA14	SA15	SA12									COEB#	CWEA#	COEA#	7
8	SA17	SA16	SA18									WBS	MISS#	BRDYEN#	8
9	SA20	SA19	SA22									BAOE#	BADS#	BLOCK#	9
10	SA21	SA24	SA25									DOE#	BT/R#	BACP	10
11	SA23	SA26	SA27									BHLDA	BHOLD	Vcc	11
12	SA28	SA29	SA31	2W/D#	FLUSH	D/C#	NCA#	BE2#	SEN	BRESET	BBE2#	BBE0#	BBE1#	Vss	12
13	SA30	M/S	CLK2	RESET	ADS#	LOCK#	X16#	BE1#	SSTB#	BREADY#	BCLK2	BBE3#	Vcc	Vcc	13
14	DEFOE#	Vss	Vcc	READY1#	M/IO#	W/R#	BE0	LBA#	BE3#	BNA#	RESERVED	Vss	Vss	Vss	14
	A	B	C	D	E	F	G	H	J	K	L	M	N	P	

82385

(引脚面)

图 2-21　PGA 封装的 82385 的引脚图

（2）NCA#：非 cache 用存取信号，输入。该信号有效表示 80386 正在进行非 cache 存取周期。

（3）X16#：16 位存取信号，输入。该信号有效表示当前周期为 16 位存储器或 I/O 存取。

4．82385 的状态和控制信号

（1）MISS#：cache 未命中信号，输出。当 82385 检测到 80386 的存取 cache 未命中时产生此信号。

（2）WBS：写缓冲器状态信号，输出。此信号有效表示数据收发器中仍含有未被写入系统的数据。

（3）FLUSH：cache 清理信号，输入。该信号将 cache 目录中的标签有效位清 0。

5．82385 接口信号

（1）BREADY#：82385 的输入就绪信号，输入。该信号结束 82385 局部总线周期。

（2）BNA#：82385 下一个地址请求信号，输入。该信号表示系统准备接收并覆盖传输的地址及周期定义信号。

（3）BLOCK# ：82385 的锁存指示信号，输出。此信号有效表示进入锁存周期，在锁存周期内，cache 读取的执行与“非命中”读取相同，但“命中”写入则同时完成 cache 与系统主存的更新。

（4）BADS# ：82385 的地址状态信号，输出。此信号表示有效地址（BA2～BA31，BBE0#～BBE3#）与周期定义信号（BM/IO#，BW/R#，BD/C#）已经产生。

（5）BBE0#～BBE3#：82385 字节允许信号，输出。在 cache“未命中”读取时，82385 会使这些信号有效。

6．数据/地址控制信号

（1）LDSTB：局部数据脉冲信号，输出。在所有写周期中，该信号的上升沿锁存 80386 的数据总线。

（2）DOE#：数据输出允许信号，输出。允许数据收发器发送数据。

（3）BT/R#：总线发送/接收控制信号，输出。在高电平时，在写入周期推动 82385 数据总线，在低电平时，在局部总线上推动 80386 数据总线。

（4）BACP：总线地址时钟脉冲信号，输出。其上升沿锁存 80386 的地址及周期定义信号。

（5）BAOE# ：总线地址输出允许信号，输出。用以控制推动 BA2～BA31，BM/IO#，BW/R# 琳和 BD/C#的锁存器。

7．82385 配置信号

（1）2W/D#：2 路直接映像选择信号，输入。在为高电平时，选取双关联式 cache 结构；在低电平时，选取直接对应 cache 结构。

（2）M/S#：主/从选择信号，输入。在高电平时，82385 处于驱动状态；在低电平时，82385 处于从动状态。

（3）DEFOE#：定义 cache 输出允许信号，输入。在高电平时，82385 的 SRAM 需数据收发器；在低电平时，用该信号与 SRAM 接口。

8．总线仲裁信号

（1）BHOLD：保持信号。在驱动状态时，为输入信号。信号在高电平表示有一个从动部件请求占用总线;在从动状态时，为输出信号，信号在高电平表示请求占用总线。

（2）BHLDA：保持识别信号。在驱动状态时，为输出信号，信号在高电平表示允许从动部件占用总线；在从动状态时，为输入信号，信号在高电平表示总线请求得到允许，可以占用总线。

9．一致性支援信号

（1）SA2～SA31：侦测地址总线信号，输入。直接连至系统地址总线。

（2）SSTB#：侦测脉冲信号，输入。此信号有效表示侦测地址总线输入端上有一个有效地址。

（3）SEN：侦测允许信号，输入。此信号有效表示当前周期为写入周期。

2.4.2　80386 与 82385 的系统总线结构

1．82385 的内部结构

82385 的内部结构如图 2-22 所示。

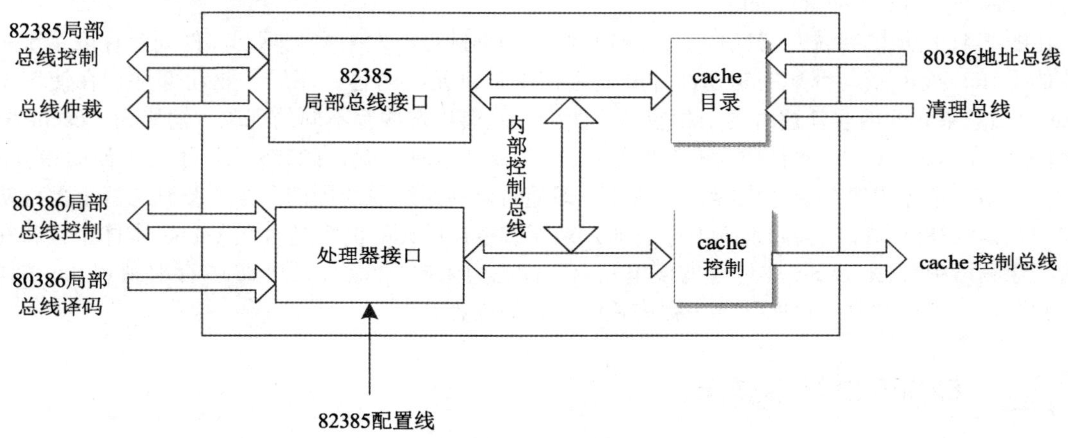

图 2-22　82385 的内部结构

2．80386 与 82385 的系统总线结构

图 2-23 示出了一个典型的 80386 与 82385 的系统总线结构。

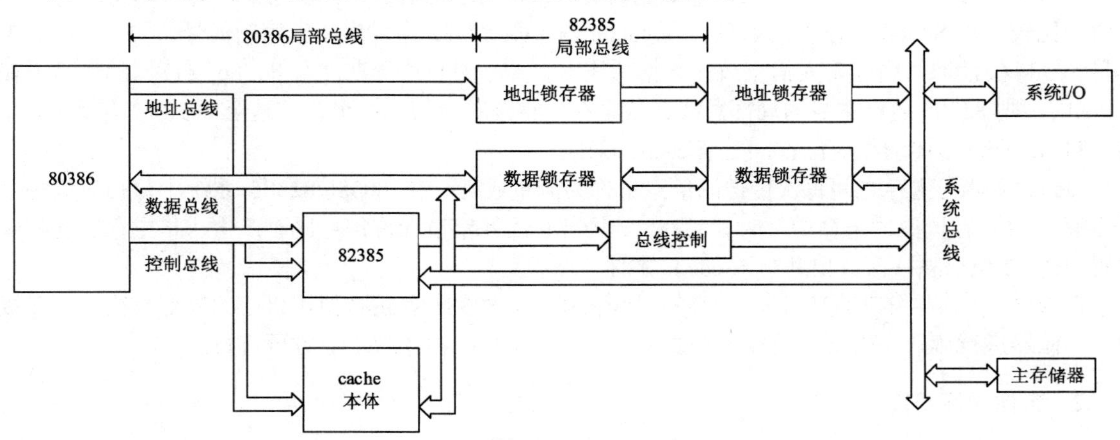

图 2-23　80386 与 82385 的系统总线结构

从图 2-23 可以看出，在 80386 微型计算机系统中加入 82385 cache 控制器后，80386 的总线分成了两个部分：80386 局部总线和 82385 局部总线。80386 的总线由 80386 的数据总线、控制总线和地址总线组成，这些局部数据总线和局部地址总线经过锁存和/或缓冲而形成“系统”地址总线和“系

统”数据总线。局部控制总线通过总线控制逻辑译码产生各种系统总线的读写信号。这两类局部总线可以实现并行操作，即在 80386 对 cache 进行操作的同时，与 82385 局部总线和与“系统”总线相连的其他部件也可以使用系统资源。80386 和 82385 都具有总线仲裁引脚（总线请求和总线请求应答），连接在局部总线上的部件欲使用局部总线时，需要通过总线请求信号向 80386 或 82385 提出占用局部总线，此时 80386 或 82385 会发出总线请求应答信号，给予回答，同时释放局部总线占有权。

2.4.3 82385 的功能

82385 包括了控制 32KB 的 cache 本体所需的所有控制电路及 cache 目录。cache 目录可使得系统的全部主存（4GB）均能映射至 32KB 的 cache 本体上，它既有能控制其直接映像结构的 cache，也有能控制双关联式结构的 cache。

在图 2-41 所示的系统总线结构中，系统总线上的部件可能发生多个驱动部件同时存取系统主存储器的操作，很可能发生某一驱动部件改变主存中某单元的内容，而另一驱动部件正在使用位于 cache 中相应单元的内容，这时两个相应单元的内容就会出现内容不同的现象，这称为“cache 的不一致性”，或称为“cache 本体中含有过时数据”。为防止这种情况，82385 采取了总线侦测的方法，以维护 cache 本体内容与主存内容的一致性，即随时监视系统总线周期，当探测到总线上部件执行写周期时，82385 立即检查此系统内存地址，判断该主存单元的内容是否在 cache 本体中，若在，称为“探测命中”，则 cache 本体中的该单元内容标志为无效，此后，若 80386 存取到 cache 本体中该单元内容，则自动改成存取系统主存中相应单元的内容。

2.4.4 82385 的基本操作

下面介绍 82385 在 80386 各周期中的基本操作。

1. 存储器读周期

在 80386 读取主存中的指令代码或数据时，82385 的地址总线的高位与 cache 目录中的地址标签值相比较。若 80386 要读取的信息已在 cache 内，则 82385 会发出相应控制信号，驱动 cache 本体将 80386 要读取的内存单元信息放在数据总线上，然后终止读周期。若 80386 要读取的信息不在 cache 内，则 82385 通过本身的局部总线，从主存中将该单元信息读出，并送至 80386，与此同时，将其写入 cache 本体的相应位置，更新 cache 目录。

cache 本体与主存之间每次传送的信息量称为流量或行。在 80386/82385 系统中每行对应一个 32 位的双字。在读取“未命中”时，82385 的局部总线 4 字节允许信号同时产生，将主存中的相应位置中的 32 位信息一次读出并写入 cache 本体。

在 82385 读取主存信息时，必须具有总线占用权。82385 若正在使用自己的局部总线，可直接对主存储器进行读取，否则需要经过总线请求程序获得总线占用权之后方可进行。

2. 存储器写周期

82385 具有“直写能力”，这使得 80386 的大多数写存储周期不需要等待周期，若写入的存储单元的内容同时也在 cache 本体中，主存的内容和 cache 本体的内容会同时更新。

在 82385 的直写方式中，锁存 80386 的地址、数据和控制总线周期定义信号。若 82385 处于本身的局部总线周期，必须发出总线请求并获得使用权后，才可对主存进行写入，这时 80386 仍可在正常的等待周期后，结束写周期。这是因为 80386 和 82385 各自完全独立地执行 82385 的局部总线周期。

3．非高速缓存周期

82385 允许在 80386 系统设计时，指定主存中某些存储区的内容不能写入 cache 本体中，系统对该存储区的地址范围译码后，产生一输出信号接至 82385 的非高速存取引脚（NCA#）。这时 cache 的目录不受任何影响，但是数据仍由 82385 将其写入主存。

4．总线侦测周期

在总线周期的地址与周期定义信号的第一个总线状态，82385 识别 80386 的总线周期是读周期还是写周期，是可高速用还是不可高速用等。

在可高速用总线周期，还要将 80386 输出的地址与 82385 中的 cache 目录内容进行比较，再分成命中与非命中两种情况。若当前周期为非高速用周期，82385 将忽略是否命中。

在 82385 拥有总线占用权时，随时探测系统总线周期，若系统总线上的其他部件有写入主存操作时，则立即封锁系统总线，检查 cache 目录，该主存位置的内容是否也在 cache 本体。若同时存在 cache 本体中（称为侦测命中），则将 cache 目录中的标签注为无效。

执行侦测操作并不延迟 80386 的操作，因为在 82385 辨认 80386 的周期时，每隔一个总线状态使用 cache 一次，所以，侦测的查取与 80386 的局部总线查取可交替进行，即 cache 目录是在 80386 的地址与被锁存的系统地址之间分时工作。

2.4.5　82385 与 80386 的接口电路

82385 与 80386 的接口电路如图 2-24 所示。

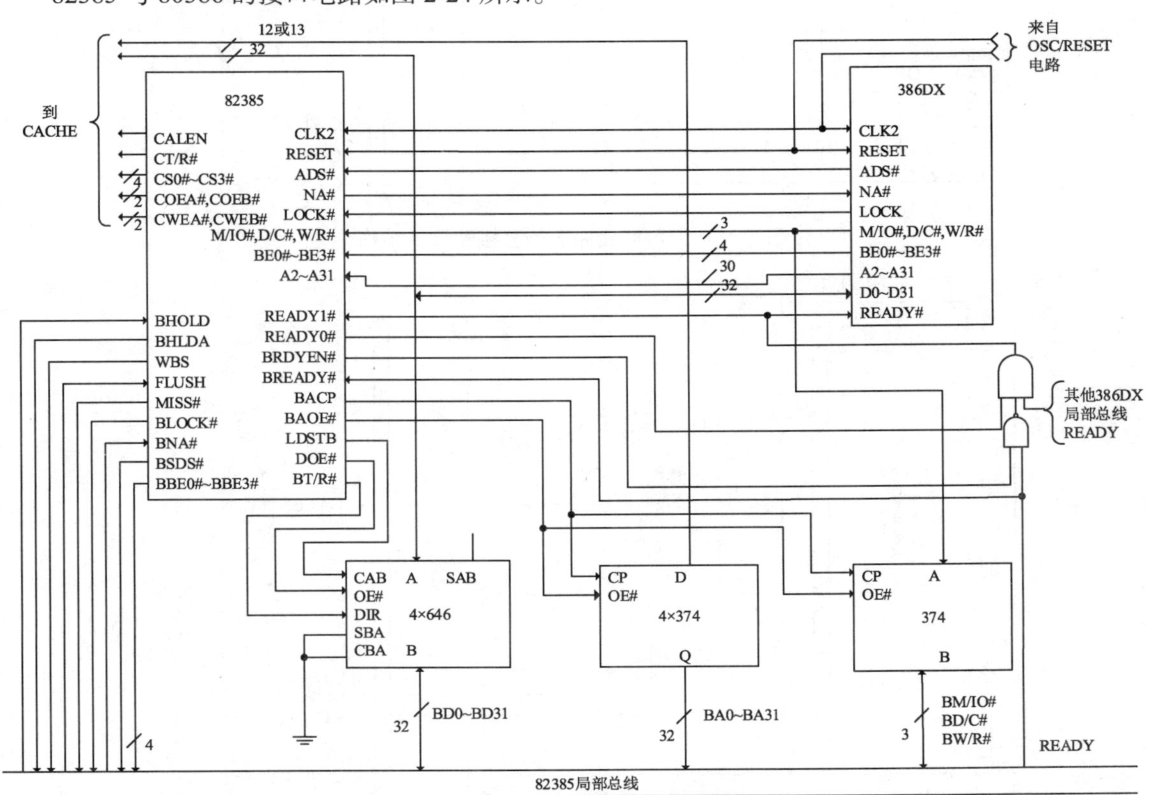

图 2-24　82385 与 80386 的接口电路

从图 2-42 可以看出，82385 在系统中的接口主要由 3 部分组成：第一部分是与 80386 之间的接口，第二部分是与 cache 的接口，第三部分是与 82385 的局部总线接口及与锁存器的接口。

2.4.6 82385 与 cache 本体的连接方式

82385 支持两种 cache 组织结构：直接映像式结构和双关联式结构。这两种结构方式是通过接在 82385 输入引脚 2W/D#的高低电平来选择，当 2W/D#接高电平时，选择双关联式结构，当 2W/D#接低电平时，选择直接映像式结构。

1．直接映像式结构

直接映像式结构也有两种形式，一种是在 80386 数据总线与 cache 本体之间无数据缓冲器的结构，另一种是带有数据缓冲器的结构。这两种连接方法如图 2-25 和图 2-26 所示。

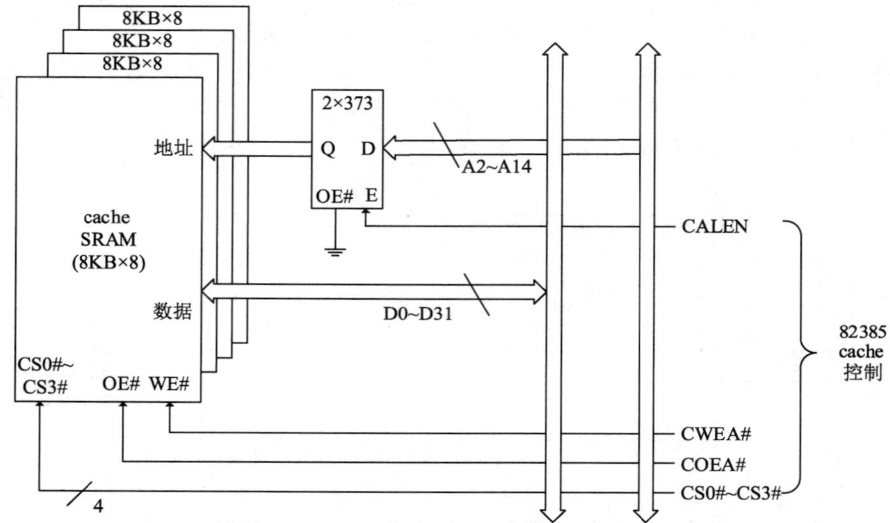

图 2-25 无数据缓冲器的直接映像式结构

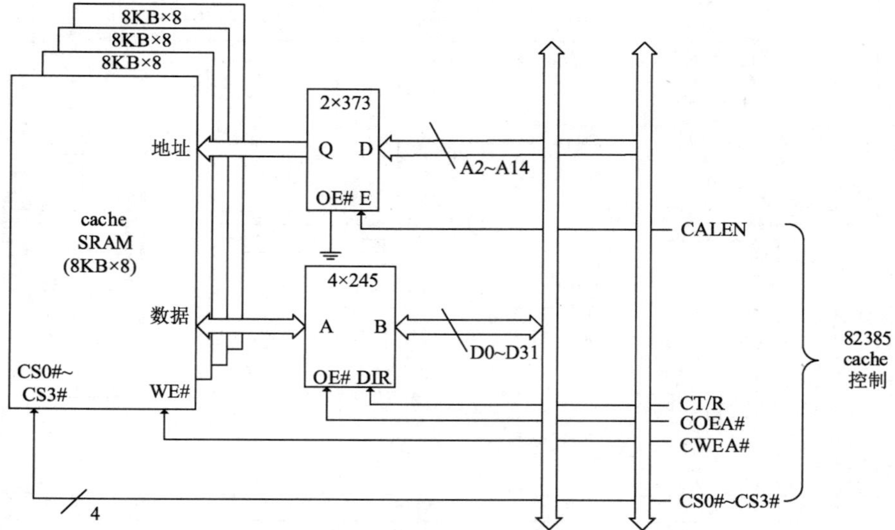

图 2-26 带有数据缓冲器的直接映像式结构

带有数据缓冲器的结构用 CT/R#控制对数据缓冲器的访问，用 COEA#控制数据缓冲器的输出，这种方式的优点是降低对 SRAM 的时间要求，同时也可减轻 80386 数据总线的负载。

2．直接映像式的 cache 结构

在直接映像式结构中，对于 82385 中的 cache 目录，cache 本体与 80386 的主存之间的关系如图 2-27 所示。

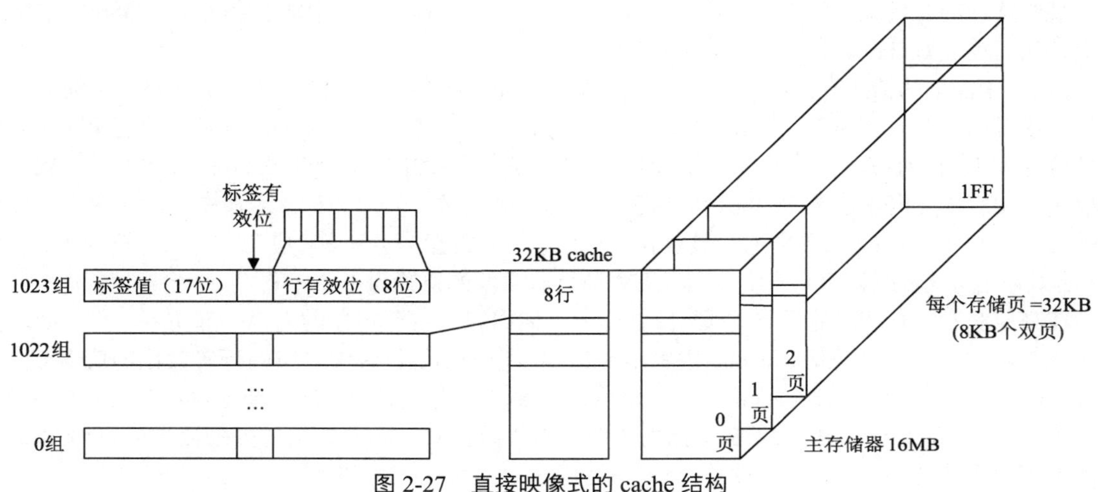

图 2-27　直接映像式的 cache 结构

对于 80386 的主存储器的地址空间可以想象成会有若干个 8K 个双字（32KB）的存储页，每页的长度与 cache 的大小相同。cache 本体可分成 1024 组，每组含有 8 个双字，每个双字称为一个“行”，主存储器与 cache 之间每次传送的信息量为 1 行（1 个双字）。

在 82385 的 cache 目录中，均有一个 26 位的目录项与 cache 本体中的每一组信息（8 个双字）相对应，其信息结构如图 2-28 所示。

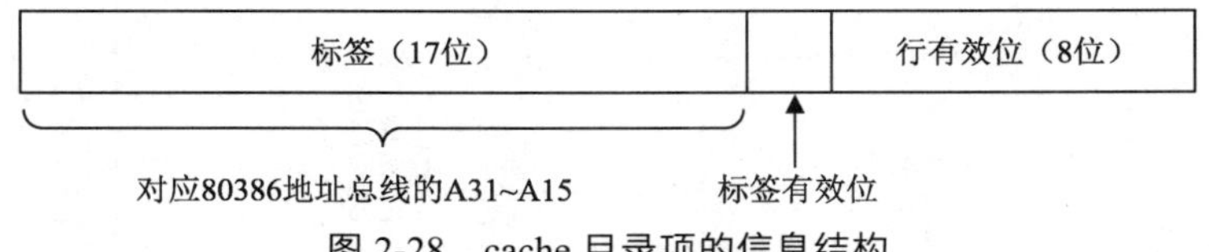

图 2-28　cache 目录项的信息结构

cache 目录项中有 17 位标签位，指出主存储器存储页的编号，记载目前 cache 本体实际所包含的“行”的内容是来自哪一个 32KB 的主存储页。

标签有效位表示每一组 cache 中行的内容值是否有效，当标签有效位为 0 时，该组内 8 个行的内容都被认为无效；若标签有效位为 1，该组每行的内容是否有效取决于行有效位，每组有 8 个行有效位，每位对应于组内的一行，若行有效位为 1，则其对应的行的数据有效，否则无效。

82385 将 80386 的地址（A2～A31）分为 3 个区段，如图 2-29 所示。

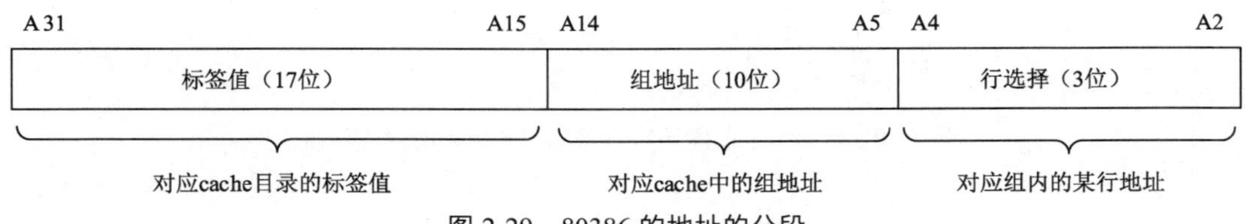

图 2-29　80386 的地址的分段

其中，A31～A15 对应 cache 目录中的 17 位标签位，A14～A5 构成 10 位的组地址，对应 cache 内的某一组，A4～A2 则对应该组内的 8 行中的某一行。A14～A2 合在一起为一个 cache 本体中的地址，每次从 cache 本体中选一个存储行。

在 80386 进入存储器读周期时，82385 以 10 位的组地址在 cache 目录中选择其中一组，再以 3 位的行选择值中的行有效位中选其一，形成 13 位 cache 本体的行地址，选取 cache 本体的一个双字。同时，82385 将 80386 发出的主存地址的高 17 位与 cache 目录中的 17 位标签值相比较，若两者相同，且所选行的有效位的值亦为 1，则为命中，则将 cache 本体中选中的双字置于 80386 的数据总线上，从而完成 cache 命中的存储器读取操作。

cache 未命中的情况有两种：一是标签未命中，即地址总线的高 17 位与 cache 目录中的标签值不同，或者标签有效位为 0；二是行未命中，即地址总线的高 17 位与 cache 目录中的值相同，标签有效位亦为 1，但对应的行有效位为 0。对于这两种情况，82385 都会将 80386 的存取通知系统，将读取主存相应单元内容送至 80386，同时也写入 cache 本体。若原为标签未命中，此时须将地址总线的高 17 位写入 cache 目录中的标签栏，并将标签有效位置为 1，将对应的行有效位置为 1，其余 7 个有效位清 0。若原为行未命中，则只需将原行有效位的值置为 1。

在高速缓存操作中，在写入命中时，cache 本体内容与主存储器的内容一起更新，但 cache 目录不受影响；在侦测命中时，cache 内容不受影响，但 cache 目录中对应的行有效位的值清 0；在 82385 复位与清理 cache 时，cache 目录中的 cache 标签有效位清 0，从而使 cache 内容全部失效。结合图 2-27、图 2-28、图 2-29 和上面的说明，直接映像式 cache 结构的处理流程可以用图 2-30 所示的流程图表述。

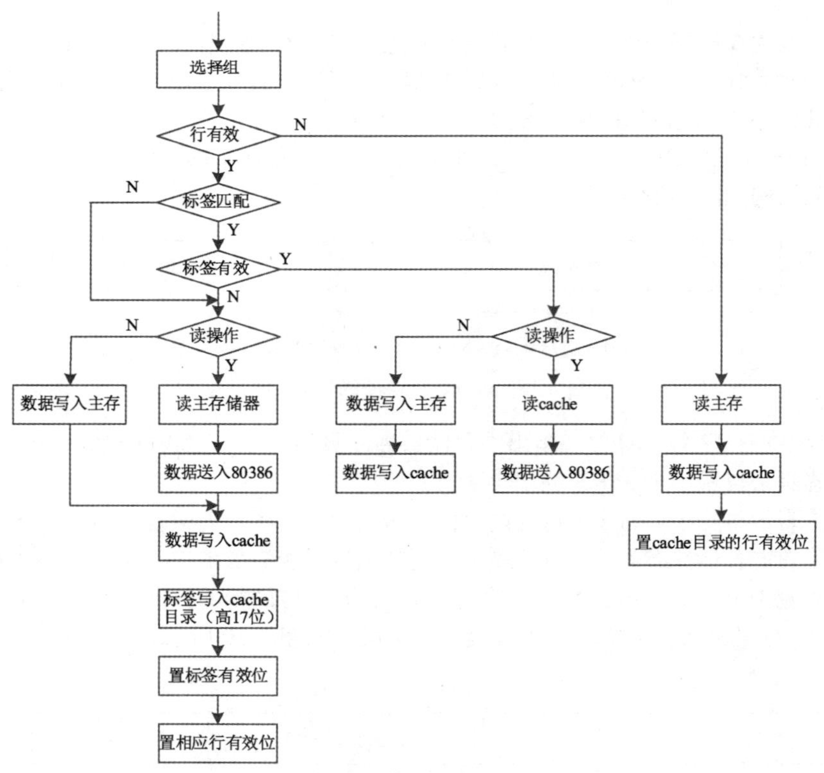

图 2-30 82385 控制的直接映像 cache 结构的处理流程

3．双关联式结构

双关联式结构也有两种形式，一种是在 80386 数据总线与 cache 之间无数据缓冲器的结构，一种是带有数据缓冲器的结构。这两种结构的连接方法如图 2-31 和图 2-32 所示。

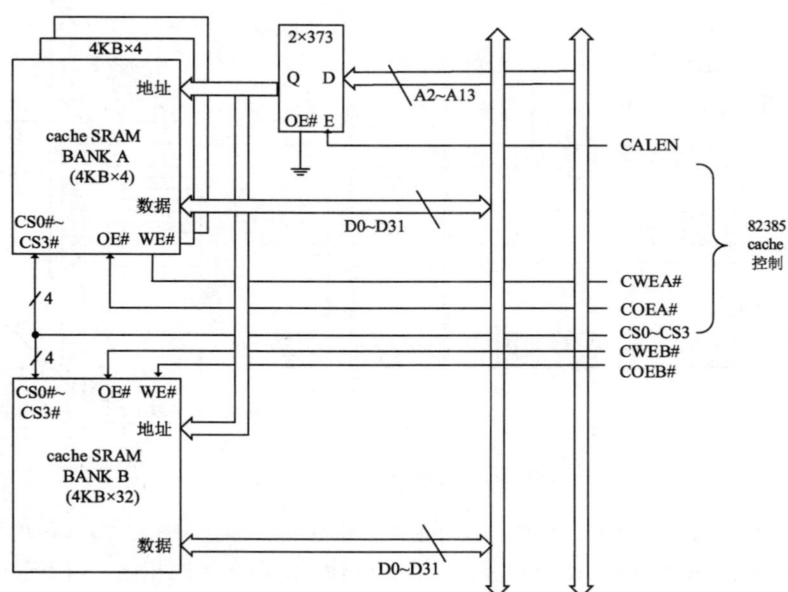

图 2-31　无数据缓冲器的双关联式结构

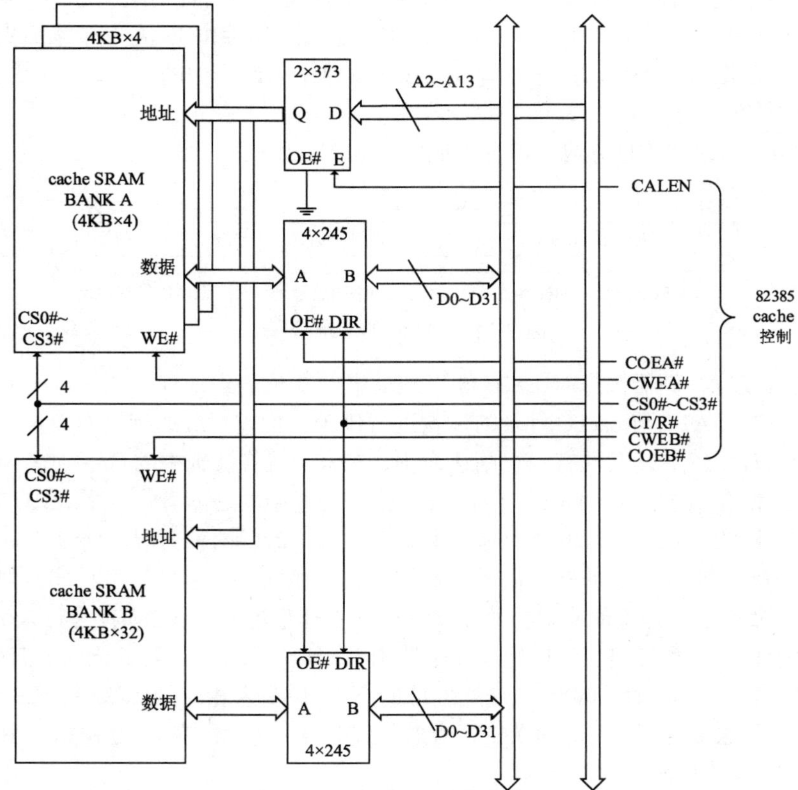

图 2-32　具有数据缓冲器的双关联式结构

4. 双关联式 cache 结构

双关联式 cache 本体、cache 目录与主存储器地址之间的关系如图 2-33 所示。

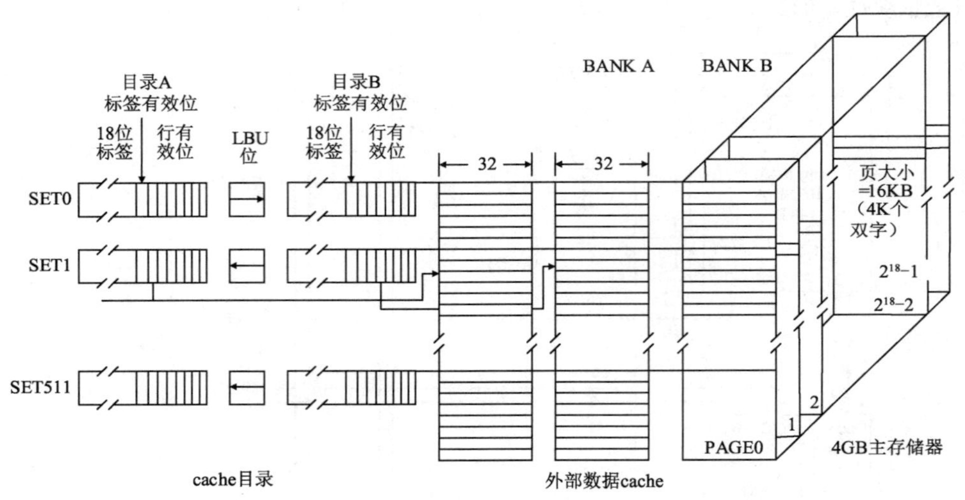

图 2-33 双关联式 cache 结构

32KB 的 cache 本体分成两排，A 排（BANKA）和 B 排（BANKB），每排各具有 4K 个双字，主存储器中的存储页，每页也是 4K 个双字，与直接映像式 cache 结构相比，相当于页长度减半，但页的数量增加一倍，所以 cache 目录的标签栏为 18 位。cache 本体中的 1024 组分为两排，每一排各含 512 组，每一组中仍含有 8 行，每行为一个双字。主存储器中具有相同编号的行对应在 cache 本体的两个行上。cache 目录上增加了一个 LRU 位（最近最少使用位），在发生未命中读取时，系统从主存储器中读取数据送至 80386，同时写入 cache 本体中的两排中的一排，82385 通过查看 LRU 位选择写入两排中的哪一排。

82385 将 80386 的地址信息分成 3 部分，如图 2-34 所示。

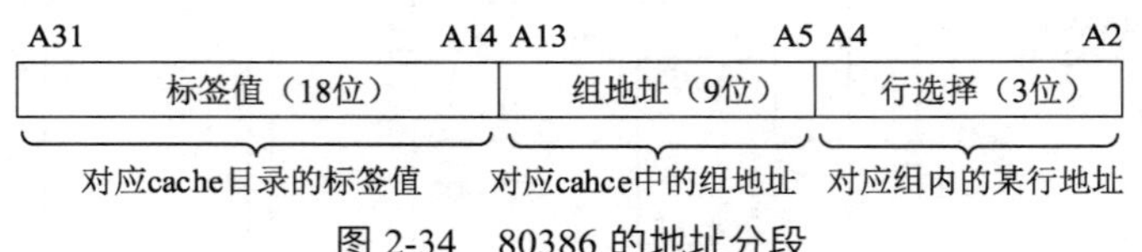

图 2-34 80386 的地址分段

在 80386 进行读取存储器操作时，82385 以地址中的 9 位的组地址，从每排的 512 组中选择其中一组，同时将 A31～A14 与 cache 目录的标签进行比较，检查对应的标签有效位和两组中的行有效位，在两个组同时比较中，发现有一组高速命中，82385 就将被选中的双字放在 80386 的数据总线上。若选中的数据在 A 排，则将 LRU 位指向 B 排，若选中的是 B 排，则将 LRU 位指向 A 排。

在双关联式结构的 cache 中，也分为标签未命中和行未命中两种情况。将 80386 送出的地址的高 18 位与 cache 中 A 排和 B 排的标签值进行比较，若不相同，或者标签位相同，但标签的有效位为 0，称为标签未命中；若标签的有效位为 1，而对应的行有效位为 0，则称为行未命中。

若标签未命中，则从系统中相应地址单元中读出数据送给 80386，与此同时，若 LRU 位指向 A 排，则读出的数据写入 A 排，而 80386 送出的地址的高 18 位写入相应的标签栏，将标签有效位置 1，将相对应的行有效位也置为 1，其余的 7 位行有效位置为 0。这时再将 LRU 位指向 B 排。每一次的未命中都会将 LRU 位指向另一排。

在写入命中发生时，同时更新 cache 本体中的某一排中对应行的内容和主存储器的内容。在指定排的内容更新时，LRU 位指向另一排。

在侦测命中发生时，使指定排 cache 中的指定行的内容变为无效，其对应的 LRU 位指向该排，在此后发生未命中读取时，若取到相同编号的行，即可放入该排内容已过时的行位置上。

复位和清理 cache 的操作是将所有的标签有效位置 0。

2.5 小结

本章介绍了微型计算机的内部接口，即微处理器与存储器的接口，包括与 ROM、DRAM 和 cache 的接口。

微处理器自发明以来，技术架构已历经数代革新，其功能越来越强，速度越来越高。在处理器发展过程中，最具代表性的是 Intel 公司的 80386 和 80486，它们都是全 32 位的 CPU。80486 与 80386 的差别在于前者集成有 8KB 的内部 cache 和一个相当于 80387 的数学协处理器。

DRAM 是计算机系统中最重要的内存储器，CPU 与 DRAM 之间的接口电路可以由小规模的集成电路实现，也可以使用专用的 DRAM 控制器。W4006AF 是专门为 80386 设计的 DRAM 控制器，与 80386 直接相连，用于自动控制 DRAM 的刷新。在 80386/80486 微型计算机系统中使用最多的 DRAM 是标准化了的存储器条，有 30 线、72 线和 168 线 3 种。

cache 是为了减少由于 CPU 等待 DRAM 操作完成，而使系统性能下降而引入的高速存储器。在某些 80386 中就带有 64～128KB 的 cache，在 80486 以后的 CPU 中都有部分内部 cache，但由于其容量较小，在外部仍需要增加 cache（称为二级 cache）。cache 由组成其本体的 SRAM 和 cache 控制器组成，82385 就是一种用于 80386 的专门的 cache 控制器。

2.6 思考题

1. 解释下列名词

（1）DRAM	（2）SRAM	（3）ROM	（4）cache
（5）MMX	（6）扩展内存	（7）扩充内存	（8）影子 RAM

2. 8086 到 Pentium Ⅳ各个 CPU 的特点分别是什么？
3. 80386 和 80486 分别是多少位的 CPU？它们的异同点是什么？
4. 什么是 80386 的实地址方式、保护虚地址方式和虚拟 8086 方式？
5. 什么是数学协处理器？
6. 什么是内存条？现在使用的内存条有几种？
7. 在 80486 微型计算机中使用的是 30 线的内存条，至少应插入几条？为什么？
8. 在 80486 微型计算机中使用的是 72 线的内存条，至少应插入几条？为什么？
9. 82385 是完成什么功能的芯片？
10. cache 由几部分组成？各部分的功能是什么？
11. 为什么在 80386 以后的微型计算机系统中才使用 cache？
12. 为什么在 80486 和 Pentium 等 CPU 的内部已经集成了 cache，仍需要外加 cache？

2.7 实验设计

试设计一个电路，该电路能将 4 条 30 线的内存条转换成 72 线的内存条使用。

第 3 章 汇编语言程序设计

计算机系统配有各种编程语言。用户在开发研制各种系统软件和应用软件中，有可能同时使用几种不同的编程语言来实现，以便发挥不同语言的特点。由于本书主要介绍 IBM PC 系列微型机系统的硬件接口，故采用汇编语言编制相关程序。本章将对汇编语言的基本格式、输入输出指令、中断指令和汇编语言程序设计方法与实例进行介绍。

3.1 汇编语言的基本格式

汇编语言与高级语言有较大的区别，语句与机器的种类和型号密切相关。在汇编语言中，一条语句对应一条机器指令。

3.1.1 字符集

汇编语言语句的基本元素是字符。可以说，汇编语言是服从一定语法规则的字符序列的集合。Microsoft 的宏汇编语言由下列字符组成。

① 英文字母：A～Z 和 a～z。

② 数字字符：0～9。

③ 算术运算符：+，-，*，/。

④ 关系运算符：<，=，>。

⑤ 分隔符：,，:，;，（，），[，]，'，（空格），TAB（制表符）。

⑥ 控制符：CR（回车），LF（换行），FF（换页）。

⑦ 其他字符：$，&，_（下画线），？，@，%，!。

用汇编语言编写的程序中的指令助记符、伪指令助记符、各种运算符、分隔符和控制符以及用户自定义的标识符等，都必须由上述字符组成，其他字符都是非法的，宏汇编程序都不识别。

3.1.2 汇编语句格式

下面通过一个简单的汇编语言程序，来观察汇编语言程序的结构和汇编语言语句的格式。

```
DSEG    SEGMENT                     ;数据段开始
DATA1   DB        13H，26H          ;原始数据
DATA2   DW        0                 ;保存结果单元
DSEG    ENDS                        ;数据段结束
SSEG    SEGMENT   STACK             ;堆栈段开始
SKTOP   DB        20 DUP（0）
```

```
SSEG    ENDS                                ;堆栈段结束
CSEG    SEGMENT                             ;代码段开始
        ASSUME  CS：CSEG，DS：DSEG
        ASSUME  SS：SSEG
START:  MOV     AX，DSEG                    ;初始化数据段基址
        MOV     DS，AX
        MOV     AX，SSEG                    ;初始化堆栈段基址
        MOV     SS，AX

        MOV     SP，LENGTH SKTOP            ;设置堆栈指针
        MOV     AL，DATA1                   ;取第一个数据
        MOV     AL，DATA1 + 1               ;与第二个数据相加
        MOV     BYTE PTR DATA2， AL         ;保存结果
        MOV     AH，4CH
        INT     21H                         ;返回 DOS
CSEG    ENDS                                ;代码段结束
        END     START                       ;源程序结束
```

从上面的程序可以看出，汇编语言程序是若干汇编语言语句的有序集合。一个语句是一条指令语句、伪指令语句或宏指令语句，每个语句单独占一行，最后以行终止符（回车符）结束。每个语句最多由 4 个域（标号域、操作符域、操作数域和注释域）组成。一般格式如下。

［标号］ 操作符 操作数 ［； 注释］

其中标号域和注释域是可选项，并非在每个语句中必有，而是视需要而定。操作符域必须有，操作数的有无及多少因指令或伪指令不同而异，按其需要设置。

1．标号

标号（有时也称为名字）。是程序设计人员自己定义的标识符号，标号用来表示数据、数据在内存中的地址及指令代码在内存中的地址。在编程时，如果某个内存单元被用作计数单元、工作单元、数据表的起始单元、程序的入口或由于某种原因需特殊表明，就用标号来标识该单元。标号的值就是该单元与其所处段基址的偏移量。

（1）标号的组成规则

① 组成标号的字符：A～Z，a～z，0～9，$，_（下画线）。

② 标号的最大长度为 31（字符个数）。

③ 标号的第一个字符不能为数字。

④ 机器指令语句中，标号必须以冒号结束；伪指令语句中，标号后不允许有冒号。

汇编语言本身对机器指令的助记符号、伪指令助记符号和寄存器名字都已作了定义，称为保留字。编程时定义的标号通常称为自定义名字，不要用保留字作为自定义名字，以免混淆。

（2）标号的属性

标号具有 3 种属性：段、偏移量和类型。

① 段属性。标号总是处于某个段中，其所处段是其段属性，段属性值可以用 SEG 算符得到。标号处于代码段，其属性值为代码段寄存器 CS 的内容；标号处于数据段时，其属性为数据段寄存器 DS 的值；等等。

② 偏移量属性。标号与其所处段的基址的距离（字节数）称为偏移量，偏移量可由 OFFSET

算符得到，偏移量是一个无符号的 16 位二进制值。

③ 类型属性。标号有 7 种类型：BYTE，WORD，DWORD，QWORD，TBYTE，FAR 和 NEAR。

当标号表示数据在内存的地址或工作单元的地址时，伪指令 DB，DW，DD，DQ 和 DT 就规定了其属性为字节、字、双字、四字和十字节属性，如上例中的 DATA1 为字节属性，DATA2 为字属性。

当标号表示机器指令代码中的地址时，类型 FAR 和 NEAR 规定了该标号是否可被其他代码段的指令引用。如果其类型为 FAR，则标号可被其他代码段中指令引用；若类型为 NEAR，则只允许本代码段中的指令引用。

标号类型值可用 TYPE 算符求得。标号类型值见表 3-1。

表 3-1　标号类型值

标号类型	字节类型（BYTE）	字类型（WORD）	双字类型（DWORD）	四字类型（qWORD）	十字节类型（TBYTE）	近类型（NEAR）	远类型（FAR）
类型值	1	2	4	8	10	-1	-2

标号在标号域出现，称为对标号的定义；标号在操作数域出现，称为对标号的引用。

同一个标号在标号域中只允许出现一次（等号伪指令定义的标号除外），若多次出现，则为重复定义；引用的标号必须在标号域中出现过，若未在标号域中出现过，该标号即为未定义标号。重复定义或未定义都是不允许的，汇编程序都会给出错误信息。

2．操作符

操作符可以是指令助记符、伪指令助记符和宏指令（宏名字）符号。操作符可以从一行的开始书写（无标号时），也可以从标号后开始书写（有标号时）。标号与操作符之间以冒号、空格或制表符分隔，操作符与操作数之间以空格或制表符分隔。如果操作符后无操作数或注释，则以行终止符（回车符） 结束。

3．操作数

操作数是操作符的操作对象，它可以是数据本身、标号、寄存器名字或表达式。语句中有多个操作数时，彼此间用逗号分隔。操作数后有注释时，以分号结束；无注释时，以行终止符结束。

4．注释

注释是对程序段功能或语句在程序中的作用的说明，目的是使自己或他人在阅读、分析程序时，便于对程序各部分的逻辑关系有一个大致的了解。注释可由任意多个字符组成。注释以分号开始，以行终止符结束。如果在一行中写不下全部注释时，可以写多行，但每行注释都必须以分号开始。

注释对于程序的分析、调试和资料整理是极其有用的，尤其在编写大型软件时更是如此。

3.2 寻址方式

指令中提供操作数或操作数地址的方法，称为寻址方式。换句话说，寻址方式是规定如何对指令代码中操作数字段进行解释以找到操作数的方法。各类处理器的寻址方式是类似的，下面将以 8086／8088 指令为例，对其进行介绍。

3.2.1 操作数的种类

指令操作对象称为操作数，指令的操作数的种类如下。

① 立即操作数。指令要操作的数据在指令代码中，称其为立即操作数。

② 存储器操作数。指令要操作的数据在内存单元中存放，称其为存储器操作数。

③ 寄存器操作数。指令要操作的数据在寄存器中存放，称其为寄存器操作数。

④ I/O 端口操作数。指令要操作的数据来自或送到 I/O 端口，称其为 I/O 端口操作数。

有的指令有两个操作数：一个称为源操作数，在操作过程中不改变原值；另一个称为目标操作数，操作后一般被操作结果代替。有的指令只有一个操作数，或为目标操作数，或为源操作数。在接口编程中用到的 IN 和 OUT 指令里面有两个操作数。

3.2.2 寻址的种类

8086／8088 指令系统具有多种寻址方式，一般归纳为以下 9 种方式。

寻址的种类

（1）固定寻址

指令要操作的对象隐含在指令的代码中，即代码中没有明确的操作数字段，这种寻址方式称为固定寻址。

如 BCD 码加法调整指令 DAA，对 AL 进行操作，而不是对其他寄存器操作；DAA 的指令代码中并没有明确表明 AL 的字段。

（2）立即寻址

指令要操作的数据在指令代码中，当指令代码取出来时就立即得到了操作数。

例如以下代码。

```
MOV AX，4054H;
```

指令的源操作数就是立即寻址方式，其指令代码为 B85440，代码中含有要操作的数据 4054H。该指令的功能是将立即数 4054H 送入 AX 中。

立即寻址只能用于源操作数的寻址。

（3）寄存器直接寻址

在这种寻址方式中，被寻址的寄存器编码由指令的操作数字段给出，寄存器的内容就是操作数。

例如以下代码。

```
MOV CX，BX;
```

指令代码为 89D9H。该指令的功能是将 BX 的内容送入 CX。

寄存器直接寻址既可用于源操作数寻址，又可用作目标操作数寻址。在具有两个操作数的指令中，除源操作数寻址方式为立即寻址的指令外，其中一个操作数的寻址方式必须是寄存器直接寻址。

（4）寄存器间接寻址

在这种寻址方式中，指令代码指出作为地址指示器的寄存器代码，寄存器的内容为操作数的有效地址。这些寄存器必须是 BX，SI 或 DI。在指令代码中，它们的名字用方括号括起来。

例如以下代码。

```
MOV [SI], DX;
```

目标操作数的寻址方式为寄存器间接寻址，指令代码为 8914H。如果 DX 的内容为 1234H，SI

的内容为 3200H，则指令执行后，1234H 送入 DS 段 3200 字单元。

寄存器间接寻址方式可以用于源操作数和目标操作数寻址。BX、SI 和 DI 做地址指针时，存储器操作数的隐含段为当前数据段。

（5）存储器直接寻址

指令代码直接给出操作数所处的存储单元的偏移地址。在这种寻址方式中，从指令代码中直接获得操作数的有效地址（不必计算）。

例如以下代码。

```
MOV BH, [1064H];
```

指令代码为 8A3E6410，1064H 即为操作数的有效地址。DS 段的 1064H 单元的内容就是操作数，若此单元的内容为 59H，指令执行后 59H 被取入 BH 中。存储器直接寻址方式可以用于源操作数和目标操作数寻址。编写程序时，存储器直接寻址的内存单元偏移地址必须用符号表示。为说明问题，上例采用常数表示。

在存储器直接寻址方式中，被寻址的操作数的隐含段为当前数据段。

（6）基址寻址

在这种寻址方式中，基址寄存器 BX 或 BP 的内容与位移量之和为操作数的有效地址。在这种寻址方式中，指令代码给出基址寄存器的代码和位移量的值。

例如以下代码。

```
MOV AL, [BX+10H];
```

指令代码为 8A4710，如果 BX 的内容为 2765H，则 BX+10H=2775H，2775H 为操作数的有效地址。若 DS 段偏移地址为 2775H 单元的内容为 28H，则指令执行后 28H 取入 AL 中。

又如以下代码。

```
MOV BL, [BP-50H];
```

指令代码为 8A5EB0，源操作数寻址方式为基址寻址，如果 BP 的内容为 3200H，有效地址为 3200H-50H=31B0H，若 SS 段偏移地址为 31B0H 单元的内容为 46H，指令执行后 BL 的内容为 46H。

基址寻址方式可用于源操作数和目标操作数寻址。

注意： 当 BX 作基址指针时，操作数的隐含段为当前数据段；BP 作为基址指针时，操作数的隐含段为当前堆栈段；基址寻址的位移量是一个 8 位或 16 位的带符号整数。

书写基址寻址指令时，位移量可以写在方括号内，也可以写在方括号外，如代码 MOV BL, ADR [BX]。ADR 可以是一个表示位移量的符号名。

（7）变址寻址

在这种寻址方式中，变址寄存器 SI 或 DI 的内容与位移量之和为操作数的有效地址。指令代码给出变址寄存器的代码和位移量的值。

例如以下代码。

```
MOV CL, [SI-100H];
```

指令代码为 8A8C00FFH。若 SI 的内容为 3629H，则 SI-100H=3529H，3529H 为操作数的有效地址；若 DS 段偏移地址为 3529H 单元的内容为 47H，则指令执行后 47H 被取入 CL 中。

变址寻址方式可用于源操作数和目标操作数寻址，操作数的隐含段为当前数据段。

变址寻址方式中的位移量是一个 8 位或 16 位的带符号整数。

书写变址寻址指令时，位移量可以写在方括号内，也可以写在方括号外，如 MOV BL，ADR[DI]，ADR 可以是一个表示位移量的符号名。

（8）基址变址寻址

在这种寻址方式中，基址寄存器 BX 或 BP 的内容和变址寄存器 SI 或 DI 的内容及位移量之和为操作数的有效地址。在指令代码中给出基址寄存器和变址寄存器的代码和位移量的值。

例如以下代码。

```
MOV DH, [BX+SI+20H];
```

指令代码为 8A7020H，若 BX=1234H，SI=5278H，位移量为 20H，则 BX+SI+20H=64CCH，64CCH 为操作数的有效地址；若 DS 段偏移地址为 64CCH 单元的内容为 6AH，执行指令后，6AH 取入 DH 中。

基址变址寻址方式可用于源操作数和目标操作数寻址。指令中若以 BP 为基址寄存器，则操作数的隐含段为当前堆栈段，否则为当前数据段。

书写基址变址寻址指令时，位移量可以写在方括号内，也可以写在方括号外，如 MOV BL，ADR[BX+SI]，ADR 可以是一个表示位移量的符号名。

（9）数据串寻址

数据串寻址用于数据串操作指令。这些指令要求用 SI 指出源数据串地址，用 DI 指出目标数据串地址，指令执行后 SI 和 DI 的内容自动增（或减）量，增（减）量值为 1 或 2。

源数据串的隐含段为当前数据段，目标数据串的隐含段为当前附加段。

例如数据串传送指令 MOVSB，其代码如下。

```
ES: [DI]←DS: [SI]
SI←SI ± 1
DI←DI ± 1
```

上述几种寻址方式必须熟练掌握，灵活而巧妙地运用。要做到这一点，必须多读程序，多编程序，在实践中逐步积累经验。

3.3 输入输出指令和中断指令

使用计算机时，需要把原始数据或程序通过输入装置送入到计算机中去，运算的结果需要通过输出装置在屏幕上显示或在打印机上打印出来，这就需要编写相应的输入输出程序。计算机与外设之间进行信息交换的方法多种多样，本节以 8086/8088 为例介绍 CPU 与外设之间的访问过程中用到的输入输出和中断指令。

在计算机与外设之间进行信息交换的时候，通常需要访问接口电路。接口电路中一般有控制寄存器、数据寄存器和状态寄存器等多种寄存器，各类寄存器的数量与接口的功能有关。CPU 对外设的访问，实际上是对这些寄存器的读写。

3.3.1 输入输出指令

CPU 与外设间的信息交换是通过输入输出指令实现的。8086/8088 提供了以下两条指令。

1. IN （input byte or input word） 输入

指令汇编格式如下。

```
IN acc， port
```

操作：将指定端口的内容（字或字节）传送到累加器 AX 或 AL 中。

acc←（port）

受影响的标志位：没有。

说明：port 为端口地址，当 port 是 0～255 的地址时，可以使用直接寻址，也可以使用间接寻址；当 port 是大于 255 的地址时，必须使用间接寻址，用于间接寻址的寄存器一定是 DX，这是 DX 的一种特殊用法。目标地址必须是累加器 AL 或 AX，外设是 8 位端口时，一定用 AL；外设是 16 位端口时，一定用 AX。

例如以下代码。

```
IN AL， B_PORT          ; B_PORT（8 位端口）数据送 AL
IN AL， W_PORT          ; W_PORT（16 位端口）数据送 AX
IN AL， DX              ; DX 指出的 8 位端口数据送 AL
IN AL， DX              ; DX 指出的 16 位端口数据送 AX
```

2. OUT （output byte or output word） 输出

指令汇编格式如下。

```
OUT port， acc
```

操作：将累加器 AL 或 AX 的内容传送到指定的端口。

port← acc

受影响的标志位：没有。

说明：同 IN 指令。

例如以下代码。

```
OUT B_PORT， AL         ; AL 内容送 B_PORT（8 位端口）
OUT W_PORT， AL         ; AL 内容送 W_PORT（16 位端口）
OUT DX， AL             ; AL 内容送 DX 指出的 8 位端口
OUT DX， AX             ; AX 内容送 DX 指出的 16 位端口
```

80286 又新增了如下两条指令。

1. INS/INSB/INSW

指令汇编格式如下。

① INS str， DX

② INSB

③ INSW

操作：从 DX 指定的端口向 ES：DI 指出的存储区输入 CX 个数据（字节串或字串）。

ES：DI←（DX）， DI←DI ± DELTA， CX←CX-1

说明如下。

格式①，str 指出要传送的数据是字节串还是字串，str 一般为用 DB 或 DW 定义的符号，DELTA=TYPE str。

格式②，要传送的数据串为字节串，DELTA= 1 。

格式③，要传送的数据串为字串，DELTA= 2 。

此指令类似 MOVS/MOVSB/MOVSW，如指令加重复前缀 REP，则可从一个端口输入 CX 指出的若干个字节或字数据送入 ES（DI 指出的存储区）。

2．OUTS/OUTSB/OUTSW

指令汇编格式如下。

① OUTS DX， str

② OUTSB

③ OUTSW

操作：将 DS：SI 指出的存储区的数据串输出到 DX 指出的端口。

（DX）←DS:（SI）， SI←SI ± DELTA， CX←CX-1

说明：类似 INS/INSB/INSW 指令，只是传送方向不同。

3.3.2 中断指令

中断指令包括软件中断指令和中断返回指令。

软件中断指令可以使 CPU 产生中断，去执行一个中断服务程序。

1．中断（interrupt，INT）

指令汇编格式如下。

INT i_type

操作：标志寄存器 F 的内容压栈，中断标志位和陷阱标志位清 0，现行程序的 CS，IP 压栈，中断服务程序的代码段地址和偏移量送入 CS 和 IP。代码如下。

SP←SP-2， （SP， SP+1）←F

IF←0， TF←0

SP←SP-2， （SP， SP+1）←CS

SP←SP-2， （SP， SP+1）←IP

CS←（i_type × 4+2， i_type × 4+3）

IP←（i_type × 4， i_type × 4+1）

受影响的状态标志位：IF，TF。

说明：INT 指令中的 i_type 称为中断类型，在指令书写中必须是立即数范围 0～255。

例：INT 5

SP←SP-2， （SP， SP+1）←F

IF←0， TF←0

SP←SP-2， （SP， SP+1）←CS

SP←SP-2， （SP， SP+1）←IP

CS←（5 × 4+2， 5 × 4+3）

IP←（5 × 4， 5 × 4+1）

2．溢出中断（interrupt if overflow，INTO）

指令汇编格式如下。

INTO

操作：如果 OF=1，那么产生一个中断类型为 4 的软件中断；否则，不产生任何操作。即：如果 OF=1，则有如下代码。

```
SP←SP-2，（SP，SP+1）←F
IF←0，TF←0
SP←SP-2，（SP，SP+1）←CS
SP←SP-2，（SP，SP+1）←IP
CS←（4×4+2，4×4+3）
IP←（4×4，4×4+1）
```

受影响的状态标志位：IF，TF。

说明：INTO 指令一般用在算术运算指令后面。在有溢出的情况下，启动一个溢出中断服务程序。

3．中断返回（interrupt return，IRET）

指令汇编格式如下。

IRET

操作：从堆栈中取出被中断了的程序的段基址、偏移量和标志位，分别送入 CS，IP 和 F。代码如下。

```
IP←（SP，SP+1），SP←SP+2
CS←（SP，SP+1），SP←SP+2
F←（SP，SP+1），SP←SP+2
```

受影响的状态标志位：所有状态标志位。

说明：IRET 指令是任何中断服务程序的最后一条要执行的指令，它使 CPU 从中断服务程序返回被中断的断点处继续执行。

3.4 接口程序设计方法与实例

3.4.1 接口程序设计方法

本书介绍的程序都是汇编语言编写的。对于接口程序设计来说，基本的思路是按照初始化的规程，对接口电路对应的寄存器进行写入。如果是对接口进行操作，则对对应的寄存器进行读取。接口程序设计主要是通过编程控制 CPU 与外部设备的交互。在理解接口的基本概念（见本教材 1.2 节），了解 I/O 端口编址的具体方式（见本教材 1.3 节）和输入输出以及中断指令（见本教材 3.3 节）之后，读者可以按照以下步骤进行接口程序设计，本书给出的程序示例都是汇编语言程序编写的。

（1）初始化：配置接口的工作模式、数据格式等。

（2）数据传输：通过 IN 和 OUT 指令在 CPU 和外部设备之间传输数据。

（3）状态检查：读取接口状态寄存器，判断设备是否准备好或操作是否完成。

（4）中断处理：使用中断机制处理异步事件，提高效率。

系统为端口分配地址的方法有两种：I/O 独立编址和存储器映像编址，详见 1.3 节。

3.4.2 接口程序实例

以下以 PC 系列微型计算机的串行通信为例，介绍使用汇编语言进行程序设计的方法。在 PC 系列微型计算机中，串行通信接口既可以以查询方式工作，也可以中断方式工作。对异步串行通信接口进行程序设计，一般步骤如下。

（1）对 8250 进行初始化。包括设定传输规程，如通信的波特率、校验方式、数据位数、停止位数，并按此规程设置除数锁存器和线路控制寄存器；MODEM 控制寄存器的第 0 和第 1 位要置为 1。若使用中断方式，还要根据需要设置中断允许寄存器，且将 MODEM 控制寄存器的第 3 位（OUT2）置为 1，如图 3-1 所示。

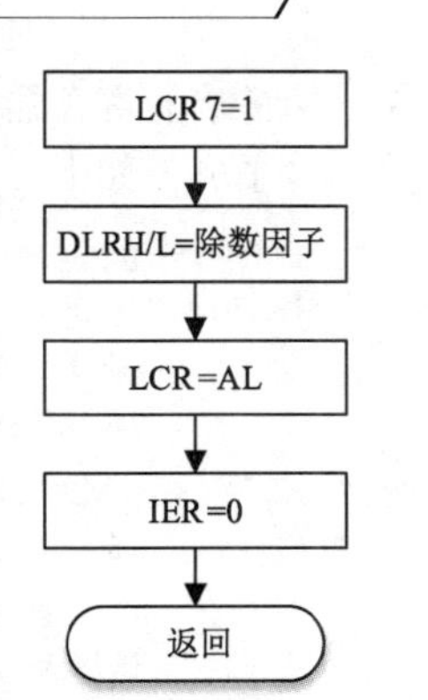

图 3-1　8250 初始化流程

（2）读取通信线路（和 MODEM）的状态，以判断是否可以进行通信。

（3）发送一个字符的流程如图 3-2 所示，接收一个字符的流程如图 3-3 所示。

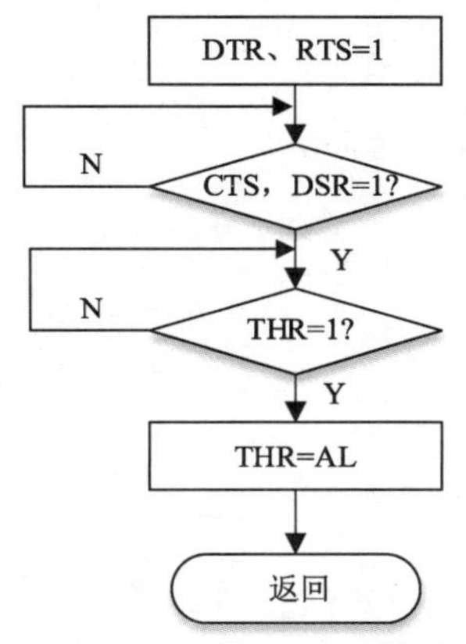

图 3-2　发送一个字符的流程

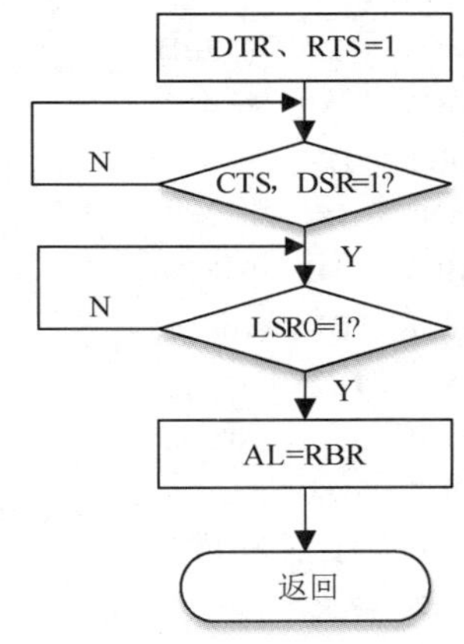

图 3-3　接收一个字符的流程

（4）重复上述（2）（3）步，直到通信结束。

当允许中断时，CPU 发送（或接收）一个字符后，并不需要不断查询 8250 的状态，而可执行其他任务。当 8250 接收一个字符或将一个字符发送之后，会通过 IRQ4（或 IRQ3）向 CPU 申请中断，CPU 响应中断后，识别出 8250 的中断类型，并做出相应处理（发送或接收一个字符等）即可。

以下介绍采用查询方式的编程方法。给出了 3 个子程序：初始化 8250，发送一个字符和接收一个字符。有了这 3 个子程序，就可以比较容易地编写通信程序了。在以下的介绍中，都以第一通信接口为例，如果使用的是第二通信接口，只要将程序中的 8250 寄存器的地址相应地修改一下即可。

（1）初始化 8250

子程序说明文件如下。

子程序名： I8250;

子程序功能： 初始化 8250;

入口条件： BX=通信的波特率，范围 50～19200；

AL=数据位数、停止位数和校验方式；

出口条件： AH 最高位=1，波特率超出范围；

AH 最高位=0，正常初始化完毕；

受影响的寄存器： AX，F。

程序清单如下。

```
;   ***** I8250** ***
I8250   PROC
        CMP   BX，50            ;波特率小于 50?
        JB    BADP              ;转错误出口
        CMP   BX，19200         ;波特率大于 19200?
        JA    BADP              ;转错误出口
        PUSH  DX
        PUSH  AX
        MOV   AX，0C200H        ;1843200/16 结果的低 16 位
        MOV   DX，0001H         ;1843200/16 结果的高 16 位
        DIV   BX                ;（1843200/16）除以波特率得到 8250 要求的除数值
        PUSH  AX                ;保存得到的除数值
        MOV   DX，03FBH         ;LCR 地址
        MOV   AL，80H           ;
        OUT   DX，AL            ;置 LCR 最高位为 1，表示要访问 DLR
        POP   AX                ;恢复除数
        MOV   DX，03F8H         ;DLRL 的地址
        OUT   DX，AL            ;送出除数的低字节
        INC   DX                ;DLRH 的地址
        MOV   AL，AH            ;除数的高字节送 AL
        OUT   DX，AL            ;送出除数的高字节
        MOV   DX，03FBH         ;指向 LCR
        POP   AX                ;恢复 AL，取出入口参数
        AND   AL，3FH           ;最高位清 0 且禁止设置间断码
        OUT   DX，AL            ;
        SUB   DX，2             ;指向 IER
        MOV   AL，0             ;屏蔽所有的中断
        OUT   DX，AL
        POP   DX
        AND   AH，7FH           ;清出错标志
        RET
  BADP： OR    AH，80H          ;置出错标志
        RET
  I8250  ENDP
```

（2）发送一个字符

子程序说明文件如下。

子程序名： SENDC;

子程序功能： 发送一个字符;

入口条件：　AL=待发送的字符;

出口条件：　AH 最高位=1，发送线路故障，字符未能发送出去;

　　　　　　AH 最高位=0，发送线路正常，字符已经发送出去;

受影响的寄存器：　AH，F。

程序清单如下。

```
***** Send one character *****
 SENDC    PROC
          PUSH    DX
          PUSH    CX
          PUSH    BX
          PUSH    AX
          MOV     DX，3FCH              ;指向 MCR
          MOV     AL，03H               ;DTR 和 RTS 信号
          OUT     DX，AL                ;输出
          ADD     DX，2                 ;指向 MSR（3FEH）
          MOV     BH，50                ;延时用时间常数
 WAIT1：  XOR     CX，CX
 WAIT2：  IN      AL，DX                ;读 MODEM 状态
          AND     AL，30H               ;保留 CTS 和 DSR
          CMP     AL，30H               ;MODEM 允许发送?
          JE      READYS1               ;准备好，则转
          LOOP    WAIT2                 ;再试
          DEC     BH
          JNZ     WAIT1
          JMP     SHORT ERRS            ;转出错处理
 READYS1：DEC     DX                    ;指向 LSR（3FDH）
          MOV     BH，50                ;延时用时间常数
WAIT3：   XOR     CX，CX
WAIT4：   IN      AL，DX                ;读 LSR
          TEST    AL，20H               ;THR 空吗?
          JNZ     READYS2               ;空，则转发送
          LOOP    WAIT4                 ;等待
          DEC     BH
          JNZ     WAIT3
          JMP     SHORT ERRS            ;转出错处理
 READYS2：MOV     DX，3F8H              ;指向 THR
          POP     AX                    ;取出待发送字符
          OUT     DX，AL                ;发送出去
          AND     AH，7FH               ;置正常发送标志
 EXITS：  POP     BX
          POP     CX
          POP     DX
          RET
ERRS：    POP     AX
          OR      AH，80H
          JMP     EXITS
 SENDC    ENDP
```

（3）接收一个字符

子程序说明文件如下。

子程序名： RECEC;

子程序功能： 接收一个字符;

入口条件： 无;

出口条件： AH 最高位=1，最低位为 0，未收到字符;
AH 最高位=1，最低位为 1，接收线路故障，未收到字符;
AH 最高位=0，接收线路正常，收到的字符在 AL 中;

受影响的寄存器： AX，F。

程序清单如下。

```
;***** Receive one character *****
RECEC   PROC
        PUSH    DX
        PUSH    CX
        PUSH    BX
        MOV     DX，3FCH           ;指向 MCR
        MOV     AL，03H            ;DTR 信号
        OUT     DX，AL             ;输出
        ADD     DX，2              ;指向 MSR（3FEH）
        MOV     BH，50             ;延时用时间常数
DELAY1： XOR     CX，CX
DELAY2： IN      AL，DX             ;读 MODEM 状态
        TEST    AL，20H            ;MODEM 准备?
        JNZ     READYR1            ;准备好，则转
        LOOP    DELAY2             ;再试
        DEC     BH
        JNZ     DELAY1
        JMP     SHORT ERRR         ;转出错处理
READYR1： DEC    DX                 ;指向 LSR（3FDH）
        MOV     BH，50             ;延时用时间常数
DELAY3： XOR     CX，CX
DELAY4： IN      AL，DX             ;读 LSR
        TEST    AL，01H            ;接收数据就绪?
        JNZ     READYR2            ;是，转接收
        LOOP    DELAY4             ;等待
        DEC     BH
        JNZ     DELAY4
        JMP     SHORT TIMEOUT      ;转出错处理
READYR2： MOV    DX，3F8H           ;指向 RBR
        IN      AL，DX             ;输入一个字符
        AND     AH，7FH            ;置正确收到字符标志
EXITR：  POP     BX
        POP     CX
        POP     DX
        RET
ERRR：   OR      AH，81H
```

```
            JMP      EXITR
TIMEOUT：  OR       AH，80H
            JMP      EXITR
RECEC      ENDP
```

下面给出的是利用上述子程序实现的在两台计算机之间进行数据传送的程序。这里假定一台计算机将从键盘输入的字符通过异步通信接口发送出去，另一台计算机则将从异步通信接口接收到的字符在屏幕上显示出来。

设双方通信的波特率为 4800bps，8 个数据位，一个停止位，没有校验位。双方的通信直到用户按下 Esc 键时结束，Esc 键的 ASCII 码为 1BH。

发送程序如下。

```
;***** Sending Program*****
SSEG      SEGMENT STACK
          DB        80H DUP （？）
SSEG      ENDS
CSEG      SEGMENT
          ASSUME  CS：CSEG，SS：SSEG
SEND      PROC      FAR
          PUSH      DS
          XOR       AX，AX
          PUSH      AX
          MOV       BX，4800              ;波特率
          MOV       AL，00000011B         ;8 个数据位，一个停止位，没有校验位
          CALL      I8250                 ;调用初始化程序对 8250 初始化
SNEXT：   MOV       AH，1                 ;键盘输入功能号送 AH
          INT       21H                   ;从键盘输入一个字符到 AL 中
          CALL      SENDC                 ;调用发送程序将字符发送出去
          TEST      AH，80H               ;字符正确发送出去了？
          JNZ       SEXIT                 ;发送出错，转出口
          CMP       AL，1BH               ;刚刚发送的是 Esc 字符？
          JE        SEXIT                 ;是，发送结束
          JMP       SNEXT                 ;继续
SEXIT：   RET
SEND      ENDP
CSEG      ENDS
          END       SEND
```

接收程序如下。

```
  *****Receiving Program*****
SSEG      SEGMENT STACK
          DB        80H DUP（？）
SSEG      ENDS
CSEG      SEGMENT
          ASSUME  CS：CSEG，SS：SSEG
RECE      PROC      FAR
          PUSH      DS
          XOR       AX，AX
          PUSH      AX
          MOV       BX，4800              ;波特率
```

```
        MOV     AL，00000011B      ;8 个数据位，一个停止位，没有校验位
        CALL    I8250              ;调用初始化程序对 8250 初始化
RNEXT：  CALL    RECEC              ;调用接收字符程序
        TEST    AH，80H            ;收到字符？
        JZ      YES                ;是，则转
        TEST    AH，1              ;是出错？
        JZ      RNEXT              ;不是，继续等待
REXIT：  RET                        ;出错，则退出
YES：    CMP     AL，1BH            ;收到的字符是 Esc？
        JZ      REXIT              ;是，则结束通信
        MOV     DL，AL             ;收到的字符送 DL
        MOV     AH，2              ;显示调用功能号
        INT     21H                ;显示 DL 中的字符
        CMP     DL，0DH            ;刚刚显示是回车符？
        JNZ     RNEXT              ;不是，继续接收下一个
        MOV     DL，0AH            ;是回车，则显示一个换行
        MOV     AH，2              ;显示调用功能号
        INT     21H
        JMP     RNEXT              ;继续
RECE    ENDP
CSEG    ENDS
        END RECE
```

3.5 小结

本章主要介绍了在 8086/8088 系列微型计算机中编写接口程序需要用的汇编语言程序的基本知识。

汇编语言与高级语言有较大的区别，语句与机器的种类和型号密切相关。本章首先对汇编语言的基本格式进行了介绍，包括编程用到的字符集和汇编语言的格式；之后对编写接口程序常用的输入输出指令和中断指令进行了详细的描述；最后给出了 8086/8088 系列微型计算机串行接口通信的程序范例。

3.6 思考题

1. 写出将一个字节数据从端口 50H 和 350H 输入的程序，要求使用两种寻址方式。
2. 写出将一个字数据从端口 50H 和 350H 输入的程序，要求使用两种寻址方式。
3. 写出将一个字节数据从端口 50H 和 350H 输出的程序，要求使用两种寻址方式。
4. 写出将一个字数据从端口 50H 和 350H 输出的程序，要求使用两种寻址方式。

第 4 章 总线

4.1 总线的基本概念

总线的基本概念

在计算机系统中，支持各部件之间传输信息的通路叫总线。

对于任何一个微型计算机系统来说，其硬件先是由微处理器、存储器部件、接口电路等许多大规模集成电路芯片组成主机板，再由若干 I/O 接口电路插件板通过总线扩展槽与主机板连接，再接上需要的外部设备构成完整的硬件系统。从计算机硬件系统的构成上看，总线是分级的。第一级是元件级，它通过片内总线，将各元件连接起来。片内总线是集成电路生产厂家设计制造的，用户无法改动，到目前为止，片内总线还没有一个广泛承认的标准，因此，本章中不涉及片内总线。比元件级更高一级的是插件级，它通过内部总线把计算机中各个功能部件连接起来。内部总线是构成微型计算机特有的总线，为了简明，人们通常就将微型计算机内部总线简称为总线，这是本章主要讨论的内容。第三级是系统级，它通过外部总线把计算机与外部设备或把一个计算机与另一个计算机连接起来，它不是微型计算机所特有的总线，后面的章节将讨论几种外部总线。

4.1.1 总线的规范

总线标准的定义是为了使不同供应商提供的产品能互换与组合，因此，要形成一个总线标准，需要投入大量人力、物力和财力，往往需要几年的过程，并在实践应用中不断完善。每个总线标准都有详细的规范说明，它们有上百页的文档，其中一般都包括下列部分。

1. 机械结构规范

机械结构规范确定模板尺寸、总线插头、边沿连接器规格及位置。

2. 功能规范

功能规范确定每个引脚信号的名称与功能，对它相互作用的协议（定时）进行说明。

3. 电气规范

电气规范规定信号工作时的高低电平、动态转换时间、负载能力及最大额定值。

不同总线在信号线的数量及名称上都有差异，但大致上都分为如下 4 类。

（1）地址线和数据线

用来传输地址信息和数据信息，决定 CPU 直接寻址的范围和数据总线的宽度。

（2）控制、时序和中断信号线

用来传输总线上各部件间的控制信号，使之协调工作。对这类信号的要求是控制功能强，时序简单，使用方便。

（3）电源线和地线

用来决定电源的种类，地线的分布和种类。

（4）备用线

供用户根据需要使用。

4.1.2 总线的性能指标

总线的主要功能是完成模块之间的通信，因而总线能否保证模块间的通信畅通是衡量总线性能的关键。下面分几方面来讨论。

1．总线定时协议

在总线上进行信息传送必须遵循一定的定时规则，以使源与目的同步。定时协议一般分为以下3种。

（1）同步总线定时

信息传送由公共时钟控制，公共时钟连接到所有模块，所有操作都是在公共时钟的固定时间发生，不依赖源和目的。

（2）异步总线定时

每一操作由源或目的的特定跳变所确定。

（3）半同步总线定时

操作之间的时间间隔可以变化，但只能是公共时钟的整数倍。

2．总线频宽

总线频宽是总线本身所能达到的最高数据传输速率，单位是每秒兆字节（MB/s）。

3．总线传输率

总线传输率是在系统一定工作方式下总线所能达到的数据传输速率，单位也是MB/s。

随着计算机技术，特别是微型计算机技术的发展，总线技术也有了长足的进步。新的总线不断出现，某些老的总线也已被淘汰。以下几节中主要介绍几种比较流行的总线。

4.2 IBM PC 总线

IBM PC总线，简称PC总线，是随IBM PC机推出来的。它实际上是8088 CPU总线的扩充，主要增加了中断和DMA控制功能。PC总线包括8位双向数据总线，20位地址总线，6级中断，存储器与I/O 通道读写控制线，时钟与定时线，3个DMA通道的控制线，存储器刷新定时控制线，差错检验线，+5 V、−5 V、+12 V、−12V 4种电源线和地线。这些引线接在62插脚的插座上，双列插脚对应插件板元件面的是A 1～A 31，对应插件板焊接面的是B 1～B 31，插座引脚之间的间距是100mil（即2.54mm），见图4-1。PC总线引脚分配及功能说明见表4-1。

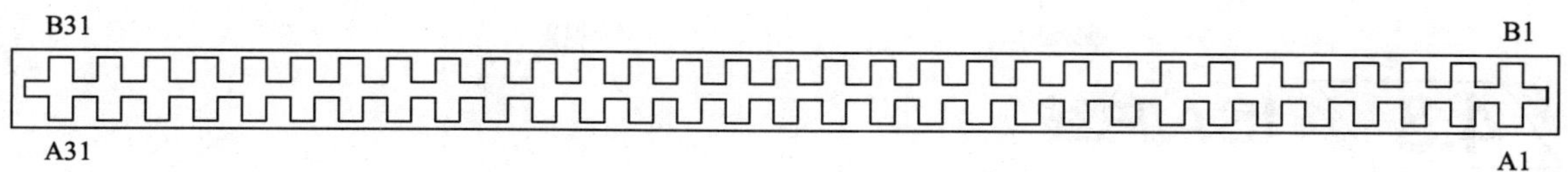

图 4-1 PC 总线插槽示意图

表 4-1 PC 总线引脚分配及功能说明

引脚	信号	I/O 方向	功能描述
A1	I/O CH CK#	I	I/O 通道检验，低表示存储器或 I/O 奇偶校验错
A2～A9	D7～D0	I/O	数据线
A10	I/O CH RDY	I	I/O 通道就绪
A11	AEN	O	地址允许，阻止 CPU 控制总线，允许 DMA 传送数据
A12～A31	A19～A0	O	地址线
B1	GND		地
B2	RESET DRV	O	复位
B3	+5V DC		+5V 电源
B4	IRQ2	I	中断请求 2
B5	-5V DC		−5V 电源
B6	DRQ2	I	DMA 请求 2
B7	-12V DC		−12V 电源
B8	Reserved		保留
B9	+12V DC		+12V 电源
B10	GND		地
B11	MEMW#	O	存储器写命令
B12	MEMR#	O	存储器读命令
B13	IOW#	O	I/O 写命令
B14	IOR#	O	I/O 读命令
B15	DACK3#	O	DMA 响应 3
B16	DRQ3	I	DMA 请求 3
B17	DACK1#	O	DMA 响应 1
B18	DRQ1	I	DMA 请求 1
B19	DACK0#	O	DMA 响应 0
B20	CLOCK	O	系统时钟，4.77MHz，占空度 1：2
B21	IRQ7	I	中断请求 7
B22	IRQ6	I	中断请求 6
B23	IRQ5	I	中断请求 5
B24	IRQ4	I	中断请求 4
B25	IRQ3	I	中断请求 3
B26	DACK2#	O	DMA 响应 2
B27	T/C	O	DMA 计数器计数结束脉冲
B28	ALE	O	地址锁存使能，下跳沿锁存
B29	+5V DC		+5V 电源
B30	OSC	O	振荡器输出信号，14.31818MHz，占空度 1：1
B31	GND		地

4.3 ISA 总线

工业标准体系结构（insdustral standard architecture，ISA）总线是随着 IBM 公司推出它的第一台以 80286 为 CPU 的 AT 计算机推出的，所以 ISA 总线又被称为 AT 总线。ISA 总线一推出就得到了广泛的承认，绝大多数 80286、80386 和 80486 微型计算机的总线都是基于该标准，而一些以 80486、Pentium 和 Pentium Pro 为 CPU 的高性能微型计算机的主板上除了具有高性能的局部总线外，仍保留了 3～4 个 ISA 总线插槽。

ISA 总线的数据宽度为 16 位，工作频率 8MHz，传输速率最高可达 8MB/s。ISA 总线是由原来的 PC 总线扩充来的，与 PC 总线保持向下兼容，原来为 PC 总线设计的插件板，只要其工作速度跟得上 ISA 总线，可以不加任何修改直接用在 ISA 总线上。ISA 总线在 PC 总线 62 个引脚信号的基础上又扩充了 36 个引脚，这 36 个引脚被分成两部分，与插件板元件面对应的是 C1～C18，与插件板焊接面对应的是 D1～D18，见图 4-2。

ISA 总线引脚分配及功能说明见表 4-2 和表 4-3。

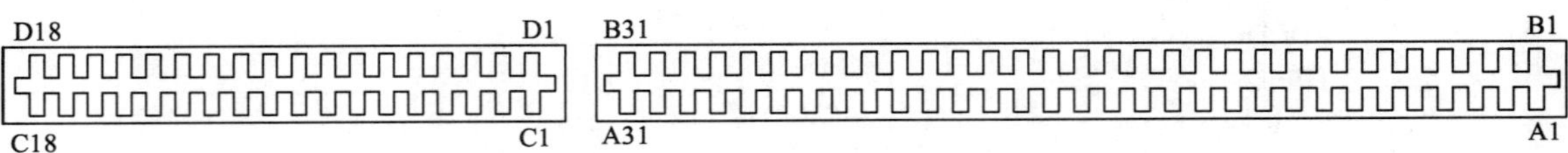

图 4-2 ISA 总线插槽示意图

表 4-2 ISA 总线 A 侧和 B 侧引脚分配及功能说明

引脚	信号	I/O 方向	功能描述
A1	I/O CH CK#	I	I/O 通道检验，低表示存储器或 I/O 设备奇偶校验错
A2～A9	SD7～SD0	I/O	数据线低 8 位
A10	I/O CH RDY	I	I/O 通道就绪
A11	AEN	O	地址允许，高有效
A12～A31	SA19～SA0	O	系统地址 A19～A0
B1	GND		地
B2	RESET DRV	O	复位
B3	+5V DC		+5V 电源
B4	IRQ9	I	中断请求 9
B5	-5V DC		-5V 电源
B6	DRQ2	I	DMA 请求 2
B7	-12V DC		-12V 电源
B8	0 WS	I	零等待，告诉处理器不附加任何等待周期
B9	+12V DC		+12V 电源
B10	GND		地
B11	SMEMW#	O	存储器写命令，仅当地址在 1MB 空间内有效
B12	SMEMR#	O	存储器读命令，仅当地址在 1MB 空间内有效
B13	IOW#	O	I/O 写命令
B14	IOR#	O	I/O 读命令

续表

引脚	信号	I/O 方向	功能描述
B15	DACK3#	O	DMA 响应 3
B16	DRQ3	I	DMA 请求 3
B17	DACK1#	O	DMA 响应 1
B18	DRQ1	I	DMA 请求 1
B19	Refresh#	I/O	存储器刷新周期
B20	CLOCK	O	系统时钟，6MHz
B21	IRQ7	I	中断请求 7
B22	IRQ6	I	中断请求 6
B23	IRQ5	I	中断请求 5
B24	IRQ4	I	中断请求 4
B25	IRQ3	I	中断请求 3
B26	DACK2#	O	DMA 响应 2
B27	T/C	O	终止计数
B28	BALE	O	地址锁存使能，下跳沿锁存 SA0～SA19
B29	+5V DC		+5V 电源
B30	OSC	O	振荡器输出信号，14.31818MHz
B31	GND		地

表 4-3　ISA 总线 C 侧和 D 侧引脚分配及功能说明

引脚	信号	I/O 方向	功能描述
C1	SBHE	I/O	高表示系统总线上的高 8 位数据有效
C2～C8	LA23～LA17	I/O	可锁存地址 A23～A17
C9	MEMR#	I/O	存储器读，所有存储器读周期都有效
C10	MEMW#	I/O	存储器写，所有存储器写周期都有效
C11～C18	SD8～SD15	I/O	数据线高 8 位
D1	MEMCS16#	I	存储器 16 位片选
D2	I/OCS16#	I	I/O 16 位片选
D3	IRQ10	I	中断请求 10
D4	IRQ11	I	中断请求 11
D5	IRQ12	I	中断请求 12
D6	IRQ13	I	中断请求 13
D7	IRQ14	I	中断请求 14
D8	DACK0#	O	DMA 响应 0
D9	DRQ0	I	DMA 请求 0
D10	DACK5#	O	DMA 响应 5
D11	DRQ5	I	DMA 请求 5
D12	DACK6#	O	DMA 响应 6
D13	DRQ6	I	DMA 请求 6
D14	DACK7#	O	DMA 响应 7
D15	DRQ7	I	DMA 请求 7
D16	+5V DC		+5V 电源
D17	MASTER#	I	与 DRQ 共同使用以获得对系统的控制
D18	GND		地

4.4 PCI 总线

外设部件互连（peripheral component interconnect，PCI）总线是一种高性能的局部总线，可同时支持多个外部设备，支持即插即用，与 CPU 及时钟无关，能与 ISA、EISA 和 MCA 等总线共存，被广泛用于计算机系统中。以下的内容基于 1998 年的 PCI 2.2 局部总线规范。

4.4.1 PCI 总线概述

图 4-3 是一个典型的 PCI 总线系统结构，其中 CPU、cache、存储器都是通过一个 PCI 桥与 PCI 总线相连。这个桥提供了一个低延迟的路径，使 CPU 可以直接访问映射到任何存储器或 I/O 空间的 PCI 设备。该系统还提供了一个允许 PCI 主控器件直接访问主存储器的高带宽路径。该桥还可以包括一些如数据缓冲（buffering）/中转（posting）和 PCI 中央功能（如 arbitration 仲裁）等功能。

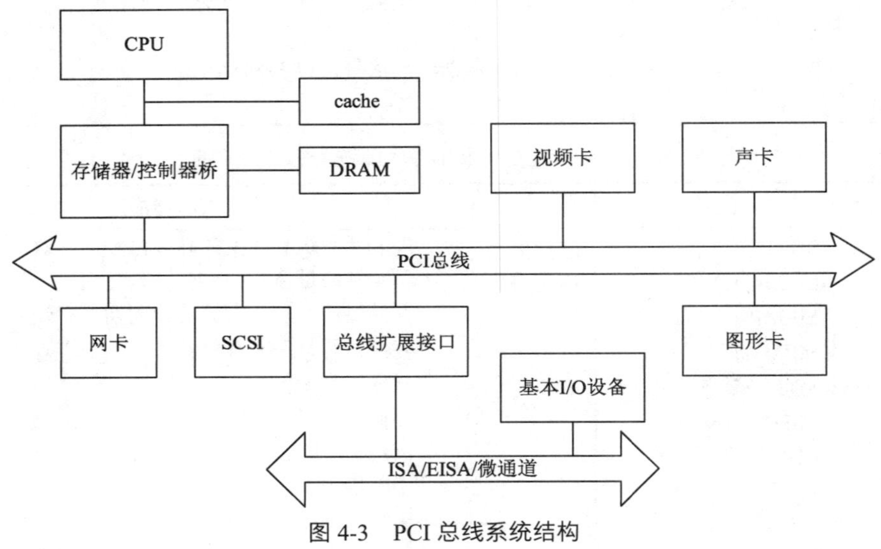

图 4-3 PCI 总线系统结构

1. PCI 总线的特点

（1）高性能

PCI 总线时钟为 33MHz，数据总线宽度为 32 位，可升级到 66MHz、64 位，所以数据传输速率可达 132MBps～528MBps；支持突发式总线读写模式，即在第一个数据的读写之前将首地址送到总线上，然后每个时钟都只传输数据，地址自动加 1；低延时随机访问，33 MHz PCI 从总线上的主设备（master）到从设备（slave）寄存器的写访问延时为 60 ns，66 MHz PCI 为 30 ns；CPU/存储器子系统完全并行操作；最多 33 MHz 或 66 MHz 的同步总线操作；隐藏（overlapped）中央仲裁。

（2）低成本

PCI 总线为器件直接互连进行了优化，例如无胶合（no glue logic）逻辑，驱动（总的负荷）和频率要求都满足标准 ASIC；多路复用结构，减少了 PCI 卡的引脚数目和尺寸；一个 PCI 扩展卡（add-in 卡）可工作于 ISA、EISA 或微通道系统中（对现有的底盘设计作最小的改变），减少了用户的接口设计成本。

（3）使用方便

PCI总线支持即插即用，即任何扩展卡插入系统就能工作，而无需用户设置跳线和手工进行配置。这是因为PCI总线规范保证了自动配置的实现，每个扩展卡上都有包含设备配置信息的寄存器，一旦插入系统，BIOS就能根据读到的配置信息为其分配存储器地址、端口地址、中断矢量和DMA通道，从而避免资源冲突，给用户带来方便。

（4）通用性好

PCI总线与CPU时钟无关，所以通用性非常好，可支持多系列CPU以及下一代CPU；支持64位寻址方式；支持5V和3.3V的信号环境，可实现5V和3.3V的平稳过渡。

（5）可靠性高

PCI总线扩展板规模小；通过监视扩展板提供的信号使电源优化，使其适应系统要求，从而能超过系统的最大允许电流；通过硬件模型验证，达到超过2000小时的电气SPICE模拟；能同时使用32位和64位扩展卡，33 MHz和66MHz扩展卡，对用户是透明的；通过了解局部总线在元件级的负载以及频率要求，消除缓冲器以及胶合逻辑，增加了扩展卡的可靠性。

（6）灵活

PCI总线支持多主设备，允许任何PCI主设备点对点地访问PCI其他主设备或目标设备（target）；可以通过桥芯片和多种总线共存于同一系统之中。

（7）数据完整性

PCI总线对数据和地址提供奇偶校验，可实现坚固的用户平台。

（8）软件兼容性

PCI总线的器件与现有的驱动程序和应用程序兼容；设备驱动程序可适用各种平台。

2．PCI 总线的引脚

PCI 总线接口中 49 个引脚用于主设备，47 个引脚用于目标设备，用于处理数据、寻址、接口控制、仲裁和系统功能。如图 4-4 所示，PCI 总线的引脚定义按照功能分组，#号表示低电平有效，无#号表示高电平有效。

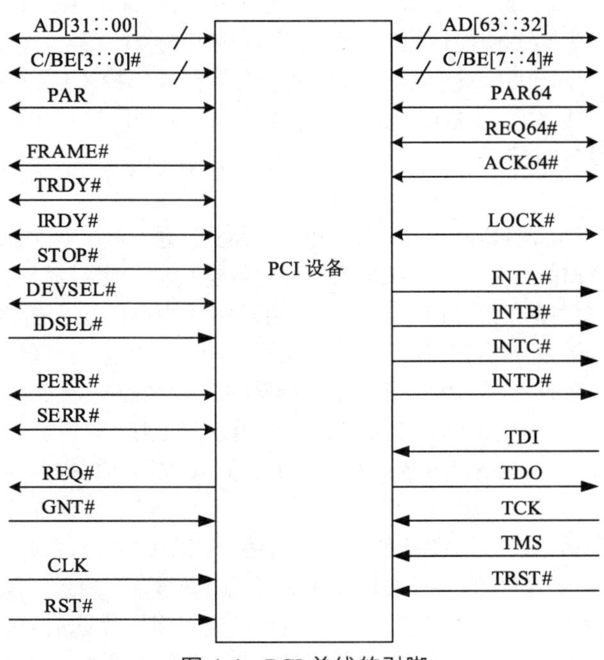

图 4-4　PCI 总线的引脚

引脚信号的定义是从设备的角度，而不是仲裁器或中央资源的角度。对于仲裁器，REQ#是输入，GNT#是输出。中央资源是一种逻辑设备，代表所有系统类型的功能。

① in：标准的只输入信号。

② out：标准的只输出信号。

③ t/s：双向的三态输入输出信号。

④ s/t/s：持续的低有效三态信号，同时只能有一个代理（主设备）接收或输出这种信号。驱动这种引脚为低电平的代理，在使其为高阻态之前，必须至少有一个时钟周期的高电平状态。其他主设备在驱动该信号必须在原主设备将其变为高阻态至少一个周期之后才能开始。在没有主设备驱动该信号时，需要一个上拉电阻来维持高阻态，这是中央资源所支持的。

⑤ o/d：漏极开路，允许多个设备以“线或”的方式共享总线。需要一个上拉电阻来维持在另一个代理发出驱动之前的高阻态，也是被中央资源所支持的。

（1）系统引脚

① CLK：in，系统时钟信号。为PCI总线上的所有数据传输提供定时，为每个PCI设备输入时钟。操作频率最高可达到33 MHz/66 MHz，最低为0Hz（DC）。

② RST#：in，复位信号。使 PCI 相关的寄存器、时序发生器和信号达到一致状态，使所有 PCI 输出信号都处于初始状态。

（2）地址和数据引脚

① AD[31::00]：t/s，地址和数据多路复用信号。一次总线操作包括一个地址阶段（若传输 64 位地址则需要两个地址周期）和一个或多个数据阶段。PCI 读写均支持突发模式。在地址阶段（第一个时钟周期），FRAME#有效，AD[31::00]为 32 位实际地址。对于 I/O 操作，这是一个字节地址；对于存储器和配置空间的读写，这是一个双字地址。在数据阶段，AD[31::00]传输数据，AD[07::00]是低字节，AD[31::24]是高字节。IRDY#信号有效时写数据稳定有效，TRDY#信号有效时读数据稳定有效，IRDY#和 TRDY#均有效时进行数据传输。传输数据的字节数是可变的，取决于字节使能信号。

② C/BE[3::0]#：t/s，总线命令和字节使能多路复用信号。在总线操作的地址阶段，C/BE [3::0]#为总线命令，在数据阶段为字节使能信号，它们分别对应第 3～0 字节。

③ PAR：t/s，对 AD[31::00] 和 C/BE[3::0]#进行奇偶校验的校验位，它在每个地址阶段开始 1 个时钟周期后稳定有效，或者在 IRDY#/TRDY#有效后一个时钟周期后稳定有效。写操作时由主设备驱动，读操作时由从设备驱动。

（3）接口控制引脚

① FRAME#：s/t/s，帧周期开始信号，由当前主设备驱动。表示一次总线操作的开始和结束，FRAME#有效表示数据传输的开始，FRAME#无效表示数据传输处于最后阶段或数据传输已经结束。

② IRDY#：s/t/s，主设备准备好信号，主设备启动完成当前的数据传输。它和 TRDY#配合，同时有效时表示数据传输结束。写操作时，IRDY#表示 AD[31::00]上为有效数据；读操作时，IRDY#表示主设备已准备好接收数据。在 IRDY#和 TRDY#同时有效之前一直插入等待周期。

③ TRDY#：s/t/s，目标设备准备好信号，表示目标设备能够完成当前的数据传输。它和 IRDY#配合（见上）。读操作时，TRDY#表示 AD[31::00]上为有效数据；写操作时，它表示目标设备已准备好接收数据。

④ STOP#：s/t/s，表示当前目标设备请求主设备终止当前的数据传输。

⑤ LOCK#：s/t/s，当一个操作需要多次传输才能完成时，该信号有效，从而驱动设备独占总线。

⑥ IDSEL：in，初始化设备选择信号，在配置读/写期间用作片选信号。

⑦ DEVSEL#：s/t/s，设备选择信号，该信号有效表示其驱动设备已将该地址译码为当前传输的

目标设备。作为输入信号，DEVSEL#表示总线上是否有设备被选中。

（4）仲裁引脚（主设备）

① REQ#：t/s，总线请求信号，表示驱动者要求使用总线。这是一个点到点的信号，任何主设备都能发出 REQ#信号，并且必须在 RST#有效时处于高阻态。

② GNT#：t/s，总线允许信号，表示发出总线请求信号的设备已具有总线控制权。这是一个点到点的信号，任何主设备都能发出 GNT#信号，并且必须在 RST#有效时被忽略，总裁器只能在 RST#无效后才能进行总裁。

（5）错误报告引脚

PERR#：s/t/s，数据奇偶校验错误报告信号。数据接收设备在检测到奇偶检验错误时，应在收到数据 2 个时钟周期内发出 PERR#信号，其他时间维持三态。只有当前数据传输业务的主设备，在向目标设备发出 DEVSEL#信号申请数据访问，并且已完成了一次数据传输之后，才能发出 PERR#信号。

SERR#：o/d，系统错误报告信号，包括地址奇偶校验错误、特殊命令的数据奇偶校验错误以及其他可能导致严重故障的系统错误。SERR#信号可连接到CPU的NMI引脚，也可以采用其他错误报告机制。

（6）中断引脚（可选）

INTA#，INTB#，INTC#，INTD#：o/d，中断请求信号。INTX#低电平有效，采用漏极开路输出驱动。INTX#信号不必与时钟同步，一旦有效就要保持到设备撤销该请求为止，这时设备会输出无效的 INTX#信号。对于单功能设备，只能用 INTA#，对于多功能设备，可使用 INTA#，也可再依次选用其他几条中断请求信号线。一个功能不能使用多个中断请求信号，但可以采用“线或”、电子开关或组合等方式来解决一个功能有多个中断请求的问题，中断引脚寄存器定义了某个功能的中断请求连接的是哪个引脚。每个 INTX#信号连接到中断控制器的一个输入端上。

（7）其他引脚

① PRSNT[1：2]#：in，存在信号。由扩展板提供，它表示扩展板是否在主板的插槽上。

② CLKRUN#：in，o/d，s/t/s，始终状态信号（可选）。对设备来说，输入该信号用于确定 CLK 的状态，开路漏极输出用于请求启动或加速 CLK。

③ M66EN：in，66MHZ_ENABLE 引脚，告知设备总线是工作在 66MHz 或 33 MHz。

④ PME#：o/d，电源管理事件信号（可选）。PME#不必与时钟同步，设备利用该信号请求设备或系统的电源状态的改变。

⑤ 3.3Vaux：in，3.3V 辅助电源（可选），传送电源给 PCI 扩展卡，用于当卡上的主电源被软件关闭时产生电源管理事件（PME）。

（8）64 位总线扩展引脚（可选）

AD[63::32]：t/s，地址/数据多路复用信号。在地址阶段（当使用 DAC 命令，且 REQ64#信号有效时），传输 64 位地址的高 32 位，否则这些位保留，不定义。在数据阶段（当 REQ64# 和 ACK64#同时有效时），传输数据的高 32 位。

C/BE[7::4]#：t/s，总线命令和字节使能多路复用信号。在地址阶段（当使用 DAC 命令，且 REQ64#信号有效时），传输实际的总线命令，否则这些位保留，不定义。在数据阶段（当 REQ64# 和 ACK64#同时有效时），作为字节使能信号，它们分别对应第 7～4 字节。

REQ64#：s/t/s，64 位传输请求信号，由当前总线主设备驱动。该信号有效表示要传输 64 位数据。

ACK64#：s/t/s，64 位传输响应信号，由当前传输的目标设备驱动。该信号有效表示目标设备需要传输 64 位数据，与 DEVSEL#时序相同。

PAR64：t/s，高 32 位的奇偶校验位，用于保护 AD[63::32] 和 C/BE[7::4]#。

3．PCI 总线的电气特性

如图 4-5 所示，PCI 卡有 32 位和 64 位两种，每种又分为 5V 型（只能插入 5V 的插槽）、3.3V 型（只能插入 3.3V 的插槽）和通用型（既能插入 5V 的插槽，又能插入 3.3V 的插槽，在使用时自适应）。IBM PC 机上常用的是 5V 的 32 位 PCI 插槽。PCI 总线采用插销方式来防止扩展板被插入不合适的插槽中。

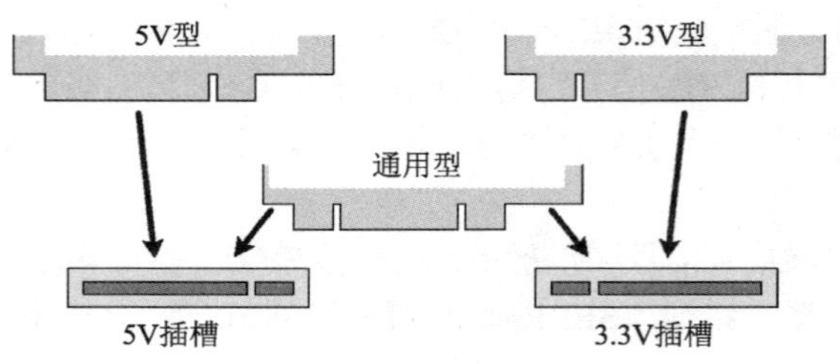

图 4-5 PCI 卡连接图

4.4.2 PCI 总线命令

PCI 总线命令是将主设备正请求的业务传输类型告知目标设备。PCI 总线命令的编码在地址阶段通过 C/BE[3::0]#控制线传输。

PCI 总线命令有如下几类。

（1）中断响应（interrupt acknowledge）命令：给系统中断控制器的读中断向量号的命令。寻址方式采用隐含的方式，即不是地址阶段地址线上的信息。返回的中断向量的长度由字节使能信号控制。

（2）特殊周期（special cycle）命令：提供一个在 PCI 总线上进行简单消息广播的机制。

（3）I/O 读（I/O Read）命令：用于从映射到 I/O 地址空间的设备读取数据。AD[31::00]提供字节地址，所有 32 位地址都被译码。字节使能信号指示传输数据的长度，并且必须与字节地址一致。

（4）I/O 写（I/O write）命令：用于向映射到 I/O 地址空间的设备写数据。AD[31::00]提供字节地址，所有 32 位地址都被译码。字节使能信号指示传输数据的长度，并且必须与字节地址一致。

（5）保留（reserved）命令：保留，用于将来使用。任何目标设备不能对此作出响应。如果接口中出现了该命令，通常通过 Master Abort 方式结束本次操作。

（6）存储器读（memory read）命令：用于从映射到存储器地址空间的设备读取数据。目标设备在能够保证读操作无副作用的情况下自主决定进行预读。

（7）存储器写（memory write）命令：用于向映射到存储器地址空间的设备写数据。

（8）配置读（configuration read）命令：用于读每个设备的配置空间。若设备的 IDSEL 信号有效且 AD[1::0]为 00，则该设备被选为此次配置访问的目标设备。在配置周期的地址阶段，AD[7::2]寻址每个设备配置空间中的 64 个双字（寄存器），而字节使能信号确定双字中的字节，AD[10::08]寻址多功能设备中的一个子功能设备，忽略 AD[31::11]。

（9）配置写（configuration write）命令：用于向设备的配置空间写入数据。寻址方式同配置读命令。

（10）存储器多行读（memory read multiple）命令：和存储器读命令类似，但它还表示主设备在断连之前可以读取多个 cache 行的数据。只要 FRAME#有效，存储器控制器应维持流水线方式的存储器读请求。该命令可用于进行批量连续数据传输。

（11）双地址周期（dual address cycle）命令：用于向支持 64 位寻址的设备发送一个 64 位地址，该地址不能位于低 4G 地址空间。该命令只支持 32 位寻址的设备将其作为保留命令，不能作任何响应。

（12）存储器读行（memory read line）命令：和存储器读命令类似，但它还表示主设备可以读取一个完整的 cache 行。该命令可用于进行批量连续数据传输。

（13）存储器写且无效（memory write and invalidate）命令：和存储器写命令类似，但它还保证一个完整 cache 行的最小传输量，即主设备可以在一次 PCI 操作中将所有字节写入所寻址的 cache 行中。对于该命令，在每个数据阶段，所有的字节使能信号必须有效。该命令要求主设备中的配置寄存器指明 cache 行的大小，并且只能用于线性突发顺序传输。

4.4.3 PCI 总线的寻址

PCI 总线定义了 3 种物理地址空间，存储器、I/O 和配置地址空间，其中配置地址空间用于支持 PCI 硬件配置。PCI 总线的地址译码是分布式的，即在每个设备上进行，这样就省掉了中央译码逻辑和设备选择信号（除了配置访问）。设备通过基地址寄存器尽量将内部寄存器映射到存储器空间而不是 I/O 空间，尽管后者也被允许。系统配置软件通过基地址寄存器确定设备需要多少空间，并为每个设备进行分配。当设备驱动程序被调用时，它首先确定是哪一个地址空间，然后再通过相应的地址空间访问该设备。

1. I/O 地址空间

在 I/O 地址空间，所有 32 位地址线都用于提供字节地址。设备不需要多等一个时钟周期（字节使能信号）就可以完成地址译码，并产生 DEVSEL#信号。AD[1::0]用于指示传输的最低有效字节，而且必须与字节使能信号一致。例如，如果 BE3#有效，则 AD[1::0]应等于 11，否则不传送任何数据，并且以 Target-Abort 方式终止访问。如果 BE[3::0]=1111，则 AD[1::0]可以为任何值。

2. 存储器地址空间

在存储器地址空间，AD[31::02]提供双字边界对齐的起始地址。目标设备在传输第一组数据期间或之后，通过检查 AD[1::0]提供所要求的突发顺序，或者以 Target Disconnect 方式终止传输。所有支持突发传输的设备均要求能够实现线性突发顺序传输，但不一定支持 cache 行（cache line wrap）传输。

AD[1::0]不参加译码，但指示主设备请求传输的数据的顺序。AD[1::0] = 00 表示线性地址递增（linear incrementing）突发模式，每传输一个数据，地址按双字（32 位地址）或 2 个双字（64 位地址）增加，直到传输结束。AD[1::0] = 10 表示 cache 行突发模式，访问可以从 cache 行中任意位置开始，cache 行的长度由配置软件定义的配置空间中的 cache line size 寄存器定义，地址自动加 1（双字或 2 个双字），直到 cache 行结束，然后按照 cache 行进行传输，直到其余 cache 行全部传输结束。例如，如果 cache 行大小为 16 字节，本次传输的首地址为 08h，则 32 位的传输顺序为：第一次为双字 08h，第二次为双字 0Ch（本 cache 行的结束），第三次为双字 00h（cache 行开始地址），最后一次是双字 04h（整个 cache 行的访问结束）。AD[1::0] = x1 为保留。

3. 配置地址空间

除了 Host-PCI 桥作为可选，每个设备必须实现配置地址空间。在配置地址空间，每个功能分配

256 字节，其访问方式与存储器或 I/O 地址空间不同，见后面的介绍。

在配置地址空间，对 AD[7::2]进行双字地址译码。设备在对配置命令进行译码时，若 IDSEL 信号有效，且 AD[1::0]为 00，则认为是本次访问的目标设备（输出 DEVSEL#有效信号），否则，忽略当前传输。Host-PCI 桥通过对配置命令和桥号的译码，且 AD[1::0]=01，可确定该配置访问是否为针对该桥电路后面的设备。

4.4.4 PCI 总线数据传输过程

1. 读操作

图 4-6 为一次读操作的时序图。开始为地址阶段，首先 FRAME#在第 2 个时钟周期之前有效，AD[31::00]为有效地址，C/BE[3::0]#为有效的总线命令。

从 CLK 3 开始为第 1 个数据阶段，AD[31::00]为有效数据，C/BE#为字节使能信号，并且在突发模式的数据传输过程中，C/BE#始终有效。数据阶段可以插入若干等待周期，以保证一次数据的可靠传输。

在第 1 个数据阶段之前有一个转换（turnaround）周期，然后 AD 线上的地址选中的目标设备输出 DEVSEL#、TRDY#有效信号。该地址在 CLK 2 有效，然后主设备停止驱动 AD[31:00]。目标设备最早可以在 CLK 4 提供有效数据。在转换周期之后 DEVSEL#有效时，目标设备必须驱动 AD 线，而且其输出缓冲器必须维持有效，直到传输结束。

IRDY# 和 TRDY#同时有效时在时钟上升沿传输数据。IRDY# 或 TRDY#有一个无效，就插入一个等待周期，并且不传输数据。在 CLK 4、6、8 成功传输数据，在 CLK 3、5、7 插入等待周期。主设备知道 CLK 7 是最后一个数据阶段，但由于主设备还没有完成最后一次传输（IRDY#在 CLK 7 无效），FRAME#仍保持有效。只有当 IRDY#有效时，FRAME#在 CLK 8 变成无效，通知目标设备这是最后一个数据阶段。

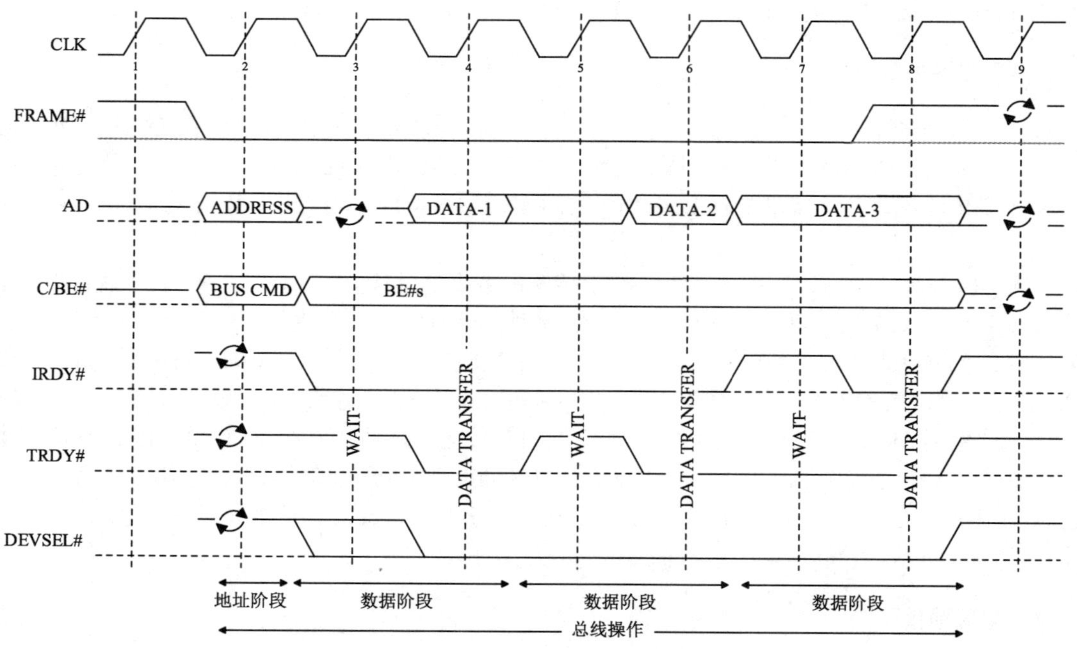

图 4-6 PCI 总线的读操作的时序图

2．写操作

图 4-7 为一次写操作的时序图。FRAME#在 CLK 2 有效，表示数据传输开始。写传输和读传输过程类似，但在地址阶段之后没有转换周期，因为主设备既提供地址也提供数据。

第 1、2 个数据阶段没有等待周期，但目标设备在第 3 个数据阶段插入了 3 个等待周期（TRDY#无效），传输双方在 CLK 5 均插入一个等待周期。FRAME#无效表示这是最后一个数据阶段，这时 IRDY#必须有效。由于主设备在 CLK 5 使 IRDY#无效，所以数据传输被延迟，但字节使能信号不能延迟发送。

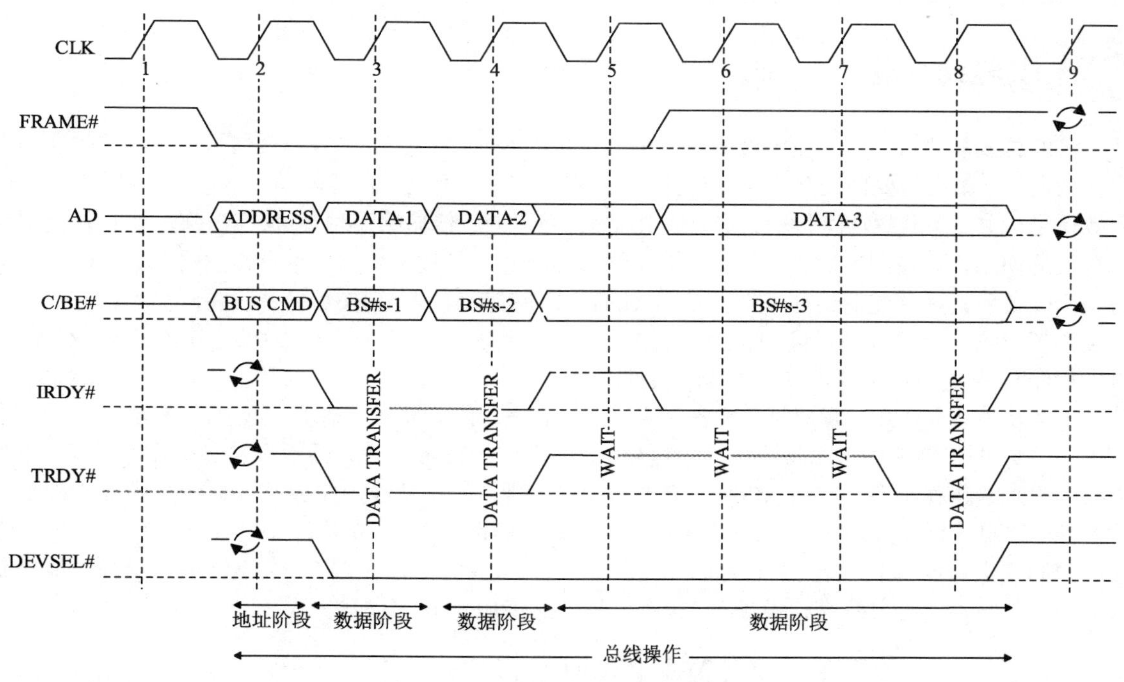

图 4-7　PCI 总线的写操作的时序图

在上述读 / 写过程中，如果只有一个数据阶段，则 FRAME#信号应在地址阶段过后（交换期）变成无效。

3．传输的终止

主设备和目标设备都可以提出终止一次 PCI 总线操作的要求，但是需要互相配合，且最终停止传输是由主设备完成。结束标志是 FRAME#和 IRDY#均无效。

（1）由主设备提出终止

主设备通过使FRAME#无效、IRDY#有效通知目标设备这是最后一个数据阶段，在IRDY#和TRDY#均有效时完成最后的数据传输，FRAME#和IRDY#均无效时传输结束，总线处于空闲状态。

（2）由目标设备提出终止

目标设备可以通过向主设备发出 STOP#信号终止传输。有 3 种终止方式。

Retry 方式：目标设备由于太忙，暂时不能处理数据时可以在任何数据传输之前提出终止请求。例如，设备不能满足初始延迟要求，或者被另一个主设备锁定，或者内部资源冲突。目标设备在初始数据阶段使 STOP#有效而 TRDY#无效表示 Retry 方式终止。

Disconnect 方式：目标设备若来不及响应，暂时不能进行突发模式数据传输，则可以在初始数据阶段数据传输之后请求终止。例如，突发模式传输跨越资源边界，或资源冲突。Disconnect 方式与 Retry 方式的区别在于，Retry 方式总是在数据阶段之前，还未进行数据传输，否则就是 Disconnect 方式。在任何非初始数据阶段，目标设备只想完成当前数据传输而不想继续传输时，通过 TRDY# 和 STOP#同时有效表示 Disconnect 方式终止。

Target-Abort 方式：目标设备若检测到致命错误或已不能完成该请求，则请求非正常终止。例如，主设备请求读出 I/O 地址空间的所有字节，但目标设备却限制对该地址空间的字节操作。一旦目标设备通过 DEVSEL#有效要求一次访问，就可以在任何时刻通过同时使 DEVSEL#无效、STOP#有效表示以 Target-Abort 方式终止其他传输。

4.4.5 总线仲裁

PCI 总线上的每一个主设备都有独立的请求（REQ#）和允许（GNT#）信号。这些信号连到中央仲裁器上，主设备要使用总线时，发出 REQ#有效信号，中央仲裁器若同意该请求，则发出 GNT#有效信号。主设备若想连续传输，则应使 REQ#保持有效，传输结束时置 REQ#无效，中央仲裁器收回总线的使用权。在同一时刻，只允许一个设备占有总线，所以中央仲裁器要想将总线控制权交给另一个设备前，必须先撤销前一个设备的 GNT#（使其无效），再使后一个设备的 GNT#有效。设备取得了总线控制权后，先置 FRAME#有效，发送地址和命令（在 CB/E 总线上），并使 IRDY#和 TRDY#同时有效，然后才可以真正传输数据。

图 4-8 为基本仲裁过程示例。设备 a 请求多次总线访问，设备 b 请求一次总线访问。REQ#-a 先有效，中央仲裁器在 CLK 1 检测到这个信号，然后置 GNT#-a 有效，授予设备 a 总线访问权，可以进行一次总线操作，并且保持 REQ#-a 有效。设备 a 进行一次总线操作后，若中央仲裁器在 CLK 2 检测到 REQ#-b 有效，则在 CLK 3 置 GNT#-a 无效，撤销其总线访问权，同时置 GNT#-b 有效，将总线控制权交给设备 b。设备 b 在 CLK 7 完成一次总线操作，同时置 REQ#-b 无效，交还总线控制权。中央仲裁器又将总线交给设备 a，继续进行数据传输。

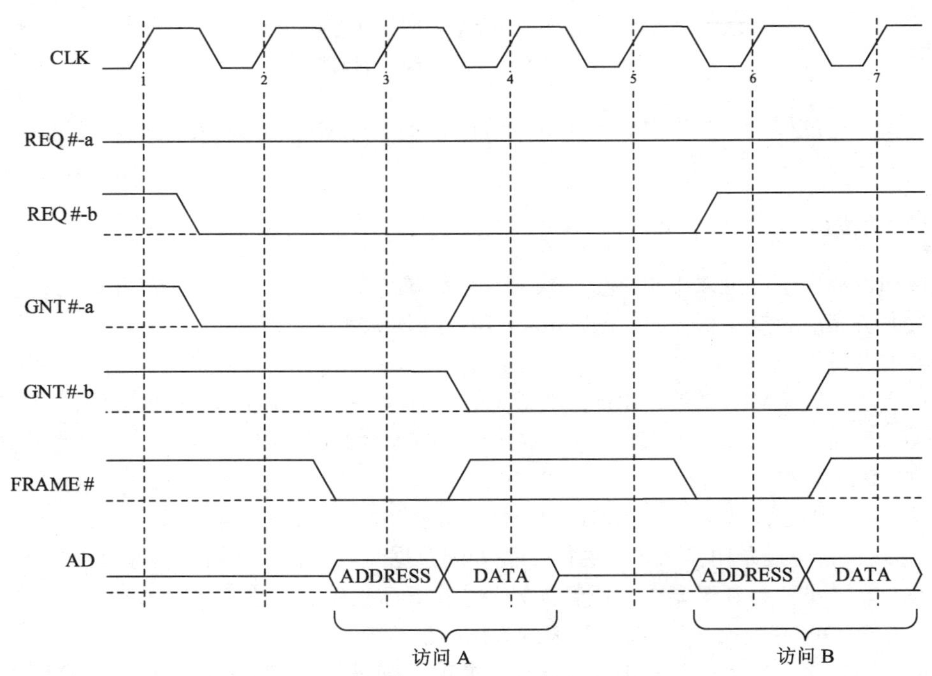

图 4-8 PCI 总线的基本仲裁过程示例

4.4.6 PCI 总线配置

系统复位或上电时，由配置软件对 PCI 总线进行扫描，确定有哪些 PCI 设备，并通过访问设备的配置寄存器进行系统配置。因此，PCI 设备应提供 PCI 协议必需的 256B 的配置寄存器。

1．配置空间分配

每个 PCI 设备包含一个或多个功能设备，每个功能设备都具有 64 个双字的配置空间。配置空间包括一个预定头部区域（16 个双字）和设备相关区域（48 个双字）。设备只需具备必要的相关的寄存器。设备的配置空间任何时候都可以访问，不仅是在系统引导期间。

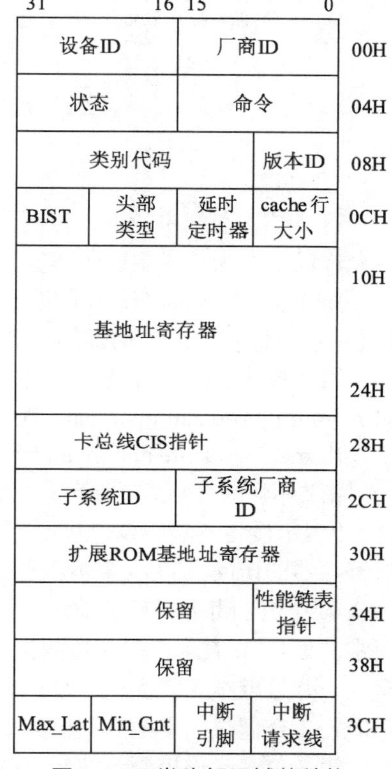

图 4-9 0 类头部区域的结构

头部区域类型字段（0Eh）定义了头部区域的结构。目前定义了 3 类头部区域类型；0 类（00h）用于 PCI 设备，其结构如图 4-9 所示；1 类（01h）用于 PCI-PCI 桥；2 类（02h）用于 PCI-CardBus 桥。预定头部区域包括 2 个部分，前 16 个字节对所有设备定义相同，其余字节根据设备支持的基本功能具有不同的含义。设备必须将必要的设备相关寄存器放置在预定头部区域的后面。

（1）设备识别

配置空间中有涉及设备识别的手段，具体说明如下。

① 厂商 ID：定义了设备的生产厂商，由 PCI SIG 分配唯一的 ID 以确保其有效性。0FFFFH 无效厂商 ID。

② 设备 ID：标明特定的设备，设备 ID 由厂商自己分配。

③ 版本 ID：定义了设备的特定的版本号，其值由厂商选定，0 是有效值。它可以看成是设备 ID 的扩展。

④ 头部类型：Bit7 用于定义设备是否是多功能设备，0 表示不是，1 表示是。Bit0～6 定义了预定义头部区域的结构。

⑤ 类别代码：类别代码是只读的，用于定义设备的基本功能，在某些情况下，用于定义寄存器级编程接口。该寄存器分成 3 个字节；0BH 为基类代码，对设备的功能进行大致分类；0AH 为子类代码，对设备的功能进一步分类；09H 为一个特定的寄存器级编程接口，提供设备无关软件与设备的接口。常见的设备类别有 SCSI 控制器、IDE 控制器、软盘控制器、VGA 控制器、以太网控制器、令牌环网控制器、RAM 控制器、FLASH 控制器、ISA 桥控制器等。前 3 种的基类均属于海量存储设备。

（2）设备命令

命令寄存器为设备产生和响应 PCI 总线命令提供粗略的控制。该寄存器置 0 表示设备除了配置访问外，所有的访问在逻辑上与 PCI 总线断开。所有的设备都要求支持这种基本的功能，至于每一位的实现则取决于设备的功能。例如，不实现 I/O 空间访问的设备不需要写寄存器的第 0 位。图 4-10 给出了命令寄存器的结构和每位的含义。

第 0 位：I/O 空间，设备对 I/O 空间访问的响应，0 是禁止，1 是允许。复位后值为 0。

第 1 位：存储器空间，设备对存储器空间访问的响应，0 是禁止，1 是允许。复位后值为 0。

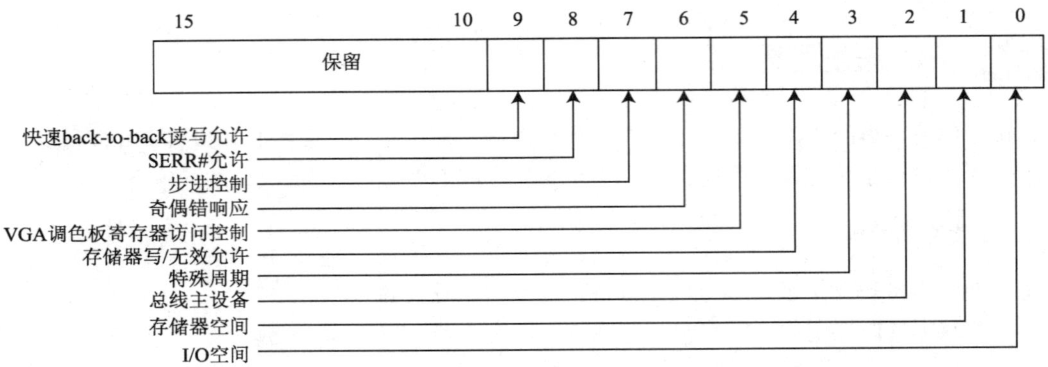

15 ~ 10	9	8	7	6	5	4	3	2	1	0
保留										

快速back-to-back读写允许 → 9
SERR#允许 → 8
步进控制 → 7
奇偶错响应 → 6
VGA调色板寄存器访问控制 → 5
存储器写/无效允许 → 4
特殊周期 → 3
总线主设备 → 2
存储器空间 → 1
I/O空间 → 0

图 4-10 命令寄存器的结构

第 2 位：总线主设备，控制设备作为 PCI 总线的主设备，0 表示禁止设备进行 PCI 访问，1 表示允许设备作为总线主设备。复位后值为 0。

第 3 位：特殊周期，控制设备对特殊周期操作的响应。0 表示设备会忽略所有的特殊周期操作，1 允许设备监视特殊周期操作。复位后值为 0。

第 4 位：存储器写/无效允许，这是一个命令的存储器写/无效允许使能位，1 表示主设备可以发出 memory write and invalidate 命令，0 表示必须用 memory write 命令。该位必须由主设备控制，用于发出 memory write and invalidate 命令。复位后值为 0。

第 5 位：VGA 调色板寄存器访问控制，控制 VGA 兼容的图形设备如何访问 VGA 调色板寄存器。1 表示设备不响应调色板寄存器的访问，只检查数据，0 表示设备与处理其他访问一样处理调色板寄存器的访问。VGA 兼容的图形设备应能够控制该位。

第 6 位：奇偶错校验响应，控制设备对奇偶校验错的响应。1 表示在检测到奇偶校验错时进行正常的处理，0 表示设备在检测到奇偶校验错时将 detected parity error status 位置 1，但不会使 PERR#有效，并且继续正常操作。复位后其值为 0。设备必须实现该位，当奇偶检查被禁止时，要求设备仍能产生奇偶位。复位后其值为 0。

第 7 位：步进控制，控制设备能否进行地址/数据步进操作。能则通过硬件将该位置 1，否则置 0，两者皆可的设备可使其变为 read/write 位，并且复位后置 1。

第 8 位：SERR# 允许，SERR#驱动的使能位。0 表示禁止 SERR#驱动，1 表示允许 SERR#驱动。有 SERR#位的设备必须实现该位，只有在这位和第 6 位为 1 时才报告地址奇偶校验错。复位后其值为 0。

第 9 位：快速 back-to-back 读写允许，可选的读/写位，控制主设备是否能够对不同的设备进行快速 back-to-back 操作。1 表示主设备可以对不同的目标设备进行快速 back-to-back 操作，0 表示只能对相同的目标设备进行该操作。复位后其值为 0。

第 10～15 位：保留。

（3）设备状态

状态寄存器记录与 PCI 总线相关的事件的状态信息，其结构和每位的含义如图 4-11 所示。

第 0～3 位：保留。

第 4 位：capabilities（性能）链表允许，可选，只读。0 表示没有 capabilities 链表，1 表示配置空间头部 34H 的值是 capabilities 链表的指针。

第 5 位：66MHz 允许，可选，只读。0 表示 33MHz，1 表示 66MHz。

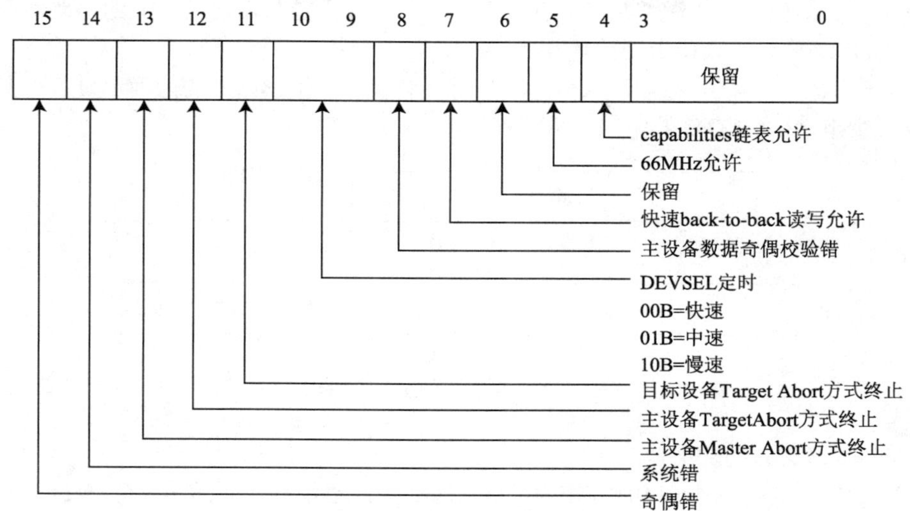

图 4-11　状态寄存器的结构

第 6 位：保留。

第 7 位：快速 back-to-back 读写允许，可选，只读。如果设备能接受快速 back-to-back 传输就将该位置 1，否则置 0。

第 8 位：主设备数据奇偶校验错，只在主设备上设置。满足下列 3 个条件则该位置 1：PERR#有效，命令寄存器中的奇偶校验错响应位置 1，传输中发现奇偶校验错。

第 9～10 位：DEVSEL# 定时，只读。DEVSEL#信号的定时。00B 表示快速，01B 表示中速，10B 表示慢速，11B 保留。除了 configuration read 和 configuration write 命令之外，设备必须以慢速方式使 DEVSEL#有效。

第 11 位：目标设备 Target-Abort 方式终止。目标设备决定以 Target-Abort 方式终止传输时必须将该位置 1。

第 12 位：主设备 Target-Abort 方式终止。主设备接受以 Target-Abort 方式终止传输时必须将该位置 1。

第 13 位：主设备 Master-Abort 方式终止。主设备决定以 Master-Abort 方式终止传输（除 special cycle 外）时必须将该位置 1。

第 14 位：系统错，设备要使 SERR#有效时将该位置 1。

第 15 位：奇偶校验错，设备在检测到奇偶校验错时必须将该位置 1，即使命令寄存器中奇偶校验错处理被禁止。

（4）基地址寄存器

上电时，BIOS 需要在引导操作系统之前确定系统中有哪些设备存在，需要多少地址空间，是否有扩展 ROM，然后建立一个统一的地址映射，以确定系统需要多少存储器空间和 I/O 空间。为此，在配置空间的预定头部区域（10H～27H）设置 6 个基地址寄存器。基地址寄存器的结构和每径的含义如图 4-12 所示。

所有基地址寄存器的第 0 位都是只读的，0/1 用于确定寄存器是映射到存储器地址空间还是 I/O 地址空间。映射到 I/O 空间的基地址寄存器为 32 位，第 0 位恒为 1（由硬件实现），第 1 位保留（0），其余位用于将设备映射到 I/O 空间。映射到存储器空间的基地址寄存器为 32 位或 64 位，第 0 位恒为 0（由硬件实现），第 1～2 位用于确定是 32 位还是 64 位，第 3 位表示数据是否能预取（第 0～3

位均为只读），其余位用于将设备映射到存储器空间。如果设备只需要 1MB 的存储器空间，则应设置寄存器的高 12 位，其余位由硬件置 0。

系统上电时软件先向该寄存器写入全“1”，然后再读，根据读回来的值确定设备需要多少地址空间。建议最少申请 4KB 存储器空间，最多不超过 256B I/O 空间。

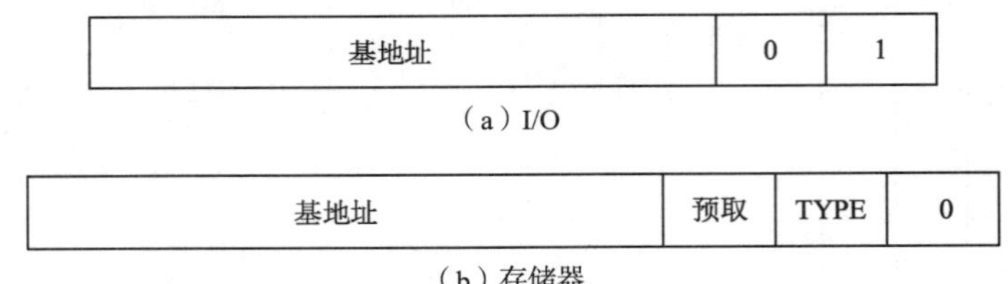

图 4-12　基地址寄存器的结构

（5）扩展 ROM 基地址寄存器

一些 PCI 设备需要将本地 EPROM 作为扩展 ROM，为此将配置空间的 30H～33H 作为扩展 ROM 的基址和大小寄存器，其结构如图 4-13 所示。第 0 位表示是否能扩展 ROM，当命令寄存器的存储器空间位和该位同时为 1 时，高 21 位对应扩展 ROM 基地址的高 21 位。如果设备只需要 64KB 的地址空间来映射扩展 ROM，则只用寄存器中高 16 位，其余 5 位由硬件置 0。

图 4-13　扩展 ROM 基地址寄存器的结构

（6）其他寄存器

这些寄存器是与设备相关的， 即某一功能的设备只需其中相应的寄存器。

① cache 行大小寄存器：读/写，以双字为单位定义 cache 行的大小。该寄存器必须由发出 memory write and invalidate 命令的主设备设置，主设备利用该寄存器的值确定是采用 read，read line 或 read multiple 命令来访问存储器。复位时初值为 0。

② 延时定时器：以 PCI 总线时钟为单位定义 PCI 总线主设备的延时定时器的值。能够以突发模式发送超过 2 组数据的主设备必须将该寄存器设置为可写，否则是只读的。

③ BIST（内建自测试）寄存器：可选，用于 BIST 的控制和状态寄存器。不支持 BIST 的设备必须返回 0 值（作为保留寄存器）。第 7 位为 1 表示该设备支持 BIST；第 6 位为 1 表示启动 BIST；第 5～4 位保留，返回 0 值；第 3～0 位为 0 表示设备通过自测试，非 0 表示自测试失败。

④ 卡总线 CIS 指针：可选，由 CardBus 与 PCI 之间共享芯片的设备用于指向 CardBus 卡的 CIS（卡信息结构）。CardBus 是新一代 32 位 PCMCIA 总线接口卡。

⑤ 中断请求线寄存器：读/写，8 位的中断请求线寄存器，表示设备的中断引脚与系统中断控制器的哪个输入端相连。任何具有中断功能的设备必须具有该寄存器。POST（上电自检）软件在对系统进行初始化和配置时将信息写入该寄存器，设备驱动程序和操作系统要利用这些信息来确定中断优先级和中断向量。

⑥ 中断引脚寄存器：表示设备采用的是哪一个中断引脚，1 对应 INTA#，2 对应 INTB#，3 对应 INTC#，4 对应 INTD#。没有用中断引脚的设备将 0 写入寄存器，其余的值保留。

⑦ MIN_GNT 寄存器、MAX_LAT 寄存器：只读，用于以 $\frac{1}{4}$ms 为单位设置设备所期望的延迟定时器的值，0 表示没有设置期望值。MIN_GNT 寄存器定义了在时钟速率为 33MHz 时突发周期的

长度，MAX_LAT 寄存器定义了设备需多长时间能获得对 PCI 总线的访问权。

⑧ 子系统厂商 ID 寄存器、子系统 ID 寄存器：唯一定义设备所在的子系统或扩展板，为扩展板厂商提供了区分扩展板的机制，尽管这些扩展板上可能具有相同的 PCI 控制器（即相同的厂商 ID 和设备 ID）。这些 ID 由 PCI SIG 分配，并且必须在系统 BIOS 或其他系统软件访问 PCI 配置空间之前装载。

⑨ capabilities 指针：可选，用于指向新 capabilities 链表。只有当状态寄存器的 capabilities 链表位置 1，该寄存器才有效。

2. 配置空间的访问

在系统启动时，由 BIOS 进行设备配置，引导之后控制权交给操作系统。

（1）目标设备的选择

在正常访问时，每个设备对自己的地址进行译码。但是在访问配置空间时，要求进行设备选择译码，并通过 IDSEL 信号通知 PCI 设备。仅当在命令的地址阶段 IDSEL 有效且 AD[1::0]为 00（表示为 0 类配置业务）时，PCI 设备才是配置命令（读或写）的目标设备。对 64 个双字寄存器空间的寻址由 AD[7::2]和字节使能信号实现。与其他命令一样，配置命令允许采用任意字节组合（字节，字或双字），并以突发方式来传输数据。

IDSEL 信号的产生留给系统设计者，允许 IDSEL 直接与高 21 位地址线中尚未被用的某一根相连，或通过译码产生 IDSEL 信号。在地址阶段 AD[31::00]必须被有效驱动，并且 AD[31::11]中只能有一根有效，因此在配置访问期间只能有一个设备被选中。

（2）配置访问类型

支持分层的 PCI 总线采用两种配置访问类型。PCI 桥（包括 HOST-PCI 桥和 PCI-PCI 桥）根据目标设备的位置产生两种类型的地址信号，其格式如图 4-14 所示。

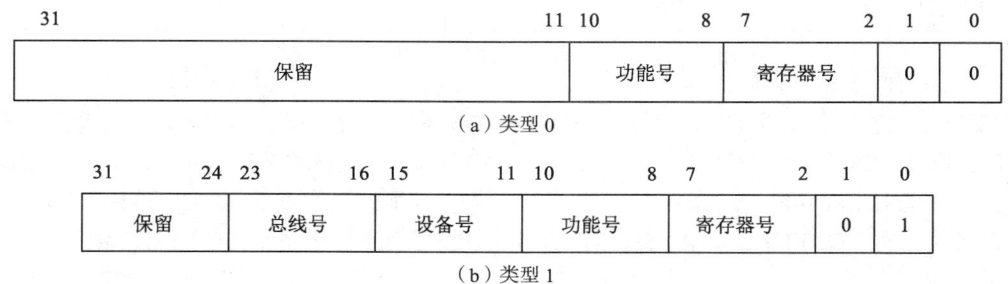

图 4-14　配置访问的地址信号

配置访问类型由 AD[1::0]标识。类型 0 用于在配置周期选择 PCI 总线上的设备，类型 1 用于将配置请求传送给另一个 PCI 总线。对于这两种配置访问类型，寄存器号和功能号意义相同，设备号和总线号只用于类型 1。寄存器号是对所选择的目标设备的配置空间的双字寄存器的编码值；功能号是多功能设备的 8 个可能的功能的编码值；设备号是在指定总线上的 32 个设备的编码值；总线号是系统中的 256 个总线的编码值。

如果一个配置访问的目标设备在本地总线上，则 PCI 桥产生一个类型 0 的配置访问周期，并利用配置寄存器（详见下一段）中的设备号来选择哪个 IDSEL 信号有效，地址信号如图 4-14（a）。类型 0 配置访问不跨越本地总线，而且必须由一个本地设备响应或通过 Master Abort 方式终止。

如果一个配置访问的目标设备在另一个总线上，则 PCI 桥必须产生一个类型 1 的配置访问周期，地址信号如图 4-14（b）。该配置访问只能由 PCI-PCI 桥响应，设备通过总线号来确定该配置访问的目标是否跨桥，是则忽略该访问，并由桥来响应。如果该访问也不属于该桥的 secondary 总线，则将其原样传送。如果总线号与 secondary 总线匹配，该桥就将该配置访问转换为类型 0 的配置访问，即将 AD[1::0]改为 00，其他同类型 0 的配置访问，并启动一次配置访问。同样，桥也可以向上转发设备对类型 0 的配置访问的响应。

多功能设备应对 AD[10::08]进行编码，并且只有当完成配置空间寄存器对功能的选择时才响应该配置访问，而且总是响应设备的 0 号功能，其他功能是可选的，功能号可在 1～7 范围内任选。

（3）配置访问周期的产生（配置机制）

80 × 86 处理器不具有直接访问配置空间的能力，系统必须提供一个配置机制，允许通过软件产生 PCI 配置周期。这个机制通常是由 HOST-PCI 桥完成，如将 CPU 的 I/O（或存储器）访问转换成配置访问。设备驱动程序应利用操作系统提供的 API 来访问该设备的配置空间，而不是通过硬件方法。

该机制需要 2 个 32 位端口，第一个端口（0CF8H）称作 CONFIG_ADDRESS 寄存器（配置地址寄存器），第二个端口（0CFCH） 称作 CONFIG_DATA 寄存器。访问配置空间时，首先将总线号、设备号、功能号和寄存器号写到 CONFIG_ADDRESS 寄存器，确定 PCI 总线、总线上的设备和设备上的功能以及要被访问的寄存器。寄存器中的 Enable 位（第 31 位）必须置成访问 CONFIG_DATA 寄存器（置 1），这样接下来对 CONFIG_DATA 的访问才会被当作配置访问，否则会被当成一次普通 I/O 访问。

CONFIG_ADDRESS 寄存器的结构如图 4-15 所示。第 31 位是一个使能标志，用于确定何时将对 CONFIG_DATA 的访问转换成 PCI 总线的配置周期；第 30 位～第 24 位保留，是只读的，并且在读时必须返回 0；第 23 位～第 16 位用于在系统中选择一个特定的总线；第 15 位～第 11 位用于选择总线上的设备；第 10 位～第 8 位用于选择设备中的一个功能（如果是多功能设备）；第 7 位～第 2 位用于选择设备配置空间的一个双字；第 1 位、第 0 位是只读的，并且在读时必须返回 0。

31	30　　24	23　　16	15　　11	10　　8	7　　2	1	0
Enable	保留	总线号	设备号	功能号	寄存器号	0	0

图 4-15 CONFIG_ADDRESS 寄存器的结构

HOST-PCI 桥只要看到 CPU 对 CONFIG_ADDRESS 的 I/O 双字写操作，则将数据锁存到 CONFIG_ADDRESS 中。对 CONFIG_ADDRESS 的双字读操作，该桥必须返回 CONFIG_ADDRESS 中的数据。任何对 CONFIG_ADDRESS 的非双字操作，必须被当作正常的 I/O 访问。

接下来执行对 CONFIG_DATA 寄存器的读/写。HOST-PCI 桥根据 CONFIGADDRESS 上的总线号确定配置访问类型，并将 CONFIG_ADDRE SS 值转换为 PCI 总线配置周期，可能发生两种类型的转换。类型 0：被寻址的设备在与该桥相连的总线上，则 PCI 桥对设备号进行译码，使某个 IDSEL 线有效，并在 PCI 总线上执行一次配置周期，即在配置周期的地址阶段 AD[1::0]为 00，则 CONFIG_ADDRESS[10::00]出现在 AD[10::00]上，如图 4-16 所示。类型 1：被寻址的设备在该桥之后的某另一个总线上，则在配置周期的地址阶段 PCI 桥直接将 CONFIG_ADDRESS 寄存器中内容放到地址线上，且 AD[1::0]为 01。

CONFIG_DATA 的值确定了对 CONFIG_ADDRESS 所寻址的配置寄存器的大小，可以是字节、字或双字。例如，CPU 对 CONFIG_DATA 进行一次字操作，则 HOST-PCI 桥将 CONFIG_ADDRESS 中的数据在地址阶段放到地址线上：如果配置类型为 0，则 CONFIG_ADDRESS[10::00]出现在 AD[10::00]上，AD[31::11]为全 1；如果配置类型为 1，则 CONFIG_ADDRESS[23::00]出现在 AD[23::01]上，AD[31::24]为全 0。若在数据阶段，则字节使能信号从主机总线传到 PCI 总线上，即 C/BE#[3::0]为 1100。

当一个桥看到对 CONFIG_DATA 地址开始的 I/O 双字的访问，就检查 CONFIG_ ADD RESS 的 Enable 位和总线号，如果配置周期转换被启动，并且总线号与该桥的总线号或该桥之后的总线号匹配，则必须进行配置周期转换，过程同上，只是 C/BE#[3::0]为 0000。

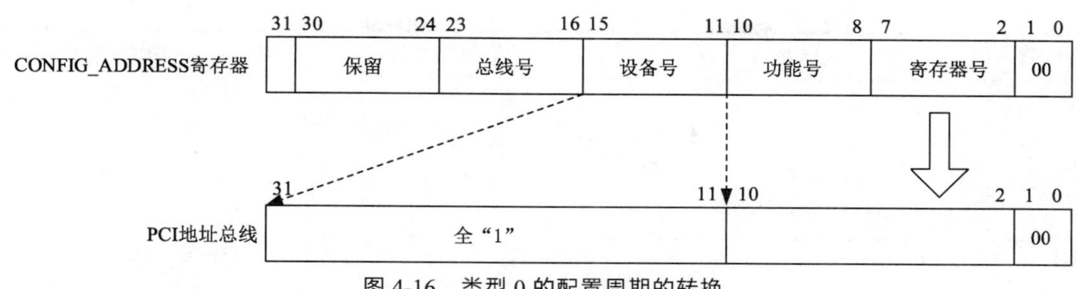

图 4-16　类型 0 的配置周期的转换

4.4.7 PCI 总线的应用

1．支持 PCI 总线的 BIOS

大多数 Pentium PC 机都有 PCI 总线以及支持 PCI 总线的 BIOS。BIOS 通过 INT 1AH 访问 PCI 总线。表 4-4 列出了 INT 1AH 指令（AH=B1H）关于 PCI 总线的主要功能。

表 4-4　INT 1AH 指令关于 PCI 总线的主要功能

功能号	入口参数	出口参数	功能描述
01H	AH=0B1H AL=01H	AH=00H 如果 BIOS 支持 PCI BX=版本号 EDX=ASCII 码“PCI” CARRY=1 如果没有 PCI 总线	BIOS 是否存在
02H	AH=0B1H AL=02H CX=Unit DX=Manufacture SI=index	AH=结果代码* BX=总线号和单元号 CARRY=1 表示错误	PCI 单元搜索
03H	AH=0B1H AL=03H ECX=类别代码 SI=index	AH=结果代码* BX=总线号和单元号 CARRY=1 表示错误	PCI 类别代码搜索
06H	AH=0B1H AL=06H BX=总线号和单元号 EDX=数据	AH=结果代码* CARRY=1 表示错误	启动 special cycle EDX*的内容在地址阶段送到 PCI 总线上
08H	AH=0B1H AL=08H BX=总线号和单元号 DI=寄存器号	AH=结果代码* CL=配置寄存器的数据 CARRY=1 表示错误	配置读（按字节）
09H	AH=0B1H AL=09H BX=总线号和单元号 DI=寄存器号	AH=结果代码* CX=配置寄存器的数据 CARRY=1 表示错误	配置读（按字）

续表

功能号	入口参数	出口参数	功能描述
0AH	AH=0B1H AL=0AH BX=总线号和单元号 DI=寄存器号	AH=结果代码* ECX=配置寄存器的数据 CARRY=1 表示错误	配置读（按双字）
0BH	AH=0B1H AL=0BH BX=总线号和单元号 CL=写入配置寄存器的数据 DI=寄存器号	AH=结果代码* CARRY=1 表示错误	配置写（按字节）
0CH	AH=0B1H AL=0CH BX=总线号和单元号 CL=写入配置寄存器的数据 DI=寄存器号	AH=结果代码* CARRY=1 表示错误	配置写（按字）
0DH	AH=0B1H AL=0BH BX=总线号和单元号 CL=写入配置寄存器的数据 DI=寄存器号	AH=结果代码* CARRY=1 表示错误	配置写（按双字）

*的含义为：00H=搜索成功；81H=不支持该功能；83H=厂商 ID 无效；86H=单元未发现；87H=寄存器号无效。

下面的代码展示利用 BIOS 确定 PCI 总线的 BIOS 支持是否存在。

```
DSEG      SEGMENT
MES1      DB        'PCI BIOS NOT PRESENT$'
MES2      DB        'PCI BIOS PRESENT$'
DSEG      ENDS
CSEG      SEGMENT
ASSUME CS：CDEG，DS：DSEG
START：MOV          AH，0B1H              ；访问 PCI
       MOV          AL，01H               ；功能号
       INT          1AH
       MOV          DX，OFFSET MES2
       JNC          OK
       MOV          DX，OFFSET MES1
   OK：MOV          AH，9                 ；显示字符串
       INT          21H
CSEG      ENDS
END       START
```

如果 BIOS 支持 PCI，就可以通过 BIOS 读出配置寄存器的内容。PCI 接口的使用者主要是了解 PCI 接口的存储器和 I/O 的地址空间，以及中断向量号和 DMA 通道号的映射，如将 PCI 扩展板上的存储器首地址 FFE0H 映射到内存的 0000C800H。注意，BIOS 不支持 CPU 和 PCI 接口的数据传

输，而是由相应的设备驱动程序完成。

2．PCI 接口的基本结构

PCI 接口比较复杂，PCI 接口的基本结构如图 4-17 所示。PCI 接口的一些基本功能部件前文已经讲解，厂商信息等其他信息一般情况下需要 EPROM 来存储。

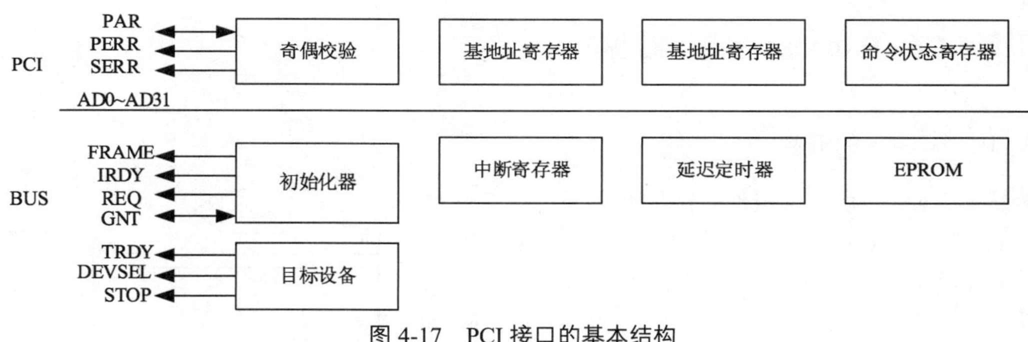

图 4-17 PCI 接口的基本结构

4.5 PCI Express 总线

总线通常每 3 年性能提高一倍，从最初的 PC 总线、ISA 总线、EISA 和 MCA 总线、VL 总线到 PCI 总线、PCI-64 位/66MHz 总线、PCI-X 总线，而处理器通常每个摩尔周期（18 个月）性能提高一倍，这使得 PCI 总线慢慢成为了整个系统的瓶颈。高性能的图形芯片逐渐从 PCI 总线中分离出来，形成单独的总线技术——AGP（图形加速处理）。同时随着 RAID 阵列，千兆以太网和其他高带宽设备的出现，PCI 133MB/s 的带宽明显不能满足这些应用的需要。

后来，在南桥、北桥芯片之间的总线技术也开始绕过 PCI 采用其他总线技术，在外设接口方面更是早已不再采用 PCI 总线，在芯片组南桥中基本集成了 EIDE、USB 和 10/100MB/s 以太网接口。此时计算机系统无论是在计算机内部，还是在外部，统一总线标准和提高总线带宽成为当务之急。

早在 2001 年，Intel 公司就提出用新一代的技术取代 PCI 总线和多种芯片的内部连接，并称之为第三代 I/O 总线技术。随后包括 Intel、AMD、DELL、IBM 在内的 20 多家业界主导公司开始起草新技术规范，并在 2002 年完成，后来提交给 PCI-SIG（PCI 特殊兴趣组织），并正式命名为 PCI Express。PCI Express 的目的是使不同厂家的设备可以在一个开放的架构中实现互操作，而且以较少的数据线提供更高的连接速度。PCI Express 被定义为多种计算和通信平台的高性能通用 I / O 互连。

PCI Express 保留了原 PCI 的主要属性，如应用模型、load-store 结构和软件接口，但没有原来的带宽限制，并行总线也被串行接口所取代。PCI Express 总线具有如下特点：采用点对点通信技术、交换技术以及基于数据包的通信协议；为每一个设备分配专用通道，充分保障各设备的宽带资源；采用独特的双通道传输模式，它类似全双工模式，大大提高了数据传输速率；每个引脚具有较高的带宽，从而只需较少的引脚，节约空间，减少串扰，如 x1 带宽模式只需 4 线进行数据传输，电量消耗也大大降低；采用类似网络通信中的 OSI 分层模式，包括物理层、链路层、业务层和软件层，各层使用专门的协议架构；支持电源管理、QoS、热插拔和热交换等功能；通过 CRC 校验可保持端到端和链路级数据完整性，具有错误报告和错误处理能力；在软件层保持与 PCI 兼容。

在现代计算机使用过程中，游戏、科学、工程和机器学习等应用程序需要处理大量数据，此时通过使用 PCI Express 接口将图形处理器（GPU）等高性能外围设备连接到计算机。PCI Express 能够很好地在 CPU 与 GPU 之间构筑桥梁，让它们能够数据交互，因而 PCI Express 逐渐取代 PCI 及 AGP 插槽，被用在台式计算机、笔记本电脑以及服务器平台上，甚至继续延伸到网络设备的内部连接设计中。

本节以下的内容基于 PCI Express 1.0 规范。

4.5.1 PCI Express 的系统架构

1．PCI Express 的链路

链路（link）表示两个组件之间的双工通信通道。PCI Express 的基本链路由两个低电压、差分驱动信号对组成，分别完成发送和接收功能，如图 4-18 所示。

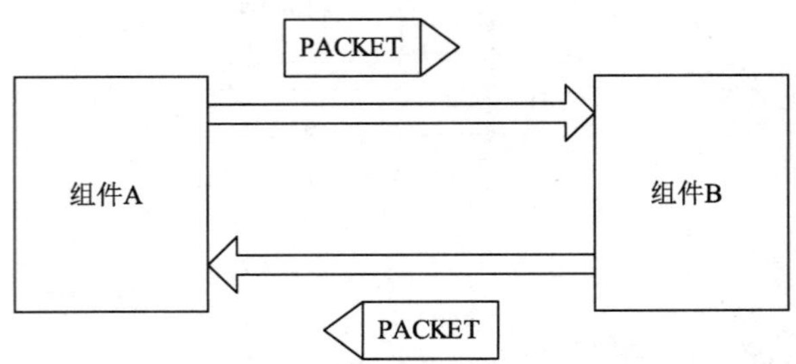

图 4-18 PCI Express 的基本链路

数据时钟采用 8b/10b 编码方式以达到高速的数据传输率，即时钟信息直接被编码成数据流，比起分离的信号时钟更好。一旦被初始化，每一个链路必须只能在所支持的一个信号等级（信号传输速率）上操作。在 PCI Express 1.0 规范中，只有一个信号传输速率 2.5Gbit/s 被定义，它提供的是单通道单向原始带宽。PCI Express 2.0 规范将支持高效的 5.0Gbit/s 的单通道单向原始带宽。双向连接允许数据在两个方向上同时传输，类似全双工连接，如电话系统，但是在双向传输中，各自都有自己的地线，而不像全双工连接那样采用公共地线。

一个链路至少支持一个通道（lane），每个通道使用一组差分信号对（一对发送一对接收）。为了扩充带宽，每个链路可以支持多重通道，以 × N 的形式表示。一个 × 8 的链路表示总带宽为 20 Gbit/s 的单通道单向的原始带宽。PCI Express 的链路可以配置为 × 1，× 2，× 4，× 8，× 12，× 16，× 32 通道带宽的操作。每个链路必须在各个方向上支持对等数量的通道，例如，× 16 链路表示在 2 个方向上有 16 个差分信号对。

2．PCI Express 的总线交换结构

PCI Express 的基本结构是通过点到点链路将一组器件连接起来。图 4-19 为 PCI Express 的总线交换结构的拓扑图，作为一种分层结构，PCI Express 的基本结构包括根组件（RC，root complex）、交换器（switch）、各种终端设备（endpoint）和 PCI Express-PCI/PCI-X 桥（bridge），它们通过链路互连在一起。

RC 表示 I/O 分层的根组件，它可以集成在北桥芯片中，用于处理器和内存子系统、I/O 设备之间的连接。如图 4-19 说明的那样，RC 支持一个或多个 PCI Express 端口。每一个端口定义一个单独的结构分层域（I/O hierarchy domain）。每一个结构分层域或者是一个单独的终端设备，或者由包含一个或多个交换器组件和 I/O 终端设备的子结构分层域组成。

终端设备（endpoint）表示一种设备，可以作为 PCI Express 总线事务的请求者（requester）、执行者或完成者（completer），可以代表 PCI Express 总线设备，也可以代表非 PCI Express 总线设备，例如 PCI Express 图形控制器或 PCI Express-USB 接口。终端设备可以分为传统（legacy）终端设备或 PCI Express 终端设备，其配置空间头部中的类型字段为 00h。

在 PCI Express 架构中的新设备是交换器，它取代了现有架构中的 I/O 桥接器，用来为 I/O 总线

提供转发。交换器支持在不同终端设备间进行点到点通信。

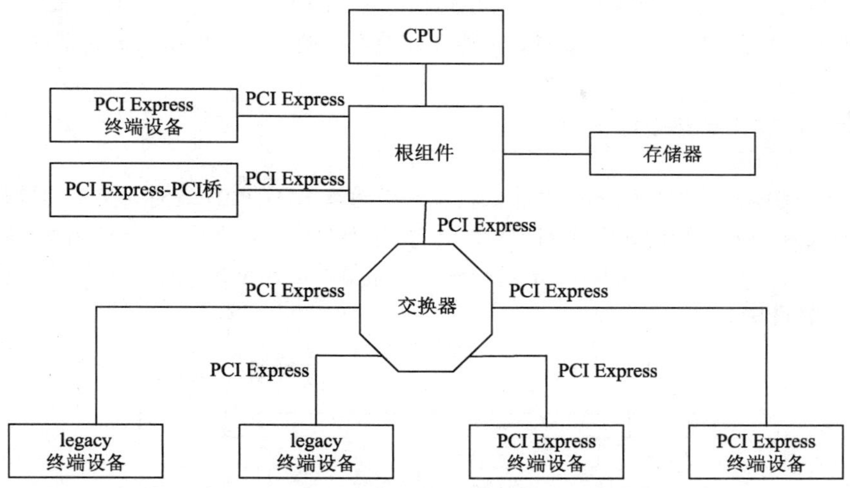

图 4-19 PCI Express 的总线交换结构拓扑图

为了与 PCI 架构兼容，PCI Express 1.0 架构中仍保留 PCI 接口，PCI Express-PCI 桥有一个 PCI Express 端口，以及一个或多个 PCI 总线接口，以支持传统的 PCI 业务。在原 PCI 架构中，用于显卡的接口为 AGP，而在 PCI Express 架构中以 PCI Express 取代。

交换器被定义为多个虚拟 PCI-PCI 桥（PCI-PCI bridge）设备的逻辑组合，如图 4-20 所示。交换器的功能通常以软件形式提供，交换器包括两个或更多的虚拟 PCI-PCI 桥，以保持与现有 PCI 兼容。交换器使用虚拟 PCI-PCI 桥机制传递事务，例如基于地址的路由。交换器能够在两个下游端口之间进行点对点的传输，也能够在任意端口之间传输所有类型的事务层数据包。

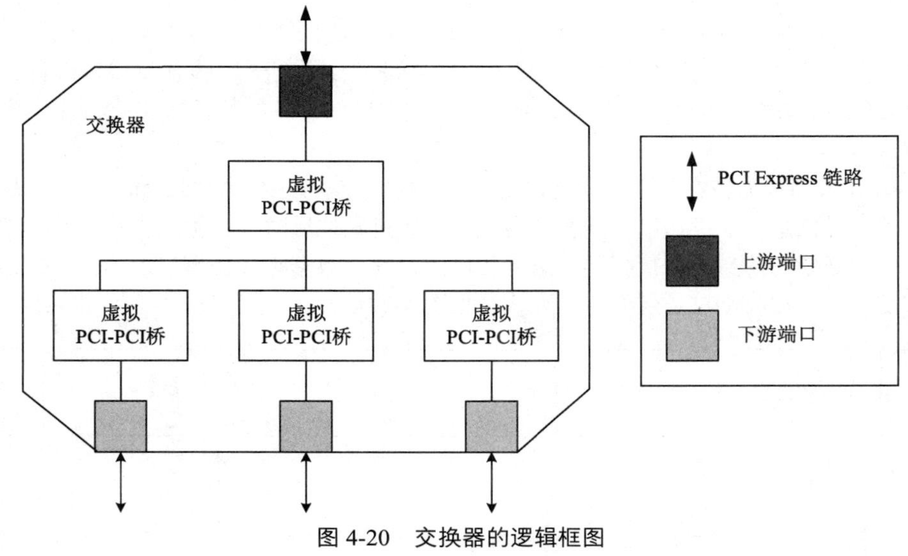

图 4-20 交换器的逻辑框图

每个交换器必须遵守链路层数据完整性规范。交换器不允许将一个数据包分割成较小的数据包，例如，不能将一个负载为 256KB 的数据包分割成两个负载为 128KB 的数据包。当同一虚拟通道中发生冲突的时候，交换器可采用循环或加权循环的方式实现输入端口之间的仲裁。

当然，像 PCI Express-PCI 的桥设备也可能存在。PCI Express-PCI / PCI - X 的桥提供了一个 PCI Express 端口，以及一个或多个 PCI/PCI-X 总线接口，在 PCI 接口上支持所有的 PCI 或 PCI-X 事务。PCI Express-PCI 桥上的 PCI Express 端口必须遵守流控制规范以及链路层数据完整性规范。

4.5.2 PCI Express 分层

PCI Express 的体系结构采用分层设计，就像网络通信中 TCP/IP 结构一样，这样利于跨平台的应用。PCI Express 的体系结构如图 4-21 所示。它共分为四层：物理层（physical layer）、数据链路层（data link layer）、事务层（transaction layer）和软件层（software layer）。有的 PCI 技术文档分为 3 层，没有包括软件层。

PCI Express
的体系结构

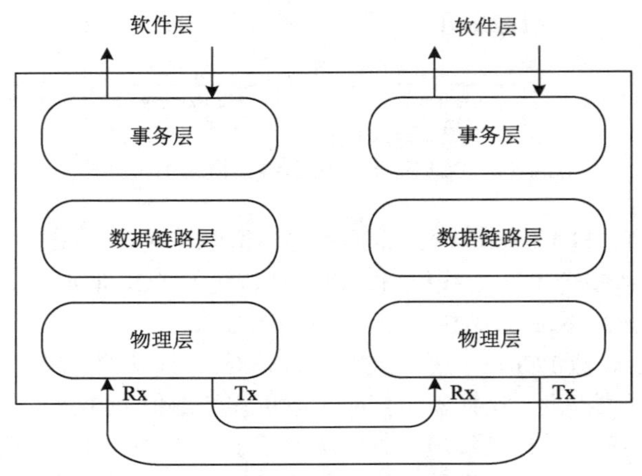

图 4-21 PCI Express 的体系结构

图 4-21 说明了 PCI Express 的 3 个协议层（事务层、数据链路层和物理层）在数据传输中的作用，数据流从一个设备的事务层发起，经过数据链路层，到物理层的总线接口设备，然后通过相应的 PCI Express 总线传输到另一设备的物理层，经过另一设备的数据链路层再传到事务层进行处理。

PCI Express 采用数据包在各组件间传递信息。数据包在事务层和数据链路层形成，携带从发送端到接收端的全部信息。在发送端，当发送的数据包经过其他层时，被附加了在这些层中处理数据包时所需的一些必要的信息。在接收端，进行相反的过程，数据包从物理层形式变为数据链路层形式，最后，变为能被接收端事务层处理的形式，见图 4-22。

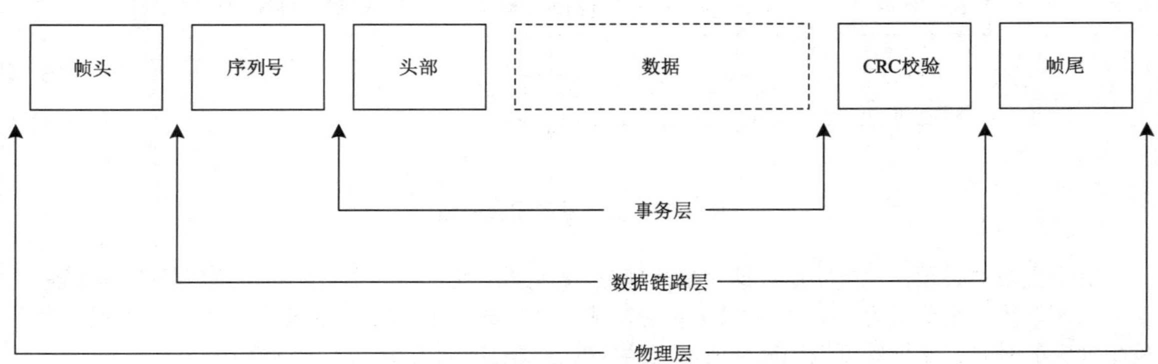

图 4-22 数据包及与分层的关系

1．物理层

物理层决定了 PCI Express 总线接口的物理特性，如点对点串行连接、差分信号驱动、热拔插、可配置带宽等。物理层包括所有的接口电路，如驱动器和输入缓冲器、并行-串行和串行-并行的转换、锁相环（PLL）和阻抗匹配电路，它也包括接口初始化和维护等相关的逻辑功能。物理层按照特定格式与数据链路层交换信息。物理层负责将从数据链路层接收到信息转换成一个适当的串行格式并且以与远端设备一致的频率和带宽在 PCI Express 线路上传输。

2．数据链路层

数据链路层是协议栈的中间层，作为事务层和物理层的中间阶段，其主要任务就是确保数据包可靠、正确地传输。数据链路层的发送端接收事务层封装的数据包，计算并生成一个数据保护码和序列号，之后将它们提交给物理层，传输到接收端。接收端的数据链路层负责检测接收到的数据包的完整性并将它们提交给事务层作进一步处理。如果发现包错误，接收端数据链路层会要求进行数据包重传，直到收到正确的信息或者判定这条链路失效为止，图 4-23 显示了数据包在各层之间的传递。

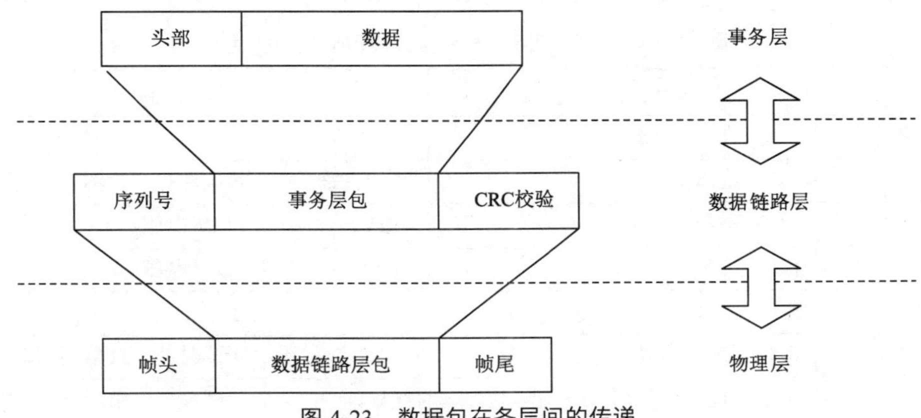

图 4-23　数据包在各层间的传递

数据链路层也会生成和处理用于链路管理功能的数据包，为了区分就定义为“事务层数据包（transaction layer packet，TLP）”和“数据链路层数据包（data link layer packet，DLLP）”。每个数据包都有一个唯一标识符，可以使响应包定向于正确发起者。

3．事务层

事务层是协议栈的最上层，主要任务是对事务层数据包进行封装和解封。事务层接收来自软件层的读、写请求，并且建立一个请求包传输到数据链路层。所有请求都是分离执行，有些请求包需要返回一个响应包。事务层同时接收从数据链路层传来的响应包，并与原始的软件请求关联。事务层还操纵链接配置和信号控制，以确保端到端通信正确，没有无效数据通过整个组织（包括请求设备和目标设备，甚至包括可能通过的多个桥接器和交换器）。事务层采用基于信任的流控制机制，以确保接收端有足够的缓存用于接收从发送端所传输的数据大小和类型。

根据事务类型的不同，事务层支持四种寻址空间，其中包含了三种 PCI 寻址空间（内存，I / O 和配置空间），并增加了一个消息空间。PCI Express 采用消息信令中断（message signaled interrupt）概念作为中断处理的主要方法，并且采用消息空间支持所有早期的边带信号，例如中断、电源管理请求等，其传输模式和带内消息传输事务一样。这几个地址空间类型的用途为：内存空间用于读写内存的数据，I/O 空间用于处理来自或发送到 I/O 节点的数据，配置空间用于设备的配置，消息空间用于处理各种消息。

4. 软件层

软件层被称为最重要的部分，因为它是保持与 PCI 总线兼容的关键。软件层使系统在使用 PCI Express 启动时，像在 PCI 下的初始化和运行那样，无论是在系统中发现的硬件设备，还是在系统中的资源，如内存、I/O 空间和中断等，它可以创建非常优化的系统环境，而不需要进行任何改动。事实上，PCI Express 系统中的软件不需要进行任何改变，也就是说在软件方面完全可以实现从 PCI 的平稳过渡。所有 PCI 软件在 PCI Express 系统中运行都不需任何改变，当然新的软件可能包括新的特性。

PCI Express 的链路可以配置为 ×1、×2、×4、×8、×12、×16 和 ×32 通道带宽（×2 模式用于内部接口而非插槽模式），×1 包含 1 对双向数据连接，由 4 个引脚组成；×2 表示有 2 对双向数据连接；依此类推。PCI Express ×1 已经可以满足主流声卡芯片、网卡芯片和存储设备对数据传输带宽的需求，但是远远无法满足图形芯片对数据传输带宽的需求。因此，必须采用 PCI Express ×16 来取代传统的 AGP 总线。×1 模式 PCI Express 总线接口插槽引脚定义如表 4-5 所示。

表 4-5 x1 模式 PCI Express 总线接口插槽引脚定义

<table>
<tr><th rowspan="2">引脚</th><th colspan="2">B 面</th><th colspan="2">A 面</th></tr>
<tr><th>名称</th><th>说明</th><th>名称</th><th>说明</th></tr>
<tr><td>1</td><td>+12V</td><td>+12V 电压</td><td>PRSNT1#</td><td>热拨插存在检测</td></tr>
<tr><td>2</td><td>+12V</td><td>+12V 电压</td><td>+12V</td><td>+12V 电压</td></tr>
<tr><td>3</td><td>RSVD</td><td>保留</td><td>+12V</td><td>+12V 电压</td></tr>
<tr><td>4</td><td>GND</td><td>地</td><td>GND</td><td>地</td></tr>
<tr><td>5</td><td>SMCLK</td><td>系统管理总线时钟</td><td>JTAG2</td><td>测试时钟、JTAG 接口输出时钟</td></tr>
<tr><td>6</td><td>SMDAT</td><td>系统管理总线数据</td><td>JTAG3</td><td>测试数据输出</td></tr>
<tr><td>7</td><td>GND</td><td>地</td><td>JTAG4</td><td>测试模式选择</td></tr>
<tr><td>8</td><td>+3.3V</td><td>+3.3V 电压</td><td>JTAG5</td><td>测试模式选择</td></tr>
<tr><td>9</td><td>JTAG1</td><td>测试复位，JTAG 接口复位时钟</td><td>+3.3V</td><td>+3.3V 电压</td></tr>
<tr><td>10</td><td>3.3Vaux</td><td>3.3V 辅助电源</td><td>+3.3V</td><td>+3.3V 电压</td></tr>
<tr><td>11</td><td>WAKE#</td><td>链接激活信号</td><td>PWRGD</td><td>电源准备好信号</td></tr>
<tr><td>12</td><td>RSVD</td><td>保留</td><td>GND</td><td>地</td></tr>
<tr><td>13</td><td>GND</td><td>地</td><td>REFCLK+</td><td rowspan="2">差分传输信号对的参考时钟</td></tr>
<tr><td>14</td><td>HSOp（0）</td><td rowspan="2">0 号信道发送差分传输信号对</td><td>REFCLK-</td></tr>
<tr><td>15</td><td>HSOn（0）</td><td>GND</td><td>地</td></tr>
<tr><td>16</td><td>GND</td><td>地</td><td>HSlOp（0）</td><td rowspan="2">0 号信道接收差分传输信号对</td></tr>
<tr><td>17</td><td>PRSNT2#</td><td>热拨插存在检测</td><td>HSln（0）</td></tr>
<tr><td>18</td><td>GND</td><td>地</td><td>GND</td><td>地</td></tr>
</table>

各种带宽模式下的 PCI Express 总线接口插槽主要区别在于信道的多少，而主要控制功能是在 0 号信道的模式下，除 ×1 模式外，其他模式下的插槽是在 0 号信道基础附加一些发送和接收差分信号对连接，以及相应的地线。

4.6 小结

本章首先介绍了计算机总线的基本概念，然后逐一介绍了在微型计算机发展史上有重要地位且比较典型的外部总线，包括 PC 总线、ISA 总线、PCI 总线和 PCI Express 总线。

PC 总线是 IBM PC 和 PC/XT 机使用的总线，它支持 20 位地址，8 位数据。

ISA 总线是 IBM PC/AT 机使用的总线，它与 PC 总线向下兼容，它支持 24 位地址，16 位数据。

PCI 总线是随着 CPU 的速度的提高，为了提高系统的整体性能而提出的。PCI 总线有 32 位和 64 位两种版本，32 位 PCI 总线用在 80486 系列的微型计算机上，64 位的 PCI 总线用在 Pentium 系列的微型计算机上。

PCI Express 总线被称为是第三代 I/O 总线技术，是 IBM PC 系列微型计算机上基本配置的总线。PCI Express 的设计不只要取代 PCI 及 AGP 插槽，同时也会是一些电脑内部系统连接接口，如处理器、绘图、网络及磁盘的 I/O 子系统芯片间的主要连接。PCI Express 采用了最新的点到点互连、基于交换的技术以及分组协议来使性能和功能达到新层次。

4.7 思考题

1. 解释下列名词

（1）ISA　　（2）PCI　　（3）PCI Express

2. 什么是总线的频宽？
3. 什么是总线的传输率？
4. ISA 总线是如何与 PC 总线保持兼容的？
5. 描述 PCI 总线的特点、PCI Express 总线的特点。
6. PCI 总线是怎样提高系统的性能的？
7. 为什么串行总线能够取代传统的并行总线？

4.8 实验设计

设计一个信号线多路复用的电路，通过实例说明这种电路的优缺点。

第 5 章 串行通信及接口

数据通信是通过通信介质传输计算机处理过的信息，可以用一个简单的公式表示：

数据通信 = 数据传输 + 数据处理

因此，数据通信是完成编码信息的传输、转换、存储和处理的通信技术。本章及第 6 章主要讨论数据在物理介质上的传输技术和接口技术。

许多外部设备和计算机是按照串行方式进行通信的，也就是说数据是一位一位进行传输的。在传输过程中，每一位数据都占据一个固定的时间长度。计算机内部的数据都是按字节或字存放的，进行串行数据传输时，就需要将计算机内部的并行数据转换成串行数据；当计算机接收到串行的数据之后，也需要将其转换成并行数据才能正常地存储和处理。这种数据的并–串、串–并转换，既可以由 CPU 执行程序完成，也可以由专门的接口电路完成。当 CPU 工作不繁忙的情况下，为了降低硬件的成本，可以采用前者，但当 CPU 除了处理数据传输外，还有许多其他任务需要完成时，最好由一个接口器件来完成数据的串–并转换，这时 CPU 只需要以字节为单位与接口打交道。

目前，串行接口器件的种类繁多，但基本上可分为两类：一类是不可编程接口器件，另一类是可编程接口器件。不可编程的串行接口器件要靠外部电路确定工作方式，灵活性差，一旦硬件连接好，其操作方式就不易改变了。因此，现在使用最多的是可编程的接口器件。可编程的串行接口芯片有许多种，本章主要介绍在微型计算机中常用的串行接口芯片 Intel 8251A、INS 8250 以及 USB 通用接口芯片 CH375。

5.1 串行通信的基本概念

5.1.1 数字信号的并行传输和串行传输

数字信号中不同的电平可以表示“1”和“0”，例如，5 V 表示“1”，0 V 表示“0”。数字电路的两种状态（电平）即可表示“1”和“0”。数字电路的双稳态触发器是存储二进制数据的理想器件。所谓数字信号的传输，就是将存在于一端的二进制数据通过通信介质传送到另一端，并送入存储器件中。

为了提高数据传输的效率，多位二进制数据可以同时传输，即并行传输。通常以 8 位（1 个字节）、16 位或 32 位的数据宽度同时进行传输。每一位都要有自己的数据传输线和发送接收器件，如图 5-1（a），在时钟脉冲的作用下数据从一端送往另一端。由于技术和经济上的原因，不可能用多根传输线将多位二进制数据传送很远的距离。一般在计算机内部，计算机与几米内的外部设备之间采用并行传输方式。计算机内部总线上并行传输数据的位数称为计算机的字长。

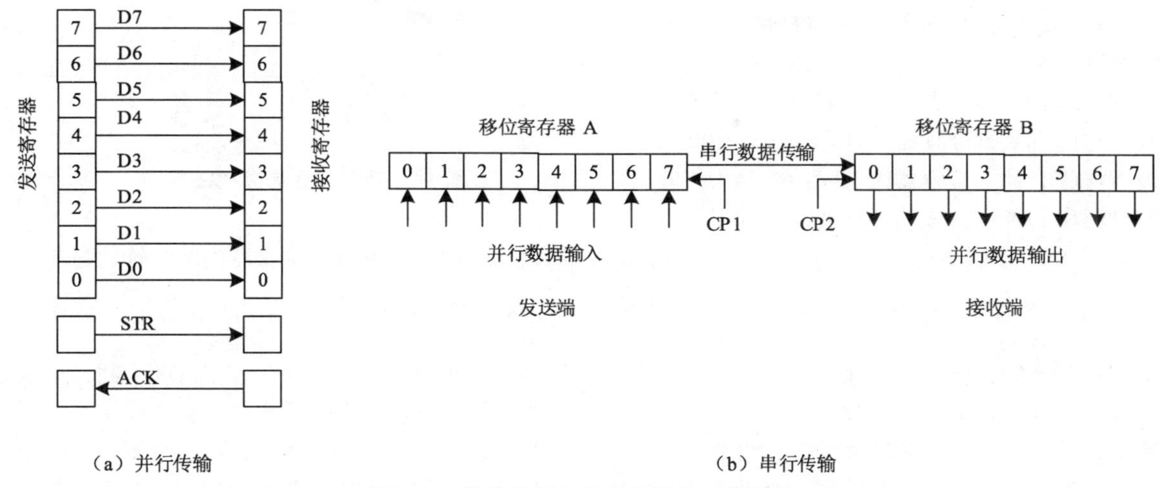

（a）并行传输　　　　（b）串行传输

图 5-1　数字信号的并行传输和串行传输

要求长距离传输数字数据的场合，多采用串行传输方式，即在一根数据传输线上，每次传送一位二进制数据，一位接一位地传送。很显然，在同样的时钟频率下，串行传输的数据速率要比并行传输慢很多。但串行传输由于节省了大量通信设备和通信线路，在技术上更适合远距离传输。

由于在计算机内部传输和处理的都是并行数据，在进行串行传输之前，必须将并行数据转换成串行数据；在接收端要将串行数据转换成并行数据。数据转换通常以字节为单位进行，用移位寄存器完成转换，如图 5-1（b）所示。在发送端将一个字节的并行数据送入移位寄存器 A 。在时钟脉冲 CP1 的作用下， 8 位并行数据逐位向右移动。在输出线上形成 8 位串行数据，通过传输线送往接收端移位寄存器 B 。当移入一个完整的字节后，就从并行数据输出端将一个字节的数据读出。接收端的时钟脉冲 CP2 必须与 CP1 的频率一致，相位滞后 180°。通常由大规模集成电路来完成串、并行数据之间的转换。

5.1.2　串行通信的同步方式

在传输数字信号时，接收端必须有与数据位脉冲具有相同频率的时钟脉冲来逐位将数据读入寄存器。为了正确读入数据，时钟脉冲的上跳沿必须作用在数据位脉冲稳定之后，通常是数据位脉冲的中间时刻。也就是说，对时钟脉冲的相位还有要求。这种在接收端使数据位与时钟脉冲在频率和相位上保持一致的机制称为同步，实现这种同步的技术称为同步方式。根据在接收端获取同步参考信号的不同方法，同步方式可分为字符同步方式和位同步方式。

串行通信的同步方式

1．字符同步方式

字符同步方式又称起止式同步方式或异步传输方式。它是以字符为单位进行传输的。发送端每发送一个字符之前先发送一个同步参考信号，接收端根据同步参考信号产生与数据位同步的时钟脉冲。这样，在发送端和接收端之间，每个字符都要同步一次。发送端在发送一个字符的串行数据前加 1 位起始位，在字符之后要加 1 位校验位（任选）和 1～2 位的停止位，如图 5-2 所示。起始位是低电平，停止位是高电平。当发送端还没有准备好下一个字符时，发送端的输出一直保持高电平。起始位的下跳沿就是同步参考信号。

在接收端，数据位与时钟脉冲的同步过程如图 5-3 所示。接收端处于初始状态时，RS 触发器为“0”态，接收器内部时钟不能通过与门进入 N 分频器，则接收器的 CP2 端没有接收时钟。接收器内部时钟频率为接收时钟频率的 N 倍，该倍数称波特率因子，它可以是 16、32 或 64。当起始位的下降沿到达接收端时，RS 触发器置位。接收器内部时钟通过与门进入 N 分频器，产生频率为 fHz 的接收时钟。由于 N 分频器的初始状态为全“0”，在进入 $\frac{N}{2}$ 个内部时钟脉冲后，分频器的输出为高电平。这样，接收时钟脉冲的上升沿正好在数据位的中间，以保证接收数据的正确性。接收端为了确认接收到一个有效的起始位，而不是干扰信号，从起始位的下跳沿开始的半个接收时钟周期时，再测试一下接收电平，如仍为低电平，表明到达一个有效的起始位，开始接收一个字符的数据；否则，认为接收到一个干扰信号，接收器重新检测数据线上的起始位。当接收端接收完规定的字符长度后，停止位使 RS 触发器复位，等待下一个起始位到来。

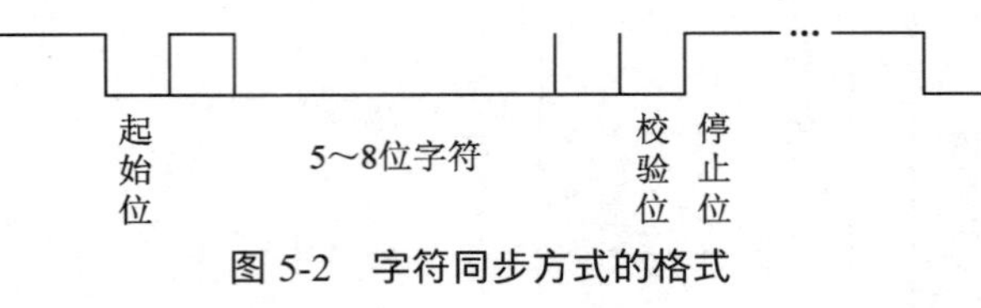

图 5-2　字符同步方式的格式

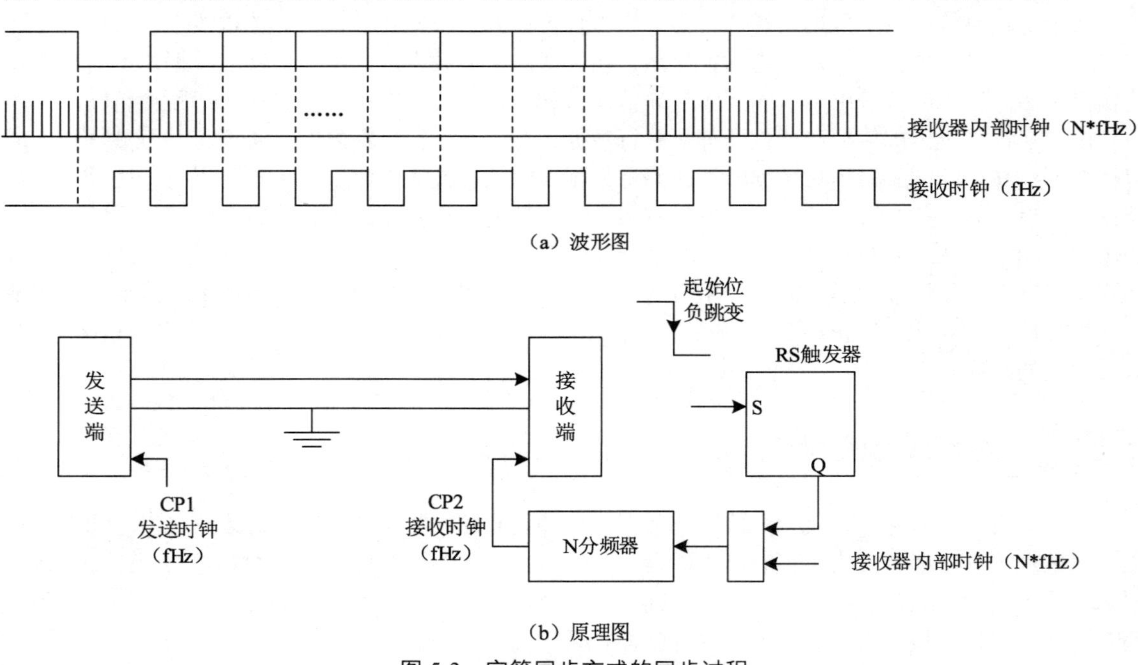

（a）波形图

（b）原理图

图 5-3　字符同步方式的同步过程

虽然接收端和发送端不是同一时钟源，会有频率误差，但对每个字符都要重新同步一次，字符之间的时钟频率误差不会积累，接收一个字符期间不会发生数据位与时钟失步。在字符同步方式中，通信双方必须约定一致的时钟频率、传输字符的长度（位数）、是否要校验、校验方式、停止位的位数等，即双方对通信接口初始化。字符同步方式的实现比较简单，但其传输速度不能太高，编码效率也比较低，每个字符要附加 2～3 位的冗余信息，它的编码效率不大于 0.8。由于这种传输方式字符之间的间隔是任意的（大于等于 1 位或 2 位），发送端准备好一个字符后就可发送，因此又称异步传输方式。

2. 位同步方式

位同步方式指在发送端对每位数据位都带有同步信息。发送端可以附加发送与数据位同步的时钟脉冲，如图 5-4 所示；接收端用这个时钟脉冲来读入数据。这样就没有必要再附加冗余的同步信息，从而提高了数据的传输效率，但要附加一条传输时钟脉冲的通信线路。这不但要增加通信线路的建设和维护费用，而且通信线路的不同分布参数以及数据信号和时钟脉冲的不同频率会引起数据信号和时钟脉冲的不同畸变和相移，可能导致接收端不能正确接收数据。

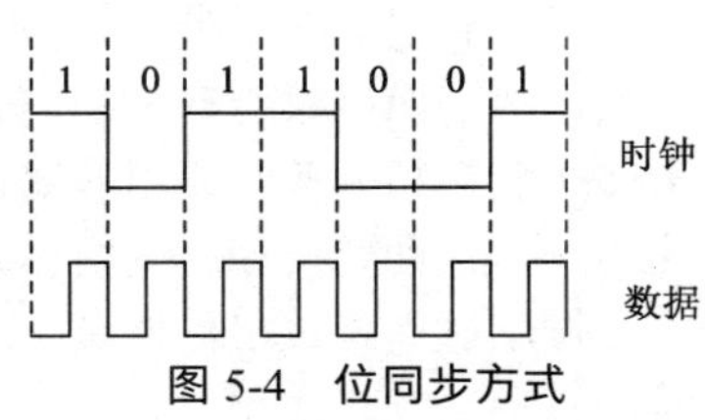

图 5-4 位同步方式

5.1.3 数据编码技术

如前所述，模拟数据或数字数据都可以用模拟信号或数字信号的形式传输。除了模拟数据以模拟信号传输外，其他通信方式都需要对数据进行编码。下面介绍几种常见的数据编码技术。

1. 数字数据的数字编码技术

数字信号通常用 2 种不同的电压电平的脉冲序列来表示，如图 5-5（a）所示。如果是正逻辑的话，高电平为“1”，低电平为“0”，这种编码方式称不归零（non return to zero，NRZ）编码。不归零的数字信号传输的最大问题是没有同步信号，在接收端不能区分每个数据位，也就不能正确接收数据，如增加同步时钟脉冲，就要增加传输线。另外，脉冲序列含有直流分量，特别是有连续多个“1”或“0”信号时，直流分量会累积。这样，就不可能采用变压器耦合方式来隔离通信设备和通信线路，以保护通信设备的安全。因此，在数据传输时不采用这种不归零的数字信号。

目前，传输数字数据可以采用图 5-5（b）所示的曼彻斯特编码和如图 5-5（c）所示的差分曼彻斯特编码。这两种编码的每位数据位的中心都有一个跳变，可以起到位同步信号的作用。在曼彻斯特编码中还以这个跳变的方向来判断这位数据是“1”还是“0”。通常，从高电平跳到低电平为“1”，从低电平跳到高电平为“0”。在差分曼彻斯特编码中以每位数据位的开始是否有跳变来表示这位数据是“1”还是“0”，通常无跳变表示“1”，有跳变表示“0”；也可用当前数据位的前半周期的电平与前一数据位的后半周期的电平进行比较，如一致则为“1”，不一致则为“0”。这两种编码都带有数据位的同步信息，又称为自同步编码。同时，这两种编码的每位数据位都有跳变，整个脉冲序列的直流分量比较均衡，可以采用变压器耦合方式进行电路隔离。

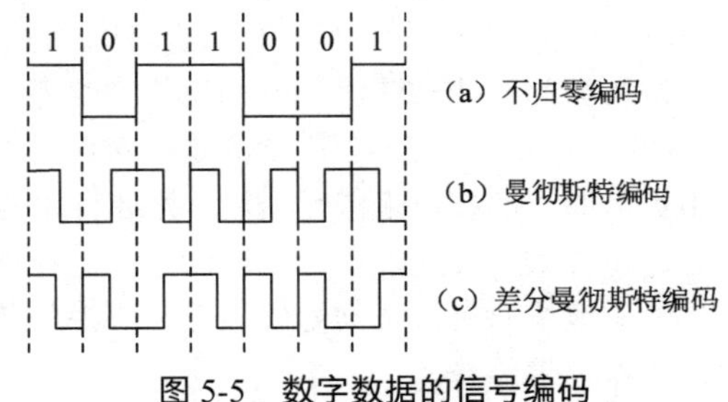

图 5-5 数字数据的信号编码

曼彻斯特编码和差分曼彻斯特编码在数据波形上携带了时钟脉冲信息，即在每个数据位中间都有一个电平跳变。接收端利用这个跳变来产生接收同步时钟脉冲。曼彻斯特编码通信过程如图 5-6 所示。由于数据和时钟同时在一条线路上传输，不会出现失步，可以用较高的传输速率来传输数据。

图 5-6 曼彻斯特编码通信过程

2．数字数据的模拟编码技术

从“电工原理”中我们知道一串脉冲信号可分解成直流分量、低频和高频谐波分量。因此，脉冲信号具有很宽的频带。如在带宽较窄的通信介质上传输脉冲信号，会滤去一些谐波分量，造成脉冲波形畸变而导致传输失败。必须将数字信号变换成一定频率范围的模拟信号才能在窄带通信介质上传送。在频分多路复用的场合，也必须将脉冲信号变换成一定频率范围的模拟信号，在某一频带内传送。这种变换和反变换称为调制和解调。

调制过程是数字数据对一定频率的正弦载波信号的振幅、频率或相位进行控制，使数字数据加载到载波信号上，并在信道上传送。在接收端将数字数据从加载的载波信号上取出，即解调过程。

3 种基本的调制方式为调幅、调频和调相，又分别称为移幅键控（amplitude shift keying，ASK）移频键控（frequency shift keying，FSK）和移相键控（phase shift keying，PSK），如图 5-7 所示。

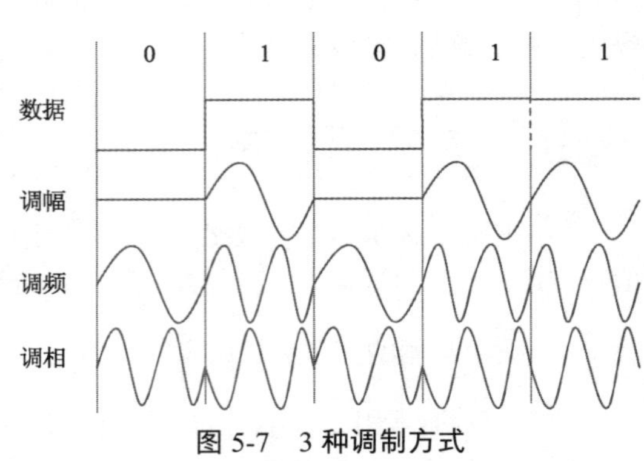

图 5-7　3 种调制方式

调幅方式用固定频率的正弦信号的两种不同的幅值来表示二进制数“1”和“0”。这种调制方式的优点是实现容易、设备简单，但抗干扰能力差。

调频方式用载波信号的两种不同相位来表示二进制数“1”和“0”。它的实现也比较简单，抗干扰能力优于调幅方式。当采用高频载波信号时，还可用于无线传输。

调相方式是用载波信号的不同相位来表示二进制数“1”和“0”。根据确定相位参考点的不同，调相方式可分为绝对调相和相对调相(或差分调相)。绝对调相是以未调载波信号的相位作为参考点，若已调载波信号的相位与参考点一致则为二进制数“0”，若相位差 180°则为“1”。相对调相是以前一位数据的已调载波信号的相位作为参考点，若与前一位的相位一致则为二进制数“1”，若相位差 180°则为“0”。图 5-7 所示的是绝对调相方式。前述的调相方式只有两种相位，称两相调制。可以用更多的不同相位来进行调制，例如可用±45°和±135°四种相位，称四相调制。它一共有 4 种调制状态，每种状态可代表 2 位二进制数。这样，每种状态所携带的信息量增加一倍。

不改变原有数字信号的波形和频率的传输方式称基带传输，而传输经调制后的模拟信号的传输方式称频带传输。

3．模拟数据的数字编码技术

由于数字信号在传输过程中不引入噪声，具有传输可靠、没有失真的特点。因此，在很多场合，会将模拟信号数字化后进行传输。特别是当前计算机多媒体技术的应用，都要将不同媒体的物理量（模拟量），如声音、图形、图像、动画等，转换成数字信号后在计算机系统内进行存储、处理和传输，所以模拟数据的数字传输得到越来越广泛的应用。

将模拟信号转换为数字信号的最常用的方法是脉冲编码调制（pulse code modulation，PCM），简称脉码调制。下面以语音信号为例来说明脉冲调制的工作原理。整个脉冲调制过程分成采样、量化和编码 3 个阶段。

（1）采样将一个时间连续变化的物理量转换成在时间上断续的物理量。也就是每隔一定时间间隔，把模拟信号的瞬时值取出来作为样本，以代表原信号，其过程如图 5-8 所示。根据采样定理，数据采样频率如大于等于信号最高频率的 2 倍，则采样信号包含了原信号的全部信息。语音数据的最高频率不会超过 4000Hz，那么每秒 8000 次采样，完全可以表示原语音数据的特征。

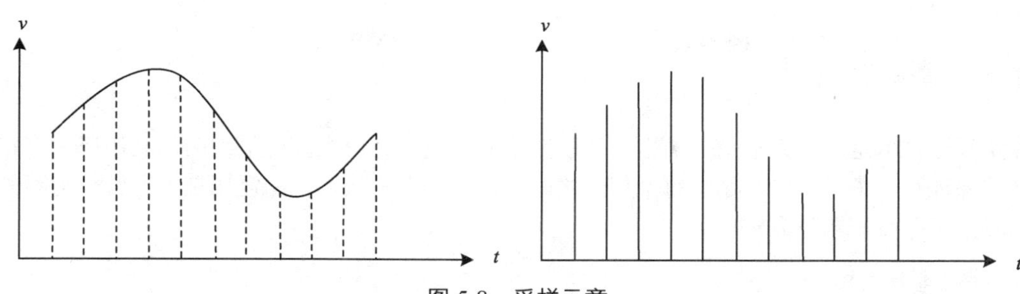

图 5-8　采样示意

（2）量化过程以某个最小数量单位的整数倍来表示采样值的大小。这个最小数量单位称量化单位，量化后的最大整数与量化单位的倍数称量化级。显然，量化单位越小，量化的精度越高，其量化级越大。对于语音数据，量化成 128 级，就达到了足够的精度。

（3）编码将量化值用相应的二进制编码表示。例如量化级为 128 时，可用 7 位二进制数表示一个语音的采样值。如每秒采样 8000 次，则每秒的数据量为 7 位 × 8000=56000 位。

量化、编码过程是将采样后的离散模拟量经模/数转换后变成数字量。在接收端用数/模转换器将 7 位二进制编码转换成断续的模拟信号，然后经过低通滤波器复原成模拟信号。关于模/数、数/模转换技术请参阅有关电子技术教材和本书的第 14 章内容。

5.1.4　数据传输速度

数据传输速度是单位时间内传送的信息量。在不同传输形式、不同要求下，信息量单位也不同。因此，有多种传输速度的表示方法。

1．调制速度

当采用数字数据模拟传输时，以调制速度表示数据传输速度。它定义某种调制状态的最小时间间隔 T 的倒数为调制速度，它的单位是波特（Baud）。因此，又称波特率。用 B 表示：

$$B=1/T$$

式中，T 是调制状态的最小时间间隔，单位为 s。调制速度也可表达为每秒钟内调制状态变化的最大次数。

2．数据传输率

数据传输率为每秒传输的二进制数据位数，用位/s 或 bps（bits per second）为表示单位，称比特率。当采用调幅、调频方式，或者两相调制方式时，波特率和数据传输率是一致的。如波特率为 1200 时，数据传输率为 1200bps。这是因为每位二进制位的时间宽度与调制状态的最小时间间隔是一致的，每个状态代表 1 位二进制数。

在多相调制方式中，情况就不同了。例如，在四相调制中，每种调制状态表示 2 位二进制数据位。如波特率为 1200，则数据传输率为 2400bps。作为一般形式，数据传输率与波特率之间的关系可表示为：

$$\text{数据传输率}=B\times\log_2 M$$

式中，M 为每种调制状态所能表示的二进制数据位数。当 M=2 时，数据传输率与波特率相等。

5.1.5 多路复用技术

多路复用技术是在一条通信介质上传送多路信号的技术，可提高通信线路的利用率。多路复用技术必须保证在一条线路中复用的每个用户之间不产生相互干扰。多路复用技术通常分为频分多路复用和时分多路复用两种方式。

1．频分多路复用

频分多路复用（frequency division multiplexing，FDM）是将频带较宽的通信介质，如宽带同轴电缆，划分成多条带宽较窄的信道。每条信道分配给一对用户使用。每两条信道之间必须有保护频道将其隔离，以防止信道之间的干扰，如图 5-9（a）所示。另外，每条信道的带宽必须宽于所传输信号的带宽。例如，在载波电话中，语音信号的频率范围为 300kHz～3400Hz，因而，分配给每条语路 4kHz 的带宽就足以传送语音信号，而且还有一定的保护频带。国际电报电话咨询委员会（CCITT）规定，12 条 4kHz 语音复用在 60kHz～108kHz 的频带上，或者复用在 12kHz～60kHz 的频带上。

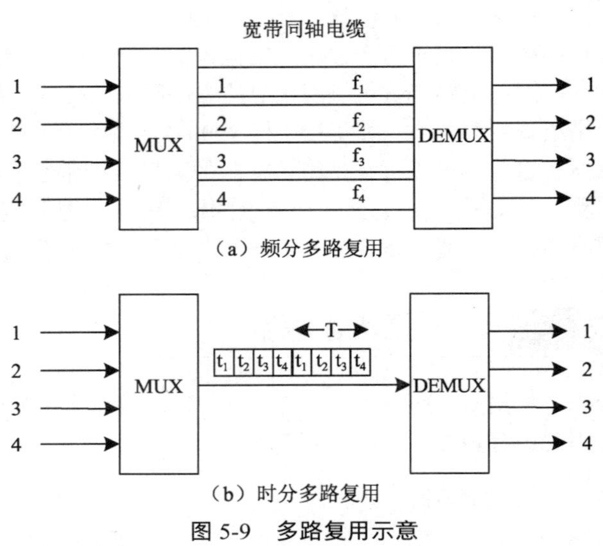

（a）频分多路复用
（b）时分多路复用
图 5-9 多路复用示意

在宽带同轴电缆中采用多路复用技术可以同时传送电视信号、模拟数字信号、语音信号和控制信号等。由于数字信号的频带很宽，必须将其调制成一定频率的模拟信号才能在多路复用的信道上传送。

2．时分多路复用

时分多路复用（time division multiplexing，TDM）是在一条传输介质上按时间划分周期 T，每个周期又分成多个固定的时间片 $t_1,t_2,\cdots,t_n$，将每个时间片分配给不同的用户，如图 5-9（b）所示。在发送端，多路复用器（MUX）将某个用户的数据放入每个周期的固定时间片内发送出去。在接收端，多路分配器（DEMUX）将一个周期内的时间片内的数据分配到不同的输出线上。这样就实现了在一条通信介质上传输多路数据的功能。每个时间片可携带 1 位（1 个字节或多个字节）数据。每个时间片为一个用户所独占，其他用户不能使用。如果这个用户不用，这个时间片只能空闲，造成通信资源的浪费。这种时分多路复用技术称为同步传输模式。现在有另一种复用技术，即时间片的分配可按用户要求来动态进行，称为异步传输模式。

例如，数字语音通信对语音的采样频率为 8kHz，则其周期为 125μs。在一条高速信道上只传送一路语音信号显然是一种浪费，可以在一周期内分成 24 个时间片，分配给 24 个电话用户。如每次采样的信息量为 8 位数据，则每个时间片携带 1 个字节的数据。在每两个周期间还须插入 1 位隔离位，则在这条时分多路复用的信道上将传输的数据速率为：

$$[(\text{位/时间片}\times\text{时间片/周期})+1]\times\text{采样频率}$$
$$=[(8\times 24)+1]\ \times 8000$$
$$=1.544\text{Mbps}$$

这种传输格式在美国称为 T1 格式，在欧洲，30 路语音信号复用在 125μs 的周期内，其传输速率为 2.048Mbps，称 E1 格式。

5.1.6 数据传输介质

无论是模拟信号还是数字信号，都要通过某个介质进行传输。不同介质的物理特性、连接方式、抗干扰能力的不同，其应用场合也不同。下面将分别讨论。

1．双绞线

双绞线是使用最早、最普及的传输介质。它由两条相互绝缘的铜线像螺旋一样绞在一起，可减少对邻近线路的电磁干扰。双绞线既可用于传输模拟信号又可用于传输数字信号。传统的电话网络都采用双绞线。数字信号经调制后也可在电话网络中传输。如采用四相调制方式，数据传输率可达 9600bps。如直接传输数字信号，数据传输率为 10Mbps 时，可在双绞线上传输 0.1km。在双绞线外加上屏蔽层会提高它的抗干扰能力。双绞线的带宽可达 268kHz，语音的带宽为 4kHz。因此，可以用频分多路复用技术在双绞线上传输多路语音信号。

由于双绞线价格便宜、安装方便，在近距离内利用双绞线作为通信介质得到广泛应用。

2．同轴电缆

同轴电缆由两个导体组成，其轴心是一根铜线，外包一圈绝缘材料。绝缘材料外面是与铜线同轴的圆柱形导体，通常是由细铜线编织成的网状圆柱形导体。在圆柱形导体外又包一圈塑料保护层。同轴电缆的这种结构使其具有较宽的频带和较强的噪声抑制能力，在性能和传输距离上都优于双绞线。

通常使用的同轴电缆有两种规格：50Ω 电缆和 75Ω 电缆。50Ω 电缆用于传输数字信号，以 10Mbps 的数据传输率可传输 1km。75Ω 电缆又称宽带同轴电缆，主要用于传输模拟信号，它是有线电视 CATV 使用的电缆标准，它的频带带宽高达 300MHz～450MHz。在传输模拟信号时，可以分成不同的频带段来传输不同的模拟信号。例如每 6MHz 的频带段传送一个电视信道或 3Mbps 的数字模拟信道。这样，电视信号和数字信号可以在同一条电缆上混合传输。模拟信号在电缆中传输时会发生衰减，相隔一定距离时须设置放大器以放大信号。但传输数字信号与传输电视信号不一样，电视信号是单向的，由发射站送往用户终端——电视机。而数字信号要求双向传输，需要在两个传输方向上都设置放大器，而且两个方向的信号不能在同一个信道上传输，可以采用双线电缆系统或单线电缆系统的方案来解决，如图 5-10 所示。

图 5-10 中，实线和虚线分别表示电缆 1 和电缆 2（双线系统）或频带段 1 和频带段 2（单线系统）。计算机通过电缆 1（或频带段 1）发送信号，经由终端器将信号在电缆 2（或频带段 2）广播转发至所有计算机，并被计算机接收。

宽带通信网络有多种同轴电缆的使用方式：可以在一对计算机间分配专用的信道；可以通过控制信道，在一对计算机间建立临时信道；也可以使所有计算机共用一条信道。宽带通信网络的设计、安装和维护都需要有较高水平的技术人员完成，要周期性地对放大器进行调谐。因此，设备的初投资和维护费用高。宽带通信网络的优点是能同时传输数据、声音和电视信号，且可传输较远的距离。

3．光导纤维

光导纤维（光纤）是能传播光脉冲的传输介质。可用光脉冲的有或无来表示二进制数的“1”或“0”。由光学相关知识可知，在两种不同折射率的介质中，光从一种介质进入另一种介质时会发生折射。当光的入射角等于或大于某一个临界值时，光会完全反射回第一种介质，称全反射，光不会泄漏而损耗掉。光纤正是利用这一光学原理来远距离传输数据的。

光纤是具有高折射率的光导体。任何大于临界值角度的光线射入的光线，都在介质边界被全反射回光纤，且不同频率的光线将以不同的反射角传播，这种光纤称为多模光纤，如图 5-11 所示。如果光纤的直径减少到光波波长的数量级，则只有轴向射入的光能通过光纤传播，就没有反射波，这种光纤称为单模光纤。单模光纤具有较好的传播性能，能以 1000Mbps 的速率，将数据传输 1km。但这种单模光纤只能采用激光二极管驱动器。在较低数据传输率下，大功率激光驱动器可将数据传输 1000km。光纤由于具有频带宽、不受电磁波干扰、安全保密性好等优点，不但用于计算机网络通信上，而且越来越广泛地用于长途电话线路上。光纤应用的主要问题是很难分叉，其技术复杂、光漏损失严重。因此，光纤主要用于点到点的通信。

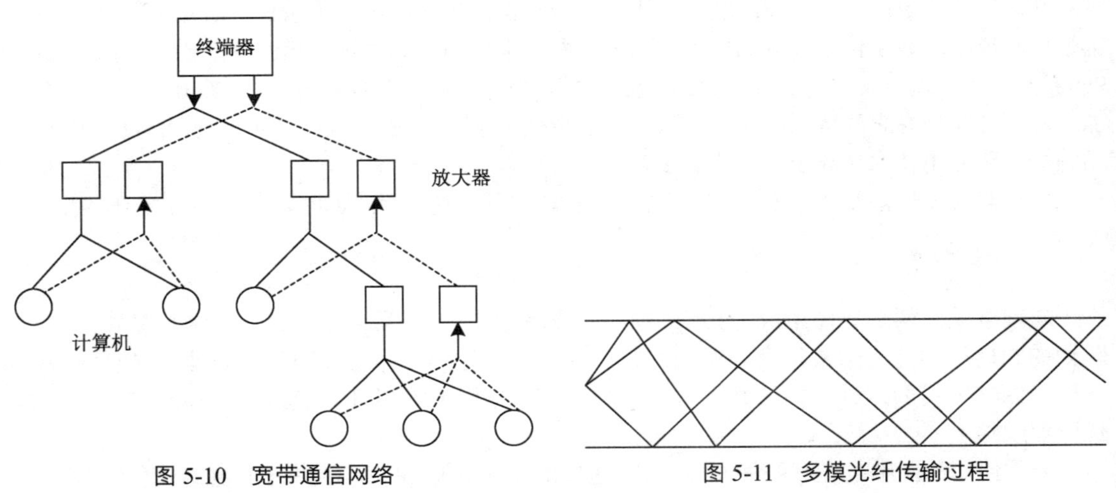

图 5-10 宽带通信网络

图 5-11 多模光纤传输过程

4. **无线传输介质**

通过空间传输的电磁波有各种不同的频率范围。如广播电台有短波、中波、长波等波段，以及电视广播波段，它们的频率范围为 10^5～10^8Hz。用于数据通信的电磁波有微波、红外线和激光，它们的频率范围分别为：微波 10^9～10^{10}Hz，红外线 10^{11}～10^{14}Hz，激光 10^{14}～10^{15}Hz。这些甚高频电磁波的通信通路必须处于视线内，不能受建筑物遮挡。

利用微波进行通信是比较成熟的技术。计算机可以直接利用微波收发器进行通信，还可通过微波中继站来延长微波通信的距离。微波通信不受雨、雾等天气条件的影响，但在方向性及保密性方面不及红外线及激光通信。

卫星通信以人造卫星为电磁波中继站。卫星接收来自地面发送站发出的电磁波信号后，再以广播方式用不同的频率发回地面，为地面工作站所接收。卫星可以有一个或多个转发器接收一个或多个波段的输入信号。卫星通信具有通信距离远、容量大和可靠性高等特点。远距离的电话、电视和数据等信息以模拟信号的形式都可通过卫星来中继转发。

5.1.7 差错控制

在物理线路上，虽然从电路、接插件结构、通信顺序上要保证位流的正确传输，但不能保证绝对不出现误码，例如电源电压波动、闪电等外界的干扰，都会导致出现误码。数字通信与语音、视频等模拟通信不同，模拟信号遇到干扰时可能是听到一点杂音，或在屏幕上出现一些干扰，在不太严重的情况下还能正常通信；但在数字中，即使出现 1 位的误码，也会使整个数据单元废弃。因此，通信系统必须提供无差错的传输服务。差错控制的作用就是在通信过程中发现和纠正误码。

1．数据传输纠错方式

在数据通信中有多种数据传输纠错方式。

（1）反馈重传纠错（automatic request for repeat，ARQ），在发送端发送具有检错功能的编码（检错码），即在用户数据的基础上附加一些能够检错的冗余信息。发送完后，保存用户数据，等待接收端的应答。接收端根据检错码的编码规则判断接收到的数据是否有错，并把判断结果作为反馈信息传送给发送端。发送端根据反馈信息做出处理。如是正确应答，就删除用户数据，继续通信；如是有错应答，就重发用户数据。这种纠错方式简单可行，不需要附加过多的冗余信息，在数据通信中得到广泛的应用。但若通信线路上干扰严重，通信经常处于重传状态，将会使通信无法进行下去。因此，要求通信线路的误码率（误码位数与总传输位数之比）小于一定值，通常误码率小于 10^{-7} 的线路被认为是合格的。

（2）前向纠错（forward error correcting，FEC），在发送端发送具有纠错功能的编码（纠错码），与检错码相比，纠错码要增加一些冗余信息，使之具有纠错功能。接收端根据纠错码的编码规则，不但能检查出误码，而且能纠正一定数量的误码。采用该方式时，发送端不必等待应答，不需要反馈信道。但一种纠错码最多能纠正的误码位数是有限的。能纠正的误码位数越多，要求的冗余信息也越多，其编码及解码过程也越复杂。当误码位数超过纠错码的纠错能力时，这种方式就无能为力了。

（3）混合纠错（hybrid error correcting，FEC），这种方式综合了上述两种方式的特点，发送端发送的是能纠错的编码。接收端如发现误码，并且是在纠错能力范围内，就直接纠错；如误码位数超出纠错能力，则把误码信息反馈发送端重发该组数据。

不论采用何种传输纠错方式，首先要检查出误码。为此，必须在原码中增加冗余信息，组成有检错或纠错能力的编码。没有冗余信息的编码都没有检错功能。例如，ASCII 字符由 7 位码组成，它有 2^7=128 种不同的组合，分别表示不同的字符。如果字符在传输过程中出现误码，在接收端只是收到另一个字符的组合，并不能检查出误码。如在 ASCII 字符后面加 1 位奇偶校验位，即用 8 位编码来表示 1 个字符，奇偶校验位是冗余位，对确定编码是哪一个字符不起作用。假定是偶校验，则 8 位编码中必须含有偶数个“1”。如原 ASCII 字符含奇数个“1”，则校验位置“1”；反之，置“0”。如在接收端收到的字符编码含有奇数个“1”，则表示传输出错。很显然，这种检错码只能检查出奇数个误码位。

那么，如何来判断一种编码的检错能力呢？在这里介绍一个名词——海明距。

有两个同一种编码方式的多位代码，将它们逐位比较，代码不同的位数称为这两个代码的距离，简称码距。例如，1011001 和 1010110 的码距为 4 。任意两个合法的代码间的最小码距称海明距。显然，海明距为 1 的编码是没有检错能力的，因为每一种编码组合都是合法的。前面提到的 ASCII 字符增加 1 位偶校验位，它们的海明距为 2，就可检查出 1 位的错码。如海明距为 3，一个正确的代码要变化 3 位，才是另一个合法的代码。这样就可检查出 1 位和 2 位的误码。因此，一种检错编码的海明距越大，它的检错能力越强。要检查出 n 位的错码，这种检错编码的海明距 d 必须满足：

$$d=n+1$$

可见，一种检错编码的海明距越大，它的冗余位越多。这就涉及编码效率（一组编码中有效信息所占的比率）。可见，编码效率和检错能力是矛盾的。如何均衡这两者的利弊是编码设计者的任务。

2．循环冗余校验

循环冗余校验（cyclic redundancy check，CRC）在数据串行传送中得到广泛应用，是一种具有很高纠错能力的校验方法。在这里仅介绍 CRC 的原理。

可以把传送的一串二进制数序列看作代数多项式 $M(x)$，x 为 2，二进制数序列中的 1 和 0 为多项式中每一项的系数。假设，有一串二进制数：

1	0	1	1	0	0	1	0	1	1
2^9	2^8	2^7	2^6	2^5	2^4	2^3	2^2	2^1	2^0

则相应的代数多项式为：

$$M(x)=x^9+x^7+x^6+x^3+x+1$$

如多项式 $M(x)$ 被另一个多项式 $G(x)$ 去除，就会得到商 $Q(x)$ 和余数 $R(x)$ 两个多项式：

$$\frac{M(x)}{G(x)}=Q(x)\text{余 }R(x)$$

那么多项式的运算

$$\frac{M(x)-R(x)}{G(x)}=Q(x)$$

的余数必然为零。$G(x)$ 称为生成多项式或特征多项式。

根据这个原则，可以在发送端对用户数据 $M(x)$ 进行除法运算：

$$\frac{M(x)}{G(x)}$$

然后把 $M(x)$ 和余数 $R(x)$ 一起发送出去。在接收端进行除法运算：

$$\frac{M(x)-R(x)}{G(x)}$$

如余数为零则传送正确，否则为传送出错。

从上述的校验原理可以看出，校验只对运算的余数感兴趣。因此，可以遵循同余式运算法则来进行上述校验。由于都是二进制数，可以采用模 2 同余式运算。同余式运算的规则是进行加减运算时没有进位或借位。而模 2 同余式运算的加减运算，其运算结果是一致的，因此，上式可表示为

$$\frac{M(x)+R(x)}{G(x)}$$

在进行模 2 同余式除法时，如除数为 n 项（位），其余数最多为 $n-1$ 项（位）。如在校验时直接进行 $M(x)+R(x)$ 的运算，将破坏 $M(x)$ 的数值，在校验后还要恢复 $M(x)$ 的初始值。如在运算前将 $M(x)$ 左移 $n-1$ 位，即 $M(x)2^{n-1}$，将 $R(x)$ 加到 $M(x)2^{n-1}$ 上去，就不会破坏 $M(x)$ 的值，此时的运算过程为：

$$\frac{M(x)\cdot 2^{n-1}}{G(x)}$$

得余数 $R'(x)$，发送方将 $M(x)\cdot 2^{n-1}+R'(x)$ 发送到接收方。实际上是将余数附加在 $M(x)$ 后面一起发送出去。在接收方完成

$$\frac{M(x)\cdot 2^{n-1}+R'(x)}{G(x)}$$

的运算，对数据进行校验。

现在可以用简单的逻辑电路完成 CRC 校验。假定 $G(x)=x^7+x^5+x^2+1$，则校验电路如图 5-12 所示，由 7 位移位寄存器组成。除 x^7 项外，在系数为 1 的寄存器前插入一异或门，本例中 x^7、x^5 和 x^2 等项的系数为 1。开始时，开关 SW1 闭合，SW2 断开。数据 $M(x)$ 一方面直接输出到通信线路上，另一

方面在时钟脉冲的作用下，逐位进入 CRC 校验电路。当最后 1 位二进制数进入 x^0 时，在移位寄存器的内容即为 7 位余数多项式 $R'(x)$。此时，断开 SW1，闭合 SW2，则移位寄存器的内容 $R'(x)$即随 $M(x)$之后送往通信线路，即为数据 $M(x)\cdot x^7+R'(x)$。在接收端用同样的电路进行校验。$M(x)\cdot x^7+R'(x)$全部进入校验电路时，如移位寄存器的内容为零，则传输正确。这样，校验不会增加数据传输的延时，只是增加了传输多项式 $R'(x)$的时间。

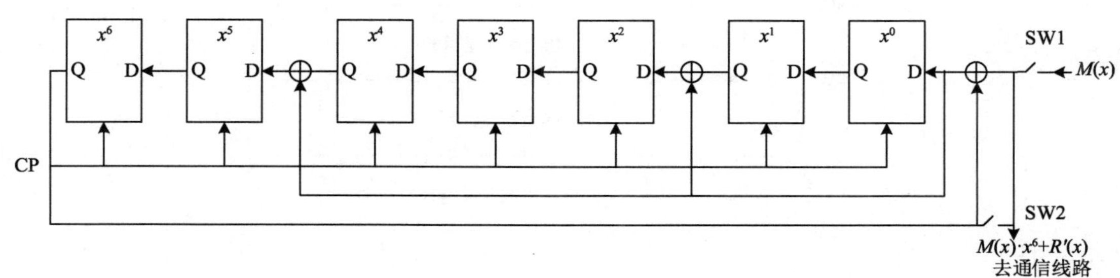

图 5-12　CRC 校验电路示例

CRC 的检错能力决定于生成多项式的值，目前有 3 种标准。

CRC-CCITT：$G(x)=x^{16}+x^{12}+x^5+1$

CRC-16：$G(x)=x^{16}+x^{15}+x^2+1$

CRC-32：$G(x)= x^{32}+x^{26}+x^{23}+x^{22}+x^{16}+x^{12}+x^{11}+x^{10}+x^8+x^7+x^5+x^4+x^2+x+1$

CRC-CCITT 和 CRC-16 最多只产生 16 位余数，CRC-32 最多产生 32 位余数。这些余数在数据传输单元中称为 CRC 码。

5.2 串行通信标准

为了使不同生产厂家生产的计算机设备或通信设备能够互连，就需要一个通信接口标准。按照 CCITT 的术语，物理接口两端的设备分别称为数据终端设备（data terminal equipment，DTE）和数据电路终接设备（data circuit-terminating equipment，DCE），后者也被称为数据通信设备（data communication equipment）。DTE 包括各种用户终端、计算机等设备，DCE 指提供给用户的通信设备，如 MODEM、数传机等。美国的电子工业协会（electronic industry association，EIA）制定的 RS 接口标准、CCITT 制定的 V 系列和 X 系列接口标准都规定了接口的机械特性、电气特性、功能特性和规程特性。下面介绍几个在串行通信中使用较多的接口标准。

5.2.1 RS-232-C 接口标准

RS-232-C 接口是 EIA 于 1969 年发布的用于串行数据交换的标准。其中的 RS 是 recommended standard（建议标准）的缩写，232 是该标准的编号，C 表示这是该标准的第三次修订。RS-232-C 与 CCITT 的 V.24 基本相同，主要用于数据终端设备与 MODEM 之间的数据传输，也可以用于终端与计算机、计算机与计算机之间的数据传输。RS-232-C 规定接口两边设备的连接距离不能超过 15m，数据传输率不能超过 20000bps。下面主要对 RS-232-C 标准所规定的接口的信号特性和引脚分配进行介绍。

1. RS-232-C接口的信号特性

RS-232-C采用负逻辑规定信号电平，与通常的TTL电平不兼容。RS-232-C规定，对于发送器，输出的逻辑1的电平范围为-5～-15V，逻辑0的电平范围为5～15V；对于接收器，接收的电平范围在-3～-25V内为逻辑1，在3～25V范围内为逻辑0，如图5-13所示。

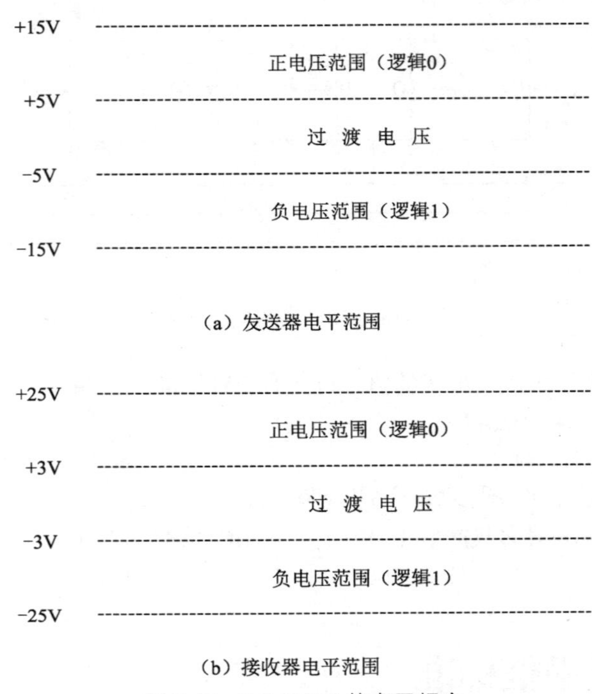

图5-13 RS-232-C的电平规定

由于RS-232-C电平与TTL电平不兼容，而计算机内部的接口芯片大都使用TTL电平，因此在实现RS-232-C接口时，就需要进行电平转换。图5-14给出的是标准TTL和RS-232-C之间的电平转换电路。从TTL电平转换成RS-232-C电平时，可以使用MC1488器件；从RS-232-C电平转换成TTL电平时，可以使用MC1489器件。

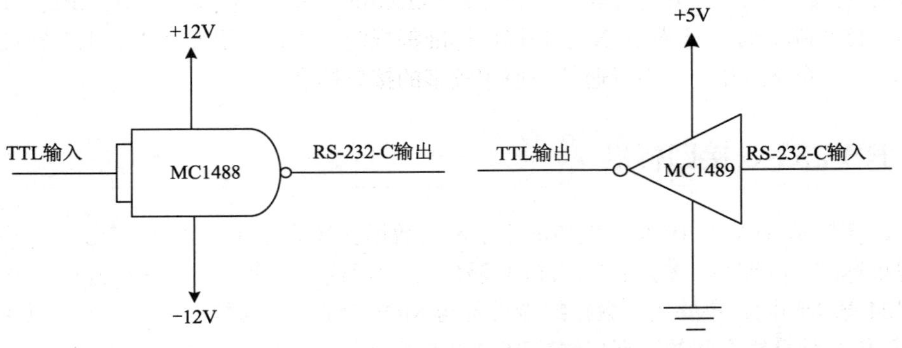

图5-14 TTL与RS-232-C之间的电平转换电路

2. RS-232-C接口的引脚分配

RS-23-C标准规定了25针的连接器，并且规定在DTE一端的插座为插针型，在DCE一端的插座为插孔型。图 5-15 给出的是插针型插座的引脚排列。表 5-1 列出了引脚和信号之间的对应关系。表中第一栏是 25 芯连接器的引脚号，第二栏中的数字是 CCITT 标准对应的信号引脚号，第四栏中的方向是从 DTE 的角度定义的。

表 5-1　RS-232-C 接口的引脚定义

引脚号	CCITT 引脚号	名称	方向	说明
1	101	PG		保护地
2	103	TD	出	发送数据
3	104	RD	入	接收数据
4	105	RTS	出	请求发送
5	106	CTS	入	允许发送
6	107	DSR	出	数据设备准备好
7	102	SG		信号地
8	109	CD	入	载波检测
9		测试用		
10		测试用		
11		未用		
12		SCD	入	第二信道接收载波检测
13		SCTS	入	第二信道允许发送
14	118	STD	出	第二信道发送数据
15	113	TSET	出	发送时钟，用于同步通信
16	119	SRD	入	第二信道接收数据
17	115	RSET	入	接收时钟，用于同步通信
18		未用		
19		SRTS	出	第二信道请求发送
20	108	DTR	出	数据终端准备好
21		SQD	入	信号质量检测
22	125	RI	入	振铃指示
23	111	DSRS	出	数据信号速率选择
24	114	ESET	入	从外部向 DTE 和 DCE 提供的时钟
25		未用		

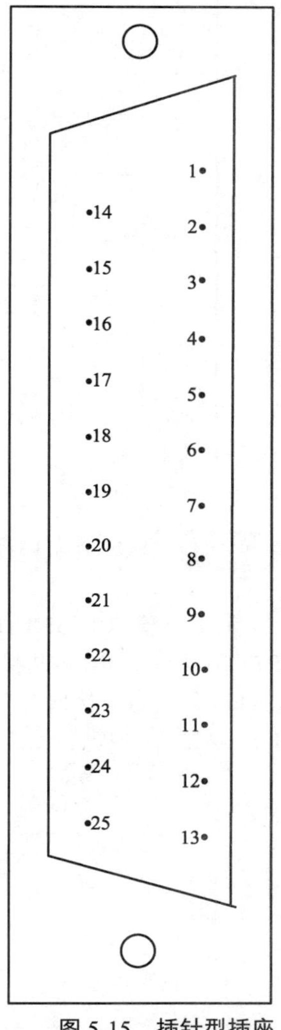

图 5-15　插针型插座的引线排列

由表 5-1 可以看出，RS-232-C 接口既可以用于同步通信，也可以用于异步通信。当传输距离较远时，两个数据终端设备（如一台计算机与一台终端）需要通过 MODEM 相连。但当相距较近时，不需要 MODEM，就成了两个 DTE 通过 RS-232-C 接口直接相连。这时需要做一条通信电缆来连接两个数据终端设备。图 5-16 给出了在使用异步通信时的两种连接方法。使用图 5-16 中左边的接线方法时，由于没有状态线互连，要考虑两端的同步问题。当接收端还没有将前一个字符从接收器读出，而后一个字符又到来时，可能会覆盖前一个字符，从而造成通信错误。

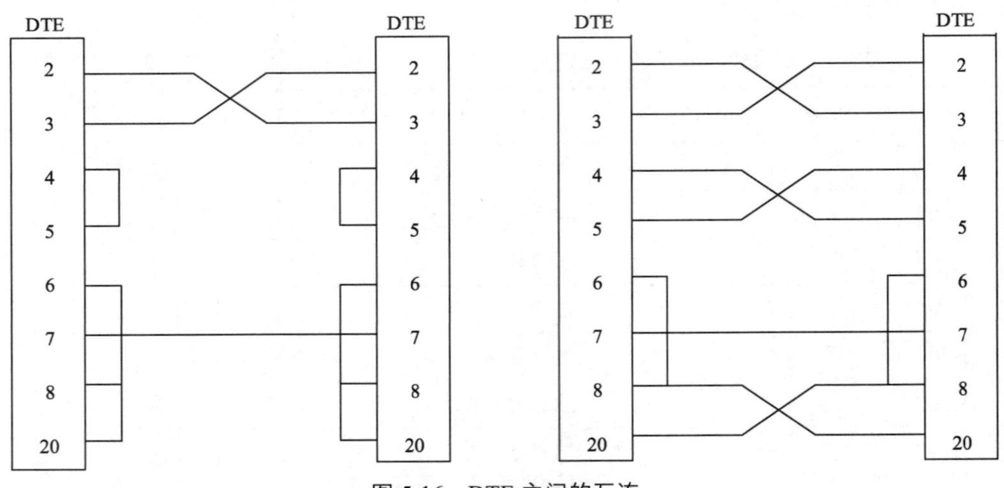

图 5-16　DTE 之间的互连

5.2.2 RS-449 接口标准

为了改善 RS-232-C 的电气特性，延长接口电缆距离和最大限度地提高数据传输速率，EIA 于 1977 年发布了 RS-449 接口标准。该接口定义了一个 37 个引脚的连接器，增加了 10 条信号线。RS-449 只规定了接口的功能和机械特性以及规程特性，接口的电气特性由另外两个标准（RS-422A 和 RS-423A）规定，图 5-17 给出了 RS-232-C、R-423A 和 RS-422A 3 种接口标准的电气连接图。

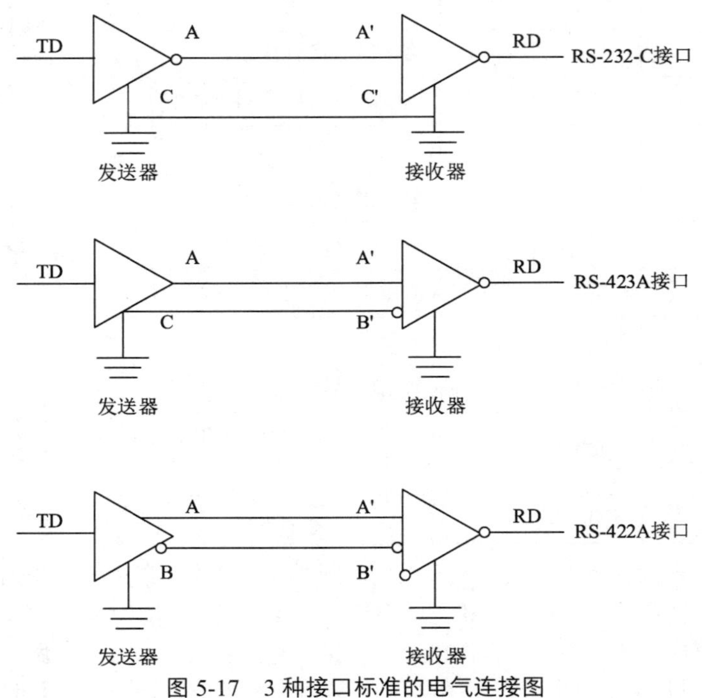

图 5-17　3 种接口标准的电气连接图

1. RS-423A

RS-423A 采用非平衡线路，每一路信号均为单端输出，差分输入。电路按传输方向分成两组，每个方向共用一条回线，从而使串音干扰减小。当传输距离在 10m 以内时，数据传输速率可达 300kbps，传输距离增加则数据传输速率降低，当距离为 1km 时，允许的最大传输速率为 3kbps。

2. RS-422A

RS-422A 采用平衡线路，差分输出，差分输入。每路信号采用双线传输，抗干扰能力很强。标准规定发送器的输出电压为 2～6V（输出端之间），接收器的门限电压为-0.2～0.2V。当传输距离在 10m 以内时，数据传输速率可达 10Mbps，当距离增至 1km 时，允许的最大传输速率为 100kbps。

5.2.3　RS-485 接口标准

前面讨论的 RS-232-C、RS-423A 和 RS-422A 3 种接口标准只适用于两台设备之间的连接，而 RS-485 接口适合于多台设备之间的连接。如图 5-18 所示，RS-485 接口在 RS-422A 接口的基础上对发送器和接收器增加了控制信号，当某个设备不发送或不接收数据时可以通过控制线关闭其发送器或接收器。为避免信号冲突，任何时候在连接线上只允许一个发送器处于发送状态。RS-485 接口发送器的输出电压以及接收器的输入门限电压与 RS-422A 相同。

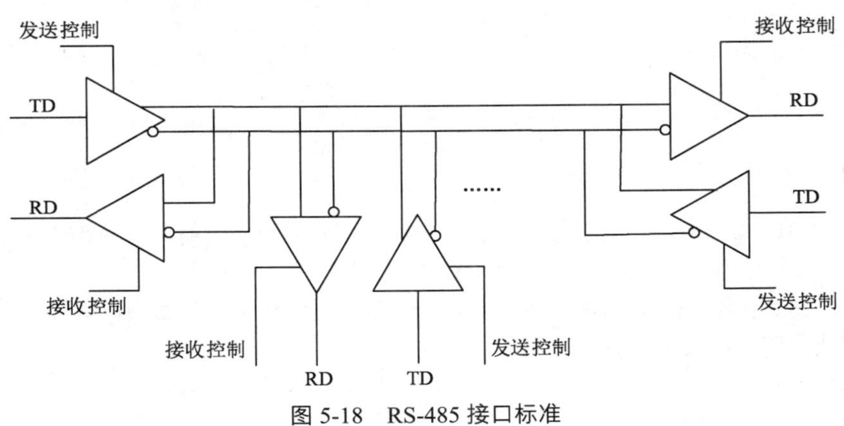

图 5-18　RS-485 接口标准

5.3　可编程串行接口芯片 INS8250

INS8250 是美国 National Semiconductor 公司生产的一种可适用于多种处理器的通用异步串行可编程 I/O 接口芯片。它可从外部设备或调制解调器接收数据并完成串行至并行的转换，也可以从 CPU 接收数据完成并行至串行的转换，CPU 在任何有效运行期间都能读取 8250 的一切状态信息。提供的状态信息包括 8250 正在进行的传送操作的类型、状态以及出错状态（如奇偶校验错、数据重叠、间断等）。

8250 还有一个可编程的波特率发生器，能将参考输入时钟以除数因子 1 至 65536 分频，然后产生 16 倍传输速率的时钟驱动内部发送和接收逻辑电路。8250 还对调制解调器实行全面控制，提供可根据用户需要进行软件调整的中断处理系统，以尽量减少处理通信链路时所需的计算。

5.3.1 8250 的引脚信号

8250 共有 40 个引脚，采用双列直插式封装，如图 5-19 所示，各引脚功能如下。

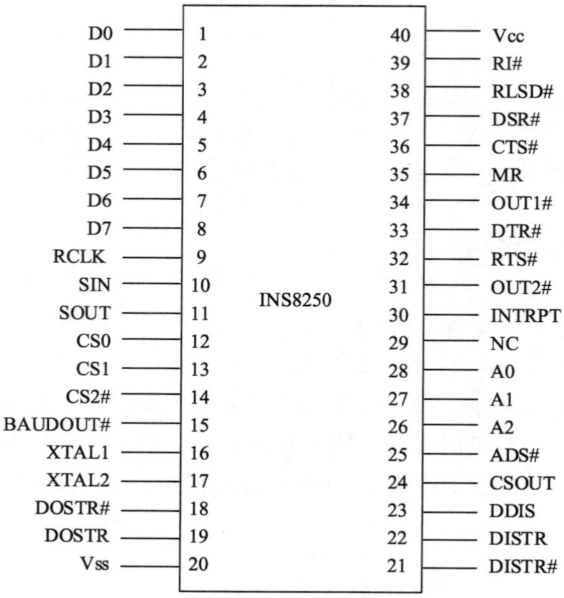

信号	引脚	引脚	信号
D0	1	40	Vcc
D1	2	39	RI#
D2	3	38	RLSD#
D3	4	37	DSR#
D4	5	36	CTS#
D5	6	35	MR
D6	7	34	OUT1#
D7	8	33	DTR#
RCLK	9	32	RTS#
SIN	10	31	OUT2#
SOUT	11	30	INTRPT
CS0	12	29	NC
CS1	13	28	A0
CS2#	14	27	A1
BAUDOUT#	15	26	A2
XTAL1	16	25	ADS#
XTAL2	17	24	CSOUT
DOSTR#	18	23	DDIS
DOSTR	19	22	DISTR
Vss	20	21	DISTR#

INS8250

图 5-19 8250 的引脚图

1. 输入信号引脚

（1）CS0，CS1，CS2#：片选信号。当这 3 个片选信号同时有效时，芯片被选中，经地址选通信号 ADS#将片选信号锁存后，8250 才可以和 CPU 进行通信。

（2）ADS#：地址选通信号。当该信号有效时，锁存片选信号和寄存器选择信号（A0、A1、A2）。只有当寄存器选择信号在读操作或写操作期间不稳定时才需要有效的 ADS#输入；不需要此信号时，需要将其接低电平。

（3）DISTR，DISTR#：数据输入选通信号。当选中 8250，且 DISTR 为高电平，或 DISTR#为低电平时，允许 CPU 从 8250 的某一被选中的寄存器读取状态信息或数据。

（4）DOSTR，DOSTR#：数据输出选通信号。当选中 8250，且 DOSTR 为高电平，或 DOSTR#为低电平时，允许 CPU 对 8250 的某一被选中的寄存器写入数据或控制字。

（5）A0，A1，A2：寄存器选择信号。这 3 个信号用于读操作或写操作期间，选择 8250 的一个读寄存器或写寄存器，如表 5-2 所示。

表 5-2 8250 内部寄存器的选择

DLAB	A2	A1	A0	说 明
0	0	0	0	接收数据寄存器（读）
0	0	0	0	发送保持寄存器（写）
0	0	0	1	中断允许寄存器
×	0	1	0	中断识别寄存器（只读）
×	0	1	1	线路控制寄存器
×	1	0	0	MODEM 控制寄存器
×	1	0	1	线路状态寄存器
×	1	1	0	MODEM 状态寄存器
×	1	1	1	未用
1	0	0	0	除数锁存器（低位）
1	0	0	1	除数锁存器（高位）

编程时应注意除数锁存存取位（DLAB）的状态，即线路控制寄存器的最高位，这影响某些 8250 寄存器的选择。当要存取波特率的除数锁存器时，DLAB 必须由系统软件置为高。

（6）MR：主复位。当 MR 为高电平时，除接收数据寄存器、发送保持寄存器和除数锁存寄存器外，其余寄存器和控制逻辑均被复位，SOUT、INTRPT、OUT1#、OUT2#、RTS#、DTR#输出信号也受影响，复位和影响情况如表 5-3 所示。MR 一般接系统的复位信号线。

（7）RCLK：接收时钟。接收波特率 16 倍频的时钟信号。

（8）SIN：串行输入。由外设、MODEM 或数据设备发送的串行数据接收端。

（9）CTS#：允许发送信号。该信号为 MODEM 控制功能的输入，当 CPU 读 MODEM 状态寄存器时，由第 4 位可得知此信号，而状态寄存器的第 0 位（DCTS）则指出了上次读 MODEM 状态寄存器后 CTS#是否改变过状态，若 MODEM 中断允许，CTS#的改变将引起中断。

表 5-3　8250 的复位

寄存器/信号	复位控制	复位后的状态
中断允许寄存器	MR	所有位均为低电平
中断识别寄存器	MR	第 0 位为高其余位为低电平
线路控制寄存器	MR	所有位均为低电平
MODEM 控制寄存器	MR	所有位均为低电平
线路状态寄存器	MR	第 5、6 位以外其余位为高电平
MODEM 控制寄存器	MR	第 0～3 位为高电平，第 4～7 位为输入信号
SOUT	MR	高电平
INTRPT（线路状态错）	MR/读线路状态寄存器	高电平
INTRPT（发送保持寄存器空）	MR/读中断识别寄存器，写发送保持寄存器	低电平
INTRPT（接收数据准备就绪）	MR/读接收数据寄存器	低电平
INTRPT（MODEM 状态改变）	MR/读 MODEM 状态寄存器	低电平
OUT1#	MR	高电平
OUT2#	MR	高电平
RTS#	MR	高电平
DTR#	MR	高电平

（10）DSR#：数据设备准备就绪信号。DSR#为低电平表示 MODEM 准备好通信，可建立链路与 8250 进行数据传输。DSR#信号的状态由 MODEM 状态寄存器的第 5 位检测出来，而状态寄存器的第 1 位（DDSR）则指出了上次读 MODEM 状态寄存器后 DSR#是否改变过状态，若 MODEM 中断允许，DSR 的改变将引起中断。

（11）RLSD#：接收线路信号检测输入。RLSD#为低电平表示 MODEM 已检测到数据载波，当 CPU 读 Modem 状态寄存器时，由第 7 位（DCD）可得知此信号，而该寄存器的第 3 位（DDCD）则指出了上次读 MODEM 状态寄存器后 RLSD#是否改变过状态，若 MODEM 中断允许，RLSD#的改变将引起中断。

（12）RI#：振铃指示输入信号。RI#为低电平表示 MODEM 收到振铃信号，该信号的状态可由 MODEM 状态寄存器的第 6 位得到，而状态寄存器的第 2 位则指出了上次读 MODEM 状态寄存器后

RI#信号是否改变过状态，若 MODEM 中断允许，RI#的改变将引起中断。

（13）Vcc：+5V 电源。

（14）Vss：地。

2．输出信号引脚

（1）DTR#：数据终端准备就绪信号。当 DTR#为低电平时，通知 MODEM8250 已准备好通信。将 MODEM 控制寄存器的第 0 位（DTR）置“1”，DTR#引脚就变成低电平。

（2）RTS#：请求发送信号。当 RTS#为低电平，表明 MODEM8250 已准备好发送数据。将 MODEM 控制寄存器的第 1 位（RTS）置“1”，RTS#引脚就变成低电平。

（3）OUT1#：用户指定的输出端。将 MODEM 控制寄存器的第 2 位（OUT1）置“1”，OUT1#引脚就变成低电平。

（4）OUT2#：用户指定的输出端。将 MODEM 控制寄存器的第 3 位（OUT2）置“1”，OUT2#引脚就变成低电平。

（5）CSOUT：片选输出。该信号为高电平表示 8250 已被 CS0、CS1、CS2#信号选中，只有当该信号为高电平时，数据传送才能开始。

（6）DDIS：驱动器禁止。当 CPU 从 8250 读数据时，DDIS 为低电平，DDIS 为高电平可用来禁止 CPU 与 8250 之间的收发器动作。

（7）BAUDOUT#：波特率输出。该信号是 8250 发送器所使用的传输速率 16 倍频的时钟信号，其频率等于参考振荡频率被波特率发生器的除数锁存器中除数除后所得的值。若将该信号和 RCLK 相连，则此信号也可以作为 8250 接收器的时钟信号。

（8）INTRPT：中断。当下列任一中断类型出现有效状态，并通过中断允许寄存器允许中断时，此信号为高电平。中断类型有接收器错误标志、接收数据就绪、发送保持寄存器空、MODEM 改变状态。

（9）SOUT：串行输出。它是串行数据输出端。

3．I/O 信号引脚

（1）D7～D0：三态双向数据总线。

（2）XTAL1，XTAL2：外部时钟 I/O。8250 用这两个引脚和主参考时序（晶体或信号时钟）相连。

5.3.2 8250 的内部结构

由于 8250 是通用异步串行通信接口芯片，利用它传送数据之前，必须先对它进行初始化，即对它的一些内部寄存器按照需要写入控制字，以规定传输的波特率、数据格式、信号检测的要求、是否允许中断等。在传输过程中，一些寄存器存放了当时的一些状态，以供 CPU 检测。

8250 的内部结构如图 5-20 所示。

从图 5-20 可以看出，8250 主要由发送保持寄存器（THR）、接收缓冲寄存器（RBR）、MODEM 状态寄存器（MSR）、MODEM 控制寄存器（MCR）、中断允许寄存器（IER）、中断识别寄存器（IIR）、线路状态寄存器（LSR）、线路控制寄存器（LCR）、除数锁存寄存器（DLRH 和 DLRL）等 10 个寄存器和总线缓冲器、接收/发送同步控制、中断控制逻辑和片选及控制逻辑等接口电路组成。与 Intel 8251A 相比，8250 除只能进行异步收发之外，其他功能基本相同。

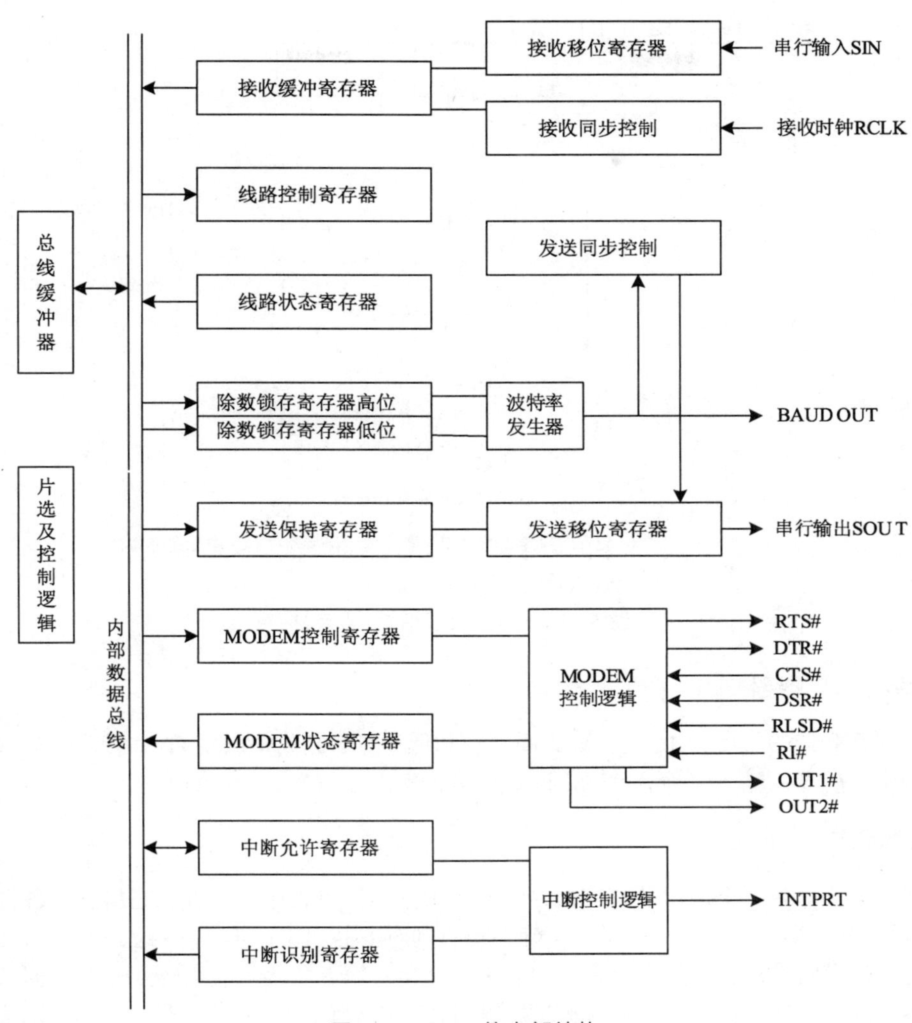

图 5-20　8250 的内部结构

1．接收缓冲寄存器 RBR

接收缓冲寄存器是一个 8 位的寄存器，用于存放接收来的字符代码，第 0 位为最低有效位。

2．发送保持寄存器 THR

发送保持寄存器是一个 8 位的寄存器，用于存放待发送的字符代码，第 0 位为最低有效位。

3．线路控制寄存器 LCR

这是一个 8 位的寄存器，用于规定通信的字符格式和控制访问同地址的不同寄存器等。线路控制寄存器各位的意义如图 5-21 所示。

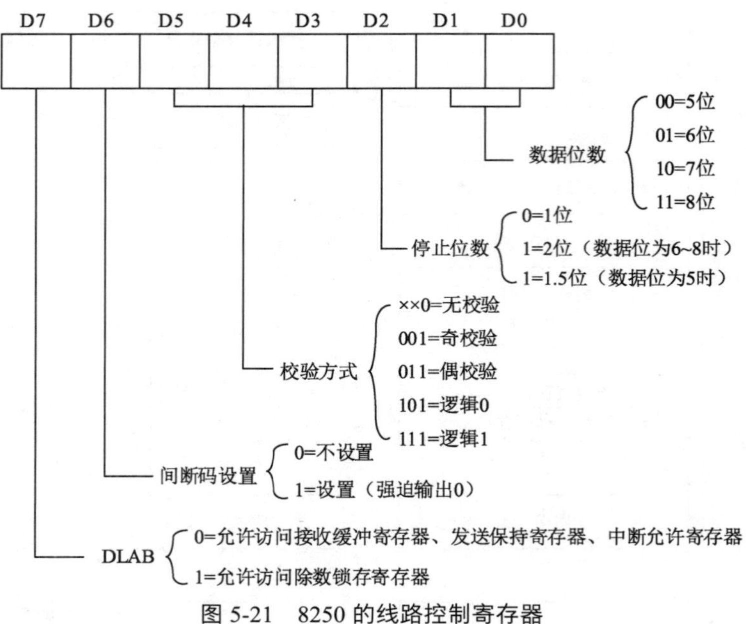

图 5-21 8250 的线路控制寄存器

4. 除数锁存寄存器 DLR

除数锁存寄存器的长度为 16 位，分为高字节和低字节，它的值决定通信的波特率。在 8250 内有一个波特率发生器，输入时钟频率除以除数值就是实际波特率的 16 倍。

5. 线路状态寄存器 LSR

线路状态寄存器是一个 8 位的寄存器，它反映数据传送过程中的各种状态信息，各位的意义如图 5-22 所示。其中第 0 位为 1，表示已正确地接收到对方的数据；第 1～4 位是错误状态信息，在采用中断方式传送时，任一错误发生都会引起中断产生；第 5 位为 1 表示待发送的数据已送入发送移位寄存器，这时 CPU 可写入下一个待发送数据；第 6 位为 1，表示待发送的数据已经发送出去。

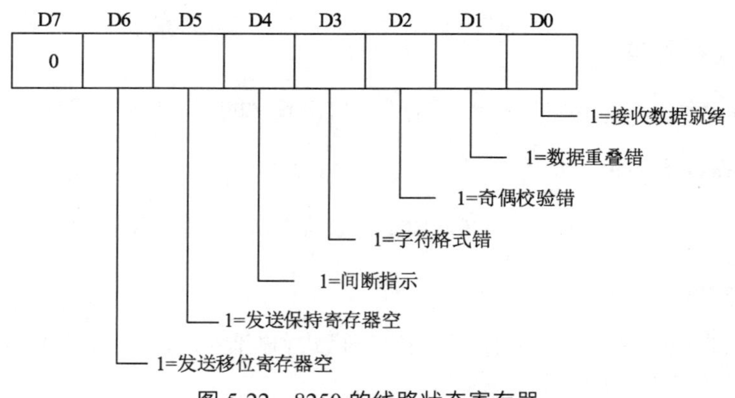

图 5-22 8250 的线路状态寄存器

6. 中断允许寄存器 IER

中断允许寄存器是一个 8 位的寄存器，但只使用了它的低四位。8250 本身可以处理 4 种类型的中断，它们的优先次序安排如下。

接收线路出错中断。

接收数据就绪中断。

发送保持寄存器空中断。

MODEM 改变状态中断。

在使用时，可以根据具体情况，选择开放部分或全部类型的中断，也可以都不允许开放。中断的开放是通过向 8250 的中断允许寄存器送出一个字节来实现的，该寄存器控制字的位功能如图 5-23 所示。

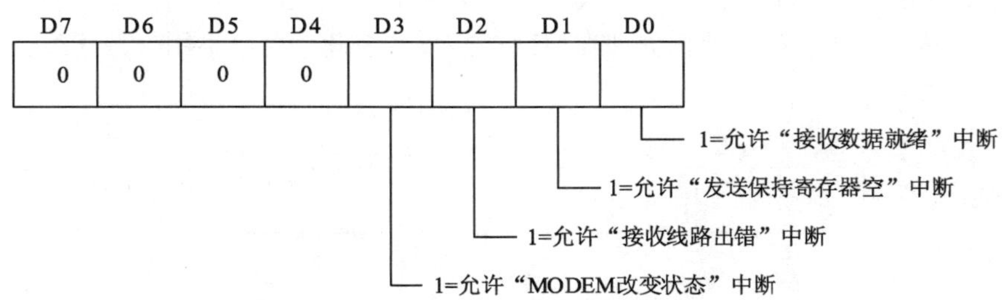

图 5-23　8250 的中断允许寄存器

7. 中断识别寄存器 IIR

系统可以允许 8250 的一种或几种中断产生，但是 8250 只能向外输出一个总的中断请求信号。为了使 CPU 能够知道到底产生了哪一种中断，8250 设置了一个中断识别寄存器，CPU 可读出其中的中断识别码，以识别中断的类型。中断识别寄存器控制字的位功能如图 5-24 所示。中断识别字节的第 3～7 位恒为 0（不使用），第 2～0 位的解释如表 5-4 所示。

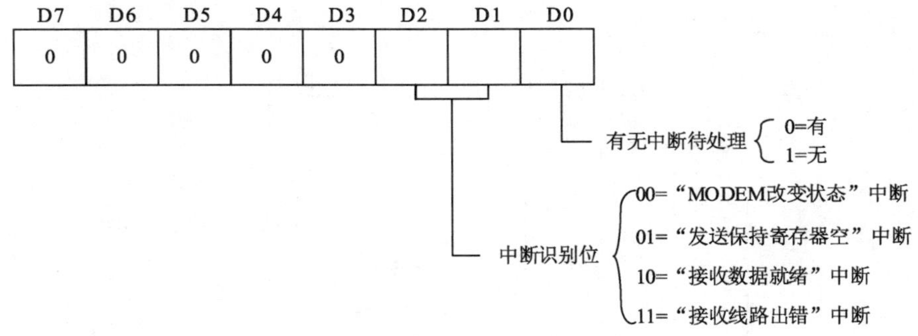

图 5-24　8250 的中断识别寄存器

表 5-4　中断识别位

中断识别寄存器			中断类型及产生的原因	中断源复位的控制
2	1	0		
0	0	1	无中断	————
1	1	0	接收线路出错	读线路状态寄存器
1	0	0	接收数据就绪	读接收缓冲寄存器
0	1	0	发送保持寄存器空	向发送保持寄存器写入数据
0	0	0	MODEM 改变状态（发送结束、数据设备就绪、振铃指示、数据载波检测）	读 MODEM 状态寄存器

8．MODEM 控制寄存器 MCR

MODEM 控制寄存器是一个 8 位的寄存器，用于控制与通信适配器相连的 MODEM 的工作方式。该寄存器各位的意义如图 5-25 所示。D3～D0 位用于控制 8250 的 4 个 MODEM 控制输出引脚的状态，当相应位置“1”时，对应的引脚变为低电平；D4 位用于 8250 的诊断，当该位为“1”时，发送器的 SOUT 引脚被设成“1”，接收器的串行输入端 SIN 将与系统分离，此时发送移位寄存器的数据将回送到接收器的移位寄存器，4 个 MODEM 状态输入信号（CTS#、DSR#、RLSD#、RI#）和系统分离，4 个 MODEM 控制输出信号（DTR#、RTS#、OUT1#、OUT2#）在芯片内部与 4 个状态输入信号相连，这样，发送的串行数据立即在内部被接收，因此，可以不用外部连线就能检测 8250 的发送与接收功能是否正确。

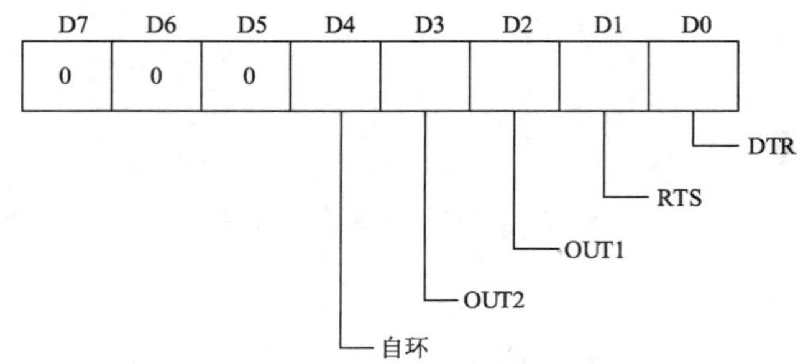

图 5-25　8250 的 MODEM 控制寄存器

9．MODEM 状态寄存器 MSR

MODEM 状态寄存器是一个 8 位的寄存器，它反映 MODEM 到 8250 的控制线路的当前状态及变化情况。各位的意义如图 5-26 所示。

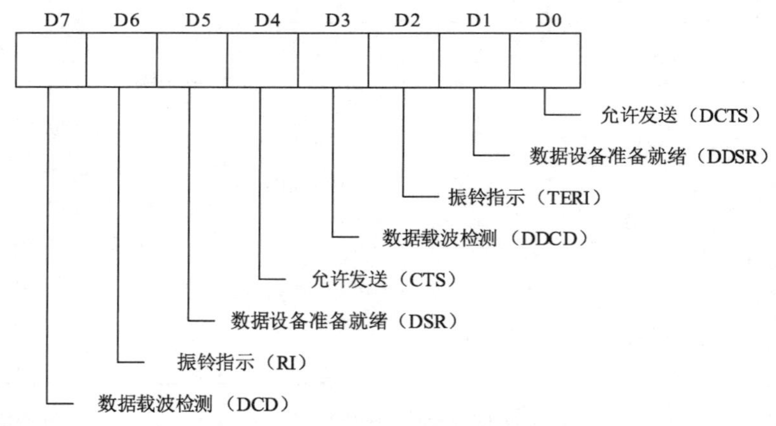

图 5-26　8250 的 MODEM 状态寄存器

第 0～3 位表示自 CPU 上次读出此状态寄存器的内容之后控制线路相应状态发生了变化，第 4～7 位表示 MODEM 到 8250 的控制线路的当前状态。

5.3.3 8250 在 IBM PC 系列机中的应用

IBM PC 系列机中，一般都带有两个符合 RS-232-C 标准的异步串行接口。PC 和 PC/XT 的串行接口采用 INS8250 芯片，PC/AT 机采用 NS16450 芯片。16450 与 8250 在功能、结构和引脚上完全相同。后推出的一些微型计算机中使用的一般都是将串行接口与其他控制接口连接起来的多功能接口板。在该多功能接口板上使用的是一块将许多功能集成到一起的超大规模集成电路芯片，其中包含 8250 的全部功能。因此，无论在哪种机型上，也无论使用的是 8250、16450，还是多功能集成芯片，它们的用法都完全相同。

1．PC 系列机中的串行通信接口

图 5-27 所示的是 PC 系列机中所使用的异步串行通信接口的硬件逻辑。

PC 系列机一般配置两个串行接口，它们在硬件逻辑上除 I/O 基地址和中断请求级不同之外，其他部分完全相同。图 5-27 给出的是作为第一串行接口使用时的硬件逻辑，其 I/O 基地址为 3F8H，中断请求级 IRQ4。当作为第二串行通信接口使用时，I/O 基地址为 2F8H，中断请求级为 IRQ3。

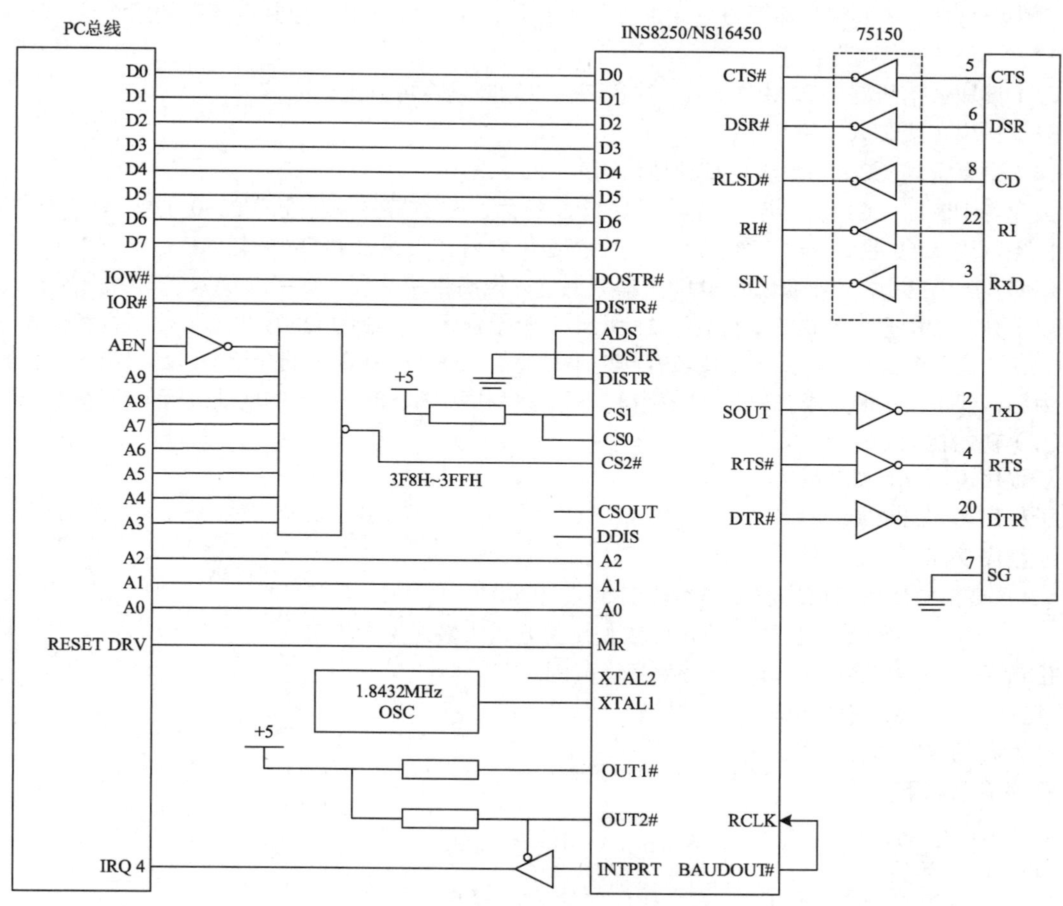

图 5-27　异步串行通信接口的硬件逻辑

从图 5-27 中也可以看出，该串行接口的中断请求输出受 8250 输出引脚 OUT2#的控制，要使用中断处理方式，必须使 OUT2#变为有效，即在编程初始化时，必须使 MODEM 控制寄存器的 D3 位（OUT2 位）为 1。

8250 的时钟输入采用 1.8432MHz 的振荡器的输出，用户编程时选择适当的除数因子（又称为波特率因子），送入 8250 的除数锁存寄存器，就可以得到相应的通信速率。通信速率与除数因子之间的关系如下：

$$除数因子=1.8432\times10^6/（通信速率\times16）$$

8250的发送速率可以与接收速率不同。发送速率受输入振荡时钟频率和用户所选择的除数因子控制。接收速率受RCLK引脚输入时钟信号的控制，该时钟信号应是接收速率的16倍。在图5-27中，由于将RCLK接到了BAUDOUT引脚（发送速率的16倍频）上，所以发送速率与接收速率相同。

2．PC系列机串行通信接口的编程

PC系列机的串行通信接口既可以以查询方式工作，也可以以中断方式工作。对异步串行通信接口进行程序设计，一般步骤如下。

（1）对8250进行初始化。包括设定传输规程，如通信的波特率、校验方式、数据位数、停止位数，并按此规程设置除数锁存器和线路控制寄存器；MODEM控制寄存器的第0位和第1位要置“1”。若使用中断方式，还要根据需要设置中断允许寄存器，且将MODEM控制寄存器的第3位（OUT2）置“1”。

（2）读取通信线路（和MODEM）的状态，以判断是否可以进行通信。

（3）送出（或读入）一个字符。

（4）重复上述（2）（3）步，直到通信结束。

当允许中断时，CPU送出（或读入）一个字符后，并不需要不断查询8250的状态，而可执行其他任务。当8250收到一个字符或将一个字符送出之后，会通过IRQ4（或IRQ3）向CPU申请中断，CPU响应中断后，识别出8250的中断类型，并做出相应处理（送出或读入一个字符等）。

以下介绍采用查询方式的编程方法。给出了3个子程序：初始化8250，发送一个字符和接收一个字符。有了这3个子程序，就可以比较容易地编写通信程序了。在以下的介绍中，都以第一串行通信接口为例，如果使用的是第二串行通信接口，只要将程序中8250寄存器的地址进行相应修改即可。

（1）初始化8250

子程序说明文件如下。

子程序名： I8250。

子程序功能： 初始化8250。

入口条件： BX=通信的波特率，范围50～19200。

AL=数据位数、停止位数和校验方式（格式见图5-21）。

出口条件： AH最高位=1，波特率超出范围。

AH最高位=0，正常初始化完毕。

受影响的寄存器： AX，F。

程序清单如下。

```
 ;  ***** I8250** ***
I8250   PROC
        CMP   BX，50              ;波特率小于50？
        JB    BADP                ;转错误出口
        CMP   BX，19200           ;波特率大于19200？
        JA    BADP                ;转错误出口
        PUSH  DX
        PUSH  AX
        MOV   AX，0C200H          ;1843200/16结果的低16位
        MOV   DX，0001H           ;1843200/16结果的高16位
        DIV   BX                  ;（1843200/16）除以波特率得到8250要求的除数值
        PUSH  AX                  ;保存得到的除数值
```

```
        MOV    DX，03FBH            ;LCR 地址
        MOV    AL，80H
        OUT    DX，AL               ;置 LCR 最高位为 1，表示要访问 DLR
        POP    AX                   ;恢复除数
        MOV    DX，03F8H            ;DLRL 的地址
        OUT    DX，AL               ;送出除数的低字节
        INC    DX                   ;DLRH 的地址
        MOV    AL，AH               ;除数的高字节送 AL
        OUT    DX，AL               ;送出除数的高字节
        MOV    DX，03FBH            ;指向 LCR
        POP    AX                   ;恢复 AL，取出入口参数
        AND    AL，3FH              ;最高位清 0 且禁止设置间断码
        OUT    DX，AL
        SUB    DX，2                ;指向 IER
        MOV    AL，0                ;屏蔽所有的中断
        OUT    DX，AL
        POP    DX
        AND    AH，7FH              ;清出错标志
        RET
BADP：  OR     AH，80H              ;置出错标志
        RET
I8250   ENDP
```

（2）发送一个字符

子程序说明文件如下。

子程序名： SENDC。

子程序功能： 发送一个字符。

入口条件： AL=待发送的字符。

出口条件： AH 最高位=1，发送线路故障，字符未能发送出去。

　　　　　AH 最高位=0，发送线路正常，字符已经发送出去。

受影响的寄存器： AH，F。

程序清单如下。

```
***** Send one character *****
SENDC   PROC
        PUSH   DX
        PUSH   CX
        PUSH   BX
        PUSH   AX
        MOV    DX，3FCH             ;指向 MCR
        MOV    AL，03H              ;DTR 和 RTS 信号
        OUT    DX，AL               ;输出
        ADD    DX，2                ;指向 MSR（3FEH）
        MOV    BH，50               ;延时用时间常数
WAIT1： XOR    CX，CX
WAIT2： IN     AL，DX               ;读 MODEM 状态
        AND    AL，30H              ;保留 CTS 和 DSR
        CMP    AL，30H              ;MODEM 允许发送？
        JE     READYS1              ;准备就绪，则转
        LOOP   WAIT2                ;再试
        DEC    BH
```

```
          JNZ      WAIT1
          JMP      SHORT ERRS                ;转出错处理
READYS1：DEC      DX                         ;指向 LSR（3FDH）
          MOV      BH，50                     ;延时用时间常数
WAIT3：   XOR      CX，CX
WAIT4：   IN       AL，DX                     ;读 LSR
          TEST     AL，20H                    ;THR 空吗？
          JNZ      READYS2                   ;空，则转发送
          LOOP     WAIT4                     ;等待
          DEC      BH
          JNZ      WAIT3
          JMP      SHORT ERRS                ;转出错处理
READYS2：MOV      DX，3F8H                   ;指向 THR
          POP      AX                        ;取出待发送字符
          OUT      DX，AL                     ;发送
          AND      AH，7FH                    ;置正常发送标志
EXITS：   POP      BX
          POP      CX
          POP      DX
          RET
ERRS：    POP      AX
          OR       AH，80H
          JMP      EXITS
SENDC     ENDP
```

（3）接收一个字符

子程序说明文件如下。

子程序名：RECEC。

子程序功能：接收一个字符。

入口条件：无。

出口条件：AH 最高位=1，最低位=0，未收到字符。

AH 最高位=1，最低位=1，接收线路故障，未收到字符。

AH 最高位=0，接收线路正常，收到的字符在 AL 中。

受影响的寄存器：AX，F。

程序清单如下。

```
;***** Receive one character *****
RECEC     PROC
          PUSH     DX
          PUSH     CX
          PUSH     BX
          MOV      DX，3FCH                   ;指向 MCR
          MOV      AL，03H                    ;DTR 信号
          OUT      DX，AL                     ;输出
          ADD      DX，2                      ;指向 MSR（3FEH）
          MOV      BH，50                     ;延时用时间常数
DELAY1：  XOR      CX，CX
DELAY2：  IN       AL，DX                     ;读 MODEM 状态
          TEST     AL，20H                    ;MODEM 准备？
          JNZ      READYR1                   ;准备就绪，则转
          LOOP     DELAY2                    ;再试
```

```
        DEC     BH
        JNZ     DELAY1
        JMP     SHORT ERRR              ;转出错处理
READYR1：DEC    DX                      ;指向 LSR（3FDH）
        MOV     BH，50                  ;延时用时间常数
DELAY3： XOR    CX，CX
DELAY4： IN     AL，DX                  ;读 LSR
        TEST    AL，01H                 ;接收数据就绪?
        JNZ     READYR2                 ;是，转接收
        LOOP    DELAY4                  ;等待
        DEC     BH
        JNZ     DELAY4
        JMP     SHORT TIMEOUT           ;转出错处理
READYR2：MOV    DX，3F8H                ;指向 RBR
        IN      AL，DX                  ;输入一个字符
        AND     AH，7FH                 ;置正确收到字符标志
EXITR：  POP    BX
        POP     CX
        POP     DX
        RET
ERRR：   OR     AH，81H
        JMP     EXITR
TIMEOUT：OR     AH，80H
        JMP     EXITR
RECEC   ENDP
```

下面给出的是利用上述子程序实现的在两台计算机之间进行数据传送的程序。这里假定一台计算机从键盘输入的字符通过异步通信接口发送出去，另一台计算机则从异步通信接口接收到的字符在屏幕上显示出来。

设双方通信的波特率为 4800bps，8 个数据位，一个停止位，没有校验位。双方的通信直到用户按下 Esc 键时结束，Esc 键的 ASCII 码为 1BH。

发送程序如下。

```
;***** Sending Program*****
SSEG    SEGMENT STACK
        DB      80H DUP （？）
SSEG    ENDS
CSEG    SEGMENT
        ASSUME  CS：CSEG，SS：SSEG
SEND    PROC    FAR
        PUSH    DS
        XOR     AX，AX
        PUSH    AX
        MOV     BX，4800                ;波特率
        MOV     AL，00000011B           ;8 个数据位，一个停止位，没有校验位
        CALL    I8250                   ;调用初始化程序对 8250 进行初始化
SNEXT：  MOV    AH，1                   ;键盘输入功能号送 AH
        INT     21H                     ;从键盘输入一个字符到 AL 中
        CALL    SENDC                   ;调用发送程序将字符发送出去
        TEST    AH，80H                 ;字符正确发送出去了?
        JNZ     SEXIT                   ;发送出错，转出口
        CMP     AL，1BH                 ;刚刚发送的是 Esc 字符?
```

```
        JE      SEXIT           ;是，发送结束
        JMP     SNEXT           ;继续
SEXIT:  RET
SEND    ENDP
CSEG    ENDS
        END     SEND
```

接收程序如下：

```
  *****Receiving Program*****
SSEG    SEGMENT STACK
        DB      80H DUP（？）
SSEG    ENDS
CSEG    SEGMENT
        ASSUME  CS：CSEG，SS：SSEG
RECE    PROC    FAR
        PUSH    DS
        XOR     AX，AX
        PUSH    AX
        MOV     BX，4800        ;波特率
        MOV     AL，00000011B   ;8 个数据位，一个停止位，没有校验位
        CALL    I8250           ;调用初始化程序对 8250 进行初始化
RNEXT:  CALL    RECEC           ;调用接收字符程序
        TEST    AH，80H         ;收到字符?
        JZ      YES             ;是，则转
        TEST    AH，1           ;是出错?
        JZ      RNEXT           ;不是，继续等待
REXIT:  RET                     ;出错，则退出
YES:    CMP     AL，1BH         ;收到的字符是 Esc?
        JZ      REXIT           ;是，则结束通信
        MOV     DL，AL          ;收到的字符送 DL
        MOV     AH，2           ;显示调用功能号
        INT     21H             ;显示 DL 中的字符
        CMP     DL，0DH         ;刚刚显示是回车符?
        JNZ     RNEXT           ;不是，继续接收下一个
        MOV     DL，0AH         ;是回车，则显示一个换行
        MOV     AH，2           ;显示调用功能号
        INT     21H
        JMP     RNEXT           ;继续
RECE    ENDP
CSEG    ENDS
        END RECE
```

3．BIOS 对异步串行通信接口的支持

PC 系列机的 BIOS 提供了对异步串行通信接口的支持程序，它以中断 INT 14H 的方式为用户提供了编写通信程序所需要的基本功能程序。其中包括 4 个子功能：对通信接口进行初始化、发送一个字符、接收一个字符和测试通信接口的状态。这几个程序的功能基本上与前面介绍的几个子程序一致。下面给出的程序是利用 INT 14H 实现的与上面的发送程序和接收程序功能完全一致的程序。

发送程序如下。

```
SSEG    SEGMENT STACK
```

```
        DB      80H DUP （？）
SSEG    ENDS
CSEG    SEGMENT
        ASSUME  CS：CSEG，SS：SSEG
SEND    PROC    FAR
        PUSH    DS
        XOR     AX，AX
        PUSH    AX
        MOV     AX，11000011B       ;4800bps、无校验位、一个停止位、8 个数据位
        MOV     DX，0               ;使用第一串行接口
        INT     14H                 ;初始化
SNEXT：  MOV     AH，1               ;键盘输入功能号送 AH
        INT     21H                 ;从键盘输入 1 个字符到 AL 中
        MOV     BL，AL              ;暂存到 BL 中
        MOV     AH，1               ;发送字符功能号
        INT     14H                 ;发送字符
        TEST    AH，80H             ;字符正确发送出去了？
        JNZ     SEXIT               ;发送出错，转出口
        CMP     BL，1BH             ;刚刚发送的是 Esc 字符？
        JE      SEXIT               ;是，发送结束
        JMP     SNEXT               ;继续
SEXIT：  RET
SEND    ENDP
CSEG    ENDS
        END     SEND
```

接收程序如下：

```
SSEG    SEGMENT STACK
        DB      80H DUP （？）
SSEG    ENDS
CSEG    SEGMENT
        ASSUME  CS：CSEG，SS：SSEG
RECE    PROC    FAR
        PUSH    DS
        XOR     AX，AX
        PUSH    AX
        MOV     AX，11000011B       ;4800bps、无校验位、一个停止位、8 个数据位
        MOV     DX，0               ;使用第一串行接口
        INT     14H                 ;初始化
RNEXT：  MOV     DX，0               ;使用第一通信接口
        MOV     AH，3               ;3 号功能
        INT     14H                 ;测试通信接口状态
        TEST    AH，80H             ;通信正常？
        JNZ     REXIT               ;不正常，则退出
        TEST    AH，1               ;接收数据就绪？
        JZ      RNEXT               ;不是，继续等待
        MOV     AH，2               ;2 号功能
        INT     14H                 ;读入一个字符
        CMP     AL，1BH             ;收到的字符是 Esc？
        JZ      REXIT               ;是，则结束通信
        MOV     DL，AL              ;收到的字符送 DL
```

```
        MOV    AH，2         ;显示调用功能号
        INT    21H           ;显示 DL 中的字符
        CMP    DL，0DH       ;刚刚显示是回车符？
        JNZ    RNEXT         ;不是，继续接收下一个
        MOV    DL，0AH       ;是回车，则显示一个换行
        MOV    AH，2         ;显示调用功能号
        INT    21H
        JMP    RNEXT         ;继续
REXIT:  RET
RECE    ENDP
CSEG    ENDS
        END    RECE
```

5.4 USB 接口标准

USB 是一种支持主计算机与多个可同时访问的外部设备之间进行数据交换的总线，所连接的外部设备通过主机调度和令牌协议的方式共享 USB 带宽。该总线允许外部设备在其他外设运行的情况下连接、配置、应用或断开。本节主要以 USB1.1 标准为基础，对 USB 的体系结构、数据传输方式、电气特性、数据编码和解码以及传输协议进行介绍。

5.4.1 USB 概述

USB 的主要特点如下。

（1）使用简单，具有即插即用和热插拔功能，比如可动态连接和断开，自动识别和配置。

（2）应用范围广，带宽从几 kbps 到几 Mbps，在同一组线上可支持同步、异步数据传输，支持多个（最多 127 个）设备的并行操作，支持复合设备（如包括多个功能的设备）。

（3）总线利用率高而协议负荷较小。

（4）带宽保证和低延时，同步设备可以占用整个带宽。

（5）支持不同包长，可选择设备缓冲器大小。

（6）通过调整包缓冲器，支持不同速率的设备，协议中包含针对缓冲器处理的流量控制功能。

（7）可靠性强，协议中包含差错处理和故障恢复机制，支持故障设备的识别。

（8）协议简单易行，与计算机的即插即用体系结构一致，与现有的操作系统接口衔接。

（9）低成本的 1.5Mbps 子通道、电缆线和连接器，适于低成本外设的开发。

（10）可升级的体系结构，支持一个系统中的多个 USB 主控制器。

（11）直接供电，耗电少的设备可直接由 USB 接口供电，最大可获得 500mA 的电流。

（12）传输距离在全速传输时（使用 4 芯电缆连接）为 5m。

5.4.2 USB 的体系结构

USB 系统的拓扑结构如图 5-28 所示，USB 系统由总线主控制器（由主机系统提供，也称作根 HUB）、HUB 和 USB 设备组成。HUB 是星形拓扑结构的中心，每段线路都是点到点的连接。根据 USB 1.1 协议标准，可以支持 4 个 HUB 级联，最多可以连接 127 个外部设备，通过 7 位的地址字段进行寻址。

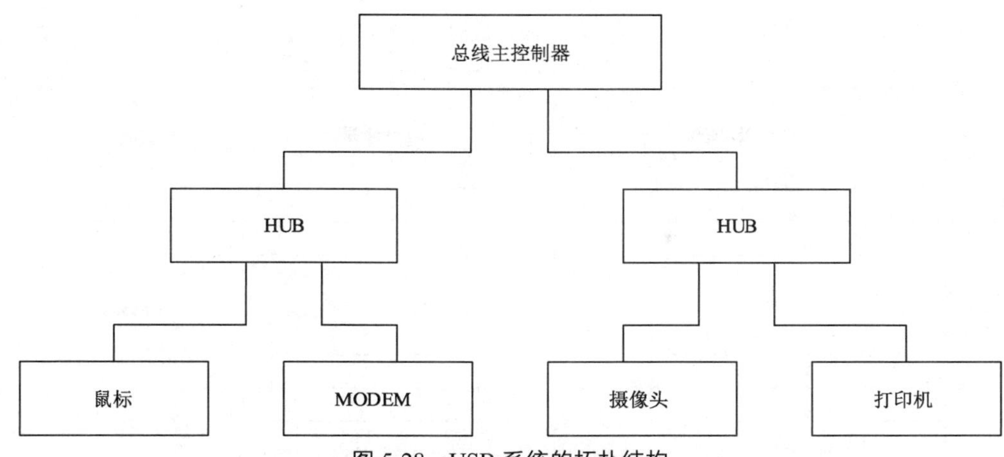

图 5-28　USB 系统的拓扑结构

USB 设备可以在任何时候连接和断开，即使其他设备正在运行中，因此系统软件必须能够动态改变拓扑结构。HUB 上有状态指示器，表示 USB 设备的连接状态。连接发生时，USB 系统软件通过 HUB 获得 USB 设备的状态，给其分配一个唯一的地址，并且确定其是一个 HUB 还是 USB 设备（功能部件）。然后，再利用这个地址和 0 号端点（endpoint）建立一个控制管道（pipe）。如果是 HUB，则重复这个过程；否则，对该设备进行配置，即确定传输类型和传输方向。

当一个设备从某个 HUB 上断开，HUB 会将该状态指示通过 USB 系统软件提供给主机，如果该设备也是一个 HUB，则 USB 系统软件对该 HUB 及与其相连的所有 USB 设备进行处理。

总线枚举就是识别与总线相连的 USB 设备并为其分配一个唯一的地址。因为 USB 设备的连接和断开随时发生，所以枚举过程也是一个不断进行（on-going）的行为。此外，总线枚举还包括 USB 设备断开的检测和处理。

USB 通信参考模型如图 5-29 所示，USB 系统由主机和 USB 设备组成，主机包括主控制器、USB 系统软件和用户软件，USB 设备包括 USB 接口、USB 逻辑设备和功能部件。主机与设备都被划分成不同的层次，包括功能层、设备层和总线接口层。总线接口层主要实现物理信号和数据包的传输，即主机端的主控制器与设备端的 USB 总线接口之间实际数据流的传输。设备层主要提供 USB 基本的协议栈，即 USB 系统软件与 USB 逻辑设备之间的数据交换。功能层提供每个 USB 设备所需的特定功能，主机端由用户软件和设备驱动程序提供，设备端由功能部件提供。

任何 USB 系统都只能有一个主机，主机控制着所有的 USB 设备访问，即 USB 设备必须通过主机获得对总线的访问权，主机也负责监视 USB 的拓扑结构。USB 总线接口处理电气及协议层的互连，所以主机和 USB 设备都应提供类似的 USB 总线接口，如实现串并行转换的串行接口引擎（SIE）。但主机的 USB 总线接口还包括一个主控制器，主控制器内集成一个（根）HUB，提供与 USB 电缆的连接。主控制器一般集成在主板上的芯片组中，主机通过主控制器驱动程序、USB 驱动程序和 USB 设备驱动程序访问 USB 设备。

USB 设备就是能够通过 USB 发送和接收数据从而实现一定功能的实体。各种 USB 设备均提供了相同的接口与主机通信，这样主机就能够以相同的方式管理不同的 USB 设备。USB 设备携带标识信息和基本配置信息，便于主机的识别，同时也说明了设备的功能和类别。

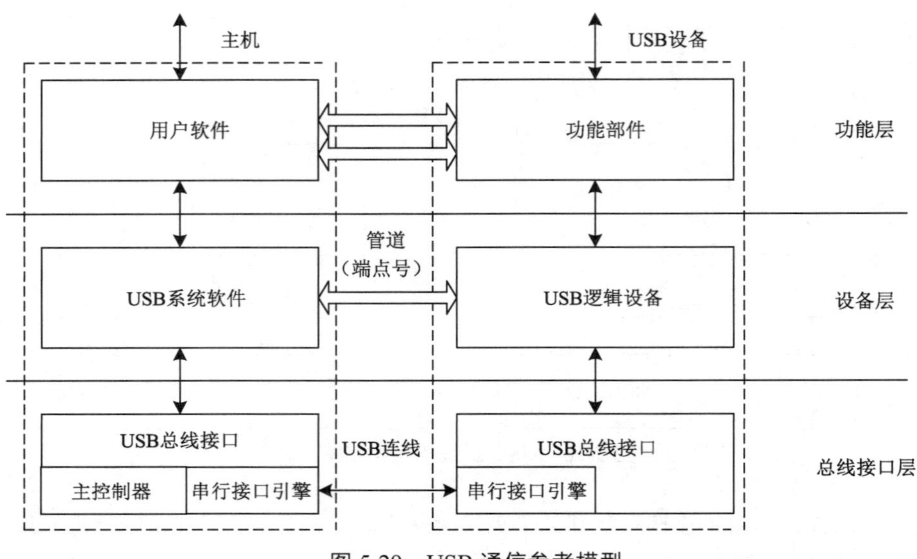

图 5-29 USB 通信参考模型

端点是设备标识的一部分，每个 USB 设备只有唯一的地址，但具有若干个端点，一个端点实际上是具有一定大小的数据缓冲区。USB 设备在连接时由主机分配地址，端点号是在设备设计时给出的。端点的特性包括：数据的传输方式（如 IN、OUT 和 SETUP 等）、数据包大小、带宽和端点号等。0 号端点默认为控制传输端点，用于连接时进行配置。其他端点必须在被主机配置后才能使用。

管道是设备的一个端点与主机的软件之间的纽带，它代表主机软件的缓冲器与设备端点间的数据传输能力。有两种不同的管道通信模式：流（stream）和报文（message）。在流模式下，USB 系统软件不定义在管道中传输的数据的结构；在报文模式下，在管道中传输的数据具有 USB 定义的结构。USB 并不解释管道中传输的数据的内容。由端点号为 0 的两个端点（IN 和 OUT）组成的管道称为缺省控制管道，它在设备刚连接时就有效，且 USB 系统软件通过该管道进行 USB 设备的标识和配置，然后才建立其他管道，用于数据传输。同时，USB 系统软件仍拥有该管道的使用权，并控制其他用户软件对该管道的使用权。

5.4.3 USB 的数据传输方式

1．控制（control）传输方式

控制传输方式是最复杂也是最重要的传输方式，是 USB 设备在枚举阶段的主要数据交换方式，类似查询方式，可靠性高（lossless），适用于突发的非周期性的设备控制命令、设备状态的查询/响应信号的传输。比如可在 USB 设备连接时用于配置 USB 设备，以确定数据传输方式和传输类型，读取设备地址和描述符，识别和安装相应的驱动程序，此时占用 0 号端点。

2．等时（isochronous）传输方式

等时传输方式以固定的传输速率连续在主机与 USB 设备之间传输数据，预先协商带宽和延时，传输出错时并不理会（重传），适用于对可靠性要求不高但对实时性敏感的设备（如麦克风、喇叭、电话等）。

3．中断（interrupt）传输方式

中断传输方式用于传输一些交互式数据，对传输速度要求不高，但对响应时间有一定限制，适用于数据量小但需要及时处理的设备（如键盘、鼠标、操纵杆等）。

4．批量（bulk）传输方式

批量传输方式用于数据量大、可靠性高、按顺序传输的数据，利用任意有效带宽，并具有差错检测和重传功能，适用于要求正确无误传输大批量数据的设备（如硬盘驱动器、打印机、扫描仪、数字相机等）。

5.4.4 USB 的电气特性

如图 5-30 所示，USB 总线是一组 4 线电缆，其中 D+、D−用于传输差分信号，VBUS 和 GND 用于提供+5V 电源。一条总线上可支持全速速率（12Mbps）和低速速率（1.5bps）两种模式，并且可以在传输过程中动态地在两种模式之间切换。

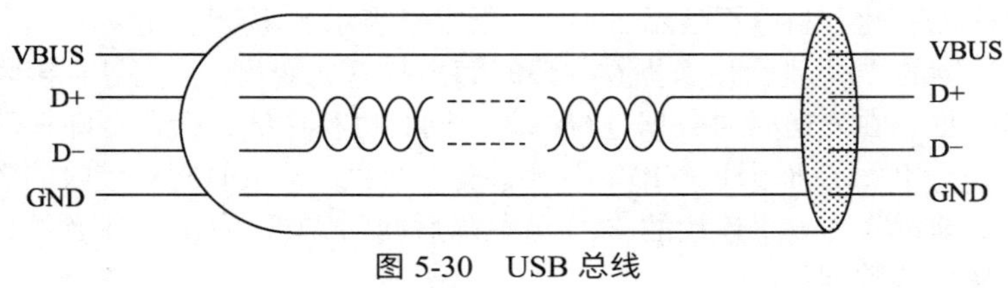

图 5-30　USB 总线

如图 5-31 所示，主机上提供的是下行口，所有的 USB 设备都有一个上行口，HUB 上既有下行口又有上行口。上行口和下行口不能互换，以避免信号的非法循环。D+>Voh，D−<Vol 为差分“1”，D−>Voh，D+<Vol 为差分“0”（低速设备的信号状态相反）。D+通过上拉电阻接+5V 电源（低速设备则连到 D−上），USB 设备与主机相连时，主机上的驱动程序立即可以查询到 USB 设备，从而开始配置和传输。图 5-32 为 2 种 USB 连接器，每种连接器都有 4 个引脚。

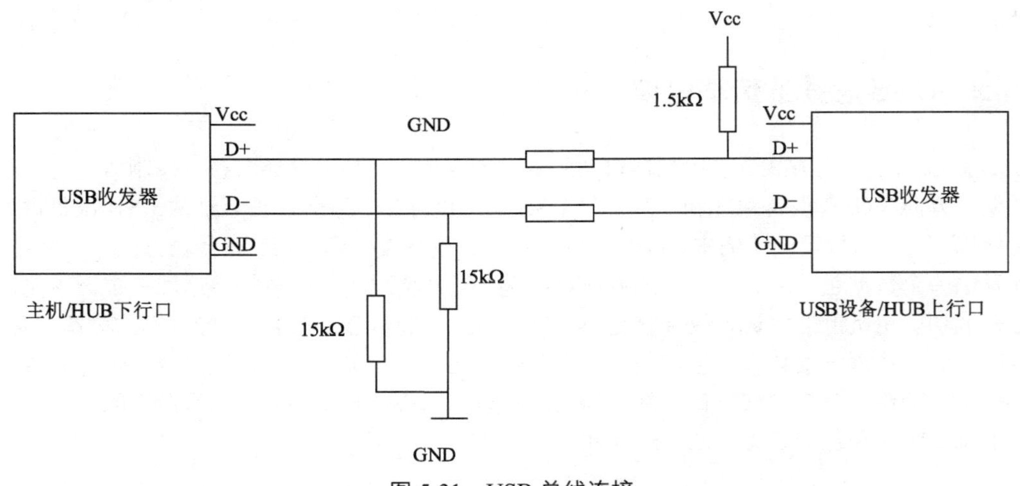

图 5-31　USB 总线连接

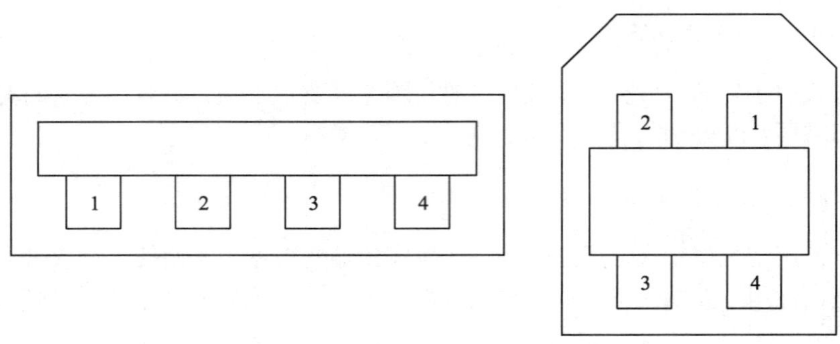

图 5-32　2 种类型的 USB 连接器

5.4.5 USB 的数据编码和解码

如图 5-33 所示，USB 采用不归零反向码（non return to zero invert，NRZI）编码方式传输数据，这样接收时可以通过编码中的时钟信息进行锁相。用电平的无变化表示“1”，有变化表示”“0”，即二进制位前端的电平的变化。高电平表示 J 状态，低电平表示 K 状态。连续的“0”使 NRZI 数据的每一位都会翻转；连续的“1”则会使数据在一段时间内状态无变化，从而导致接收时钟漂移甚至失步。为了可靠传输数据，在发送时对数据进行编码，同时进行位插入操作，即在数据流中每 6 个连续的“1”后插入一个“0”，从而强迫 NRZI 码状态发生变化。接收时则对接收的数据进行解码，同时进行位删除操作，即每收到 6 个连续的“1”就删除后面的“0”，如有 7 个连续的“1”，则认为出现位插入错误，并忽略该数据包。

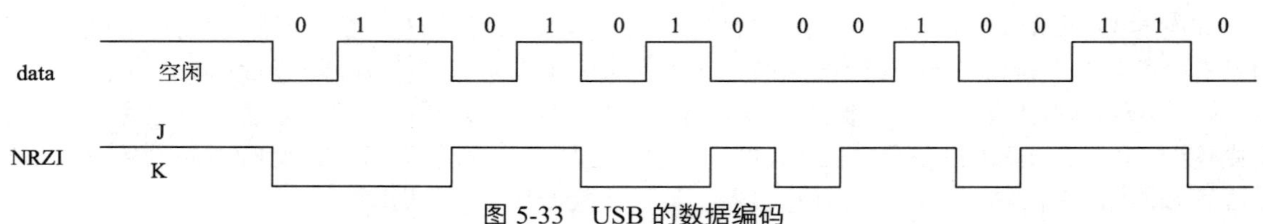

图 5-33　USB 的数据编码

5.4.6 USB 总线的传输协议

USB 总线属于轮询方式，主控制器启动所有的数据传输。传输开始时，主控制器发送一个描述业务类型、方向、USB 设备地址和端点号的 USB 包，也称作令牌包。被寻址的 USB 设备对地址字段进行译码。在一次特定的传输中，数据从主机到设备或从设备到主机，其传输方向由令牌包确定。发送端发送一个数据包，或者指示已无数据要传送。通常情况下，接收端要返回一个握手包，指示传输是否成功。主机上的发送端或接收端与 USB 设备上的端点之间的数据传输模式称作“管道”。业务调度允许一些流管道具有流量控制功能。在硬件层面上，采用 NAK 握手方式可抑制数据传输率从而防止缓冲器过载或欠载。在收到 NAK 握手包时，该业务利用总线空闲时间重传。

以下按照字段和包的定义介绍 USB 协议。

1. 字段的定义

数据按照最低有效位至最高有效位发送。后面的图表均按发送顺序从左到右排序。

（1）同步（SYNC）字段

所有的数据包都从 SYNC 字段开始，SYNC 字段是产生最大边缘转换密度（每一位状态都发生变化）的编码序列。SYNC 字段作为空闲状态出现在总线上，后面跟着 NRZI 编码的二进制串“KJKJKJKK”，它用于接收电路利用本地时钟同步接收输入的数据。SYNC 字段仅用作同步机制，最后两位表示该字段的结束，同时也表示 PID 字段的开始。

（2）包标识（PID）字段

每个 USB 包的 PID 字段都紧跟在 SYNC 字段后面，PID 字段由 4 位包类型字段和 4 位校验字段组成，如图 5-34 所示。前者指出包的类型和格式，后者用于包错误检测，用以保证 PID 字段译码的可靠性，从而能够正确解释 PID 字段之外的其余字段。校验字段是通过包类型字段的二进制取反产生的，如果 4 位校验字段不是其余 4 位的反码，则说明 PID 字段出错。主机和所有功能部件都必须对所收到的 PID 字段进行译码。收到的任何包标识符，如果含有失败的校验字段，或者译码后得到未定义的值，则包的 PID 字段以及其余字段将被接收端忽略。如果一个功能部件收到了包含它并不支持的事务类型或方向的有效包标识符，则不作应答。例如，只能输入的端点必须忽略 OUT 令牌。

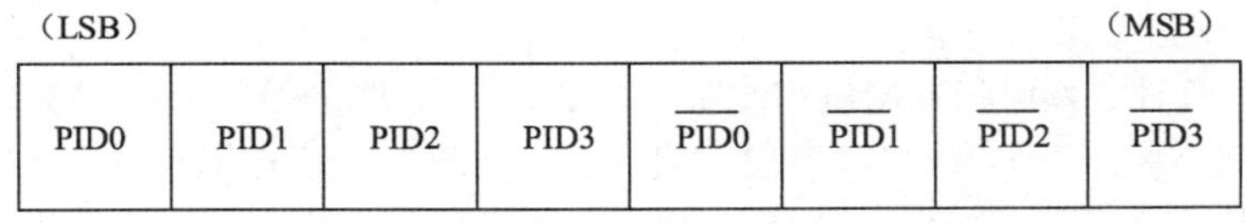

图 5-34　PID 字段格式

（3）地址字段

功能部件的端点用 2 个字段进行寻址：ADDR 字段和 ENDP 字段。功能部件对两个字段都需要进行译码。不允许使用地址或端点的别名（aliasing），并且任何一个字段不匹配，此令牌必须被忽略。另外，对未初始化的端点的访问也会使得令牌被忽略。

ADDR 字段通过其地址指定功能部件，即每个 ADDR 字段的值定义了一个功能部件，如图 5-35 所示，ADDR6～ADDR0 指定了总共 128 个地址。至于是数据包的发送端还是接收端，取决于 PID 字段的值。地址字段被用于 IN、SETUP 和 OUT 令牌。在复位和上电时，功能部件的地址缺省值为零，为主机在配置和枚举之前使用，不可被分配作任何他用。其他地址由主机在枚举过程中通过编程进行设置。

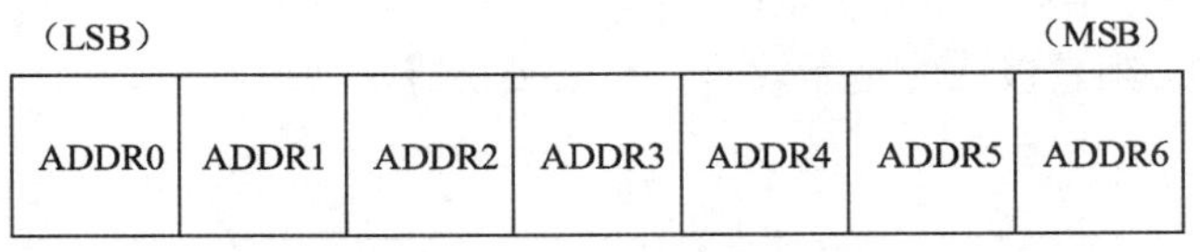

图 5-35　ADDR 字段格式

如图 5-36 所示，当功能部件需要一个以上的端点时，ENDP 字段使对功能部件的寻址更灵活。除了端点 0 之外，端点号用来指定数据传输的具体通道，在某些 PID（如 IN、OUT 等）字段中，端点号会被包括在令牌包中。所有的功能部件必须支持在端点 0 的控制管道（缺省控制管道）。对于低速设备，每个功能部件最多支持 3 个管道，在端点 0 的控制管道加上 2 个其他管道（或 2 个控制管道，或 1 个控制管道和 1 个中断端点，或 2 个中断端点）。对于全速设备，每个功能部件可支持最多 16 个任何类型的端点。从硬件角度看，端点就是实际的数据缓冲区，USB 数据传输都是在一个特定的端点和主机之间进行的。很多 USB 芯片本身已经确定了端点的数量和属性，只能按照此端点进行编程。

（4）帧号（FN）字段

FN字段由11位二进制数组成，最大值为7FFH，每发送一帧，内容字段加1，可循环使用。帧号只能在每一帧（这里的1帧即一个数据包）开始处帧开始（SOF）包中发送。

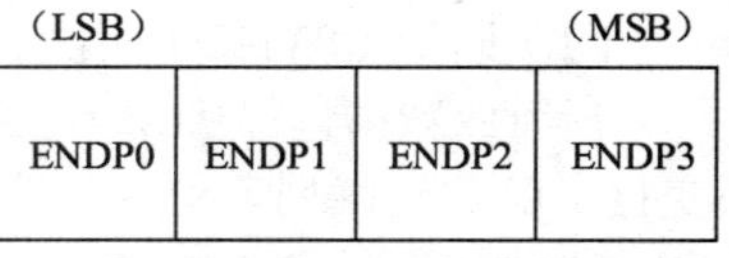

图 5-36　ENDP 字段格式

（5）数据（data）字段

数据字段长度为 0～1023B，随传送类型而变化，但必须是整数个字节。图 5-37 为多字节数据字段格式。每个字节的数据位移出时都是最低位（LSB）在前。

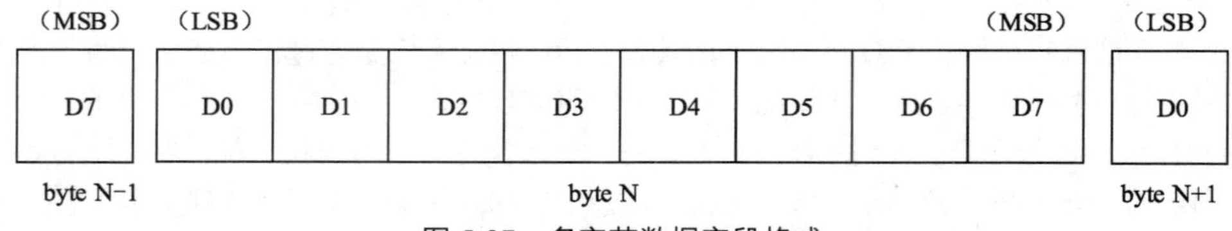

图 5-37　多字节数据字段格式

（6）循环冗余校验（CRC）字段

CRC 字段被用来对令牌包和数据包中的所有非 PID 字段进行校验。在位填充之前，在发送器中，CRC 由各自的字段产生，并作为 CRC 字段一起发送。同样，在填充位被去除之后，在接收器中，CRC 被用于对数据进行校验。失败的 CRC 指出了保护字段中至少有一个字段被损坏，并导致接收器忽略那些字段，且在大部分情况下忽略整个包。

2．包的定义

以下介绍令牌包、数据包和握手包的格式，以及包内的各个字段。

（1）令牌（token）包

图 5-38 显示了令牌包的字段格式，包括 PID、ADDR、ENDP 和 CRC5。其中 PID 字段指定了该令牌包是 IN 包、OUT 包，还是 SETUP 包。对于 OUT 和 SETUP 事务，ADDR 字段和 ENDP 字段唯一地确定了接收数据包的端点。对于 IN 事务，唯一地确定应发送数据包的端点。只有主机能发出令牌包，IN PID 字段定义了从功能部件到主机的数据事务，OUT PID 字段和 SETUP PID 字段定义了从主机到功能部件的数据事务。CRC5 字段对 ADDR 和 ENDP 字段进行校验。令牌包的界定是 3 个字节的包后面的包结束（EOP）字段。如果令牌包被译码为合法令牌，但却没有在 3 个字节之后以 EOP 字段终止，则它被认为是无效的，并被接收器忽略。

8 bit	7 bit	4 bit	5 bit
PID	ADDR	ENDP	CRC5

图 5-38　令牌包格式

帧开始（SOF）包（特殊的令牌）：主机以每 1.00 ms ±0.0005 ms 一次的额定速率发出 SOF 包，它不是针对某设备和端点的传输，而是整个 USB 总线动作的时间划分。如图 5-39 所示，SOF 包由 PID 字段、帧号字段和 CRC5 字段组成。SOF 令牌组成了 token-only 事务，它以精确对应每帧开始的时间间隔发送 SOF 标记（marker）和相应的帧号。包括集线器在内的所有全速功能部件都可收到 SOF 包。SOF 包不会使接收功能部件产生返回包，因此，不能保证发送的 SOF 包都能被收到。SOF 包发送 2 个定时（timing）信息。当功能部件探测到 SOF 包的 PID 字段时，即被告知发生 SOF。对帧定时敏感的功能部件不需要跟踪帧号（例如集线器），仅须对 SOF 包的 PID 字段译码，并忽略帧号及其 CRC 字段。如果功能部件需要跟踪帧号，它必须了解 PID 字段和时间戳。对总线定时信息没有特别需要的全速设备可以忽略 SOF 包。CRC5 字段对 frame number 字段进行校验。

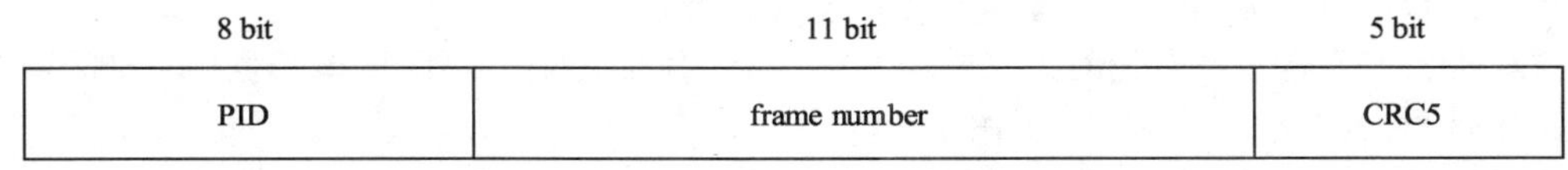

图 5-39　SOF 包格式

（2）数据（data）包

如图 5-40 所示，数据包由 PID 字段、0 个或多个字节的 data 字段和 CRC16 字段组成。有 2 种类型的数据包，即 DATA0 和 DATA1，由 PID 字段标识，目的是保证数据的接收顺序。数据必须以整字节数发出，长度为 0～1023 字节。CRC16 仅对包中的数据字段进行校验。

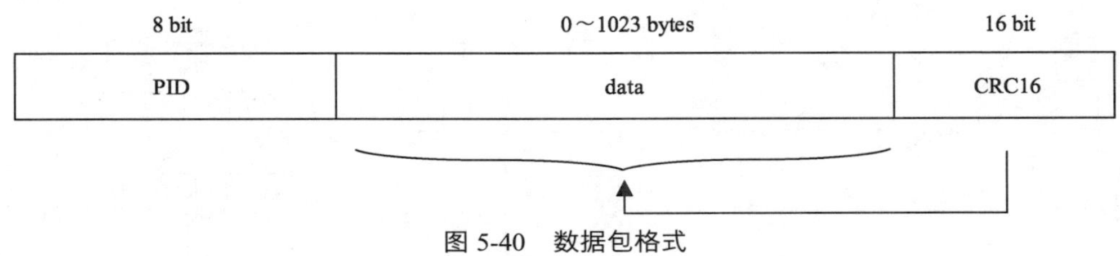

图 5-40　数据包格式

（3）握手（handshake）包

握手包仅由 PID 字段构成。握手包用于报告数据事务的状态，还能返回表示数据和命令是否成功接收、流量控制和暂停条件的值。只有支持流量控制的事务类型才能返回握手包。握手包总是在事务的握手阶段被返回，也可在数据传输阶段代替数据被返回。握手包以 1 个字节的包字段后的 EOP 字段为界。如果包被解码为合法的握手包，但没有以 EOP 字段终止，则被认为是无效的，且被接收端忽略。

3 种类型的握手包介绍如下。

① ACK：表示数据包被接收时没有位填充错或数据字段没有 CRC 错，而且数据的 PID 字段接收正确。ACK 握手包只适用于数据被传送且期待握手信号的事务中。对于 IN 事务，ACK 握手包由主机返回；对于 OUT 或 SETUP 事务，则由功能部件返回。

② NAK：表示功能部件不能从主机接收数据（对于 OUT 事务），或者功能部件没有数据发送到主机（对于 IN 事务）。NAK 握手包只能由功能部件在 IN 事务的数据传输阶段或 OUT 事务的握手阶段返回。主机不能发出 NAK 握手包。NAK 握手包是用于流量控制的，表示功能部件暂时不能发送或接收数据，但是最后还是能够在不需要主机干涉的情况下发送或接收数据。

③ STALL：作为对 IN 令牌的响应，或者在 OUT 事务数据阶段之后由功能部件返回。STALL 握手包表示功能部件不能发送或接收数据，或者不支持一个控制管道请求。在任何条件下都不允许主机返回 STALL 握手包。

3．事务格式

事务格式随着端点类型而变化，有 4 种事务类型。

（1）批量传输事务

如图 5-41 所示，批量传输事务包括 IN 和 OUT 事务，每个事务都包含令牌包、数据包和握手包。当主机准备好接收批量数据时，发出 IN 令牌。功能部件端点返回数据包，如果不能返回数据包则返回 NAK 或 STALL 握手包。NAK 握手包表示功能部件暂时不能返回数据包，STALL 握手包表示端点被永久挂起，需要 USB 系统软件干涉。如果主机收到一个合法的数据包，则返回 ACK 握手包。如果主机收到数据时检测出错，则不返回握手包给功能部件。

当主机准备好发送批量数据时，它首先发出一个 OUT 令牌，后跟一个数据包。如果数据被功能部件正确接收，则返回 3 个握手包中的一个。

① ACK 握手包表示数据包被正确接收，通知主机可以发送下一个包。

② NAK 握手包表示数据包被正确接收，但主机还需要重发数据包，因为功能部件处于妨碍接收的临时状态（例如缓冲器满）而不能接收数据。

③ 如果端点被挂起，则返回 STALL 握手包通知主机不要再重传，因为功能部件出错。

④ 如果收到的数据包有 CRC 错或位填充错，则不返回任何握手包。

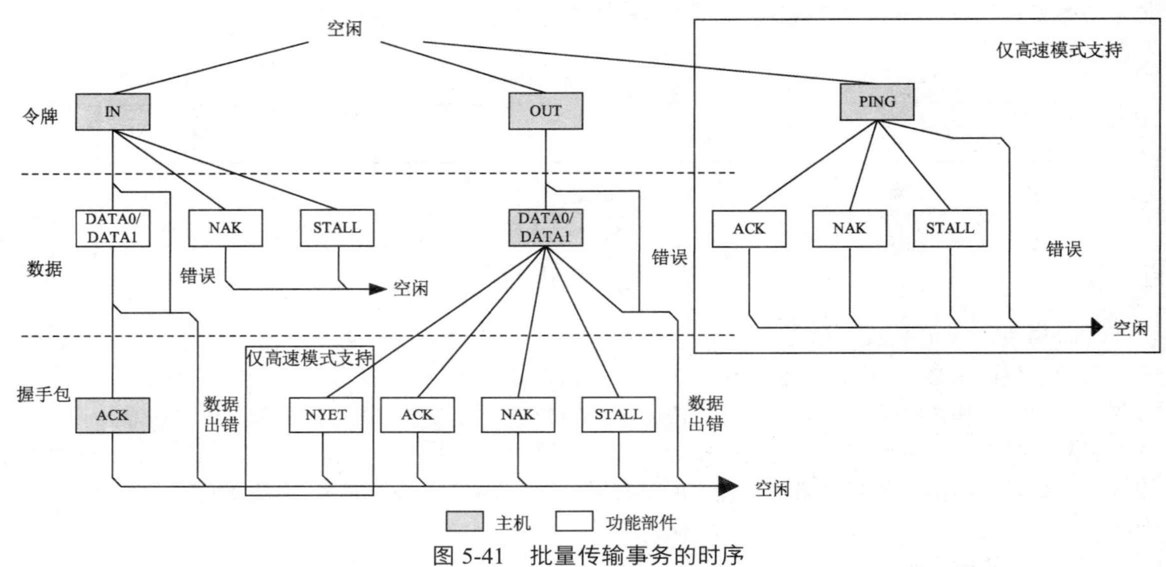

图 5-41　批量传输事务的时序

（2）控制传输事务

控制传输事务是 USB 枚举阶段（USB 设备初次与主机相连时，通过控制传输来交换信息、读取设备地址和描述符，这样才能够被识别，并安装相应的驱动程序）主要的数据交换方式。控制传输事务有 SETUP 和 STATUS 2 个事务阶段和可选数据阶段。控制传输事务可以选择在建立和状态阶段之间插入数据阶段。图 5-42 说明了 SETUP 事务的时序，在 SETUP 阶段，SETUP 事务用于向功能部件的控制端点发送信息。SETUP 事务的格式类似 OUT 事务，但是使用的是 SETUP PID 而不是 OUT PID。SETUP 事务的数据字段总是 DATA0 PID。功能部件收到一个 SETUP 包时必须接收其数据，并用 ACK 握手包应答，如果数据被损坏，则丢弃数据且不返回握手包。

控制传输事务的可选数据阶段由一个或多个 IN/OUT 事务组成，遵守和批量传输相同的协议规则。数据阶段所有的事务都必须沿相同的方向（IN 或 OUT）进行。数据阶段要发送的数据量和传输方向在 SETUP 阶段被设定。如果数据量超过了预先确定的数据包大小，数据在支持最大包大小的多个事务（IN 或 OUT）中发送，剩余的数据在最后的事务中发送。

控制传输事务的 STATUS 阶段是最后一个操作。STATUS 阶段的 IN/OUT 与前一数据阶段的数据流方向相反（OUT/IN），并且总是使用 DATA1 PID。例如，如果数据阶段由 OUT 事务构成，则 STATUS 阶段是单一的 IN 事务。如果控制序列没有数据阶段，那么它由 SETUP 阶段和其后的 IN 事务组成的 STATUS 阶段构成。

如果控制端点在控制传输的数据和状态阶段发送 STALL 握手包，则必须对以后所有对此端点的访问返回 STALL 握手包，直到收到下一个 SETUP PID 为止。

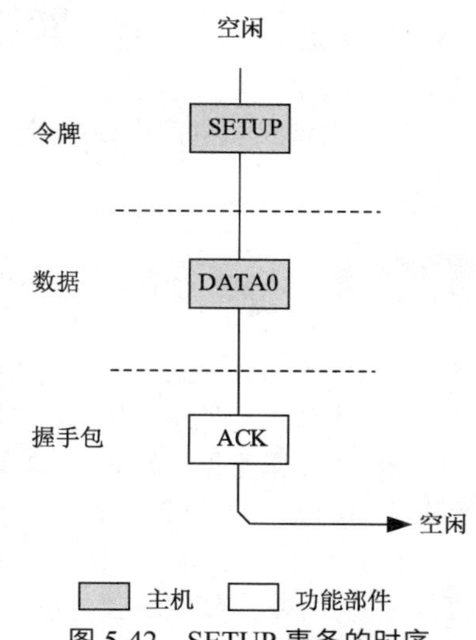

图 5-42　SETUP 事务的时序

（3）中断传输事务

中断传输事务包括 IN 或 OUT 事务传输过程，即一次中断仅由一次 IN 或 OUT 事务完成。每个事务都包含了令牌、数据和握手包。图 5-43 说明了中断传输事务的时序。功能部件一收到 IN 令牌便返回 DATA、NAK 握手包或 STALL 握手包。如果端点没有新的中断信息可返回，则功能部件在数据阶段返回 NAK 握手包；如果中断端点的挂起特征被置位，则功能部件返回 STALL 握手包；如果中断过程尚未结束，则功能部件将中断信息作为数据包返回。主机接收数据包后，如果数据包无错则发出 ACK 握手包，否则不返回握手包。

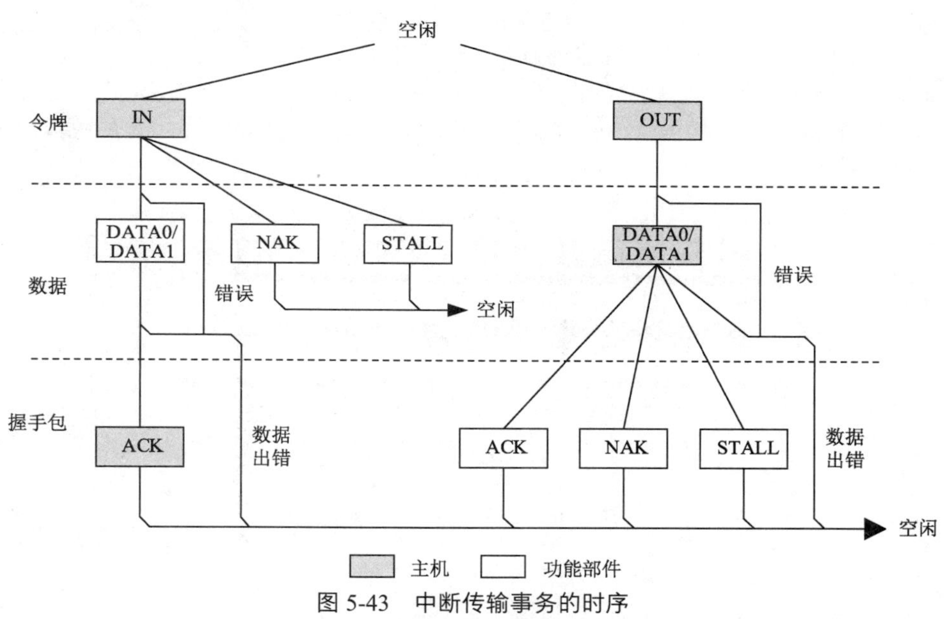

图 5-43　中断传输事务的时序

主机发出 OUT 令牌时启动一次 OUT 传输。主机紧接着发送数据，并按照 DATA0 和 DATA1 交替的顺序发送。如果功能部件正确接收数据，但由于处于“忙”状态，则返回 NAK 握手包，要求主机重发该数据；如果功能部件相应的端点被挂起，则返回 STALL 握手包，使事务提前结束；如果功能部件正确接收数据，则返回 ACK 握手包，通知主机发送下一个数据包。如果数据发生 CRC 错，则不返回任何握手包。

（4）同步传输事务

同步传输事务也是由 IN 和 OUT 令牌组成，而且只有令牌和数据阶段，没有握手阶段，即不支持握手和重传。如图 5-44 所示，主机发出 IN 或 OUT 令牌后进入数据传输阶段，端点

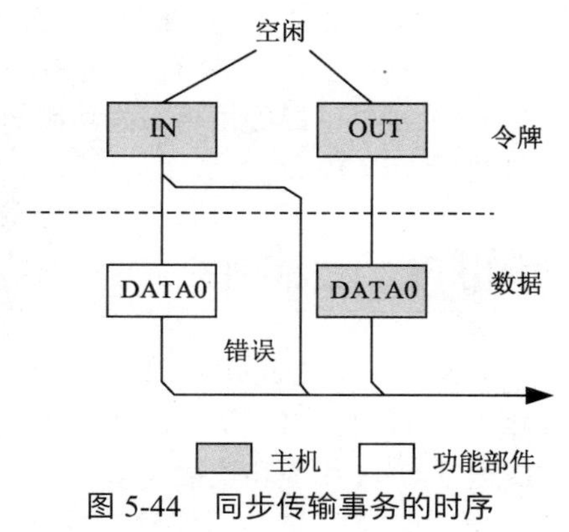

图 5-44　同步传输事务的时序

（IN）或主机（OUT）按照 DATA0 和 DATA1 交替的顺序发送数据包。而后总线进入空闲状态，准备下一次传输。

注：设备或主机都应该能接受 DATA0 和 DATA1，但只发送 DATA0。同步传输事务不支持数据切换。

5.4.7 USB Type-C

USB Type-C，也称 USB-C（以下简称 Type-C），指的是一种 USB 接口样式，此外还有其他接口样式，如 Type-A（Standard- A，传统计算机上最常见的 USB 接口样式）、Type-B（Micro-B，早期手机及 MP4 等设备配备的 USB 接口样式），如图 5-45 所示。

（a）Type-A （b）Type-B （c）Type-C

图 5-45 USB 接口

Type-C 只是 USB 3.1 标准的一部分，主要规定了连接器的接口标准，并不是新的协议标准。Type-C 既可以应用于主设备，也可以应用于从设备。Type-C 有 4 对 TX/RX 差分线，2 对 USBD+/D−，1 对 SBU，2 个 CC，4 个 VBUS 和 4 个地线，如图 5-46 所示。由于采用了图 5-46 中的排列方式，所以 Type-C 无论是正插，或是反插，都可以正常工作。在 Type-C 中，除了完成基础的 USB 数据传输功能以外，还可以通过 4 对 TX/RX 差分线做输出，实现 4lanes 的 DP 输出，提供 32.4Gbps 的总输出带宽。

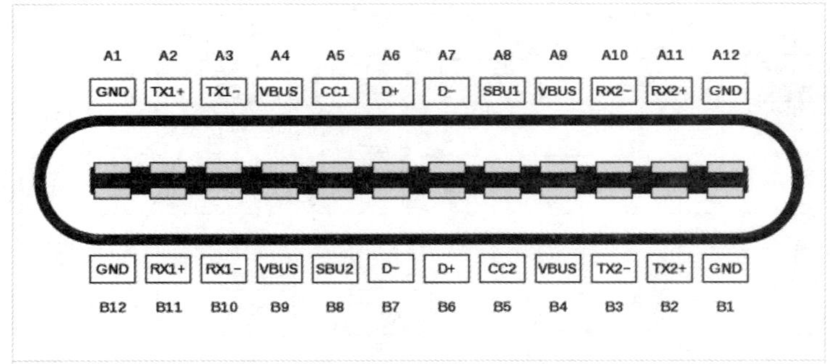

图 5-46 USB Type-C 引脚图

Type-C 接口具有以下特点。

（1）接口无论正反两个方向都可以插入，更便于使用。

（2）接口相对于传统的 USB 接口更为紧凑，适用于轻薄设备。

（3）接口支持 USB 3.1 和 USB 2.0 协议，具备较高的数据传输速率。

（4）接口可以提供更高的功率输出，以满足对电源供应的需求，甚至可以用于充电笔记本电脑和其他大功率设备。

5.4.8 USB PD

USB Power Delivery（以下简称 PD）是 USB-IF（USB Implementers Forum）组织公布的功率传输协议，该协议将默认最大功率 5V/2A 的 USB Type-C 接口提高到 100W，是主流的快充协议之一。PD 透过 USB 线缆和连接器增加电力输送，扩展 USB 应用中的线缆总线供电能力，并可以自由地改变电力的输送方向。需要注意的是，PD 和 Type-C 其实是两码事，PD 是一种快速充电协议，而

Type-C 则是一种新的接口规范。Type-C 接口默认最大支持 5V/3A，但在实现了 PD 协议以后，能够使输出功率最大支持到 100W，所以许多当前采用 Type-C 接口的设备都会支持 PD 协议。

5.4.9 USB 4

USB 自 1996 年推出后，经历了多年的发展，到如今已经发展为 USB 4 版本，表 5-5 给出了 USB 各个版本的相关数据。

表 5-5　USB 各个版本的相关数据

版本	发布年月	支持模式	理论最大传输速度
USB 1.0	1996.01	低速模式	1.5Mbps
USB 1.1	1998.08	低速模式 全速模式	1.5Mbps 12Mbps
USB 2.0	2000.04	高速模式	480Mbps
USB 3.0	2008.11	超高速模式	5Gbps
USB 3.1	2013.07	超高速模式	10Gbps
USB 3.2	2017.09	超高速模式	20Gbps
USB 4	2019.09	USB4™ 20Gbps USB4™ 40Gbps	20Gbps 40Gbps

其中，USB4 是目前最新的版本，以下将对 USB 4 进行介绍。

1．USB 4 的新功能

USB 4 的新功能

（1）USB 4 只采用 Type-C 接口，USB 4 信号为双通道传输；而之前的版本采用 Type-A 接口或 Type-B 接口，且仅支持单通道传输。

（2）USB 4 最快传输速度可达 40Gbps，并可同时传输 DP 信号。USB 4 将多种协议组合到单个物理接口，各类设备可以动态共享 USB 4 架构的整体速度和性能。

（3）USB 4 向下相容 USB 2.0、USB 3.0、USB 3.1、USB 3.2 等，并可以兼容 Thunderbolt 3。

2．USB 4 的接口与线缆

USB 4 只采用 Type-C 接口。USB 4 线缆有被动和主动两种。其中，普通应用采用被动线缆，最长有效距离为 0.8m；VR 应用或者连接大尺寸显示器采用主动线缆。主动线缆为含有 repeater 元件（如 retimer、redriver 等主动元件）的线缆，以及光纤线缆等，最长有效距离为 5m。

3．USB 4 的体系结构

USB 4 主要由路由器（router）、适配器（adapter）以及时间管理单元（time management unit，TMU）构成，其体系结构如图 5-47 所示。

路由器是 USB 4 的一个主要建构模块，路由器将隧道协议转换成 USB 4 数据包传送，并通过时间管理单元来做时间同步。主要由 USB 主机内建的连接管理器（connection manager）进行检测及管理。

适配器在路由器内部，是路由器与外部部件通信的载体，进行协议转换。例如，当 USB 4 主机在传输 USB 3 数据时，由内部 USB 3 主机透过 USB 3 适配器将其协议封装成 USB 4 隧道数据包。一个路由器内部最多可以支持 64 个适配器。

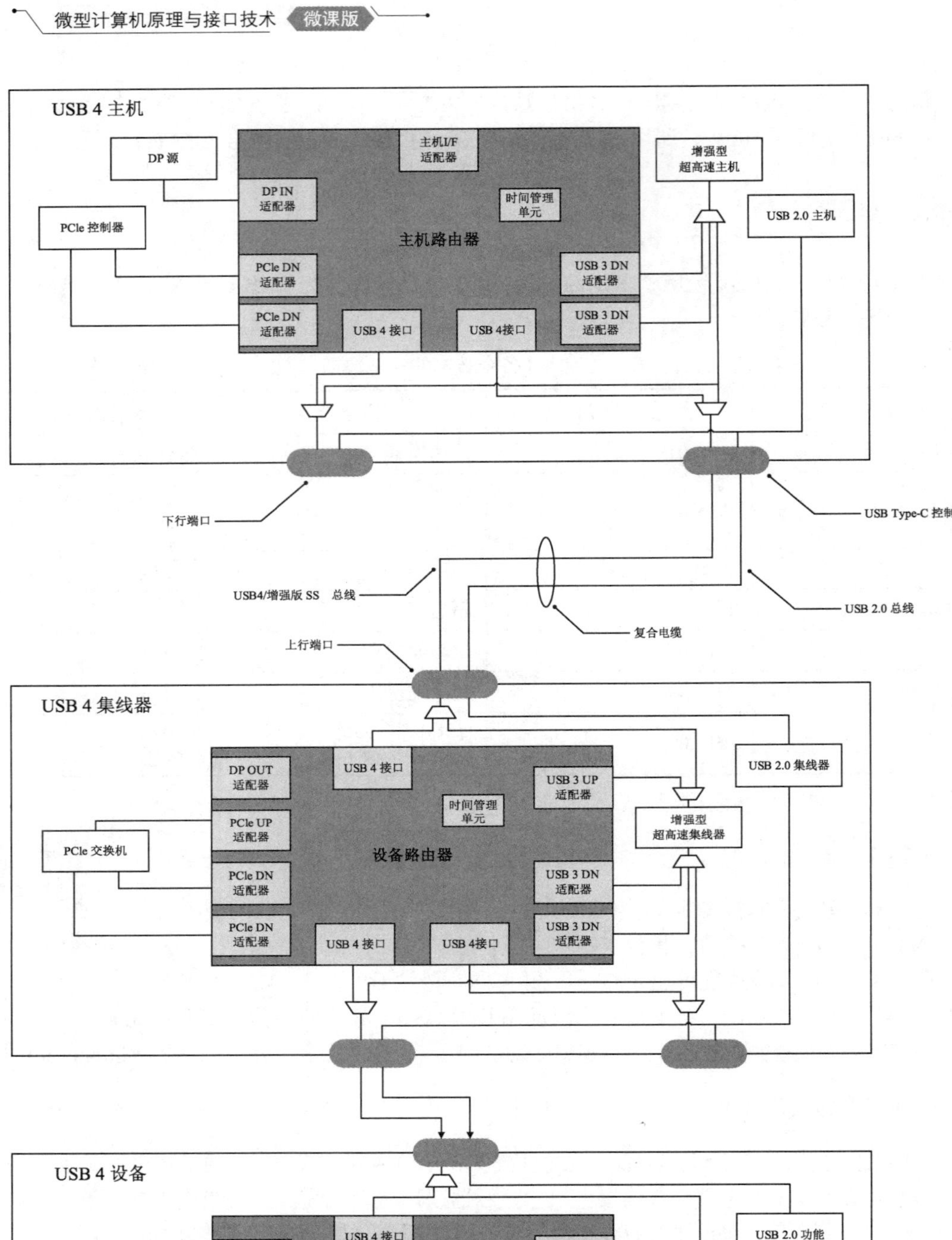

图 5-47 USB 4 的体系结构

时间管理单元在路由器内部，是每个路由器的功能模块。

4. USB 4 的分层结构

USB 4 的功能堆栈层最上级是协议适配器层和配置层，两者互不干扰；下一级是传输层；最后一级是物理层。物理层自上而下又分为逻辑层和电气层。USB 4 的功能堆栈依靠 USB 4 端口、协议适配器和控制适配器来实现，如图 5-48 所示。

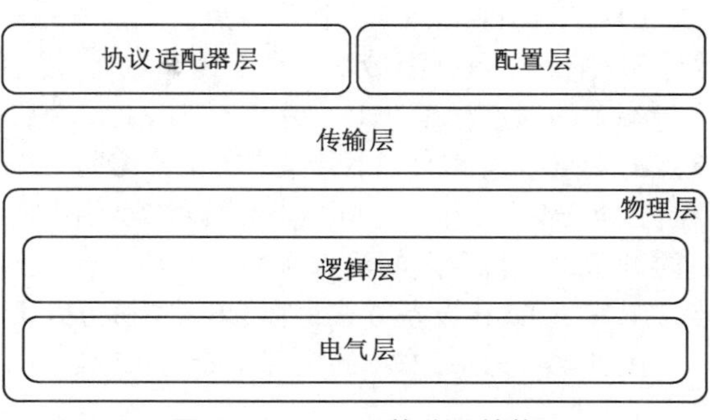

图 5-48 USB 4 的分层结构

（1）协议适配器层：负责将 USB 4 与不同协议进行对应，并把不同协议封装成隧道数据包，在 USB 4 内传输。

（2）配置层：负责处理由连接管理器传送来的控制封包（control packets），并附加路径中对应的地址（address），确保其可靠的传送机制。

（3）传输层：定义封包格式、路径、流量控制与时序控制，并产生链接管理包以提供时间同步封包、流量控制封包等。

（4）逻辑层：负责建立 2 个设备之间的 USB 4 连接，提供资料传送与接收、编码与解码、电源管理、错误检测等。在该层中定义了数据包格式、路由、服务质量（QoS）支持、流控制和时间同步。

（5）电气层：定义 USB 4 电气信号的特性，如电压、抖动、编码等。

5.5 USB 接口芯片 CH375

随着计算机技术的快速发展，USB 移动存储设备的使用已经非常普遍，因此在一些需要转存数据的设备、仪器上使用 USB 移动存储设备接口的芯片便相继产生了。CH375 是一个 USB 总线的通用接口芯片，支持 HOST 主机方式和 SLAVE 设备方式。主机方式支持并行接口和串行接口。在 USB 主机方式下，CH375 支持各种常用的 USB 全速设备，外部 CPU 需要编写固件程序按照相应的 USB 协议与 USB 设备通信。对于 USB 存储设备，CH375 内置了相关协议，通常情况下，外部 CPU 不需要编写固件程序就可以直接通信。

5.5.1 CH375 的内部结构

CH375 内部集成了 PLL 倍频器、主从 USB 接口 SIE、数据缓冲区、被动并行接口、异步串行接口、命令解释器、控制传输的协议处理器、通用的固件程序等。

（1）PLL 倍频器用于将外部输入的 12MHz 时钟倍频到 48MHz，作为 USB 接口 SIE 时钟。

（2）主从 USB 接口 SIE 是 USB 主机方式和 USB 设备方式的一体式 SIE，用于完成物理的 USB 数据接收和发送，自动处理位跟踪和同步、NRZI 编码和解码、位填充、并行数据与串行数据之间的转换、CRC 数据校验、事务握手、出错重传、USB 总线状态检测等。

（3）数据缓冲区用于缓冲 USB 接口 SIE 收发的数据。

（4）被动并行接口用于与外部单片机/DSP/MCU 交换数据。

（5）异步串行接口用于代替被动并行接口与外部单片机/DSP/MCU 交换数据。

（6）命令解释器用于分析并执行外部单片机/DSP/MCU 提交的各种命令。

（7）控制传输的协议处理器用于自动处理常用的控制传输的多个阶段，简化外部固件编程。

（8）通用的固件程序包含两组：一组用于 USB 设备方式，自动处理 USB 默认端点 0 的各种标准事务；另一组用于 USB 主机方式，自动处理大容量存储设备（mass storage）的专用通信协议。

CH375 内部具有 7 个物理端点。端点 0 是默认端点，支持上传和下传，上传和下传缓冲区各 8 个字节；端点 1 包括上传端点和下传端点，上传和下传缓冲区各 8 个字节，上传端点的端点号是 81H，下传端点的端点号是 01H；端点 2 包括上传端点和下传端点，上传和下传缓冲区各 64 个字节，上传端点的端点号是 82H，下传端点的端点号是 02H。主机端点包括输出端点和输入端点，输出和输入缓冲区各 64 个字节，主机端点与端点 2 合用同一组缓冲区，主机端点的输出缓冲区就是端点 2 的上传缓冲区，主机端点的输入缓冲区就是端点 2 的下传缓冲区。其中，CH375 的端点 0、端点 1、端点 2 只用于 USB 设备方式，在 USB 主机方式下只需要用到主机端点。

图 5-49 为 CH375A 的内部中断逻辑图。

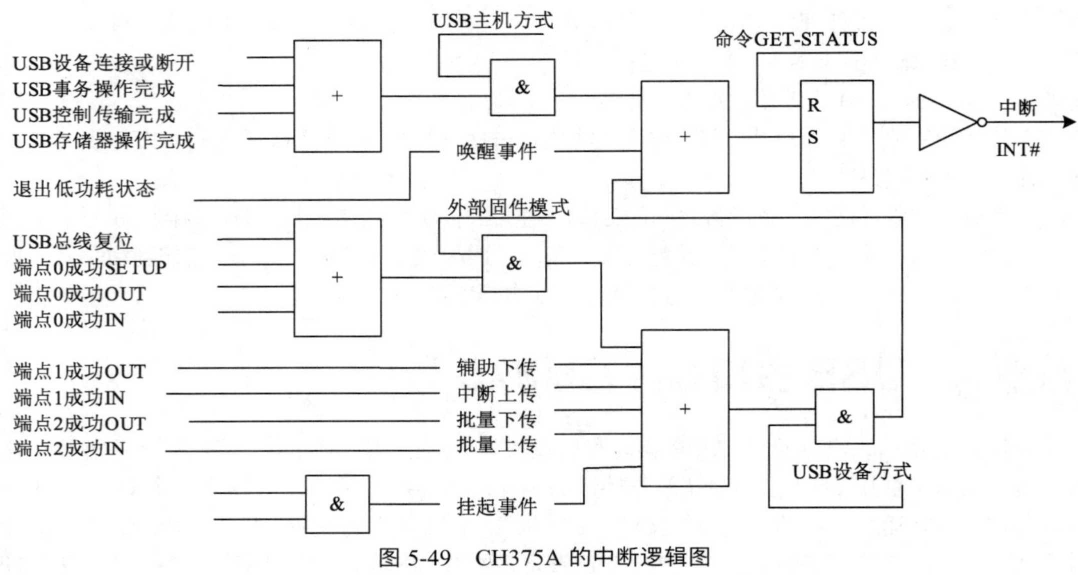

图 5-49　CH375A 的中断逻辑图

5.5.2 CH375 的引脚

CH375 共有 28 个引脚，采用双列直插式封装，见图 5-50。

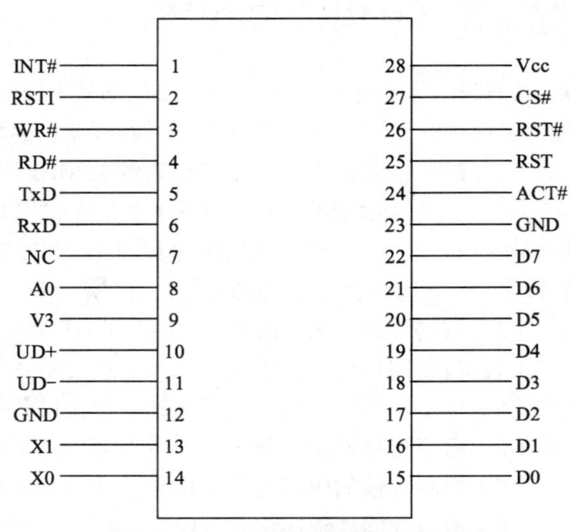

图 5-50　CH375A 的封装示意图

在本地端，CH375 具有 8 位数据总线、1 位地址线和读、写、片选控制线以及中断输出，可以方便地挂接到单片机/DSP/MCU 等控制器的系统总线上。在 USB 主机方式下，CH375 还提供了串行通信方式，通过串行输入、串行输出和中断输出与单片机/DSP/MCU 等相连接。CH375 的 USB 主机方式支持各种常用的 USB 全速设备，外部单片机/DSP/MCU 可通过 CH375 按照相应的 USB 协议与 USB 设备通信。

（1）Vcc、GND 是电源输入信号，V3 在 3.3V 电源电压时连接 Vcc 输入外部电源，在 5V 电源电压时外接容量为 0.01uF 退耦电容。

（2）RD#、WR#：读写选通输入，低电平有效。

（3）CS#：片选控制输入，低电平有效。

（4）A0：地址输入，区分命令口和数据口，A0=1 时可以写命令，A0=0 时可以读写数据。

（5）D0～D7：8 位双向数据信号。

（6）X1、X0：外接晶体及振荡电容。

（7）UD+、UD−：USB 总线的 D+、D−数据信号线。

（8）INT#：在复位完成后为中断请求输出，低电平有效。

（9）ACT#：在 USB 主机方式下是 USB 设备连接状态输出，低电平有效。

（10）TxD、RxD：仅用于 USB 主机方式，设备方式只支持并行接口。TxD 在复位期间为输入引脚，内置弱上拉电阻，如果在复位期间输入低电平，那么使能并行接口，否则使能串行接口，复位完成后为串行数据输出。RxD 支持串行数据输入，内置弱上拉电阻。

（11）RSTI：外部复位输入，高电平有效，内置下拉电阻。

（12）RST、RST#：电源上电复位和外部复位输出，高电平有效。

5.5.3 CH375 的固化命令

CH375 是较高级的集成芯片，可以实现在应用层的编程，使底层传输透明化，所以它内部集成了一些固件程序，用命令代码来进行选择，使其完成对应的功能，所以针对该接口的程序开发需要使用 CH375 的固件程序进行。CH375 自带的固件命令多种多样，可以完成几乎全部的 USB 接口所能完成的最小化的功能。表 5-6 列出了 CH375 所固化的常用命令。

表 5-6　CH375 芯片固化命令

代码	命令名称	输入数据	输出数据	命令用途
01H	GET_IC_VER		版本号	获取芯片及固件版本
02H	SET_BAUDRATE	波特率分频系数和分频常数	操作状态	设置串行通信波特率
03H	ENTER_SLEEP			进入低功耗睡眠挂起状态
05H	RESET_ALL			执行硬件复位
06H	CHECK_EXIST	任意数据	按位取反	测试工作状态
0AH	GET_MAX_LUN	数据 38H	最大逻辑单元号	获取 USB 存储设备最大逻辑单元号
0BH	SET_DISK_LUN	当前逻辑单元号		设置 USB 存储设备的当前逻辑单元号
35H	SET_PKT_P_SEC	数据 39H 和每扇区数据包总数	无输出或通过状态寄存器或响应码间接输出	设置 USB 存储设备的每扇区数据包总数
15H	SET_USB_MODE	模式代码	操作状态	设置 USB 工作模式
16H	TEST_CONNECT		连接状态	检查 USB 设备的连接状态
17H	ABORT_NAK			放弃当前 NAK 的重试
22H	GET_STATUS		中断状态	获取中断状态并取消请求
28H	RD_USB_DATA		数据流	从当前 USB 中断的端点缓冲区读取数据块

续表

代码	命令名称	输入数据	输出数据	命令用途
2BH	WR_USB_DATA7	数据流		向USB主机端点的输出缓冲区写入数据块
51H	DISK_INIT		产生中断	初始化USB存储设备
53H	DISK_SIZE		产生中断	获取USB存储设备的容量
54H	DISK_READ	起始地址和数据长度	产生中断	从USB存储设备读数据块
55H	DISK_RD_GO		产生中断	继续执行USB存储设备的读操作
56H	DISK_WRITE	起始地址和数据长度	产生中断	向USB存储设备写数据块
57H	DISK_WR_GO		产生中断	继续USB存储设备的写操作
58H	DISK_INQUIRY		产生中断	查询USB存储设备的特性
59H	DISK_READY		产生中断	检查USB存储设备是否就绪
5AH	DISK_R_SENSE		产生中断	检查USB存储设备的错误

1. 命令 GET_IC_VER

该命令获取芯片及固件版本。返回的一个字节数据是版本号，其第7位为1，第6位为0，第5位～第0位为版本号。如果返回值为0B7H，去掉第7位、第6位，版本号为37H。

2. 命令 SET_BAUDRATE

该命令设置CH375的串行通信波特率。在CH375工作于串行通信方式时，复位后默认的通信波特率是9600bps，如果CPU支持较高的传输速度，可以通过该命令动态调整串行通信波特率。该命令需要输入两个数据，分别是波特率分频系数和分频常数。通常情况下，设置串行通信波特率在1ms内完成，完成后，CH375以新设定的通信波特率输出操作状态，所以CPU应该在发出命令后及时调整自身的通信波特率。通信波特率对应的分频系数和分频常数参见CH375手册。

3. 命令 ENTER_SLEEP

该命令使CH375进入低功耗睡眠挂起状态（部分型号的芯片不支持该功能），CH375的时钟停振，从而节约电能，直到检测到以下两种情况之一才退出低功耗状态：检测到 USB 总线有信号；CPU向CH375写入新的命令（没有输入数据的命令，例如GET_IC_VER 或者 ABORT_NAK 命令）。通常情况下，CH375从低功耗状态退出并恢复到正常工作状态需要几ms的唤醒时间，当完全恢复到正常工作状态后，CH375将产生USB_INT_WAKE_UP 事件中断。

4. 命令 RESET_ALL

该命令使CH375 执行硬件复位。通常情况下，硬件复位在40ms之内完成。

5. 命令 CHECK_EXIST

该命令测试工作状态，以检查CH375是否正常工作。该命令需要输入1个数据，可以是任意数据，如果CH375正常工作，那么CH375 的输出数据是输入数据的按位取反。例如，输入数据是57H，则输出数据是A8H。另外，CH375在复位后未收到任何命令之前，通常从其并行接口读出数据00H。

6．命令 GET_MAX_LUN

该命令获取 USB 存储设备的最大逻辑单元号。该命令需要输入 1 个数据 38H，输出为 USB 存储设备的最大逻辑单元号。有些 USB 存储设备支持多逻辑单元，最大逻辑单元号加 1 就是逻辑单元总数。

7．命令 SET_DISK_LUN

该命令设置 USB 存储设备的当前逻辑单元号。该命令需要输入新的当前逻辑单元号。有些 USB 存储设备支持多逻辑单元，CH375 初始化 USB 存储设备后，默认访问 0#逻辑单元，如果需要访问其他逻辑单元，那么可以通过该命令选择当前逻辑单元号。

8．命令 SET_PKT_P_SEC

该命令设置 USB 存储设备的每扇区数据包总数。该命令需要输入两个数据，分别是数据 39H 和新的每扇区数据包总数。CH375 初始化 USB 存储设备后，默认每扇区 512B，如果通过 DISK_SIZE 命令获得的扇区大小不是 512B，那么可以通过该命令设置每扇区的数据包总数，其值为扇区大小除以 64，对于 512B 的扇区，数据包总数为 8，对于 2048B 的扇区，数据包总数为 32。

9．命令 SET_USB_MODE

该命令设置 USB 工作模式。该命令需要输入 1 个数据，该数据是模式代码。模式代码为 00H 时切换到未启用的 USB 设备方式（上电或复位后的默认方式）；模式代码为 01H 时切换到已启用的 USB 设备方式，外部固件模式；模式代码为 02H 时切换到已启用的 USB 设备方式，内置固件模式；模式代码为 04H 时切换到未启用的 USB 主机方式；模式代码为 05H 时切换到已启用的 USB 主机方式，不产生 SOF 包；模式代码为 06H 时切换到已启用的 USB 主机方式，自动产生 SOF 包；模式代码为 07H 时切换到已启用的 USB 主机方式，复位 USB 总线。

在 USB 主机方式下，未启用是指不自动检测 USB 设备是否连接，所以需要外部单片机或 CPU 检测；已启用是指自动检测 USB 设备是否连接，当 USB 设备连接或者断开时都会产生中断通知外部单片机或 CPU。在切换到模式代码 06H 后，CH375 会自动定时产生 USB 帧周期开始包 SOF，发送给已经连接的 USB 设备。模式代码 07H 通常用于向已经连接的 USB 设备提供 USB 总线复位状态，当切换到其他工作模式后，USB 总线复位才会结束。建议在没有 USB 设备时使用模式 5，插入 USB 设备后先进入模式 7，再换到模式 6。通常情况下，设置 USB 工作模式在 20μs 内完成，完成后输出操作状态。

10．命令 TEST_CONNECT

该命令用于在 USB 主机方式下查询当前 USB 设备的连接状态。通常情况下，该命令在 2μs 内完成。完成后输出 USB_INT_CONNECT、USB_INT_DISCONNECT 或 USB_INT_USB_READY 三种状态之一或 0，状态 USB_INT_CONNECT 说明 USB 设备刚连接或已经连接但尚未初始化，状态 USB_INT_DISCONNECT 说明 USB 设备尚未连接或已经断开，状态 USB_INT_USB_READY 说明 USB 设备已经连接并且已经被初始化（已经分配 USB 地址），输出 0 说明该命令尚未完成，可以稍后再读取状态。

11．命令 ABORT_NAK

该命令放弃当前 NAK 的重传。CH375 工作于 USB 主机方式时，默认情况下，CH375 在收到 USB 设备返回的 NAK 状态时，将不断重传直到返回成功或者错误。该命令可以强制 CH375 终止重传，以便执行新的操作。另外，使用 SET_RETRY 命令可以设置是否禁止 NAK 重传。

12. 命令 GET_STATUS

该命令获取 CH375 的中断状态并通知 CH375 取消中断请求。当 CH375 向单片机或 CPU 请求中断后，单片机或 CPU 通过该命令获取中断状态，分析中断原因并处理。

中断状态的分类：00H～0FH 为 USB 设备方式的中断状态；10H～1FH 为 USB 主机方式的常用中断状态；20H～3FH 为 USB 主机方式的操作失败状态，用于分析操作失败原因。

下面是 USB 主机方式的常用中断状态。

USB_INT_SUCCESS 表示事务或者传输操作成功；USB_INT_CONNECT 表示检测到 USB 设备连接事件；USB_INT_DISCONNECT 表示检测到 USB 设备断开事件；USB_INT_BUF_OVER 表示传输的数据有误或数据太多缓冲区溢出；USB_INT_DISK_READ 表示存储设备读操作，请求数据读出；USB_INT_DISK_WRITE 表示存储设备写操作，请求数据写入；USB_INT_DISK_ERR 表示存储设备操作失败。

下面是 USB 主机方式的操作失败状态，通常用于分析操作失败原因。

第 7 位、第 6 位（保留位）总是 00；第 5 位（标志位）总是 1，指示该状态是操作失败状态；第 4 位是 IN 事务的同步标志，对于 IN 事务，如果该位为 0，则当前接收的数据包不同步，数据可能无效；第 3～第 0 位是导致操作失败的 USB 设备的返回值，1010=设备返回 NAK 握手包，1110=设备返回 STALL 握手包，XX00=设备返回超时，设备没有返回，其他值时设备返回的 PID 字段。

13. 命令 RD_USB_DATA

该命令从当前 USB 中断的端点缓冲区中读取数据块。在 USB 主机方式下，USB 中断的端点缓冲区就是 USB 主机端点的输入缓冲区。首先读取的输出数据是数据块长度，也就是后续数据流的字节数。数据块长度的有效值是 0～64，如果长度不为 0，则单片机或 CPU 必须将后续数据从 CH375 逐个读取完。

14. 命令 WR_USB_DATA7

该命令向 USB 主机端点的输出缓冲区或 USB 端点 2 的上传缓冲区写入数据块。首先写入的数据是数据块长度，也就是后续数据流的字节数。数据块长度的有效值是 0～64，如果长度不为 0，则单片机或 CPU 必须将后续数据逐个写入 CH375。

15. 命令 DISK_INIT

该命令初始化 USB 存储设备。对于已经连接的 USB 设备，该命令首先复位 USB 总线，然后分析该 USB 设备的描述符，如果是能够支持的 USB 存储设备，那么将自动配置该设备，最后建立与 USB 存储设备的连接。CH375 在命令执行完成后向单片机或 CPU 请求中断，单片机或 CPU 可以读取中断状态作为该命令的操作状态。如果 USB 设备已经断开，那么操作状态可能是 USB_INT_DISCONNECT；如果 USB 设备不能识别或该 USB 存储设备不被支持，那么操作状态通常是 USB_INT_DISK_ERR 或 USB_INT_BUF_OVER；如果 USB 存储设备初始化成功，那么操作状态将是 USB_INT_SUCCESS。

16. 命令 DISK_SIZE

该命令用于获取 USB 存储设备的容量。在成功初始化 USB 存储设备后，该命令可以获取 USB 存储设备的总容量。CH375 在命令执行完成后向单片机或 CPU 请求中断，单片机或 CPU 可以读取中断状态作为该命令的操作状态。如果操作状态是 USB_INT_SUCCESS，那么可以由 RD_

USB_DATA 命令获取数据，数据通常是 8 个字节，前 4 个字节以高字节在前组成的双字数据是 USB 存储设备的总扇区数，后 4 个字节以高字节在前组成的双字数据是每个扇区的字节数，两个数据相乘的结果就是以字节为单位的 USB 存储设备的总容量。如果扇区不是 512B，那么应该执行 SET_PKT_P_SEC 命令设置每扇区数据包总数。

17．命令 DISK_READ

该命令从 USB 存储设备读取数据块。读取数据块以扇区为基本单位，需要两组参数：起始地址和数据长度。起始地址是以 4 个字节表示的线性扇区号 LBA 地址，数据长度是以 1 个字节表示的扇区数。该命令需要 5 个输入数据，依次是 LBA 地址的最低字节、LBA 地址的较低字节、LBA 地址的较高字节、LBA 地址的最高字节、扇区数。该命令可以在容量高达 2000GB 的 USB 存储设备中任意读取 1～255 个扇区的数据。该命令需要与 DISK_RD_GO 命令配合使用。

18．命令 DISK_RD_GO

该命令使 CH375 继续执行 USB 存储设备的读操作。在单片机或 CPU 发出 DISK_READ 命令后，每当 CH375 从 USB 存储设备中读完 64B 的数据就会请求中断。若单片机或 CPU 获取的中断状态是 USB_INT_DISK_READ，应该发出 RD_USB_DATA 命令，取走 64B 的数据，然后发出 DISK_RD_GO 命令，使 CH375 继续读操作。CH375 再次从 USB 存储设备中读 64B 的数据并再次请求中断，单片机或 CPU 再次取走数据并再次让 CH375 继续读操作；直到所有数据完全读出，CH375 会最后一次请求中断，单片机或 CPU 获取中断状态作为整个读操作的状态，如果操作成功，则状态是 USB_INT_SUCCESS，否则可能是 USB_INT_DISK_ERR。

即使只读 1 个扇区，正常情况下，单片机也将收到（每扇区数据包总数+1）个中断（在扇区为 512B 时共 9 个中断），前面的中断是要求单片机或 CPU 取走数据，最后一个中断是返回最终的操作状态。如果读操作中途失败，单片机将有可能提前收到 USB_INT_DISK_ERR 状态，从而提前结束读操作。

19．命令 DISK_WRITE

该命令向 USB 存储设备写入数据块。写入数据块以扇区为基本单位，需要两组参数：起始地址和数据长度，起始地址是以 4 个字节表示的线性扇区号 LBA 地址，数据长度是以 1 个字节表示的扇区数。该命令需要 5 个输入数据，依次是 LBA 地址的最低字节、LBA 地址的较低字节、LBA 地址的较高字节、LBA 地址的最高字节、扇区数。该命令可以在容量高达 2000GB 的 USB 存储设备中任意写入 1～255 个扇区的数据。该命令需要与 DISK_WR_GO 命令配合使用。

20．命令 DISK_WR_GO

该命令使 CH375 继续执行 USB 存储设备的写操作。在单片机或 CPU 发出 DISK_WRITE 命令后，CH375 很快就会请求中断，单片机或 CPU 获取中断状态。若中断状态是 USB_INT_DISK_WRITE，则应该发出 WR_USB_DATA7 命令提供 64B 的数据，然后发出 DISK_WR_GO 命令使 CH375 继续写操作；每当 CH375 向 USB 存储设备写完 64B 的数据后就会请求中断，单片机或 CPU 再次提供数据并再次让 CH375 继续写操作；直到所有数据完全写入，CH375 最后一次请求中断，单片机或 CPU 获取中断状态作为整个写操作的状态，如果操作成功则状态是 USB_INT_SUCCESS，否则可能是 USB_INT_DISK_ERR。

即使单片机发出 DISK_WRITE 命令只写 1 个扇区，正常情况下，单片机或 CPU 也将收到（每扇区数据包总数+1）个中断（在扇区为 512B 时共 9 个中断），前面的中断是要求单片机或 CPU 提供数据，最后一个中断是返回最终的操作状态。如果写操作中途失败，单片机或 CPU 将有可能提前收到 USB_INT_DISK_ERR 状态，从而提前结束写操作。

21．命令 DISK_INQUIRY

该命令查询 USB 存储设备的特性。CH375 在命令执行完成后向单片机或 CPU 请求中断，单片机或 CPU 可以读取中断状态作为该命令的操作状态。如果操作状态是 USB_INT_SUCCESS，那么可以由 RD_USB_DATA 命令获取数据，数据通常是 36B，包括 USB 存储设备的特性以及厂商和产品的识别信息等。该命令一般不需要用到，除非是分析新的逻辑单元。

22．命令 DISK_READY

该命令检查 USB 存储设备是否就绪。CH375 在命令执行完成后向单片机或 CPU 请求中断，单片机或 CPU 可以读取中断状态作为该命令的操作状态。如果操作状态是 USB_INT_SUCCESS，那么说明 USB 存储设备当前已经就绪。

23．命令 DISK_R_SENSE

该命令检查 USB 存储设备的错误。CH375 在命令执行完成后向单片机或 CPU 请求中断，单片机或 CPU 可以读取中断状态作为该命令的操作状态。正常情况下操作状态是 USB_INT_SUCCESS，此时可以由 RD_USB_DATA 命令获取数据后分析错误。

5.5.4 CH375 接口电路的设计

根据前面有关 CH375 的介绍，可以设计出接口电路原理图。在实验条件下，不必要考虑片选信号、中断信号以及信号锁定等一些具体问题，CPU 是 8086，所以确定了 CH375 的工作方式应该是并行工作方式而非串行工作方式。综上所述，原理图设计如图 5-51 所示。

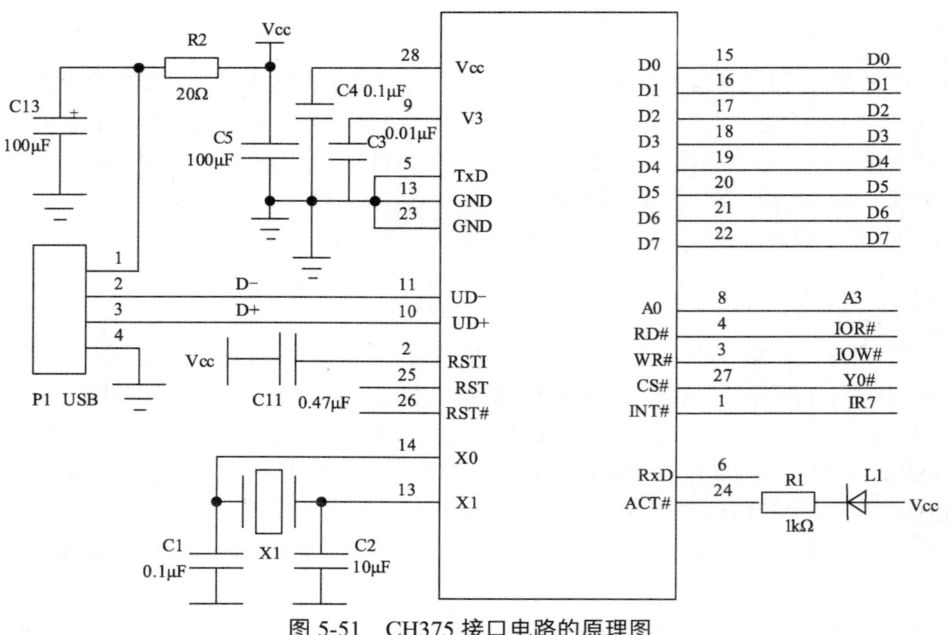

图 5-51 CH375 接口电路的原理图

从图 5-51 可以看出，CH375 的 TxD 引脚可以通过 1kΩ 左右的下拉电阻接地或者直接接地，从而使 CH375 工作于 USB 主机并行接口方式,CH375 可通过并行接口电路挂接到计算机系统总线上。D0～D7 直接与数据总线相连，A0 直接与总线的 A3 相连，RD#和 WR#分别连接到 IOR#和 IOW#上，片选信号 CS#连接到译码电路的输出信号 Y0，低电平时选通，INT#连接到总线的 IR7，中断请求是低电平有效。当 A0 为高电平时选择命令端口，可以写入命令；当 A0 为低电平时选择数据端口，可以读写数据。

ACT#连接一个发光二极管，然后串联一个 1kΩ 限流电阻接 5V 电源。ACT#是工作引脚，当 U 盘接入 USB 接口后执行初始化命令，如果 U 盘被正确识别则 ACT#给出一个低电平，这时发光二极管会发亮，以此来判定芯片的工作状态，这个灯可以看作一个指示灯。

当 WR#为高电平并且 CS#、RD#、A0 都为低电平时，CH375 中的数据通过 D7～D0 输出；当 RD#为高电平并且 CS#、WR#、A0 都为低电平时，D7～D0 上的数据被写入 CH375；当 RD#为高电平并且 CS#、WR#都为低电平而 A0 为高电平时，D7～D0 上的数据被作为命令代码写入 CH375。

USB 总线包括 1 对 5V 电源线和 1 对数据信号线，通常，5V 电源线是红色，接地线是黑色，D+信号线是绿色，D−信号线是白色。USB 插座 P1 可以直接连接 USB 设备，必要时可以在提供给 USB 设备的 5V 电源线上串联具有限流作用的快速电子开关，USB 电源电压必须是 5V。电容 C3 用于 CH375 内部电源节点退耦，C3 是容量为 4700pF 到 0.02μF 的独石或者高频瓷片电容。电容 C4 和 C5 用于外部电源退耦，C4 是容量为 0.1μF 的陶瓷电容。晶体 X1、电容 C1 和 C2 用于 CH375 的时钟振荡电路。USB 主机方式要求时钟频率比较准确，晶体 X1 的频率是 12MHz±0.4‰，C1 是容量为 0.1μF 的陶瓷电容，C2 是容量为 10μF 的铝电解电容或钽电容。

为使 CH375 可靠复位，电源电压从 0V 到 5V 的上升时间应该少于 100ms。如果电源上电较慢并且电源断电后不能及时放电，那么 CH375 将不能可靠复位。可以在 RSTI 与 V_{CC}之间跨接一个容量为 0.1μF 或 0.47μF 的电容 C11 延长复位时间。

如果 CH375 的电源电压为 3.3V，那么应该将 V3 与 V_{CC}短接，共同输入 3.3V 电压，并且电容 C3 可以省掉。

在设计印制线路板（PCB）时，需要注意：退耦电容 C3 和 C4 尽量靠近 CH375 的相连引脚；使 D+和 D−信号线贴近平行布线，尽量在两侧提供地线或者覆铜，减少来自外界的信号干扰；尽量缩短 X1 和 X0 引脚相关信号线的长度，为了减少高频时钟对外界的干扰，可以在相关元器件周边环绕地线或者覆铜。

如果 TxD 悬空或者没有通过下拉电阻接地，那么 CH375 工作于串行接口方式。通过串行接口，CH375 可以用最少的连线与单片机、DSP、MCU 等进行较远距离的点对点连接。在串行接口方式下，CH375 只需要与系统连接 3 个信号线，即 TxD、RxD 以及 INT#，其他引脚都可以悬空。除了连接线较少之外，其他外围电路与并行接口方式基本相同。CH375 的串行数据格式是 1 个起始位、9 个数据位、1 个停止位，其中前 8 个数据位是一个字节数据，最后 1 个数据位是命令标志位。第 9 位为 0 时，前 8 位被作为数据写入 CH375，第 9 位为 1 时，前 8 位被作为命令代码写入 CH375。CH375 的串行通信波特率默认是 9600bps，CPU 可以随时通过 SET_ BAUDRATE 命令选择合适的通信波特率。

5.5.5 CH375 的应用程序

CH375 不仅是一个通用的 USB-HOST 硬件接口芯片，还内置了相关的固定程序，可以方便地实现对 USB 存储设备文件系统的管理。如前所述，CH375 是较高级的集成芯片，可以实现在应用层的编程，它内部集成了一些固件程序，用命令代码来进行选择，使其完成对应的功能。所以针对

CH375 的程序开发需要使用固件程序进行。

根据表 5-6 所示的固化命令，可以编写 C 语言或汇编程序，通过命令口发送给 CH375，CH375 就会根据命令代码执行命令，作用和输出的结果或者中断都在表中有所体现。CH375 的 CS#由地址译码电路驱动，用于当系统具有多个外围器件时进行设备选择。INT#输出的中断请求是低电平有效，可以连接到总线的中断输入引脚或者普通 I/O 引脚，CPU 可以使用中断方式或者查询方式获知中断请求。

CH375 占用两个地址位，当 A0 为高电平时选择命令端口，可以写入命令；当 A0 为低电平时选择数据端口，可以读写数据。CPU 通过 8 位并行接口对 CH375 进行读写，所有操作都是由 1 个命令码、若干个输入数据和若干个输出数据组成，部分命令不需要输入数据，部分命令没有输出数据。命令操作步骤如下：①在 A0=1 时向命令端口写入命令代码；②如果该命令具有输入数据，则在 A0=0 时依次写入输入数据，每次一个字节；③如果该命令具有输出数据，则在 A0=0 时依次读取输出数据，每次一个字节；④命令完成，可以暂停或者转到①继续执行下一个命令。

CH375 专门用于处理 USB 通信，在检测到 USB 总线的状态变化时或者命令执行完成后，CH375 以中断方式通知 CPU 进行相应处理。

读取 USB 设备程序的流程图如图 5-52 所示。

读取 USB 设备的程序相对简单。首先是必不可少的初始化程序，设置为 USB 主机方式。CS0 的片选地址为 04A0H～04AFH 之间偶地址有效，又因为控制数据/命令转换的 A0 接在了地址线 DA3 上，所以如果想对 CH375 发送命令的话，只需要 A0（A3 总线）位为 1，因此地址为 04A8H；而如果想输入数据的话，只需要 A0（A3 总线）位为 0，程序中用 04A0H 地址来表示输入数据。同理，读出中断状态用命令口 04A8H；读出返回数据用数据口 04A0H。

USB 设备的初始化需要两组命令，即 DISK_INIT 和 SET_USB_MODE，一组重置 USB 设备，一组设置 USB 接口工作模式。DISK_INIT 命令的作用是初始化 USB 存储设备。对于已经连接的 USB 设备，该命令首先复位 USB 总线，然后分析该 USB 设备的描述符，如果是能够支持的 USB 存储设备，那么将自动配置该设备，最后建立与 USB 存储设备的连接。CH375 在命令执行完成后向 CPU 请求中断，CPU 可以读取中断状态作为该命令的操作状态。

在执行过 USB_INIT 后，如果 USB 设备能够被 CH375 芯片识别并正常初始化，ACT#引脚连接的指示灯会亮起。如果这个灯亮起，那么本接口至少硬件上不存在障碍了。

如果初始化成功，下一步是 SET_USB_MODE 命令以设置 USB 工作模式。该命令需要输入 1 个数据，该数据是模式代码。根据说明书上的说明，应该在模式设置时将 USB 接口模式先设置 06H，再设置 06H。如果 USB 设备已经连接，可以直接设置为 06H。设置模式时需要先发送一个命令，再发送一个数据，例如将模式设置为 06H 的代码如下。

```
MOV    DX，  04A8H
MOV    AL，  15H
OUT     DX，  AL
MOV    DX，  04A0H
MOV    AL，  06H
OUT     DX，  AL
```

其中 15H 是 SET_USB_MODE 的命令代码。DX 寄存器存储命令口的地址 04A8H，然后用 AL 寄存器存储需要执行的命令代码 15H，再用输出命令 OUT 将命令代码发送到 DX 寄存器所指向的接口中去，相当于发送到 CH375 的命令口，CH375 接到命令后会立刻开始执行。该命令需要一个参数，通过数据口 04A0H 发送参数 06H 到芯片的数据口中。命令的输出数据是操作状态：CMD_RET_SUCCESS 表示操作成功；CMD_RET_ABORT 表示操作失败。

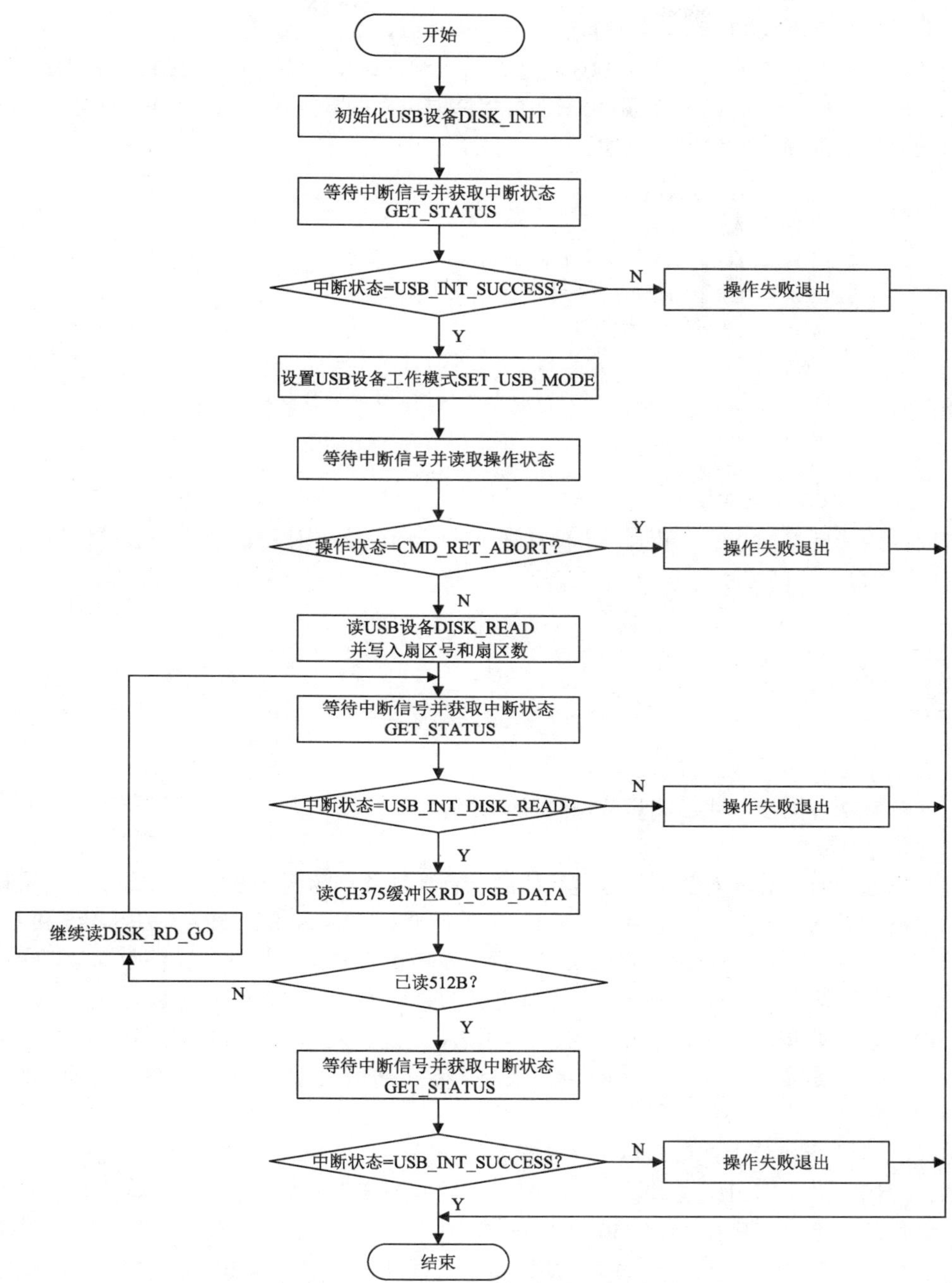

图 5-52　读取 USB 设备程序的流程图

写命令完成后将会被执行。如果 USB 设备没有插入，应该先设置为 07H，再设置为 06H。当 USB 设备已经插入，在执行完这两个命令，使得模式变为 06H 后，USB 设备的电源指示灯将会亮起。

在 USB 设备初始化成功（成功返回操作状态为 CMD_RET_SUCCESS，不成功返回操作状态为 CMD_RET_ABORT）之后应该进行 USB 设备数据的读操作。具体流程介绍如下。首先执行 USB 设备读取命令 DISK_READ，该命令需要输入几个数据，分别是要读的扇区号和要读取扇区的个数；都输入完毕后，CH375 会开始执行这个命令，读出 64B 后暂停，将这 64B 放在缓存区中并请求中断；如果获取的中断状态是 USB_INT_DISK_READ，需要执行命令 RD_USB_DATA 将这 64B 的数据从缓存区中读出来，然后才能够继续读剩下的部分；这 64B 以流的形式输出。

在验证程序时，只需等待一次有 64B 的数据进入缓冲区就可以，使用 RD_USB_DATA 将数据从缓冲区中通过 CH375 的数据口读取出来，再将读取出来的数据放在内存 64B 的观察窗口中以便观察读出的数据的正确性。代码片段如下。

```
            MOV   DX， 04A8H
            MOV   AL， 28H
            MOV   DX， AL        ；RD_USB_DATA 命令
            MOV   DX， 04A0H
            MOV   CX， 0040H
            MOV   SI， 1000H
SAVEDATA：  IN     AL， DX       ；读取 CH375 缓冲区中的数据
            MOV   [SI]， AL
            INC   SI
            LOOP  SAVEDATA
```

编程时的段地址是 1000H，再加一个偏移地址 SI 的 1000H，使得读出来的数据被放到了 2000H 开始的 64 个位置中，循环执行 64 次之后会停止，每次读取出来一个数据。

5.6 小结

本章介绍了串行通信及串行接口。

串行通信有 2 种同步方式：同步传输和异步传输。从传输的方向上看，可以分为单工、半双工和全双工通信。

在远距离通信时，需要对数据信号进行调制。有 3 种常见的调制方式：调幅、调频和调相。

数据通信常见的标准有 RS-232-C、RS-449（包括 RS-423A 和 RS-422A）、RS-485 和 USB 标准接口。RS-232-C 接口是使用较多的串行接口，但它支持的传输速率较低，通信距离较近。RS-423A 和 RS-422A 是对 RS-232-C 接口的改进，支持更高的数据传输速率和更远的通信距离，两者之间的差别是：RS-423A 是单端发送，差分接收；RS-422A 是差分发送，差分接收。RS-485 与 RS-422A 类似，但 RS-422A 是全双工通信，而 RS-485 支持半双工通信，且允许在一条线路上有 32 个发送器和 32 个接收器。

USB 支持在一个接口上连接多达 127 个设备。

在串行通信中需要使用完成串-并转换和并-串转换的接口电路。串行接口电路有很多种，本章介绍了可编程的串接口芯片和 INS8250 及 USB 控制接口芯片 CH375。8251A 是一种通用同步异步串行接口芯片，而 8250 仅支持异步通信。所以本章还详细地介绍了 8250、CH375 的接口电路设计、编程以及在 PC 系列机上的应用情况。

5.7 思考题

1. 解释下列名词

（1）MODEM　　（2）PSK　　（3）FSK　　（4）ASK　　（5）Baud

（6）RS-232-C　　（7）DTE　　（8）DCE　　（9）USB

2. 什么是同步传输？什么是异步传输？它们各有什么优缺点？

3. RS-422A 与 RS-485 有什么差别？各用在什么场合？

4. 什么是异步串行通信的字符格式？

5. 异步传输时，通信双方的通信参数（速率、数据位数、校验方式和停止位数）的设置可否不同？为什么？

6. 8250 有多少引脚？与 CPU 连接的是哪些？与外设连接的是哪些？

7. 假定在串行通信时设定的数据传输速率为 1200bps，8 位数据，无校验，一个停止位，那么传送完 1KB 的文件，需要多长时间？

8. 描述 USB 串行通信标准的特性。

9. 描述 USB 串行通信标准的体系结构。

10. 描述 USB 串行通信标准中的编码技术。为什么要采用 0 插入 0 删除技术？

5.8 实验设计

1. 对 PC 系列机上的串行接口编写一仿真终端程序，要求直接对 8250 编程。
2. 编写一个程序利用 8250 的自环功能，使其自发自收。
3. 利用 BIOS 的 INT 14H 设计一个双机通信程序，在两台 PC 系列机之间完成文件传送。
4. 利用 CH375 的接口电路的设计。编写一个 USB 主机方式下 USB 存储设备的写数据程序。

第 6 章 并行通信及接口

CPU 与外部设备之间的信息交换称为通信（也就是数据传输）。但不局限于此，计算机与计算机之间的信息交换也可称为通信。通信有两种方式：并行通信和串行通信。本章只讨论并行通信。

6.1 并行通信与并行接口概述

并行通信就是把一个字节数据的各位用几条线同时传输。和串行通信相比，在同样的传输率的情况下，并行通信的实际传输速度更快，信息率更高。但是，并行通信比串行通信所需要的通信线路的数量更多，随着传输距离的增加，通信线路的成本要增加很多，因此并行通信一般用在传输距离短、要求通信速度高的场合。

实现并行通信的是并行接口。一个并行接口可以设计成只用作输出接口，或只用作输入接口，还可以设计成既作为输出又作为输入的双向接口。例如，并行接口连接一组发光二极管，并用来控制各发光二极管的点亮与熄灭，则该并行接口就是一个输出接口；如果并行接口连接一个键盘，则该接口就只能用作输入接口；如果一个并行接口与一个硬盘控制器相连，就要求该接口是一个双向的接口，因为可以将数据送入硬盘，也可以把硬盘中存储的数据读出，但写入和读出的动作并不是同时的，因此，要求一个分时既作为输出又作为输入的接口即可。

实现并行接口的芯片既可以是可编程的接口芯片，也可以是不可编程的接口芯片。本章只介绍可编程的接口芯片。

在可编程接口芯片中，一般都有一个控制寄存器用来接收 CPU 给它的控制指令，一个状态寄存器提供状态位让 CPU 查询。为了实现输入输出，在并行接口中还有相应的输入缓冲寄存器和输出锁存寄存器。

在输入过程中，当外设有数据要送给接口时，首先使其状态线“数据准备好”变为有效，接口将数据取入其输入缓冲寄存器的同时，用一个“输入缓冲寄存器满”的信号作为对外设的应答。外设接到这个应答信号后，就将其状态线“数据准备好”变为无效，等待下一输入过程。接口在将数据从外设输入之后，就将状态寄存器的“输入数据准备好”位设为有效，供 CPU 查询，也可以在此时向 CPU 发出一个中断请求，让 CPU 以中断方式输入数据。无论采用什么方式，在 CPU 将数据从接口读取之后，接口会自动清除其状态寄存器中的“输入数据准备好”位，并使“输入缓冲寄存器满”信号变为无效。此时，可以开始下一个输入过程。

当接口状态寄存器的“输出寄存器空”为有效时，CPU 就可以开始一个输出过程。当 CPU 把数据写入接口的输出寄存器后，接口的“输出寄存器空”变为无效，同时，接口的“输出数据准备好”信号线变为有效，用来驱动外设将数据取走。外设在将数据取走之后，通过使“输出应答”信号线变为有效给接口一个回答。接口接到回答之后，就将其“输出寄存器空”变为有效，供 CPU 查询，也可以在此时向 CPU 发出一个中断请求，让 CPU 以中断方式输出新的数据。

6.2 可编程并行接口 8255A

8255A 是 Intel 公司设计的可编程并行接口芯片，Intel 公司把它称为可编程外设接口（programmable peripheral interface）。8255A 的工作方式可通过编程选择或改变，通用性强，使用灵活，便于和各种外设连接。

6.2.1 8255A 的引脚信号

8255A 有 40 脚的 DIP 和 44 脚的 PLCC 两种封装形式。图 6-1 是 8255A 的 DIP 封装引脚图。8255A 具有 24 条 I/O 引脚，这 24 条引脚分为 3 部分，分别称为 A 口、B 口和 C 口。

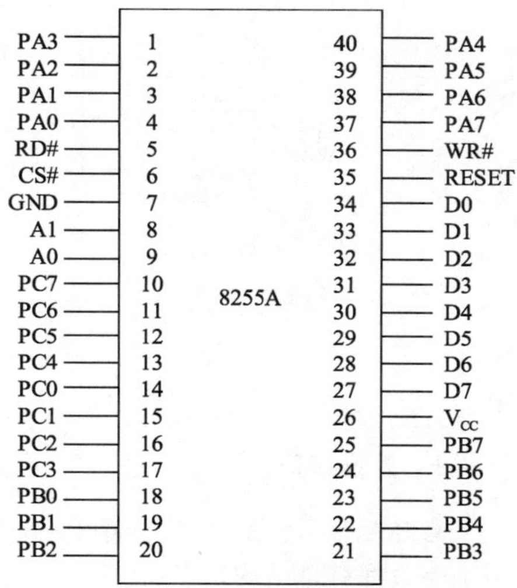

图 6-1　8255A 的 DIP 封装引脚图

（1）PA0～PA7：A 组数据信号。

（2）PB0～PB7：B 组数据信号。

（3）PC0～PC7：C 组数据信号。

（4）RD#：读信号，低电平有效。当该信号有效时，CPU 可以从 8255A 中读出数据。

（5）WR#：写信号，低电平有效。当该信号有效时，CPU 可以将数据或控制字写入 8255A。

（6）CS#：片选信号，低电平有效。当该信号有效时，8255A 被选中，配合 RD#和 WR#，CPU 可以从 8255A 读入数据，或将数据或控制字写入 8255A。

（7）D0～D7：8255A 的双向数据线。它们和 CPU 的数据总线相连，8255A 通过数据线接收来自 CPU 的命令或数据，或者将数据送给 CPU。

（8）A1，A0：端口选择信号。8255A 内共有三个数据端口和一个控制端口。当 A1、A0 为 00 时选中 A 口，为 01 时选中 B 口，为 10 时选中 C 口，为 11 时选中控制端口。

（9）RESET：复位信号。当该信号有效时，所有内部寄存器都被清除，三个数据端口都被设为输入方式。

（10）V_{CC}：电源，通常为+5V。

（11）GND：地，通常为 0V。

6.2.2 8255A 的内部结构

8255A 的内部结构如图 6-2 所示。

从图 6-2 中可以看出，8255A 由如下几个部分组成。

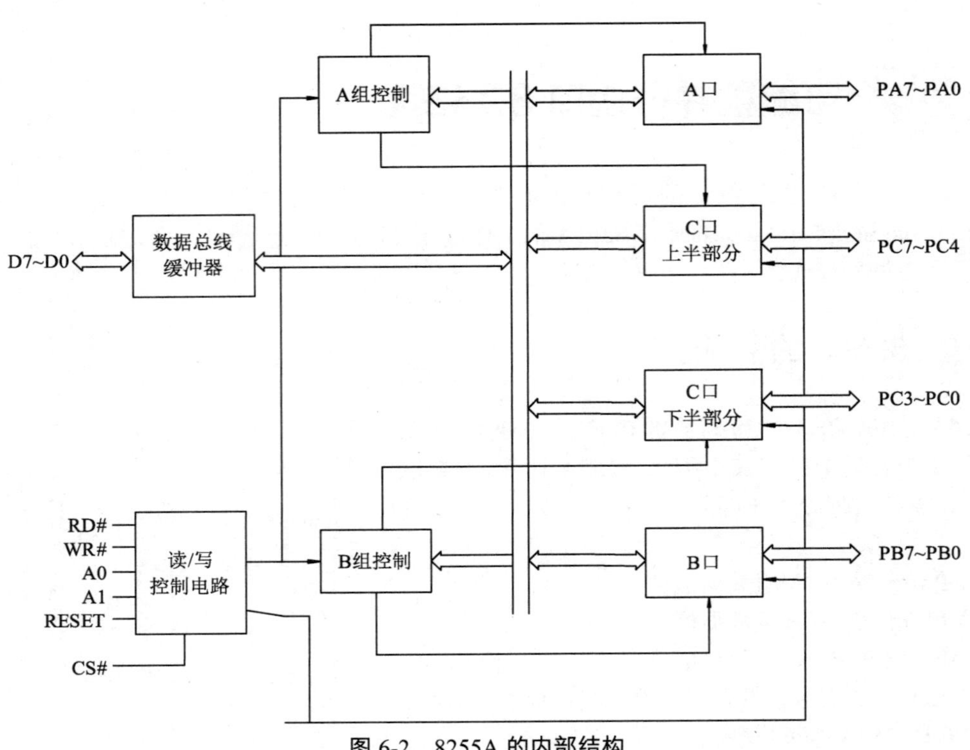

图 6-2　8255A 的内部结构

1．外设接口

8255A 有 A、B、C 3 个端口，每个端口都是 8 位的，都可以通过编程选择作为输入或输出，但每个端口都有自己的特点。

（1）A 口：有一个 8 位的数据输入锁存器和一个 8 位的输出锁存/缓冲器。A 口不管用作输出还是输入，数据均受到锁存。

（2）B 口：有一个 8 位的数据输入缓冲器和一个 8 位的输出锁存/缓冲器。当 B 口用作输入时，数据不会受到锁存，但它用作输出时，数据会受到锁存。

（3）C 口：有一个 8 位的数据输入缓冲器和一个 8 位的输出锁存/缓冲器。当 C 口用作输入时，数据不会受到锁存，但它用作输出时，数据会受到锁存。

2．A 组和 B 组控制

8255A 的 3 个端口除了可以单独使用之外，还可以分成两组使用，分别称为 A 组和 B 组。这时 A 组和 B 组信号除了要以原 A 口和 B 口的 I/O 线为主外，还要借用 C 口的部分 I/O 线用作控制信号。具体来说，A 口和 B 口作为独立的输入或输出端口，而 C 口则被分成两个 4 位端口，分别用来作为 A 口和 B 口的输出控制信号和输入状态信号。

A 组控制电路和 B 组控制电路一方面接收 8255A 内部总线上的控制字，一方面接收来自读/写控制逻辑电路的读/写命令，据此来决定两组端口的工作方式和读/写操作。

A 组控制电路控制 A 口和 C 口的高 4 位（PC7～PC4）的工作方式和读/写操作。

B 组控制电路控制 B 口和 C 口的低 4 位（PC3～PC0）的工作方式和读/写操作。

3．读/写控制电路

读/写控制电路负责管理 8255A 的数据传输过程。它接收 CS#和来自系统地址总线的信号 A1、A0，以及来自控制总线的信号 RESET、WR#、RD#，将这些信号组合之后，得到对 A 组控制部件和 B 组控制部件的控制命令，并将命令发送给这两个部件，以完成对数据、状态信息和控制信息的传输。

4．数据总线缓冲器

这是一个双向三态的 8 位数据缓冲器，8255A 正是通过它与系统总线相连。输入数据、输出数据和命令都是通过该缓冲器传递的。

6.2.3　8255A 的控制字

8255A 有 3 种不同的工作方式：方式 0、方式 1 和方式 2（只有 A 组有）。工作方式的确定是由 CPU 将控制字写入 8255A 的控制寄存器来实现的。控制字由 8 位组成，其位模式如图 6-3 所示。控制字的最高位为 1 还是为 0，其他各位所起的作用也不同。当控制字的最高位为 1 时，命令字指定 A 组或 B 组的工作方式和传送方向；当控制字的最高位为 0 时，命令字用于将 C 口的某一位清 0 或置 1。这时第 0 位指出是清 0 还是置 1，第 3～1 位指出要对 C 口清 0 或置 1 的位的位号。

8255A 的控制字

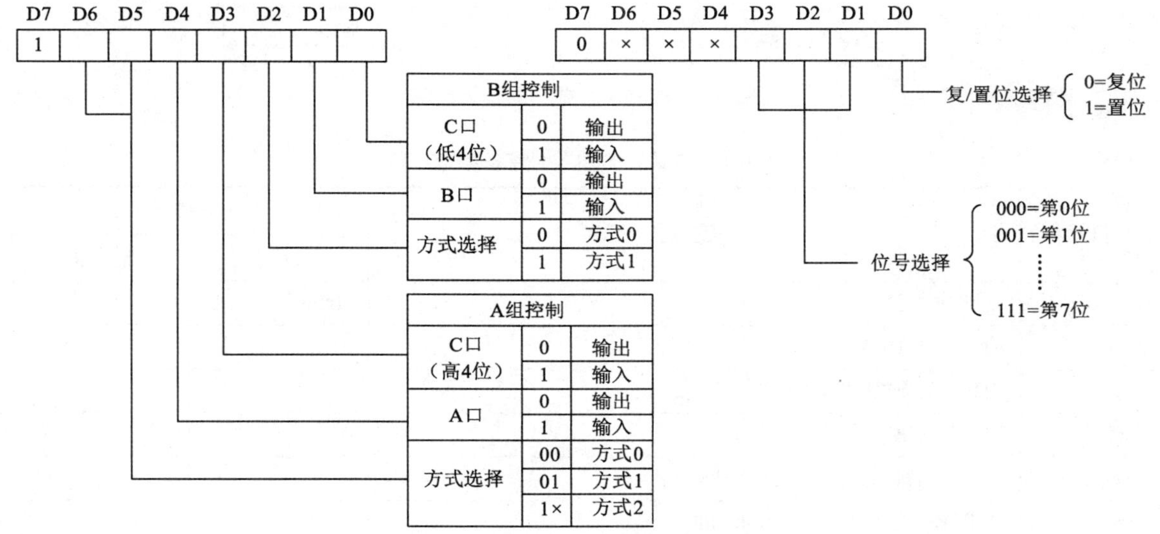

图 6-3　8255A 的控制字位模式

6.2.4　8255A 的工作方式

通过前面 8255A 的控制字可以看出，8255A 的 A 组有 3 种工作方式，B 组有 2 种工作方式，下面来介绍各种工作方式。

1．方式 0

方式 0 称为基本的输入输出方式，在此方式下，不使用联络信号，也不使用中断，A 口和 B 口可定义为输入或输出口，C 口分成两个部分（高四位和低四位），C 口的两个部分也可分别定义为输入或输出。在方式 0，所有口输出均有锁存，输入只有缓冲，但无锁存，C 口还具有按位将其各位清 0 或置 1 的功能。

（1）方式 0 输入

方式 0 的输入时序和各参数的说明见图 6-4 和表 6-1。

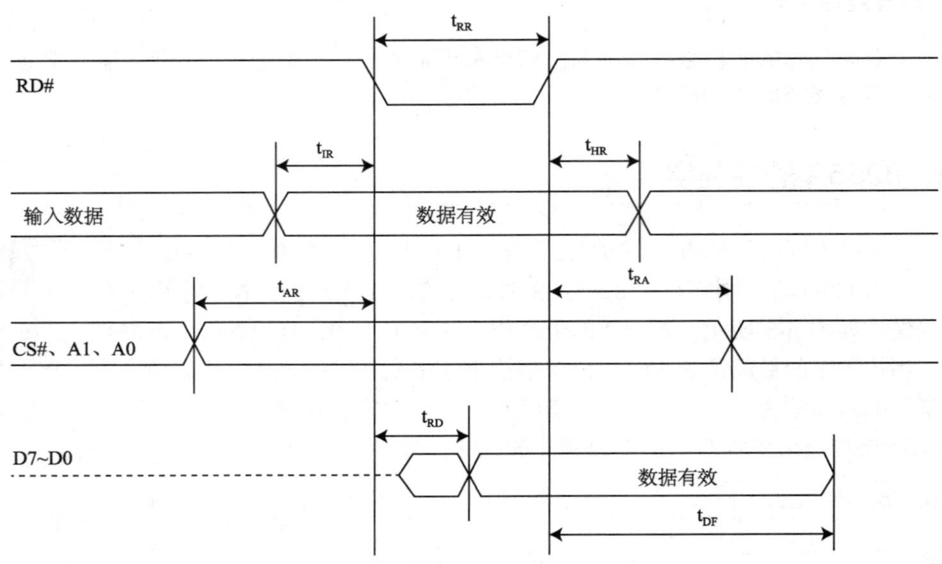

图 6-4 8255A 方式 0 的输入时序

表 6-1 方式 0 的输入时序各参数说明

符号	参数意义	参数	
		最小值	最大值
t_{RR}	读脉冲宽度	300ns	
t_{IR}	输入先于 RD#的时间	0	
t_{HR}	RD#过后数据继续保持的时间	0	
t_{AR}	地址稳定领先于 RD#的时间	0	
t_{RA}	RD#过后地址继续保持的时间	0	
t_{RD}	从 RD#有效到数据稳定的时间		250ns
t_{DF}	RD#去除后至数据线浮空的时间	10ns	150ns
t_{RY}	两次读之间的间隔时间	850ns	

（2）方式 0 输出

方式 0 的输出时序和各参数的说明见图 6-5 和表 6-2。

2．方式 1

方式 1 称为选通的输入输出方式，在此方式下，A 口借用 C 口的一些信号线用作控制和状态线，形成 A 组，B 口借用 C 口的一些信号线用作控制和状态线，形成 B 组。在方式 1 下，A 口和 B 口的输入输出均带有锁存。

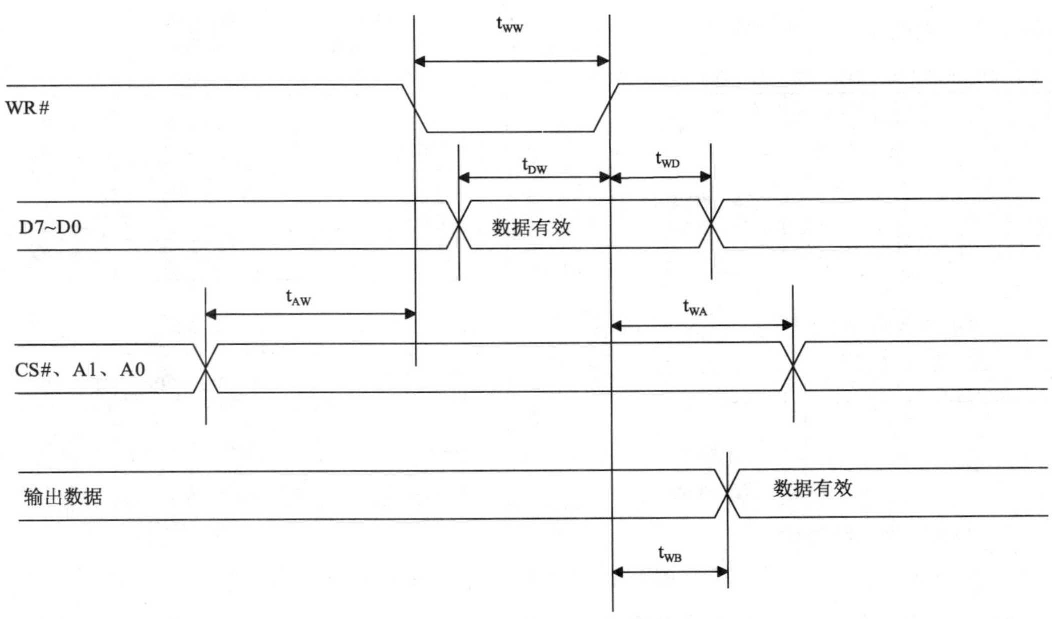

图 6-5　8255A 方式 0 的输出时序

表 6-2　方式 0 的输出时序各参数说明

符号	参数意义	参数	
		最小值	最大值
t_{WW}	写脉冲宽度	400ns	
t_{DW}	数据有效时间	100ns	
t_{WD}	数据保持时间	30ns	
t_{AW}	地址稳定领先于 WR#的时间	0	
t_{WA}	WR#去除后的地址保持时间	20ns	
t_{WB}	WR#结束到数据有效的时间		350ns

（1）方式 1 输入

A 口工作于方式 1 且用作输入口时，C 口的 PC4 线用作选通输入信号线 STB_A，PC5 用作输入缓冲器满输出信号线 IBF_A，PC3 用作中断请求输出信号线 $INTR_A$。B 口工作于方式 1 且用作输入口时，C 口的 PC2 线用作选通输入信号线 STB_B，PC1 用作输入缓冲器满输出信号线 IBF_B，PC0 用作中断请求输出信号线 $INTR_B$。A 口和 B 口借用 C 口信号线的情况见图 6-6。

在方式 1 下，这种信号间的组合关系是固定不变的，不能通过程序更改。当 A 口和 B 口均工作于方式 1 的输入方式时，共借用了 C 口的 6 条信号线作为其控制和状态线，还余下 PC6、PC7 两位。PC6 和 PC7 可用方式选择控制字的 D3 位来选择它们的传输方向。当 D3 位为 1 时，这两位为输入；当 D3 位为 0 时，这两位为输出。

下面对图 6-6 中所示的各状态、控制信号线作简单介绍。

① STB#：选通信号，输入，低电平有效。这是由外设送来的信号，有效时将由外设送来的位于 A 口（或 B 口）引线的 8 位数据锁存到 A 口（或 B 口）的输入锁存器中。

② IBF：输入缓冲器满，输出，高电平有效。这是 8255A 送给外设的联络信号，有效时表示数据已送入输入锁存器中。该信号由外设发出的 STB#置位（变为有效），由 CPU 发出的 RD#的上升

沿复位（变为无效）。

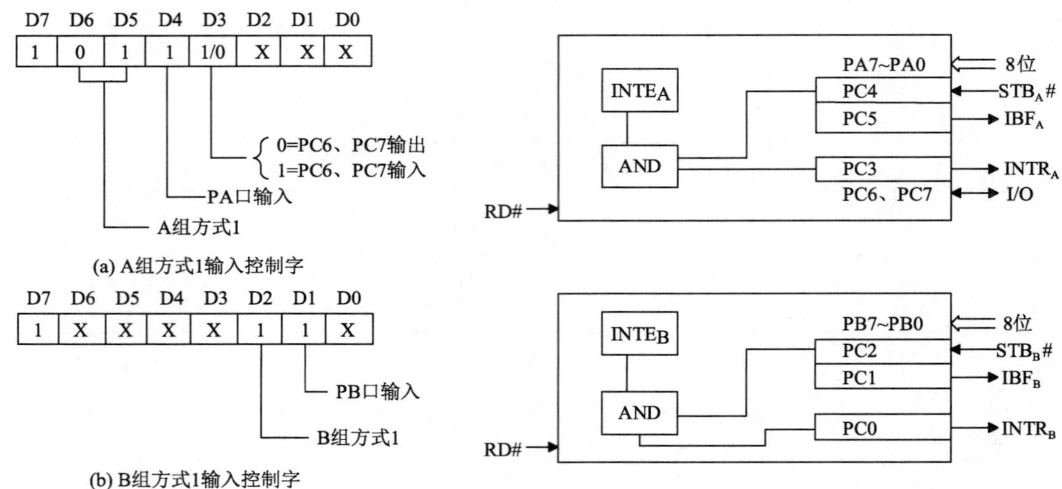

图 6-6 8255A 方式 1 的输入示意

③ INTR：中断请求，输出，高电平有效。这是 8255A 送给 CPU 的中断请求信号。它是当 STB# 将外设的数据送入 8255A 的输入锁存器，使 IBF 为有效，并且中断允许（INTE 为高电平）时，由 8255A 发出的。换句话说，在中断允许的前提下，输入选通信号结束时，外设已经将数据送入 8255A 的输入锁存器，这时 8255A 向 CPU 提出中断请求，让 CPU 来读取位于 8255A 输入锁存器中的数据。

④ INTE：中断允许。它是由内部的中断控制触发器发出的允许中断或屏蔽中断的信号。INTE=1，允许 A 口或 B 口向 CPU 申请中断；INTE=0，禁止 A 口或 B 口向 CPU 申请中断。INTE 没有外部引出端，它是利用 C 口的按位置位/复位的功能来使其置 1 或清 0 的，$INTE_A$ 由 PC4 控制，$INTE_B$ 由 PC2 控制。需要指出的是，在方式 1 时，PC4 和 PC2 的置位/复位操作分别用于控制 A 口和 B 口的中断允许信号，这是 8255A 的内部操作，这一操作对 PC4 和 PC2 引脚用于 A 口和 B 口的数据选通输入 $STB\#_A$ 和 $STB\#_B$ 的状态没有任何影响。

图 6-7 和表 6-3 是 8255A 方式 1 的输入时序和各参数说明。

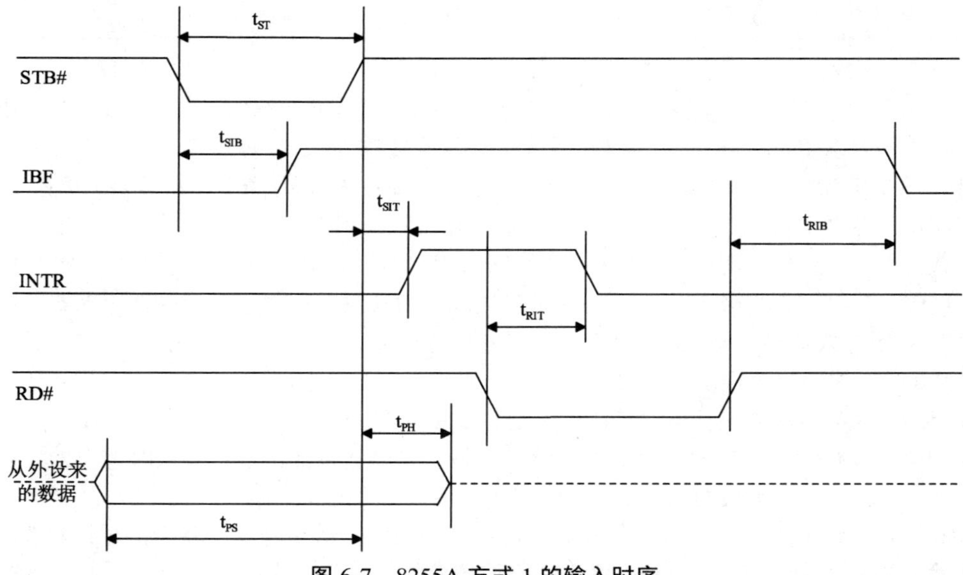

图 6-7 8255A 方式 1 的输入时序

表 6-3　方式 1 的输入时序各参数说明

符号	参数意义	参数	
		最小值	最大值
t_{ST}	选通脉冲宽度	500ns	
t_{SIB}	STB#有效到 IBF 有效之间的时间		300ns
t_{SIT}	STB#=1 到 INTR 有效之间的时间		300ns
t_{PH}	数据保持时间	180ns	
t_{PS}	数据有效到 STB#无效之间的时间	0	
t_{RIT}	RD#有效到中断请求无效之间的时间		400ns
t_{RIB}	RD#为 1 到 IBF 为 0 之间的时间		300ns

（2）方式 1 输出

当 A 口工作于方式 1 且用作输出口时，C 口的 PC7 线用作输出缓冲器满 OBF_A 信号，PC6 用作外设收到数据后的响应信号 ACK_A，PC3 用作中断请求输出信号线 $INTR_A$。当 B 口工作于方式 1 且用作输出口时，C 口的 PC1 线用作输出缓冲器满 OBF_B 信号，PC2 用作外设收到数据后的响应信号 ACK_B，PC0 用作中断请求输出信号线 $INTR_A$。A 口和 B 口借用 C 口信号线的情况如图 6-8 所示。

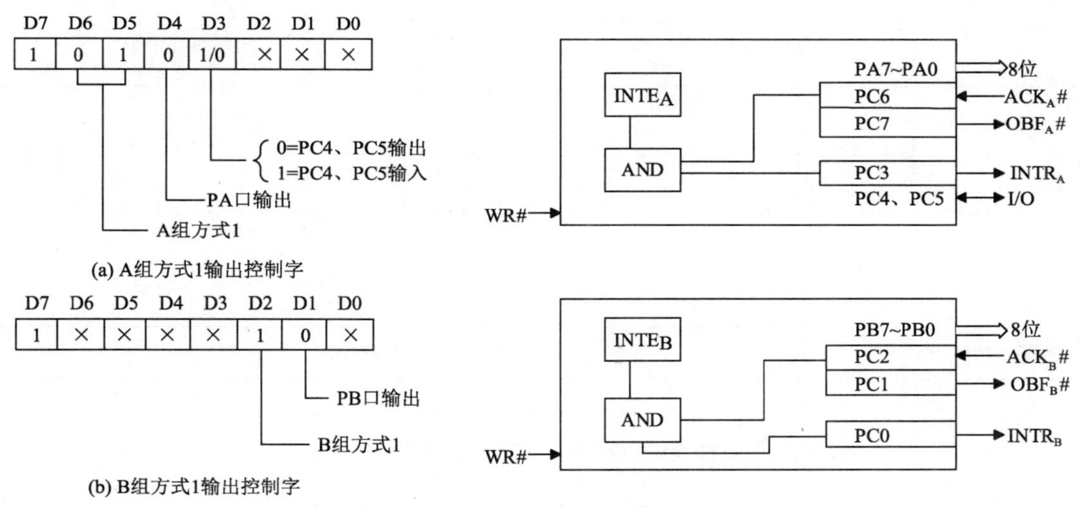

图 6-8　8255A 方式 1 输出示意

同方式 1 的输入情况一样，这种信号间的组合关系是固定不变的，不能通过程序更改。

当 A 口和 B 口均工作于方式 1 的输出方式时，共借用了 C 口的 6 条信号线作为其控制和状态线，还余下 PC4、PC5 两位。PC4 和 PC5 可用方式选择控制字的 D3 位来选择它们的传输方向。当 D3 位为 1 时，这两位为输入；当 D3 位为 0 时，这两位为输出。

下面对图 6-8 中所示的各状态、控制信号线作简单介绍。

① OBF#：输出缓冲器满，输出，低电平有效。这是 8255A 送给外设的控制信号，有效时表示数据已送入到输出锁存器中，用该信号通知外设将数据取走。该信号由 CPU 发出的 WR#置成低电平（变为有效），而由外设来的 ACK 信号使其恢复为高电平（无效）。

② ACK#：应答，输入，低电平有效。这是由外设送来的信号，有效时将表示外设已经从端口输出线上将数据取走。

③ INTR：中断请求，输出，高电平有效。这是 8255A 送给 CPU 的中断请求信号。它是当外设将数据取走并回答 ACK#之后，并且中断允许（INTE 为高电平）时，由 8255A 发出的。换句话说，在中断允许的前提下，ACK#有效时，外设已经将数据取走，这时 8255A 向 CPU 提出中断请求，让 CPU 输出一个新的数据。

④ INTE：中断允许。与方式 1 的输入一样，它是由内部的中断控制触发器发出的允许中断或屏蔽中断的信号。INTE=1，允许 A 口或 B 口向 CPU 申请中断；INTE=0，禁止 A 口或 B 口向 CPU 申请中断。INTE 没有外部引出端，它是利用 C 口的按位置位/复位的功能来置 1 或清 0 的，$INTE_A$ 由 PC6 控制，$INTE_B$ 由 PC2 控制。需要指出的是，在方式 1 时，PC6 和 PC2 的置位/复位操作分别用于控制 A 口和 B 口的中断允许信号，这是 8255A 的内部操作，这一操作并不影响 PC6 和 PC2 引脚用于 ACK#输入信号的状态。

图 6-9 和表 6-4 是 8255A 方式 1 的输出时序和各参数说明。

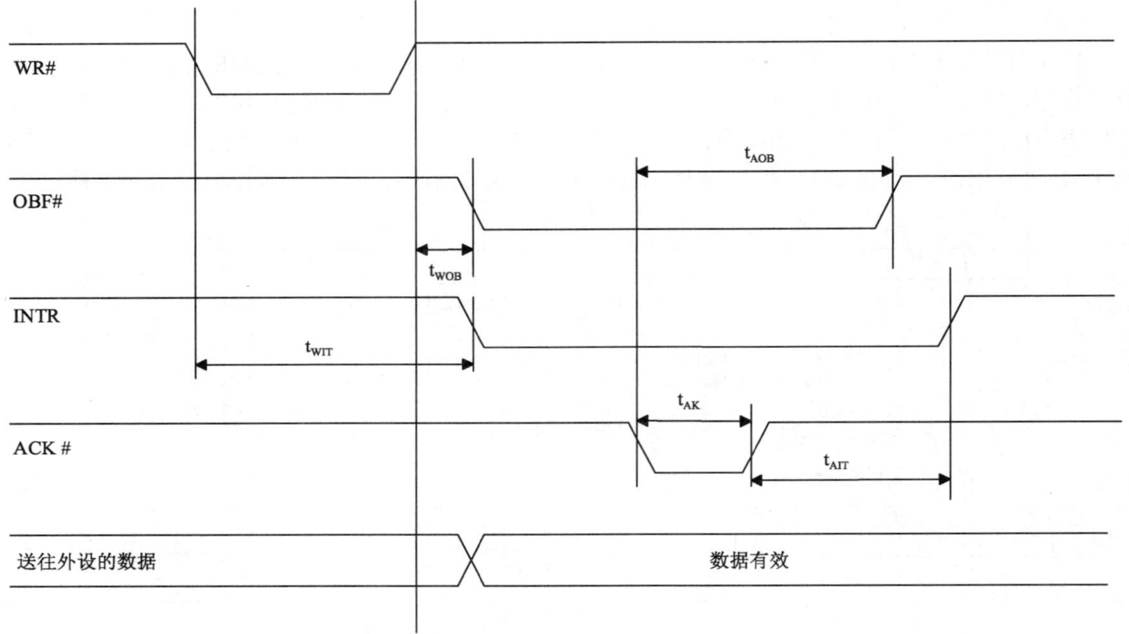

图 6-9 8255A 方式 1 的输出时序

表 6-4 方式 1 的输出时序各参数说明

符号	参数意义	参数	
		最小值	最大值
t_{WIT}	WR#有效到中断请求无效之间的时间		850ns
t_{WOB}	WR#无效到 OBF#有效之间的时间		650ns
t_{AOB}	ACK#有效到 OBF#无效之间的时间		350ns
t_{AK}	ACK#脉冲的宽度	300ns	
t_{AIT}	ACK#=1 到发新的中断请求之间的时间		350ns
t_{WB}	WR#去除到数据有效的时间		350ns

3. 方式 2

方式 2 又称为双向传送方式，这种方式只适用于 A 组。在方式 2 下，外设既能在 A 口的 8 条引线上发送数据，又能接收数据。与方式 1 类似，在 A 口工作于方式 2 时，需要借用 C 口的 5 条信号线用作控制和状态线，A 口的输入和输出均带锁存。

方式 2 下，A 口借用 C 口信号线的情况如图 6-10 所示。下面对图 6-10 所示的各状态、控制信号线作简单介绍。

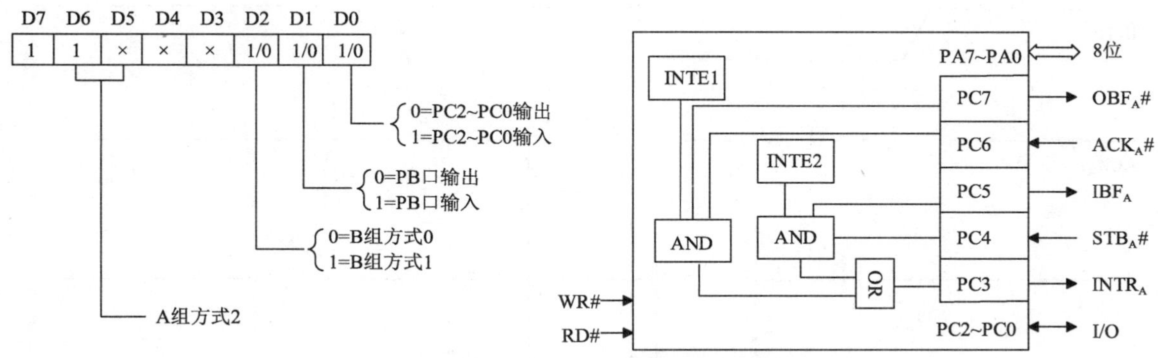

图 6-10 8255A 方式 2 的双向控制示意

（1）OBF$_A$#：输出缓冲器满，输出，低电平有效。这是 8255A 送给外设的控制信号，有效时表示数据已送入到 A 口输出锁存器中，用该信号通知外设将数据取走。

（2）ACK$_A$#：应答，输入，低电平有效。这是由外设送来的信号，有效时表示外设已经从 A 口输出线上将数据取走。

（3）STB$_A$#：选通信号，输入，低电平有效。这是由外设送来的信号，有效时将由外设送来的位于 A 口引线的 8 位数据锁存到 A 口的输入锁存器中。

（4）IBF$_A$：输入缓冲器满，输出，高电平有效。这是 8255A 送给外设的响应信号，有效时表示数据已送入到输入锁存器中。该信号由外设发出的 STB$_A$#置位（变为有效），由 CPU 发出的 RD#的上升沿复位（变为无效）。

（5）INTR$_A$：中断请求，输出，高电平有效。这是 8255A 送给 CPU 的中断请求信号。无论是输入操作还是输出操作，当一个操作完成，要进行下一个操作时，8255A 都通过该引脚向 CPU 发中断请求信号。方式 2 的 A 口输入传送和输出传送各自作为一个中断源，两个中断请求信号在 8255A 内部相或，只产生一个中断请求通过 PC3 发给 CPU。

（6）INTE1：中断允许 1。它是由内部的中断控制触发器发出的允许中断或屏蔽中断的信号。INTE1=1，允许 A 口在输出缓冲器变空（数据已被外设取走）时向 CPU 申请中断，让 CPU 输出一个新的数据；INTE1=0，屏蔽输出中断请求，也就是说，即使 A 口的输出缓冲器已经变空了，也不能在 INTR 上产生中断请求信号。INTE1 为 0 还是为 1 是由软件通过对 PC6 复位/置位来决定的，PC6=0 使 INTE1 为 0，PC6=1 使 INTE1 为 1。

（7）INTE2：中断允许 2。它也是由内部的中断控制触发器发出的允许中断或屏蔽中断的信号。INTE2=1，允许 A 口在输入数据就绪时向 CPU 申请中断，让 CPU 将数据取走；INTE2=0，屏蔽输入中断请求。INTE2 为 0 还是为 1 是由软件通过对 PC4 复位/置位来完成的，PC4=0 使 INTE2 为 0，PC4=1 使 INTE2 为 1。

图 6-11 和表 6-5 是 8255A 方式 2 的时序和各参数说明。

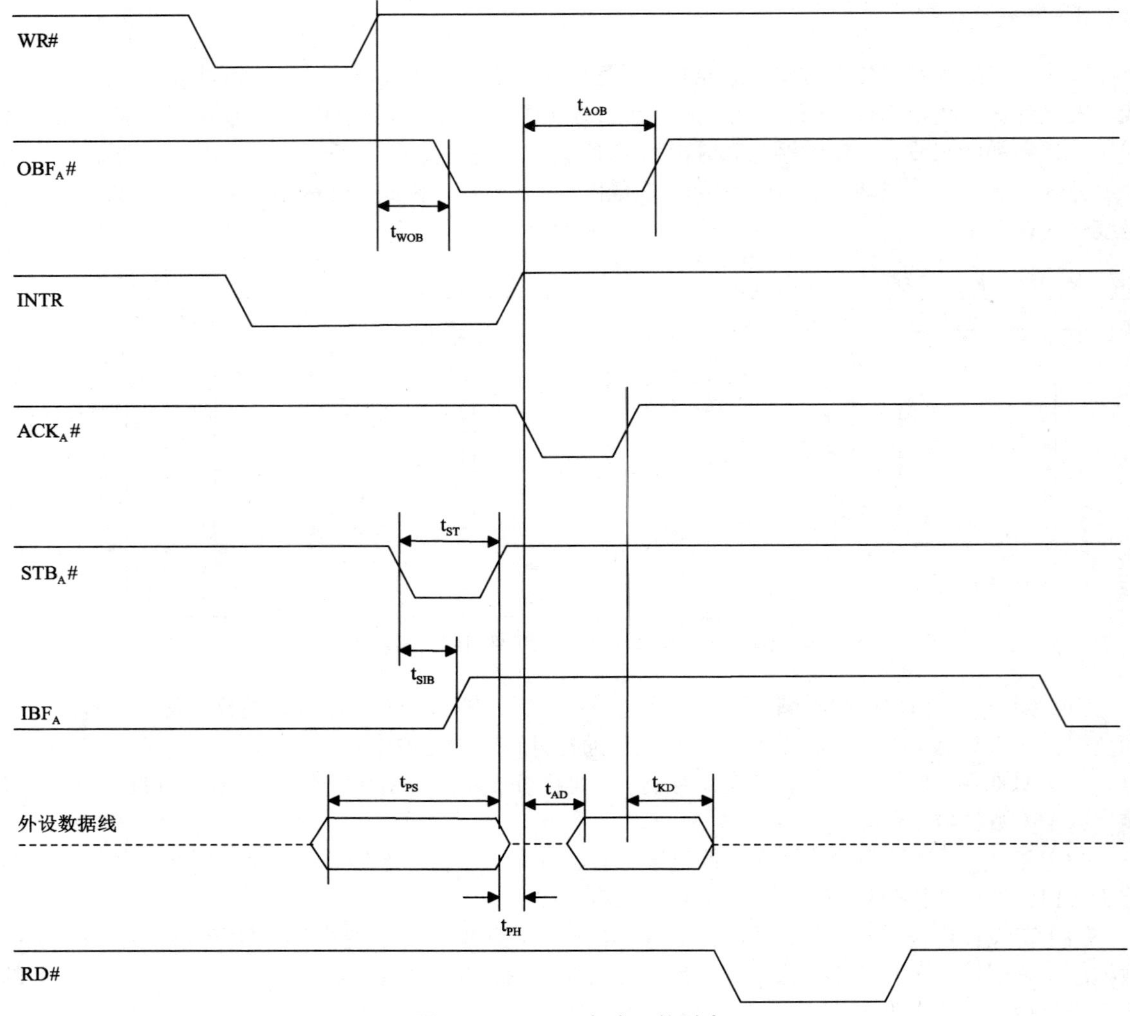

图 6-11 8255A 方式 2 的时序

表 6-5 方式 2 时序的各参数说明

符号	参数意义	参数	
		最小值	最大值
t_{ST}	选通脉冲宽度	500ns	
t_{SIB}	STB_A#有效到 IBF_A 有效之间的时间		300ns
t_{PH}	数据保持时间	180ns	
t_{PS}	数据有效到 STB_A#无效之间的时间	0	
t_{WOB}	RD#无效到 OBF_A#有效之间的时间		650ns
t_{AOB}	ACK_A#有效到 OBF_A#无效之间的时间		350ns
t_{AD}	ACK_A#有效到数据输出的时间		300ns
t_{KD}	数据保持时间		300ns

6.3 8255A 的程序设计

6.3.1 8255A 的初始化

在 8255A 工作之前，要先对其进行初始化，即要先写入控制字，以指定其工作方式，如果需要，还要用控制字将中断允许标志 INTE 置 1 或清 0，这样就可以编程将数据通过 8255A 的某个端口送出或由外设经 8255A 的某个端口将数据读入。

例如，在某系统中，要求 8255A 工作在方式 0，A 口和 C 口为输入，B 口为输出，编写其初始化程序。假定系统分配给 8255A 的地址为 360H～363H。

程序段如下。

```
MOV     AL，99H        ;控制字：方式 0，A 口和 C 口为输入，B 口为输出
MOV     DX，363H       ;8255A 控制寄存器的地址
OUT     DX，AL         ;输出控制字
```

在某系统中，要求 A 组为工作方式 1 输出，B 口和 C 口的剩余部分为工作方式 0 的输入方式，并且允许 A 口在输出数据被外设取走之后能申请中断。编写其初始化程序。假定系统分配给 8255A 的地址为 360H～363H。

程序段如下。

```
MOV     AL，0ABH       ;控制字：A 组方式 1 输出，B 口和 C 口为输入
MOV     DX，363H       ;8255A 控制寄存器的地址
OUT     DX，AL         ;输出控制字
MOV     AL，09H        ;选择置位 PC4 以开放中断
OUT     DX，AL
```

在某系统中，要求 A 组为工作方式 2，B 口和 C 口的剩余部分为工作方式 0 的输入方式，并且允许 A 口在输出数据被外设取走之后或新数据送入 8255A 之后都能申请中断。编写其初始化程序。假定系统分配给 8255A 的地址为 360H～363H。

程序段如下。

```
MOV     AL，0CBH       ;控制字：A 组方式 2，B 口和 C 口为输入
MOV     DX，363H       ;8255A 控制寄存器的地址
OUT     DX，AL         ;输出控制字
MOV     AL，09H        ;选择置位 PC4 以开放输入中断
OUT     DX，AL
MOV     AL，0DH        ;选择置位 PC6 以开放输出中断
OUT     DX，AL
```

6.3.2 8255A 的应用实例

图 6-12 是一个 8255A 与 8 个按键和 8 个 LED（发光二极管）相连的示意图。每个按键对应一个 LED，要求编程通过 8255A 读入按键的状态，并根据按键的状态控制发光二极管的点亮和熄灭。

假定某个键按下时，所对应的 LED 点亮；键抬起时，所对应的 LED 熄灭。

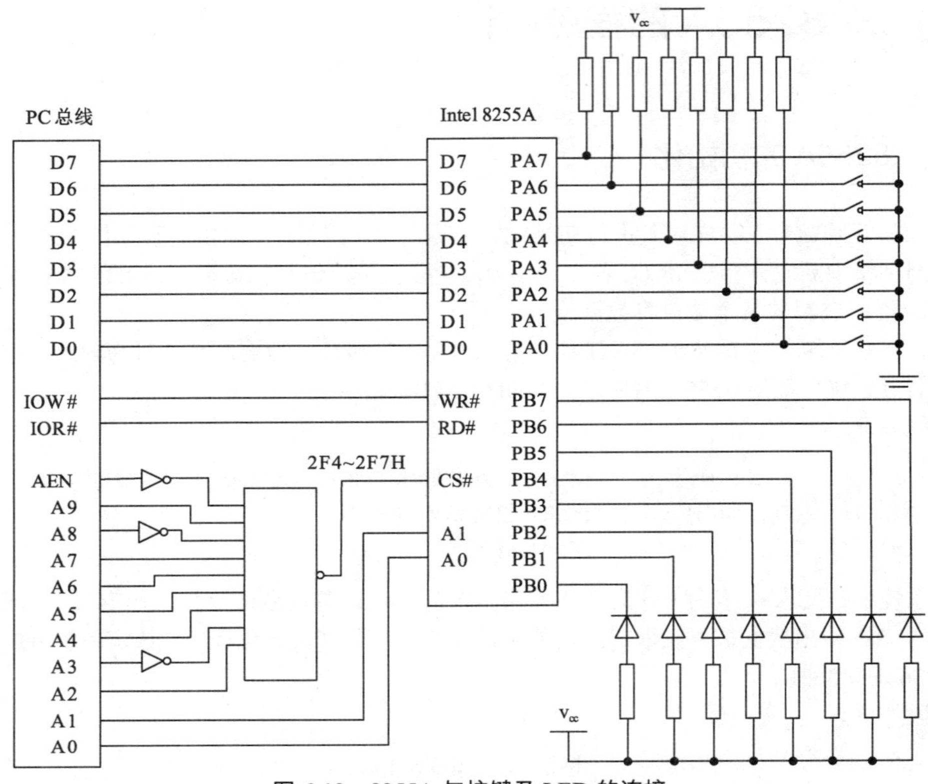

图 6-12 8255A 与按键及 LED 的连接

在该例中，8255A 与 PC 总线相连，CS#的译码地址为 2F4H～2F7H，A 口接按键，B 口接 LED 显示灯。因此需要选择 A 口和 B 口均工作在方式 0，A 口输入，B 口输出。

程序清单如下。

```
        MOV    AL，99H      ;控制字：方式 0，A 口输入，B 口输出
        MOV    DX，2F7H     ;8255A 控制寄存器的地址
        OUT    DX，AL       ;输出控制字
AGAIN： MOV    DX，2F4H     ;A 口地址
        IN     AL，DX       ;读入按键状态
        INC    DX           ;B 口地址
        OUT    DX，AL       ;控制 LED 显示
        JMP    AGAIN
```

图 6-13 是用 8255A 实现的一个打印机接口的示意图。在该例中，8255A 的 A 口作为数据通道，与打印机的数据线相连；使其工作在方式 1 输出，这时 PC7 自动作为 OBF#的输出端与打印机的 STROBE#信号线相连；PC6 自动作为 ACK#输入端，此处没有使用该信号，让它悬空即可；PC3 自动作为 INTR 的输出端接到 8259A 的相应输入引脚上，不使用中断方式时，也可以让该引脚悬空。8255A 的 B 口作为输入与打印机的状态信号线相连，此处只使用了一个状态信号 BUSY。

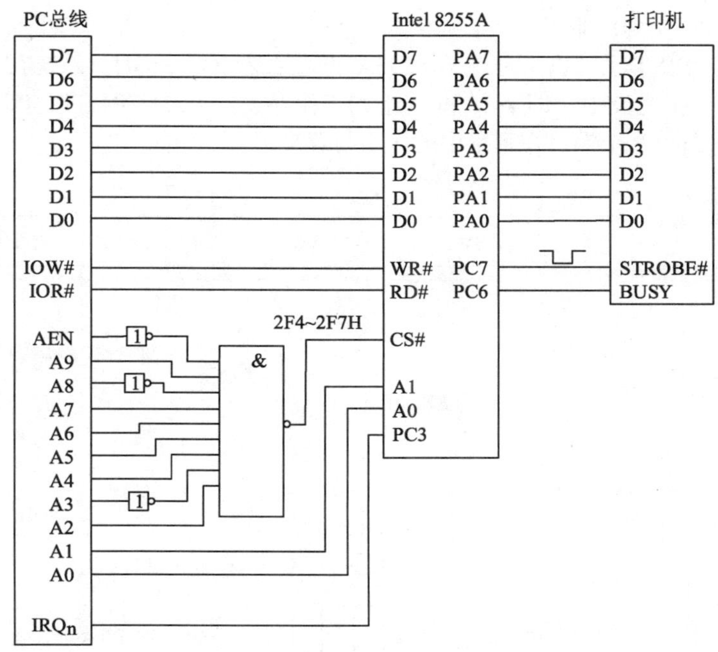

图 6-13　8255A 与打印机的连接

图 6-13 中，分配给 8255A 的地址为 2F4H～2F7H。在能够将数据送给打印机之前，应首先对其初始化。初始化程序段如下。

```
MOV     AL，0ABH        ;控制字：A 组方式 1 输出，B 口输入
MOV     DX，2F7H        ;8255A 控制寄存器的地址
OUT     DX，AL          ;输出控制字
MOV     AL，0CH         ;选择复位 PC6 以禁止中断
OUT     DX，AL
```

以查询方式输出一个字符的程序段如下，假定待输出的字符存放在 AL 中。

```
        PUSH    AX          ;暂存待输出的数据
        MOV     DX，2F5H    ;B 口地址
BUSY：  IN      DX，AL      ;读打印机状态
        TEST    AL，80H     ;打印机忙?
        JNZ     BUSY        ;忙则等待
        POP     AX          ;恢复数据
        DEC     DX          ;指向 A 口
        OUT     DX，AL      ;将数据送出
```

6.4　8255A 在 IBM PC 系列机中的应用

IBM PC 和 PC/XT 系列机的主板上有一片 8255A，它负责支撑各种设备的配置和一些输入输出信号，如键盘、扬声器、配置开关等。在 PC、AT 和 80386、80486 等微型计算机中，由于其配置已不再用拨键开关设置，所以未使用 8255A，原 8255A 的部分功能用一个 8042 单片机来代替，但编

程接口基本保持与 PC 系列机兼容。

在 IBM PC 和 PC/XT 系列机上分配给 8255A 的地址是 60H～63H。系统在上电之后对 8255A 的初始化使用的命令字为 99H，即 A 组和 B 组均工作在方式 0，且 PA 口、PC 口为输入，PB 口为输出。图 6-14 示出了 3 个端口在系统中的作用与意义。

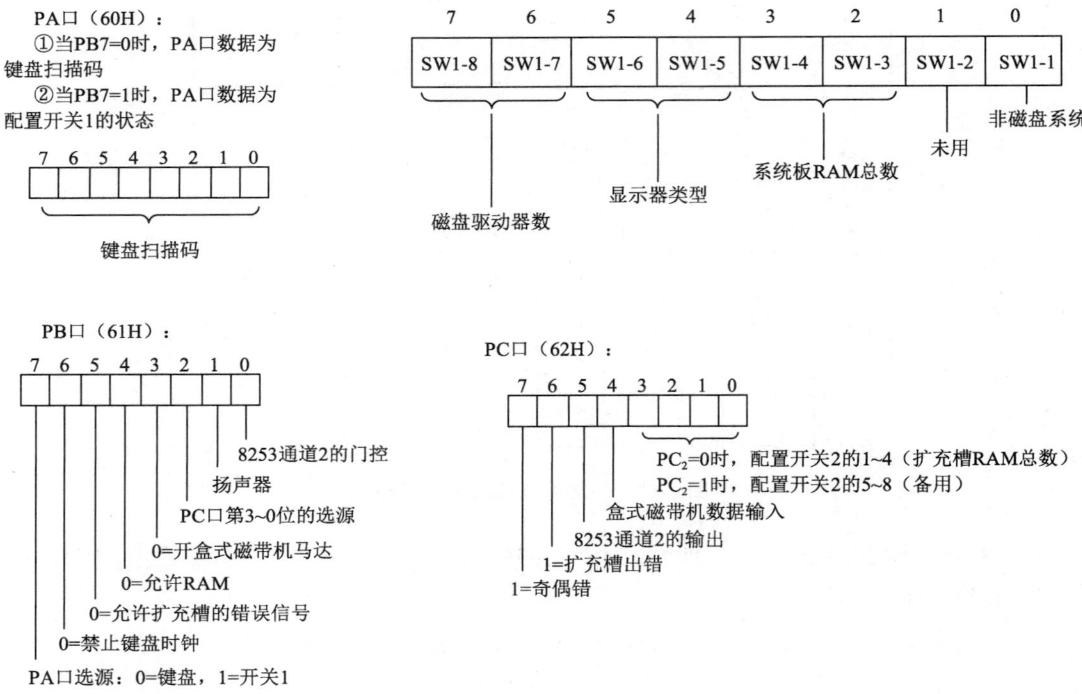

图 6-14 IBM PC 中 8255A 的作用

系统板上有两个微型拨键开关，每个有 8 个键。可手动置其值，闭合时为 0，这些值反映了系统的配置情况。由于开关的状态与其他输入共用一个口（如 SW1 与键盘共用 PA 口），因此读这些开关的值时，要通过 PB 口选择一下。例如，读 SW1 的程序段如下。

```
IN      AL，61H     ;读 PB 口锁存器
OR      AL，80H     ;PB7 设为 1，选 PA 口与 SW1 相连
OUT     61H，AL     ;写回
IN      AL，60H     ;从 PA 口读出的是 SW1 的状态
```

要想读来自键盘的扫描码，则需要先将 PB7 清 0，程序段如下。

```
IN      AL，61H     ;读 PB 口锁存器
AND     AL，7FH     ;PB7 设为 0，选 PA 口与键盘相连
OUT     61H，AL     ;写回
IN      AL，60H     ;从 PA 口读出的是键盘送来的扫描码
```

6.5 小结

本章首先介绍了并行通信的基本概念、并行通信的特点以及并行通信的应用场合。而后以 Intel

8255A 为例介绍了可编程的接口芯片，包括 8255A 的引脚结构、内部结构、工作时序、编程方法等，最后给出了 8255A 的应用实例，包括在 IBM PC 和 PC/XT 系列机上的应用情况。

8255A 是一种通用的可编程外设接口芯片，它有 3 个端口，共 24 条 I/O 线，有 3 种工作方式。3 个端口可分成 A 和 B 两组，其中只有 A 组可以工作在方式 2。在工作方式 1 和工作方式 2 下，A 口和 B 口不能单独使用，必须借用 C 口的部分信号线作为相应口的控制、状态线才能使用。

6.6 思考题

1. 什么是并行通信？并行通信与串行通信相比较有什么优缺点？
2. 两台计算机通过并行接口（8 位）相连完成单方向数据传输，至少需要多少条信号线？
3. 8255A 的控制字有几种？它们之间如何区别？写出控制字的格式。
4. 要求使 8255A 的 A 口为工作方式 0 输入，B 口为工作方式 1 输出，C 口的高 4 位为输入，低 4 位为输出，试写出初始化程序段。
5. 试写出将 C 口第 3 位清 0 的程序段。
6. 试写出将 C 口第 5 位置 1 的程序段。

6.7 实验设计

1. 假定需要用 8255A 连接 24 个 LED，8255A 应工作在什么方式？试设计连接电路，并画出线路图。I/O 地址可自设。
2. 假定第 1 题连接的 24 个 LED 需要循环点亮，每个点亮 1s。试编写所需要的程序。
3. 设计两片 8255A 并连与 ISA 总线按 16 位数据相连的电路。I/O 地址自选。
4. 按第 3 题设计的电路，要求初始化为 A 口和 C 口为方式 0 输入，B 口为方式 0 输出，试写出初始化程序。

第 7 章 中断控制接口

什么叫中断？当 CPU 正在执行某程序时，由于外界事件的需要向 CPU 发出申请，CPU 暂停现行程序的执行而转去处理临时发生的事件，处理完后再返回到被中断程序的断点处，继续往下执行，这个过程通常称为中断。

在中断过程中执行的事件处理程序称为中断服务程序。相对于它来说，被中断了的程序就是主程序。有了中断，计算机就能自动而及时地处理随机发生的事件；中断可使高速的 CPU 与低速的 I/O 设备以中断方式传递数据，CPU 不必经常查询 I/O 设备的状态，从而使计算机提高工作效率。

7.1 中断系统概述

7.1.1 中断请求与中断源

I/O 设备或者事件需要 CPU 中断处理时，必须向 CPU 发出中断请求信号。该信号作为 CPU 的输入，CPU 收到该信号时，可产生中断。引起中断的原因，或者发出中断请求信号的源被称为中断源。通常，中断源有以下几种。

（1）一般的输入输出设备。如键盘、打印机、通信接口等。

（2）数据通道中断源。如磁盘机、磁带机等。

（3）实时时钟。在实时系统中，实时时钟是最重要的中断源。如定时的数据采集，或者定时的控制等。

（4）故障源。故障源既可以来自 CPU 的内部，也可以来自 CPU 的外部。例如电源故障是一种来自 CPU 外部的故障源，而除法运算时除数为 0 则是一种来自 CPU 内部的故障源。

（5）为调试程序而设置的中断源。一个新的程序编写后，需要调试、纠错。在调试过程中，为了检查中间结果，或为了寻找错误所在，往往需要在程序中设置断点，或进行单步工作等。

7.1.2 中断系统的功能

实现中断过程的硬件及软件称为中断系统。中断系统应具有下述功能。

1. 实现中断与返回

CPU 在执行每条指令的某一时刻对中断请求输入信号取样。若有中断信号存在，且 CPU 允许中断，则执行完现行指令便响应该请求，实现中断。这时 CPU 将执行中断服务程序，进行中断处理。当中断处理完毕之后，再返回被中断的程序继续执行。

实现中断和返回的过程称为中断响应。

中断的实现和返回与子程序的执行有类似之处，但是两者具有重要的区别。子程序的调用是程序安排的，而中断是随机发生的，其实现过程比子程序的调用要复杂得多。

2．能实现优先级排队

通常一个计算机系统存在多个中断源，因此就可能出现几个中断源同时发出中断请求的情况。在这种情况下，中断系统能使 CPU 根据轻重缓急，即按中断的级别——优先级来逐个处理中断。中断的优先级是设计者事先安排确定的。CPU 总是先处理优先级高的中断，然后再处理优先级低的中断。

3．能实现中断嵌套

CPU 在处理优先级较低的中断时，可能会有优先级较高的中断请求出现。这时 CPU 应暂停对优先级较低的中断的处理，而转去处理优先级较高的中断。当优先级较高的中断处理完之后，再继续处理被中断的优先级较低的中断。

7.1.3　中断响应

1．CPU 响应中断的条件

（1）有中断请求信号

为了向 CPU 发送中断请求信号，每个中断源都设有一个中断请求触发器。当中断源向 CPU 发出中断请求信号时，它置位保存着该状态，直到该中断得到响应为止。

（2）中断请求没有被屏蔽

为了使 CPU 能够控制中断源的中断请求，每个中断源都设有一个中断屏蔽触发器，它由 CPU 来置位和复位。当 CPU 允许某中断源申请中断时，该触发器复位;当 CPU 禁止该中断源申请中断时，该触发器置位，此时，中断请求信号被屏蔽，即使有中断，也不能向 CPU 发送中断请求信号。

（3）CPU 的中断是开放的

CPU 对外界的中断申请可以响应，也可以不加理睬。只有 CPU 的中断是开放的时候才能响应中断。中断的开放与关闭是由 CPU 内部的中断允许触发器（或中断标志位）来标志的。只有当该触发器置位时，中断才是开放的，即 CPU 可以响应中断。该触发器的置位与复位，是 CPU 通过开中断指令和关中断指令来完成的。

（4）CPU 在现行指令执行完毕时，响应中断

在前 3 个条件都满足的情况下，CPU 也不是立即响应中断，而是要等到现行指令执行完毕时才响应。

2．中断响应时及中断响应期间 CPU 应做的工作

当上述条件完全满足时，CPU 就响应中断。在中断响应时及中断响应期间，CPU 要做以下几件工作。

（1）关闭中断

CPU 响应中断时，发出中断响应信号，同时自动关闭中断，以防止 CPU 在完成本次中断断点保存和现场保存之前再次响应中断而造成混乱。

（2）保存断点

CPU 响应中断时，将现行指令指针的内容（断点）推入堆栈，以便中断处理后，返回被中断的主程序。以上两项工作一般由硬件完成。

（3）保护现场

为了使中断服务程序不破坏主程序的参数与状态，要把断点处 CPU 某些寄存器的内容推入堆栈加以保护，这称为保护现场。保护现场一般由软件完成。

（4）给出中断服务程序入口，并转入该服务程序

不同的计算机实现中断的方式不同，故给出服务程序入口的方法也不尽相同。

（5）恢复现场

在执行完中断服务程序之后，将保存在堆栈中的各寄存器的内容弹出，以恢复中断前的现场。

（6）从中断返回

在中断服务程序的最后，放上一条中断返回指令，以便从中断服务程序返回主程序。中断返回指令将保存在堆栈中的指令指针的内容弹出，恢复断点，使主程序从断点处继续执行。

7.1.4 80×86 系列微型计算机的中断系统

80×86 系列微型计算机有一个简单而多用的中断系统，它可以处理 256 种不同方式的中断。在 80×86 系列微型计算机中，每个中断都要求预先给定一个中断方式（或称向量）码，CPU 根据这个向量码来识别它们。

中断可由连接的外部设备启动，也可以由内部软件的中断指令产生，或在某些特定条件下由 CPU 本身触发启动。所有这些中断源可分为两大类，即来自 CPU 内部中断的和来自 CPU 外部的中断。下面分别讨论。

1. 外部中断

80×86 系列 CPU 有两种中断请求输入外部中断，即可屏蔽中断请求输入和非屏蔽中断请求输入。

（1）可屏蔽中断

可屏蔽中断是指 CPU 可通过指令来控制是否允许对它的请求进行响应的中断。在正常情况下，这样的中断源在一个计算机系统中不止一个，可是 80×86 系列 CPU 只有一个 INTR 输入端。80×86 系列微型计算机使用了可编程的中断控制器 8259A 来协助 CPU 管理各种不同的中断源。

8259A 在中断系统中相当于一个中断的“总管家”。外部设备的中断请求信号首先送给 8259A，通过 8259A 适当处理之后，再将申请中断的信号加在 CPU 的中断输入请求引脚上。当 CPU 接受了中断请求并给出中断响应之后，8259A 还要将一个中断识别码交给 CPU，供 CPU 识别是谁发出了中断请求。

（2）非屏蔽中断

外部中断请求信号也可以加在 CPU 的另一个输入端 NMI 上，即非屏蔽中断请求输入端上。NMI 上的信号不能被屏蔽，即使在关中断（IF=0）的情况下，在执行完当前指令以后 CPU 也会立即响应。非屏蔽中断的向量码固定为 2。

2. 内部中断

为了解决程序运行过程中发生的一些意外情况（例如除法运算时产生溢出）和调试程序的需要，8086 系列微型计算机设置了一些内部中断。共有以下几种类型。

（1）方式 0——除法错中断

在执行 DIV（除法）或 IDIV（整数除法）指令时，若商超过了机器所能表示的最大值，CPU 立即产生一个方式 0 中断。所谓方式 0 中断是指该中断的向量码为 0。除法错中断不能被屏蔽且是除法指令的一部分。

（2）方式 1——单步中断

8086 系列 CPU 中有一个陷阱标志位 TF。如果 TF 被置位（TF=1），那么在每执行完一条指令后，CPU 就自动产生一个方式 1 中断，也就是中断向量码为 1 的中断。我们称 CPU 每执行完一条指令就进入中断的工作方式为单步工作方式。在调试程序时，单步工作方式是非常有用的。

（3）方式 3——断点中断

8086 系列 CPU 的指令系统中有一条用来设置程序断点的单字节指令。执行这条指令会引起一个向量码为 3 的中断。由这条指令引起的中断称为断点中断。由于断点中断指令的指令码只有一个字节，所以也称为单字节中断。断点中断主要用在软件调试中。

（4）方式 4——溢出中断

8086 系列 CPU 中有一个溢出标志位 OF，在程序执行过程中，如果溢出标志 OF 被置位（OF=1），执行 INTO 指令以后就会立即产生一个方式 4 中断。

（5）用户定义的软件中断

8086 系列 CPU 的指令系统中有一条 INT 指令，用户可用这条指令定义自己的软中断。这是一条双字节的指令。指令的第一个字节为操作码，第二个字节给出要执行的中断的向量码。CPU 根据指令中给出的中断向量码调用中断服务程序。由于中断指令的向量码是在编制程序时给定的，所以软件中断也可以用来测试为外部设备编写的中断服务程序。

7.2 中断控制器 8259A

前面已经说过，8086 系列微型计算机使用了 8259A 可编程的中断控制器来协助 CPU 管理系统中的中断。8259 A 是一种功能强、结构复杂、使用灵活的可编程芯片。本节主要介绍其结构和编程方法。

7.2.1 8259A 的引脚

8259A 有 28 脚 DIP 和 PLCC 两种封装形式。图 7-1 是 DIP 封装的 8259A 的引脚图。

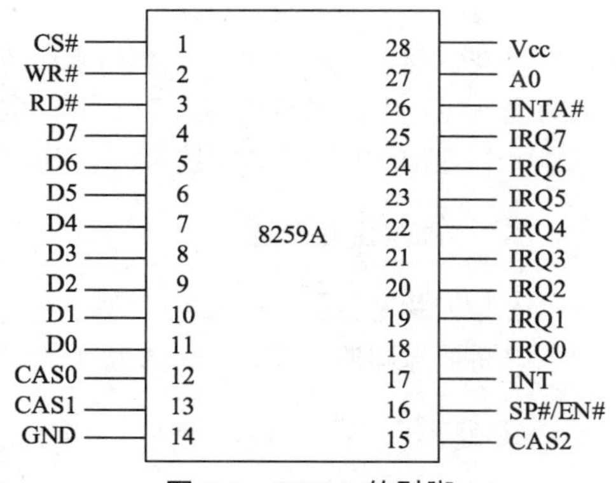

图 7-1　8259A 的引脚

（1）CS#：片选信号。当该信号有效时，8259A 被选中，配合 RD#和 WR#信号，CPU 可以从 8259A 读取状态数据，或将控制字写入 8259A。

（2）RD#：读信号。当该信号有效时，CPU 可从 8259A 中读取状态数据。

（3）WR#：写信号。当该信号有效时，CPU 可以将控制字写入 8259A。

（4）D0～D7：8259A 的双向三态数据线。它们和 CPU 的数据总线直接相连，CPU 通过数据线将命令字写入 8259A 的内部寄存器，或从 8259A 内部寄存器读取状态数据。

（5）A0：用以选择 8259A 内部的不同寄存器，通常直接接系统地址线 A0。

（6）CAS0～CAS2：级联信号线。这几条信号线与 SP#/EN#相配合可以将几片 8259A 级联起来扩充管理的中断级的数量。当 8259A 作为主片使用时，这三条线为输出线；作为从片使用时，则为输入线。

（7）SP#/EN#：8259A 的操作方式不同，该引脚的意义也不同。当 8259A 工作在缓冲方式时，该引脚用作输出引脚，输出一个 EN#信号去控制外部缓冲器；当 8259A 工作在非缓冲方式时，该引脚用作输入引脚用来接收一个 SP#信号，SP#=1 表示该 8259A 作为主片工作，SP#=0 则作为从片工作。

（8）INT：它与 CPU 的 INTR 引脚相连，用来向 CPU 发出中断申请。

（9）INTA#：它与 CPU 的 INTA#引脚相连，用来接收来自 CPU 的中断应答信号。

（10）IRQ0～IRQ7：这 8 条引脚用来接收来自外设的中断请求，在 8259A 级联使用时，主片的 IRQ0～IRQ7 分别与各从片的 INT 相连，用来接收来自从片的中断请求。

（11）Vcc：电源，通常为+5V。

（12）GND：地，通常为 0V。

7.2.2 8259A 的内部结构

8259A 的内部结构如图 7-2 所示。以下参照图 7-2 对 8259A 各部分的功能作简要的介绍。

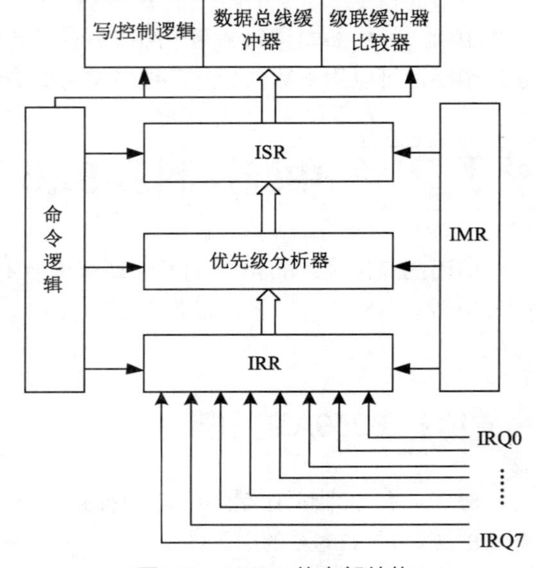

图 7-2 8259A 的内部结构

1. 中断请求寄存器和当前服务寄存器

IRQ 线上的中断请求信号由两个级联的寄存器进行处理，这两个寄存器就是中断请求寄存器（IRR）和当前服务寄存器（ISR）。IRR 用于存放所有正在请求服务的中断；ISR 用于存放所有正在被服务的中断。在中断服务的过程中，在 EOI（中断结束）命令使 ISR 复位之前，8259A 不再接受优先级低的中断请求。但是，如果有优先级更高的中断请求出现，那么将产生中断嵌套。

2. 优先级分析器

该逻辑部件确定 IRR 中正在请求服务的各中断级的优先级。优先级最高的被选出来，并送给 ISR。IRQ0～IRQ7 的优先级通常按 IRQ0> IRQ1>……的顺序，但也可以通过软件改为循环方式。

3. 中断屏蔽寄存器

中断屏蔽寄存器（IMR）存放一个屏蔽字，该字的哪位为“1”，对应该位的中断请求就被封锁，即该中断请求即使出现，8259A 也不再理会它。IMR 的内容可以由程序修改。

4. 级联缓冲器 / 比较器

当多个 8259A 组合用于扩充系统的中断级的数目时，该部件存储并比较系统中所使用的从中断控制器的识别码。单个 8259A 可以管理 8 级中断，当一个系统中的外部中断的数量超过 8 级时，就需要将 8259A 级联，以扩充可以管理的中断的数量。其中，主片直接连接 CPU，从片通过主片的 IRQ0～IRQ7 与 CPU 相连。在不增加任何其他硬件的情况下，经过级联，8259A 最多可以管理 64 级中断。8259A 的级联连接如图 7-3 所示。

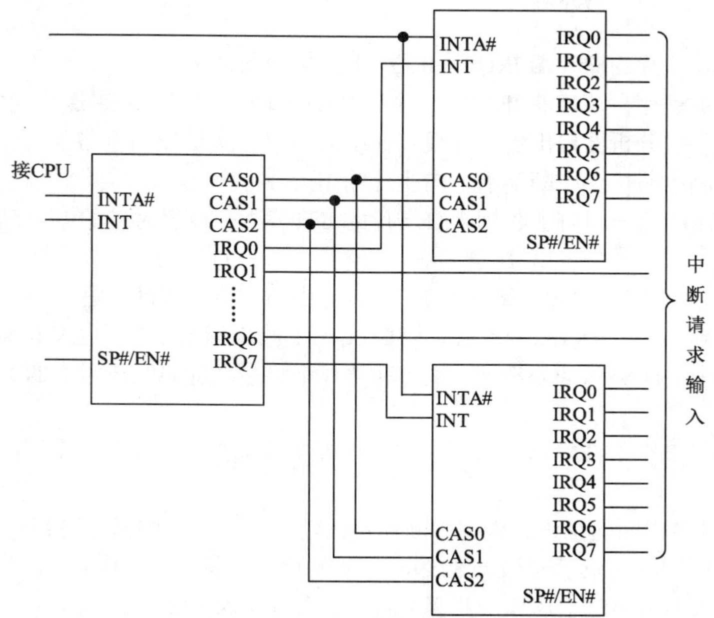

图 7-3　8259A 的级联连接

7.2.3 8259A 的中断响应顺序

8259A 单独使用与级联使用的中断响应顺序不完全一样，下面分别介绍。

1．8259A 单独使用时的中断响应顺序

（1）外部设备在中断请求输入端 IRQ0～IRQ7 上产生中断请求。

（2）中断请求被锁存在 IRR 中，并与 IMR 的内容相与，结果送给优先级分析器。

（3）优先级分析器检出优先级最高的中断请求位交给控制电路。

（4）控制电路接收中断请求，向 CPU 输出 INT 信号。

（5）CPU 接受 INT 信号，输出第一个 INTA#（中断响应）脉冲，进入第一个 INTA#周期。

（6）随着第一个 INTA#脉冲的收到，8259A 将最高优先级所对应的 IRR 位清除，并设置对应的 ISR 位。

（7）CPU 输出第二 INTA#脉冲进入第二个中断响应周期，8259A 在这个周期将一个中断向量码输出到数据总线。

（8）CPU 读取该中断向量码，根据中断向量码转移到相应的中断处理程序。

这样中断响应周期就结束了。如果 8259A 在初始化时被设置成 AEOI（自动中断结束）方式，则在第二个 INTA#周期结束时将中断源在 ISR 中的对应位清除，否则需要由软件在中断服务程序中向 8259A 发送 EOI（中断结束）命令清除 ISR 中的对应位。

2．8259A 级联使用时的中断响应顺序

8259A 级联使用时，中断请求输入分为两种情况：一是外部设备的中断请求线直接连到了主控 8259A 的某个输入引脚上；二是外部设备的中断请求线连到了从属 8259A 的某个输入引脚上。如果是第一种情况，中断响应的顺序与 8259A 单独使用时的中断响应顺序相同，若是第二种情况，按以

下顺序。

（1）外部设备在从片的输入端 IRQ0～IRQ7 上产生中断请求。

（2）中断请求被锁存在从片的 IRR 中，并与 IMR 的内容相与，结果送给优先级分析器。

（3）从片的优先级分析器检出优先级最高的中断请求位交给控制电路。

（4）从片的控制电路接受中断请求，向主片输出 INT 信号。

（5）主片在其 IRQ 输入引脚上收到来自从片的 INT 信号，设置对应的 IRR 位，处理之后向 CPU 输出 INT 信号。

（6）CPU 接受 INT 信号，输出第一个 INTA#（中断响应）脉冲，进入第一个 INTA#周期。

（7）主片在收到第一个 INTA 时，从 CAS0～CAS2 输出请求中断的从片的地址。

（8）随着第一个 INTA#脉冲的收到，主片和从片都将最高优先级所对应的 IRR 位清除，并设置对应的 ISR 位。

（9）CPU 输出第二个 INTA#脉冲进入第二个中断响应周期，从片在这个周期中将一个中断向量码输出到数据总线。

（10）CPU 读取该中断向量码，根据中断向量码转移到相应的中断处理程序。

这样中断响应周期就结束了。如果 8259A 在初始化时被设置成 AEOI（自动中断结束）方式，则在第二个 INTA 周期结束时主片和从片都会将中断源在 ISR 中的对应位清除，否则需要由软件在中断服务程序中向主片和从片分别发送 EOI（中断结束）命令清除 ISR 中的对应位。

7.3 8259A 的程序设计

8259A 是可编程的中断控制器，可以根据需要通过软件来设置它的工作方式。8259A 的程序设计是通过使用两种命令字来完成的。这两种命令字由 4 个初始化命令字和 3 个操作命令字组成。由于 8259A 只有两个地址（奇地址 A0=1 和偶地址 A0=0），但却有多个命令字，因此各命令字的设置要求按一定的顺序，这点在程序设计时必须注意。

7.3.1 初始化命令字 ICW

ICW 是初始设定时使用的命令字。它包括 ICW1～ICW4 4 种命令字，用于设置 8259A 的工作方式、中断向量的高 5 位等。初始化命令字的设置过程如图 7-4 所示。

初始化命令字 ICW

无论 8259A 处于什么状态，只要命令字的第 4 位写“1”，且写入偶地址（A0 为 0），8259A 就认为是 ICW1 命令字，而且将其后写入奇地址的 1～3 字节的命令字作为 ICW2～ICW4。如果 8259A 单独使用，初始化时不需要 ICW3。ICW4 的有无受 ICW1 的 D0 控制，当 ICW1 的 D0 位为 1 时需要 ICW4，否则不需要。

初始化命令字 ICW1～ICW4 的格式如图 7-5 所示，各位的意义解释如下。

1．ICW1

（1）D7～D5：这几位在 8086/8088 系统中不用，可以为 1，也可以为 0。但它们在 8080/8085 系统中被使用，与 ICW2 的 8 位一起组成中断服务程序的页面地址，此时，这里的 D7～D5 作为 A7～A5，而 ICW2 的 8 位作为 A15～A8。

（2）D4：此位总为 1，用于指出这是初始化命令字 ICW1，而不是操作命令字 OCW2 和 OCW3。因为 OCW2 和 OCW3 与 ICW1 具有同一地址（偶地址），所以通过命令字中的 D4 来区分。

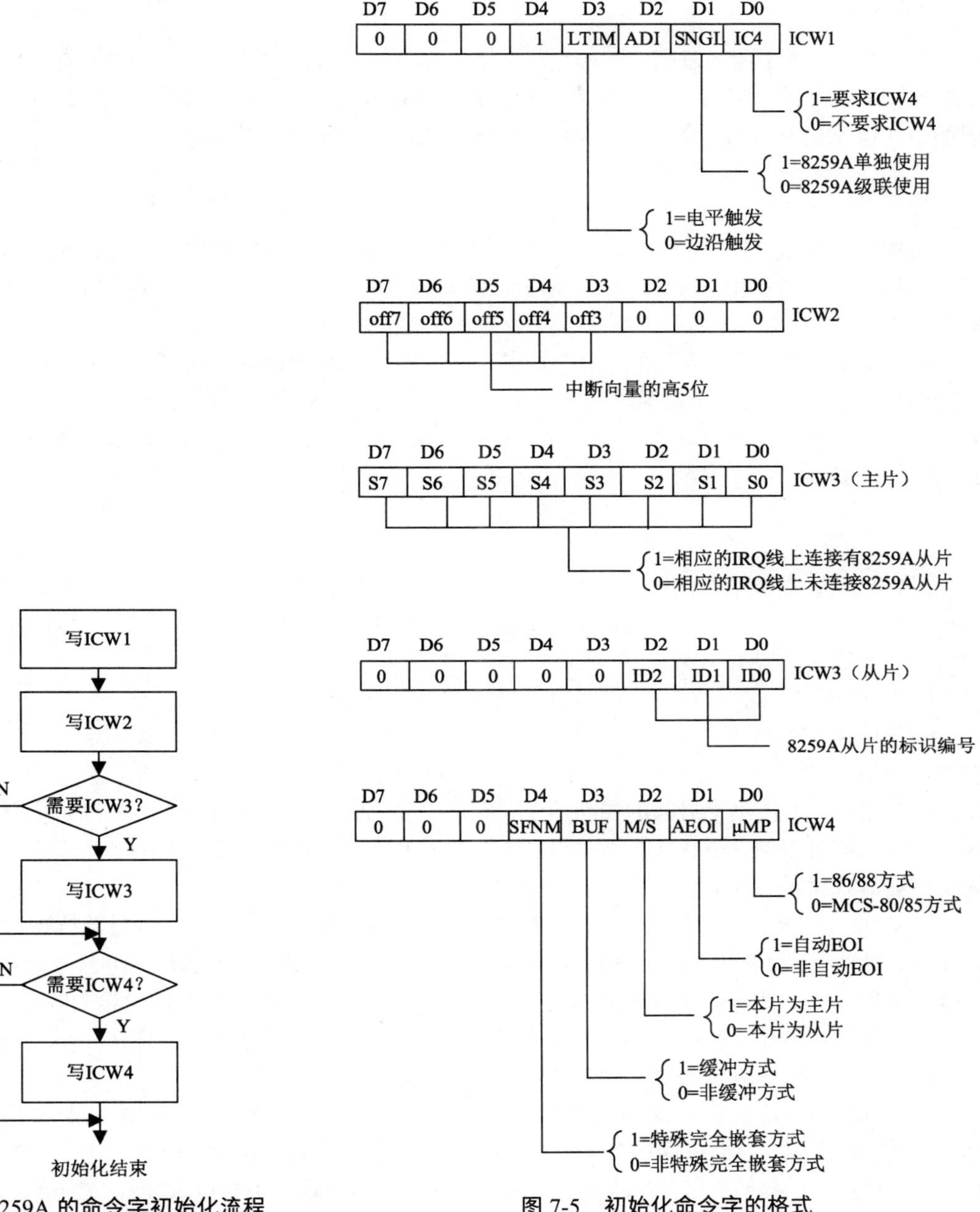

图 7-4　8259A 的命令字初始化流程　　图 7-5　初始化命令字的格式

（3）D3：LTIM 位，用于设定中断请求信号的形式。LTIM=0 表示中断请求为边沿触发，否则为电平触发。

（4）D2：ADI 位，该位在 8086/8088 中不用，可以为 0，也可以为 1。

（5）D1：SNGL 位，该位指出本片 8259A 是单独使用，还是与其他 8259A 级联使用。SNGL=1 表示 8259A 单独使用，否则是级联使用。

（6）D0：IC4 位，该位指出后面是否将设置 ICW4。IC4=0 表示不设置 ICW4，IC4=1 表示设置 ICW4。8259A 用在 8086/8088 系统时必须设置 ICW4，这时该位必须为 1。

2．ICW2

ICW2 是设置中断向量码的初始化命令字，它必须在 ICW1 之后写入端口的奇地址中。实际上中断向量码的取值不但与 ICW2 有关，也和引入中断的中断输入引脚 IRQ0～IRQ7 有关。中断向量码的高 5 位就是 ICW2 的高 5 位，而低 3 位的值取决于中断输入引脚的序号。

3．ICW3

ICW3 是标志主/从片的初始化命令字，因此只有多片 8259A 级联使用时，才用到该命令字，8259A 单独使用时不用 ICW3。如果多片 8259A 级联使用，ICW3 必须紧跟在 ICW2 之后写入端口的奇地址。

ICW3 各位的意义与本片在系统中是主片还是从片有关。当本片是主片时，D7～D0 对应 IRQ7～IRQ0 引脚上的从片的连接情况，如果一个引脚连接了一个从片，则对应位就设为 1，则否设为 0。如果本片是从片，则该命令字的 D7～D3 不用，D2～D0 位放一个编码，该编码表示从片连接到主片引脚的序号。

4．ICW4

ICW4 是方式控制初始化命令字，它必须紧接在 ICW2 之后（8259A 单独使用时），或在 ICW3 之后（8259A 级联使用时）写入端口的奇地址中。不过 ICW4 并不总是需要的，只有在 ICW1 的 D0 位为 1 时才需要设置 ICW4。

（1）D7～D5：这 3 位总为 0，用来作为 ICW4 的标识码。

（2）D4：SFNM 位，如果该位为 1，则为特殊完全嵌套方式；否则为非特殊完全嵌套方式。8259A 在通常的方式（完全嵌套方式）下，从 IRQ 输入端接受一次中断请求之后，在 EOI 命令使 ISR 复位之前，不再接受后面的中断请求。但是当 8259A 作为主片使用时，在对同一个从片来的中断进行服务的过程中，还必须能够对同一个从片上另外的 IRQ 输入端来的中断请求进行服务。特殊完全嵌套方式就是为此而设计的，从而实现了多重中断的方式。

（3）D3：BUF 位，该位为 1，则为缓冲方式。在缓冲方式下，8259A 通过总线驱动器和数据总线相连，此时 SP#/EN#引脚作为输出端来用，在 8259A 与 CPU 之间传输数据时， SP#/EN#使数据总线驱动器启动。如果 8259A 不通过总线驱动器和数据总线相连，BUF 应设置为 0。

（4）D2：M/S 位，此位在缓冲方式下用于指定本片是主片还是从片。即 BUF=1 时，M/S=1，表示本片为主片，M/S=0 则表示本片为从片。当 BUF=0 时，该位不起作用。

（5）D1：AEOI 位，该位为 1 则设置自动中断结束方式。在自动中断结束方式下，当第二个 INTA#脉冲结束时，当前中断服务寄存器 ISR 中的相应位会自动清除，所以一进入中断，在 8259A 看来，中断处理过程似乎已经结束了，从而允许其他任何级别的中断请求进入。当该位设置为 0 时，必须由软件在中断服务程序中将 ISR 中的相应位清除。

（6）D0：μPM 位，指定 CPU 的类型。该位为 1 表示 CPU 为 8086/8088 型，为 0 则表示 CPU 为 8080/8085 型。

设置 ICW 的一个典型的程序段如下，这里假定 8259A 的偶数地址为 20H，奇地址为 21H。

```
MOV   AL，13H        ;8259A 单独使用，边沿检测，不需要 ICW3
OUT   20H，AL
MOV   AL，18H        ;ICW2，设置中断向量的高 5 位
OUT   21H，AL
MOV   AL，0DH        ;ICW4，表示不使用特殊完全嵌套方式，使用缓冲方式
OUT   21H，AL        ;作为主控制器用且需要 EOI 命令
```

7.3.2 操作命令字 OCW

OCW 是在操作过程中给出的命令字，初始设定结束后的命令都可以看作是 OCW 命令。共有 3 种 OCW 命令字，操作命令字的格式如图 7-6 所示。

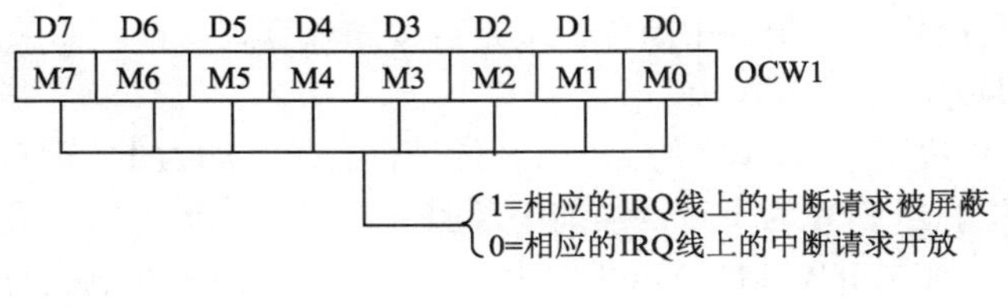

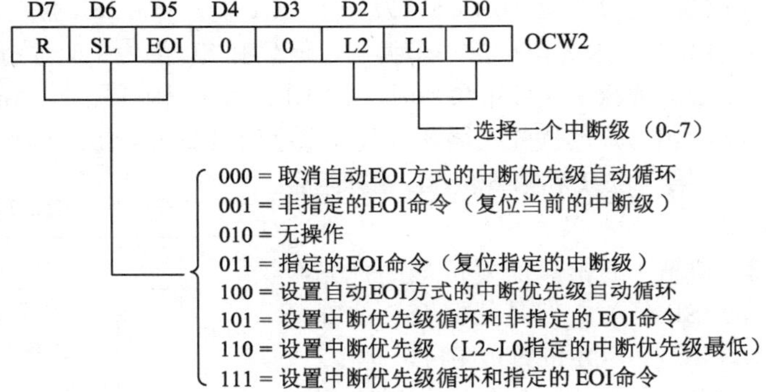

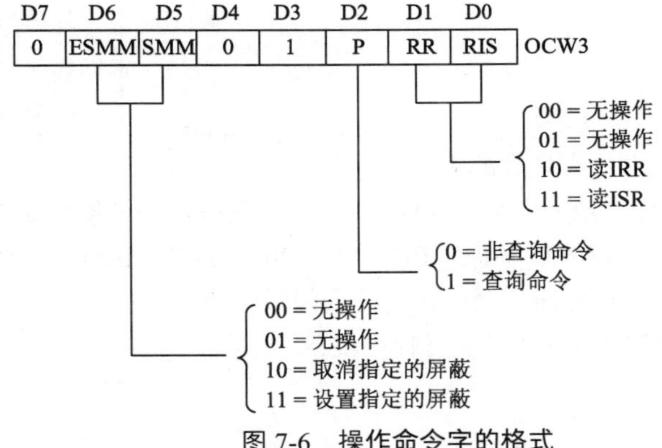

图 7-6　操作命令字的格式

1．OCW1

OCW1 是中断屏蔽寄存器 IMR 置位、复位的命令字，称为中断屏蔽命令字。

如果某条中断请求输入线对应的屏蔽位为 1，该条线上的中断请求就被封锁了。通过 8259A 的奇数地址（A0=1）输出给 8259A 的一个字节就是 OCW1。

例如以下代码。

```
MOV   AL，13H
OUT   21H，AL
```

执行这两条指令就把 IRQ0、IRQ1 和 IRQ4 上的中断请求封锁了（这里 21H 为 8259A 的奇数地址）。

2. OCW2

OCW2 是用来设置中断优先级循环方式和发送 EOI 的命令字。

该命令字必须通过端口的偶地址送给 8259A。通过偶地址输出给 8259A 的命令字被解释为 ICW1、OCW2 或 OCW3。这 3 个命令是靠命令字的第 3、4 位区分的（见图 7-5 和 7-6）。D4、D3=00 是 OCW2，D4、D3=01 是 OCW3，D4=1 是 ICW1。

（1）D7：R 位，该位决定了系统的中断优先级是否按循环方式设置。如果为 1，表示采用优先级循环方式;如果为 0，则为非循环方式。

（2）D6：SL 位，该位决定了 OCW2 的 L2～L0 位是否有效，如为 1，则有效，否则为无效。

（3）D5：EOI 命令位。当 EOI 为 1 时，当前中断服务寄存器 ISR 中的对应位复位。如前所述，ISR 位是由中断请求置位，如果 ICW4 的 AEOI 位为 1，当 CPU 给出中断响应时，8259A 自动将 ISR 位清除，但如果 AEOI 位为 0，那么必须由 CPU 发一个 EOI 命令来将 ISR 位清除。

（4）D2～D0：L2～L0 位。这 3 位指定一个编码，但只有 SL 位为 1 时才有效。L2～L0 位有两个用处，一是当 OCW2 给出特殊中断结束命令时，L2～L0 指出具体要清除当前中断服务寄存器中的哪一位;二是当 OCW2 给出特殊的优先级循环方式命令字时，L2～L0 指出哪个中断的优先级最低。

当 EOI 命令给出时，第 7 位 R 和第 6 位 SL 4 种组合的意义见表 7-1。

表 7-1 OCW2 R 和 SL 位的意义

R	SL	意 义
0	0	不指定，正常优先级方式（IRQ0>IRQ1>…>IRQ7）
0	1	复位由 L2～L0 指定的 ISR 位
1	0	优先级循环左移一级
1	1	循环优先级方式，L2～L0 指定的中断级优先级最低

尽管 OCW2 的第 5 位置 1 通常只能复位最高优先级的 ISR 位（最近设置的 ISR 位），但是任何 ISR 位都可以通过把 OCW2 的 R、SL 和 EOI 位置成 011，把 L2～L0 设置为要复位的 ISR 位来复位。例如执行以下程序段将把 ISR 的第 3 位复位。

```
MOV   AL, 01100011B
OUT   20H, AL
```

通常 IRQ0 线上的中断请求具有最高的中断优先级，IRQ1 次之。但是，可以通过 OCW2 把任一 IRQ 级指定为优先级最低来使优先级循环变化。例如，把 IRQ4 指定为优先级最低，优先级的顺序将为 IRQ5 > IRQ6 > IRQ7 > IRQ0 > IRQ1 > IRQ2 > IRQ3 > IRQ4（即 IRQ5 的优先级最高）。把某 IRQ 级指定为优先级最低是通过把 R 和 SL 设置为 11，把 L2～L0 设置为指定的 IRQ 级来实现的。例如，执行程序段：

```
MOV   AL, 11100100B
OUT   20H, AL
```

将把 IRQ4 指定为优先级最低，从而实现上述优先级的要求。

除了采用上述方法改变优先级外，还可以通过使 R 和 SL 为 10 来使优先级在原来的基础上循环左移一级。例如，假定现在 IRQ5 具有最高优先级，执行程序段：

```
MOV   AL, 10100000B
OUT   20H, AL
```

将优先级顺序变为 IRQ6 > IRQ7 > IRQ0 > IRQ1 > IRQ2 > IRQ3 > IRQ4 > IRQ5。

当 EOI 位为 0 时，R 和 SL 位同样有意义。在这种情况下，如果 ICW4 的 AEOI 为 1，那么 R=1，SL=0 将使优先级自动循环；而 R=SL=0 将取消这种动作，也就是使自动循环不再发生。R=SL=1，EOI=0 只把 L2～L0 表示的 IRQ 级指定为优先级最低，但不执行 EOI 操作。最后一种组合，R=0，SL=1，EOI=0 不产生任何动作。

3．OCW3

OCW3 是指定屏蔽方式和读内部寄存器的命令字。

（1）D6：ESMM 位，特殊屏蔽模式允许位。

（2）D5：SMM 位，特殊屏蔽模式位。

ESMM 和 SMM 位用于取消上述的优先级方式。如果把一个 ESMM 和 SMM 位都为 1 的字节作为 OCW3 输出，那么，此后对那些未被封锁的中断请求将按照它们请求的顺序处理。令 ESMM 和 SMM 位都为 0，则使 8259A 返回到原来的优先级方式。

（3）D2：P 位，查询方式位。当 P 位为 1 时，使 8259A 设置为查询方式（这种方式假定 CPU 不能接受中断）。在查询方式下，CPU 不是靠接收中断请求信号来进入中断处理过程，而是靠发送查询命令读取查询字来获取外部设备的中断请求信息。查询命令就是通过使 OCW3 的 P 位为 1 来构成的。当 CPU 发出查询命令后，再执行一条输入指令（就是一个读信号 RD#送到 8259A），8259A 收到这个读信号就像收到两个 INTA#脉冲一样，使当前中断服务寄存器 ISR 中的某一位置 1，并将查询字送到数据总线。

例如，发出 P 位为 1 的 OCW3 命令字之后的第一个读命令，CPU 将得到这样一个字节：

I	×	×	×	×	W2	W1	W0

这里，I=1 表示有一个中断请求存在，最高中断级由 W2～W0 给出；I=0 表示无中断请求存在。例如，如果 P=1，优先级顺序是 IRQ3 > IRQ4 > IRQ5 >IRQ6 > IRQ7 > IRQ0 > IRQ1 > IRQ2，此时有两个中断出现在 IRQ4 和 IRQ1 上，那么执行指令

```
IN   AL，20H
```

之后，AL 的内容是 1×××100。

（4）D1：RR 位，P 位为 0，该位为 1，用于构成读 8259A 内部寄存器的命令。

（5）D0：RIS 位，寄存器选择位。为 1 选择 ISR，为 0 选择 IRR。

P=0，RR=1 时，是读 IRR 或 ISR 的命令。是读 ISR 还是读 IRR 是由 RIS 位决定的，如果 RIS=0 则读 IRR，否则读 ISR。IMR 的内容可以通过 8259A 的奇地址随时读入。以下是读 IRR、ISR 和 IMR 寄存器内容的例子。

① 读 IRR

```
MOV   AL，00001010B
OUT   20H，AL
IN    AL，20H         ;AL 中是 IRR 的内容
```

② 读 ISR

```
MOV   AL，00001011B
OUT   20H，AL
IN    AL，20H         ;AL 中是 ISR 的内容
```

③ 读 IMR

```
IN    AL，21H         ;AL 中是 IMR 的内容
```

7.4 8259A 在 IBM PC 系列机中的应用

7.4.1 8259A 在 PC、PC/XT 中的应用

PC、PC/XT（或长城 0520）使用单片 8259A 管理中断。系统分配给 8259A 的地址是 20H 和 21H。各中断源与 8259A 的对应关系如表 7-2 所示。系统初启时，已经对 8259A 进行了初始化，所以，用户在编写自己的中断处理程序时可不用再对 8259A 重新初始化。以下是系统对 8259A 进行初始化的程序。

```
MOV   AL，13H    ;8259A 单独使用，边沿检测，不需要 ICW3
OUT   20H，AL
MOV   AL，08H    ;ICW2，设置中断向量的高 5 位，
OUT   21H，AL    ;使 IRQ0～IRQ7 分别对应 INT 08H 到 INT 0FH
MOV   AL，09H    ;ICW4，指定缓冲和非 AEOI 方式
OUT   21H，AL
```

该程序将 8259A 设置为边沿检测方式，中断向量的高 5 位设置为 00001，即令 IRQ0～IRQ7 的向量码分别为 8、9、……、F。由于没有将 8259A 设置为自动 EOI 方式，因此用户在编写中断服务程序时，切记在程序的末尾放上发送 EOI 命令的指令。

表 7-2　PC、IBM PC/XT 的中断源与 8259A 的关系

8259A 输入	中断向量码	申请中断的设备
IRQ0	08H	8253 计时器
IRQ1	09H	键盘
IRQ2	0AH	（保留）
IRQ3	0BH	第二异步通信接口（或 SDLC 接口）
IRQ4	0CH	第一异步通信接口（或 SDLC 接口）
IRQ5	0DH	硬盘
IRQ6	0EH	软盘
IRQ7	0FH	并行打印机

7.4.2 8259A 在 PC/AT 中的应用

PC/AT 和 80386、80486 等型号的微型计算机使用两片 8259A 来管理中断，一片为主片，另一片为从片，从片接在主片的 IRQ2 上。两片 8259A 共可为系统提供十五级中断请求。系统分配给主片的地址为 20H 和 21H，从片的地址为 0A0H 和 0A1H。各中断源与 8259A 的对应关系如表 7-3 所示。

表 7-3　PC/AT 的中断源与 8059A 的关系

8259A 输入	中断向量码	申请中断的设备
IRQ0	08H	8254 计时器
IRQ1	09H	键盘
IRQ2	0AH	从属 8259A 的中断申请
IRQ3	0BH	第二异步通信接口（或 SDLC 接口）
IRQ4	0CH	第一异步通信接口（或 SDLC 接口）
IRQ5	0DH	第二并行打印机
IRQ6	0EH	软盘
IRQ7	0FH	第一并行打印机
IRQ8	70H	实时时钟
IRQ9	71H	软件重新指向 INT　0AH（IRQ2）
IRQ10	72H	保留
IRQ11	73H	保留
IRQ12	74H	保留
IRQ13	75H	协处理器
IRQ14	76H	硬盘
IRQ15	77H	保留

系统在初启时，已经对两个 8259A 进行了初始化，下面是系统对 8259A 的初始化程序。

```
  ;  初始化主 8259A
    MOV   AL，11H  ;ICW1，8259A 级联使用，边沿检测
    OUT   20H，AL
    MOV   AL，08H  ;ICW2，设置中断向量的高 5 位，
    OUT   21H，AL  ;使 IRQ0～IRQ7 分别对应 INT08H 到 INT0FH
    MOV   AL，04H  ;ICW3，在 IRQ2 上接有一从属 8259A
    OUT   21H，AL
    MOV   AL，05H  ;ICW4，指定非 AEOI 方式
    OUT   21H，AL
;  初始化从 8259A
    MOV   AL，11H  ;ICW1，8259A 级联使用，边沿检测
    OUT   0A0H，AL
    MOV   AL，70H  ;ICW2，设置中断向量的高 5 位，
    OUT   0A1H，AL;使 IRQ8～IRQ15 分别对应 INT70H 到 INT77H
    MOV   AL，02H  ;ICW3，表示该从片接在主片的 IRQ2 上
    OUT   0A1H，AL
    MOV   AL，01H  ;ICW4，指定非 AEOI 方式
    OUT   0A1H，AL
```

上面的程序将主片的中断向量设置为 08H，因此，IRQ0～IRQ7 上中断请求的向量码分别为 8、9、……、0FH。从片的中断向量被设置为 70H，即使 IRQ8～IRQ15 的中断请求分别对应 70H、71H、……、77H。

7.5 小结

本章首先介绍了中断的基本概念，包括中断请求与中断源、中断系统应具有的功能和中断响应等，其次介绍了 80×86 系列微型计算机的中断系统，最后介绍了中断接口芯片 Intel 8259A，包括其引脚结构、内部结构、编程方法及其在 IBM PC 系列机上的应用情况。

8259A 是一种可编程的中断控制器，它既可以单独使用，也可以级联使用。单独使用时可管理 8 级中断，级联使用时最多可管理 64 级中断。PC 和 PC/XT 上只用了一片 8259A，PC/AT 机则是两片 8259A 级联使用的。

对 8259A 的编程是通过设置两组命令字完成的，这两组命令字分别是初始化命令字和操作命令字。

此外，正确理解 86 系列微型计算机上中断向量表和中断服务程序入口的关系以及在外设申请中断时 CPU 如何暂停当前程序的执行而转入中断服务程序也是非常重要的。

7.6 思考题

1. 什么是中断？
2. 86 系列 CPU 响应中断的条件是什么？
3. 86 系列 CPU 响应中断时，硬件自动完成了哪些工作？
4. 中断向量表的作用是什么？
5. IBM PC 系列机中主要的中断源有哪些？
6. 86 系列 CPU 响应中断的条件是什么？
7. 试述 86 系列 CPU 响应中断而转入中断服务程序的过程。
8. 软件中断与硬件中断有什么区别？
9. 什么是 EOI 命令？什么是 8259A 的自动 EOI 方式？
10. 8259A 只有两个地址，它如何识别给它的 4 个初始化命令字和 3 个操作命令字？

7.7 实验设计

1. 写一段程序使 8259A 的中断优先级变为 IRQ4 > IRQ5 > IRQ6 > IRQ7 > IRQ0 > IRQ1 > IRQ2 > IRQ3，要求使用两种不同的方法。一种方法假定 8259A 的现行最高优先级为 IRQ0，另一种方法假定 8259A 的现行最高优先级是 IRQ3。假定 8259A 的地址是 80H 和 81H。
2. 编写一个程序段屏蔽 IRQ3 和 IRQ5 上的中断请求，但不允许改变其他中断请求。
3. 编写一个程序段读出 ISR 的内容。

第 8 章 DMA 接口

8.1 DMA 概述

8.1.1 DMA 简介

如前所述，CPU 与外部设备之间的数据传送有 3 种基本方式，即程序查询方式、中断控制方式、直接存储器存取（DMA）方式。

中断控制方式和程序查询方式相比有许多优点，它可以使 CPU 不必等待 I/O 操作完成，从而提高了 CPU 的工作效率。但无论是程序查询方式的 I/O，还是中断控制方式的 I/O，从本质上看，都是 CPU 执行指令来完成数据的输入与输出。在这种情况下，由 CPU 经地址线和控制线发出地址码和读写信号，将要传送的数据送到数据总线，放入 CPU 的累加器或寄存器中，然后由 CPU 将这些暂存的数据送入外部设备或存储器。用这种方式传送数据块，每个字节平均需要几 μs 到几十 μs 的时间（包括修改地址指针，检查数据块的传送是否完毕，如果是中断控制方式，还应包括保护现场和恢复现场的时间），这显然不适合高速传输数据的场合。以计算机网络中的 CPU 与网卡之间的数据传送为例，高速以太网的数据传送速率已达到 100Mbps 甚至 1 000Mbps，而用程序方式或中断控制方式在 CPU 与网卡之间的数据传送最高也达不到每秒 1MB，很显然，在这种场合，CPU 与外部设备（这里是网卡）之间的数据传送不应该采用程序查询方式或中断控制方式。

一种无须经过 CPU 而速度更快、效率更高的数据传送方式是直接存储器存取方式，简称 DMA 方式。对数据传送过程进行控制的硬件称为 DMA 控制器，简称 DMAC。在这种方式下，需要传送数据时，DMAC 向 CPU 提出申请，CPU 让出总线控制权，DMAC 直接控制地址总线、数据总线和控制总线，让存储器与高速的外部设备直接交换数据，CPU 不再干预，这样大大减少了中间环节，提高了数据传输速度。

8.1.2 DMAC 的基本功能

DMAC 实际上是一种具有单一功能的专用处理器，为了完成直接数据传送操作，DMAC 应具有以下基本功能。

（1）能接受 CPU 的编程，以便进行功能设定。

（2）能向 CPU 发出 DMA 请求信号。

（3）CPU 响应 DMA 请求信号之后，DMAC 能接管总线，进入 DMA 有效周期。

（4）能向地址总线发出地址信号。

（5）能向控制总线发出读或写的控制信号。

（6）能控制传送数据的字节数。

（7）能判断 DMA 操作是否结束，结束时发出 DMA 结束信号，释放总线，以使 CPU 接管总线，恢复原来的操作。

8.1.3 DMAC 的工作过程

下面以外部设备将数据送入存储器为例说明 DMAC 的工作过程。

（1）CPU 对 DMAC 进行功能设定，送入存储器的起始地址、数据长度等控制参数，然后外部设备向 DMAC 发出请求信号。

（2）DMAC 向 CPU 发出 DMA 请求信号。

（3）CPU 执行完现行的总线周期后，向 DMAC 发出响应请求的回答信号。

（4）CPU 将控制总线、地址总线、数据总线让出，由 DMAC 控制。

（5）DMAC 向外部设备发出 DMA 请求的回答信号。

（6）进行 DMA 传送，即由 DMAC 发出 I/O 读信号把数据读到数据总线上，然后向地址总线发出存储器地址，向控制总线发出写控制信号，把数据总线上的数据写入指定的内存单元。

（7）重复第（6）步，直至设定的字节数传送完毕。

（8）DMA 撤除向 CPU 的请求信号，CPU 重新控制总线，重新开始正常运行。

DMA 本来是用来在存储器与外部设备之间直接传送数据的，但随着大规模集成电路的发展，有的 DMAC 还能控制在任意两个设备之间交换数据，如外部设备与外部设备之间、存储器与存储器之间等。后面将要介绍的 Intel 8237 DMAC 就具有控制在存储器之间进行数据块传送的功能，不过由于 80386、80486 CPU 本身具有 32 位带宽的数据总线，且具有数据块传送指令，所以 8237 DMAC 的这种功能在 IBM PC 系列机中很少使用。

通常在微型计算机系统中的图像的显示，图像、声音数据的采集，磁盘数据的存取等高速数据传送场合都使用 DMA 传送方式。下面就以在 IBM PC 系列机中广泛使用的 8237A DMAC 为例来介绍 DMAC 的结构、功能和编程方法。

8.2 Intel 8237A DMAC

8.2.1 8237A 的引脚信号

8237A 具有 40 引脚的 DIP 封装形式。图 8-1 是 8237A 的引脚图。80386 和 80486 CPU 使用的多是与其他功能芯片（如 8259A、8253/8254 等）做到一起的一块大规模集成电路，但其功能与这里介绍的 8237A 一样。

（1）IOR#：IO 读信号。这是一个双向三态信号，在 8237A 空闲周期，它是一个由 CPU 使用的、用来读 8237A 内部寄存器的输入控制信号；在 8237A 的 DMA 周期，它是一个由 DMAC 使用的、用来在 DMA 写传送期间读取来自外部设备数据的输出控制信号。

（2）IOW#：IO 写信号。这是一个双向三态信号，在 8237A 空闲周期，它是一个由 CPU 使用的、用来将控制信息装入 8237A 内部寄存器的输入控制信号，在 8237A 的 DMA 周期，它是一个由 DMAC

使用的、用来在 DMA 读传送期间将数据装入外部设备电路的输出控制信号。

（3）MEMR#：存储器读信号。这是一个三态输出信号，在 DMA 读或存储器至存储器传送期间，用来从被选中的存储单元读数据。

（4）MEMW#：存储器写信号。这是一个三态输出信号，在 DMA 写或存储器至存储器传送期间，用来将数据写入被选中的存储单元。

（5）READY：准备信号。这是一个输入信号，当所使用的存储器或外部设备速度比较慢时，需要延长传输时间，此时 READY 处于低电平，当传输完毕时，READY 变为高电平，表示存储器或外部设备准备好了。

（6）HLDA：保持响应信号。这是一个输入信号，它是 CPU 对总线请求信号 HRQ 的应答信号。它由 CPU 发至 DMAC，有效时，表示 CPU 已经让出总线。

信号	引脚	8255A	引脚	信号
IOR#	1		40	A7
IOW#	2		39	A6
MEMR#	3		38	A5
MEMW#	4		37	A4
Vcc	5		36	EOP#
READY	6		35	A3
HLDA	7		34	A2
ADSTB	8		33	A1
AEN	9		32	A0
HEQ	10		31	Vcc
CS#	11		30	DB0
CLK	12		29	DB1
RESET	13		28	DB2
DACK2	14		27	DB3
DACK3	15		26	DB4
DREQ3	16		25	DACK0
DREQ2	17		24	DACK1
DREQ1	18		23	DB5
DREQ0	19		22	DB6
GND	20		21	DB7

图 8-1 8237A 的引脚

（7）ADSTB：地址选通信号。这是一个输出信号，有效时，DMAC 将当前地址寄存器中的高 8 位地址送到外部锁存器。

（8）AEN：地址输出允许信号。这是一个输出信号，有效时，使地址锁存器中尚存的高 8 位地址输出至地址总线，与 DMAC 直接输出的 8 位地址共同构成内存单元地址的偏移量。AEN 也使与 CPU 相连的地址锁存器无效，这样保证了地址总线上的信号来自 DMAC，而不是来自 CPU。

（9）HRQ：总线请求信号。这是一个输出信号。当外部设备的 I/O 接口要求 DMA 传输时，向 DMAC 发送 DREQ，如果相应通道的屏蔽位为 0，则 DMAC 的 HRQ 端变为有效，从而向 CPU 提出总线请求。

（10）CS#：片选。输入信号，有效时，8237A 被选中。

（11）CLK：时钟输入端。它控制 8237A 内部的操作和数据传输速度。

（12）RESET：复位输入端。该信号有效时，8237A 复位，屏蔽寄存器被置为 1，其他寄存器均清 0。

（13）DACK：DMA 应答信号。这是 DMAC 送给外部设备 I/O 接口的回答信号，每个通道对应一个 DACK 信号引脚。DMAC 获得 CPU 送来的保持响应信号 HLDA 之后，就生产 DACK 信号送至相应外设接口。该信号的极性可以通过编程选择。

（14）DREQ：通道 DMA 请求输入信号。这是外部设备送给 DMAC 的请求信号，每个通道对应一个 DREQ 信号引脚。当外部设备的 I/O 接口要求 DMA 传输时，便使 DREQ 处于有效电平，直到 DMAC 送出 DMA 应答信号 DACK 后，I/O 接口才能撤除 DREQ 的有效电平。该信号的有效电平可以通过编程选择。

（15）EOP#：DMA 传输过程结束信号。这是一个双向信号，当由外部向 DMAC 传送一个 EOP 信号时，DMA 传输过程被外部强制性结束；另一方面，DMAC 的任意通道中的计数结束时，都会从该引脚输出一个有效电平，作为 DMA 传输的结束信号。无论是从外部终止 DMA 过程，还是内部计数结束引起终止 DMA 过程，都会使 DMAC 的内部寄存器复位。

（16）A3～A0：地址线的低 4 位。它们是双向信号线，在 8237A 空闲周期，它们由 CPU 使用，来对 DMAC 的内部寄存器寻址，这样，CPU 可以对 DMAC 进行编程；在 8237A 的 DMA 周期，它们用作输出，以提供 4 位地址。

(17) A7～A4：4位地址线。这是三态信号线，在8237A的DMA周期，它们用作输出，以提供4位地址。

(18) DB7～DB0：8位双向数据线。在8237A空闲周期，CPU可以通过使IOR#有效，从DMAC中读取内部寄存器的值送到DB0～DB7，也可以使IOW#有效，而对DMAC的内部寄存器进行编程；在8237A的DMA周期，DB7～DB0输出当前地址寄存器中的高8位地址，并通过ADSTB送入锁存器，这样与A7～A0输出的8位地址一起构成16位地址。

8237A的内部结构

8.2.2 8237A的内部结构

8237A的内部结构如图8-2所示。尽管8237A的功能有限，但却是一个相当复杂的芯片，它有4个独立的DMA通道，24个内部寄存器。表8-1列出了8237A的内部寄存器。

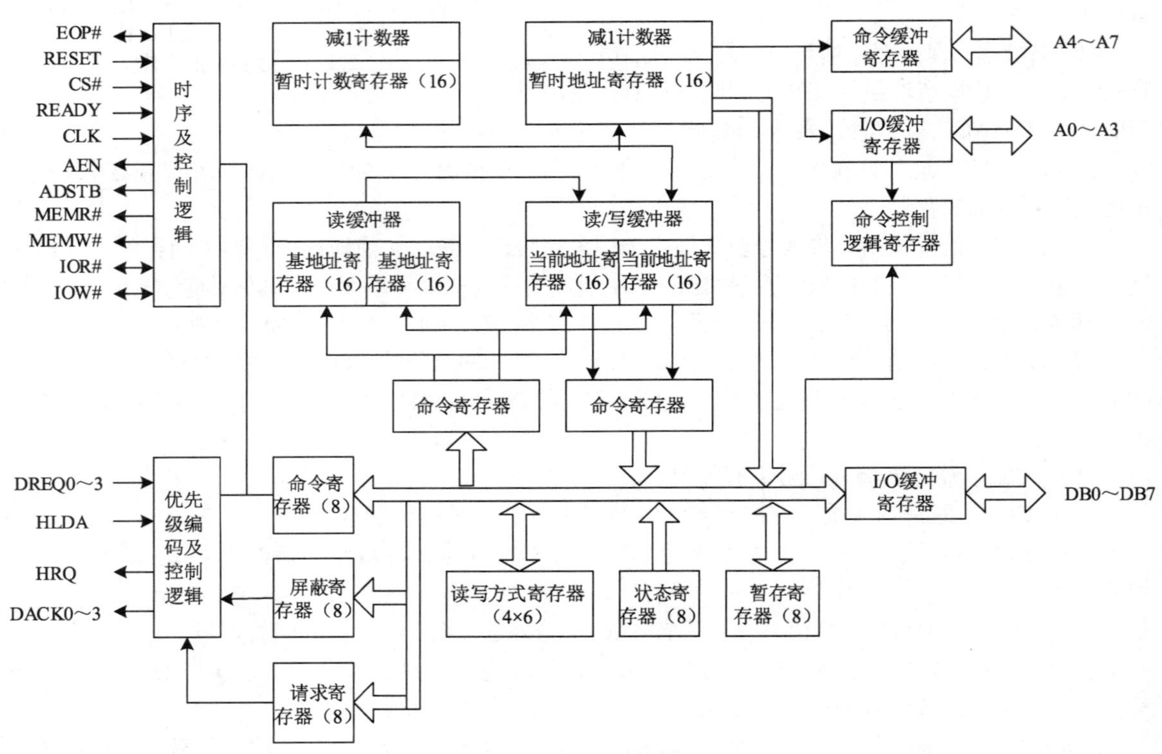

图8-2 8237A的内部结构

表8-1 8237A的内部寄存器

寄存器名称	寄存器位数	寄存器数量	寄存器名次	寄存器位数	寄存器数量
基地址寄存器	16位	4个	状态寄存器	8位	1个
基计数寄存器	16位	4个	命令寄存器	8位	1个
当前地址寄存器	16位	4个	暂存寄存器	8位	1个
当前计数寄存器	16位	4个	方式寄存器	6位	1个
暂时地址寄存器	16位	1个	屏蔽寄存器	4位	1个
暂时计数寄存器	16位	1个	请求寄存器	4位	1个

1．8237A 的内部寄存器的功能

（1）基地址寄存器

每个通道 16 位的基址寄存器存放和它们有关的当前地址寄存器的初值，在 CPU 对 8237A 编程期间，基地址寄存器的值与当前地址寄存器同时写入，即它们具有相同的写入端口地址，但 CPU 不能读出。在自动预置期间，当前地址寄存器的值恢复到其初始值。

（2）基计数寄存器

每个通道 16 位的基计数寄存器存放同一通道当前计数寄存器的初值，在 CPU 对 8237A 编程期间，基计数寄存器的值与当前计数寄存器同时写入，即它们具有相同的写入端口地址，但 CPU 不能读出。在自动预置期间，当前计数寄存器的值恢复到其初始值。

（3）当前地址寄存器

每个通道 16 位的当前地址寄存器保存 DMA 传送期间所用的地址值，每次传送之后能自动增量或减量，传送期间中间值存入当前地址寄存器。

（4）当前计数寄存器

每个通道的 16 位当前计数寄存器保存需要传送的字数，每次传送之后，该值减 1。其初始值比实际传送的值小 1，当寄存器值由 0 变为 0FFFFH 时，产生 T/C（EOP#）信号，若为自动预置方式，T/C 有效，寄存器恢复其初始值。

（5）暂时地址寄存器

暂时地址寄存器用来暂时存放当前地址，它不与 CPU 发生关系。

（6）暂时计数寄存器

暂时计数寄存器用来暂时存放当前计数，它不与 CPU 发生关系。

（7）状态寄存器

状态寄存器包含了 8237A 的状态信息，可由 CPU 读出。该状态信息在复位或读出后自动清除。状态寄存器的格式如图 8-3 所示。

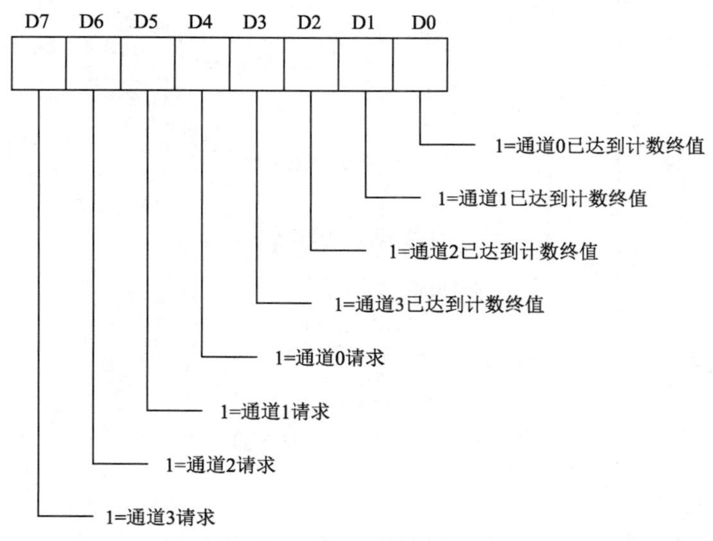

图 8-3　8237A 的状态寄存器格式

（8）命令寄存器

这是一个 8 位的寄存器，它用来规定 8237A 的某些特性，其格式如图 8-4 所示。

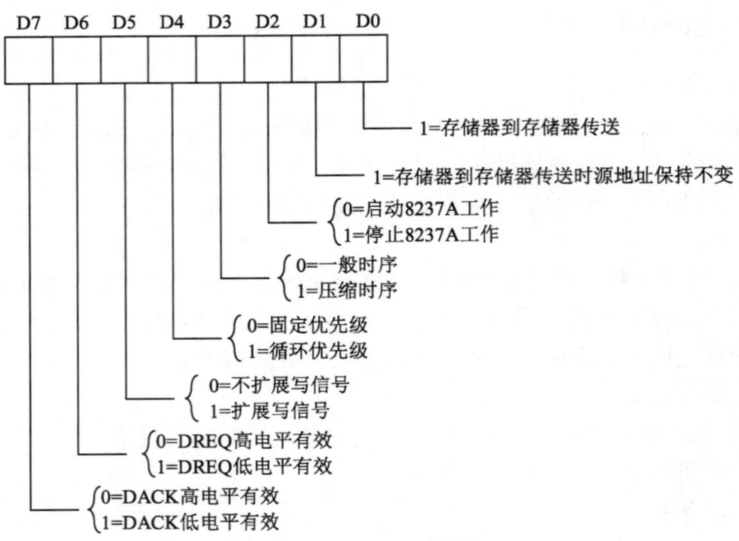

图 8-4 8237 的命令寄存器格式

（9）暂存寄存器

该寄存器仅在存储器到存储器之间传送时使用，传送操作时，它暂存传送的数据，传送完成后，最后一个传送的字节可由 CPU 编程从该寄存器读出，它在 8237A 复位时被清除。

（10）方式寄存器

这是 6 位的寄存器，共有 4 个，每个通道一个。该寄存器用来规定相应通道的操作方式，其格式如图 8-5 所示。

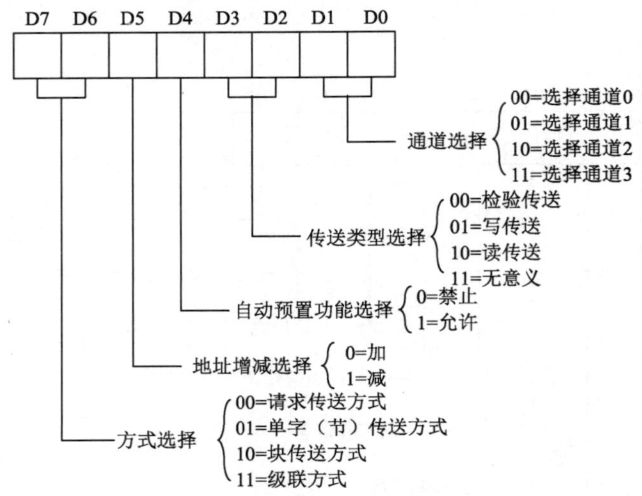

图 8-5 8237A 的方式寄存器格式

（11）屏蔽寄存器

这是一个 4 位的寄存器（还有 4 位未使用），每个通道对应一位（见图 8-7），它用于选择允许或禁止各通道接受来自外部设备的 DMA 请求。当屏蔽位为 1 时，禁止来自外部设备的 DMA 请求；屏蔽位为 0 时，允许来自外部设备的 DMA 请求。屏蔽寄存器的格式也可以如图 8-6 所示，这种格式一次只能选择一个通道。

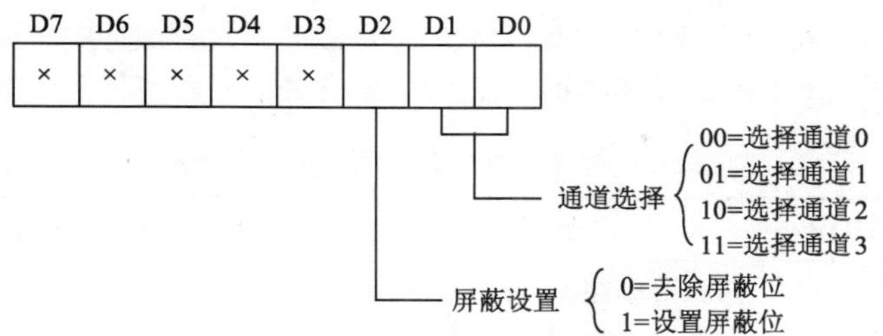

图 8-6　8237A 的屏蔽寄存器格式

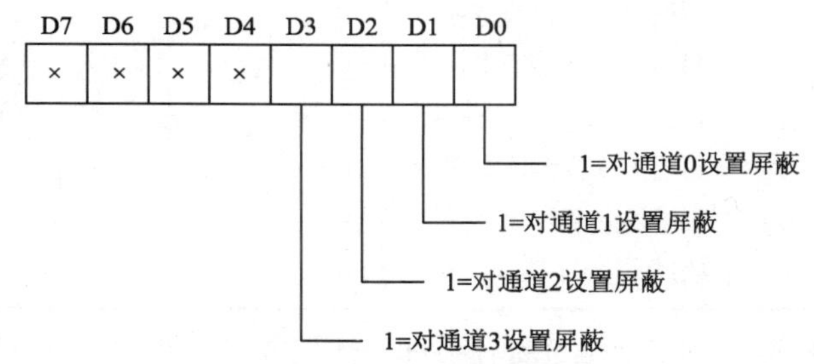

图 8-7　8237A 的综合屏蔽字格式

（12）请求寄存器

该寄存器用于在程序控制下产生一个 DMA 请求，如同外部设备产生的 DREQ 一样，它的 D1、D0 位的不同编码代表不同通道的请求，这些请求是不可屏蔽的，请求寄存器的格式如图 8-8 所示。当 DMA 传输结束时，产生一个 T/C 信号，或从外部输入一个 EOP 信号时，相应请求位被清除。只有通道工作在块传送方式时才能使用软件请求功能。

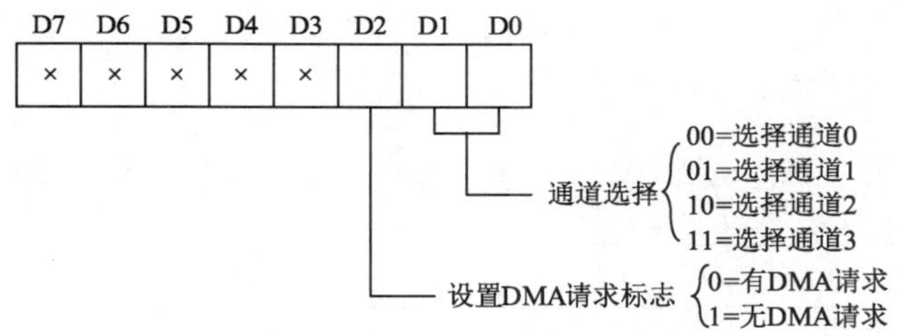

图 8-8　8237A 的请求寄存器格式

2．8237A 的先/后触发器

先/后触发器是为了控制 DMA 通道中的地址寄存器和计数寄存器而设置的。由于 8237A 只有 8 条数据线，因此，一次只能传输 8 位数据，而地址寄存器和计数寄存器都是 16 位的，所以对这些寄存器的操作要通过两次传输才能完成。如果对先/后触发器清 0，那么 CPU 往地址寄存器或计数寄存器输出数据时，第一个字节写入低 8 位，然后先/后触发器置 1，这样第二个字节写入时就写入高 8 位，并且先/后触发器自动复位为 0。为了保证能正确设置初值，应事先发出清 0 先/后触发器的命令。硬件复位和向 8237A 发送复位命令都能使先/后触发器清 0。

3．8237A 各寄存器对应的端口地址

8237A 的编程命令是通过对内部寄存器的写操作来执行的，而状态寄存器和暂存寄存器中的内容可以通过读操作读出来。在对内部寄存器进行写操作或读操作时，CPU 要在 CS#、IOR#、IOW#

和 A3～A0 地址线上送出相应的信号，这些信号决定了 8237A 是否被选中，选中之后是读操作还是写操作，对哪个寄存器进行操作。表 8-2 给出了 8237A 有关信号和各种命令的对应的关系。

表 8-2 操作命令与有关信号的对应关系

A3 A2 A1 A0	IOR#	IOW#	命令	A3 A2 A1 A0	IOR#	IOW#	命令
0 0 0 0	1	0	写通道 0 基地址寄存器	1 0 0 0	1	0	写命令寄存器
0 0 0 1	1	0	写通道 0 基计数寄存器	1 0 0 1	1	0	写 DMA 请求寄存器
0 0 1 0	1	0	写通道 1 基地址寄存器	1 0 1 0	1	0	写 DMA 屏蔽寄存器
0 0 1 1	1	0	写通道 1 基计数寄存器	1 0 1 1	1	0	写方式寄存器
0 1 0 0	1	0	写通道 2 基地址寄存器	1 1 0 0	1	0	清先/后触发器
0 1 0 1	1	0	写通道 2 基计数寄存器	1 1 0 1	0	1	读暂存寄存器
0 1 1 0	1	0	写通道 3 基地址寄存器	1 1 0 1	1	0	发复位命令
0 1 1 1	1	0	写通道 3 基计数寄存器	1 1 1 0	1	0	清除屏蔽标志
1 0 0 0	0	1	读状态寄存器	1 1 1 1	1	0	综合屏蔽命令

从表 8-2 中，我们没有看到当前地址寄存器和当前计数寄存器的端口地址，实际上，8237A 规定，CPU 访问基地址寄存器和基计数寄存器时，基地址寄存器与当前地址寄存器合用一个地址，基计数寄存器与当前计数寄存器合用一个地址。也就是说，CPU 往基地址寄存器写入时，也同时写入当前地址寄存器，往基计数寄存器写入时，同时写入当前计数寄存器。

8.2.3 8237A 的操作方式

1. 8237A 的工作时序

8237A 典型的工作时序如图 8-9 所示。

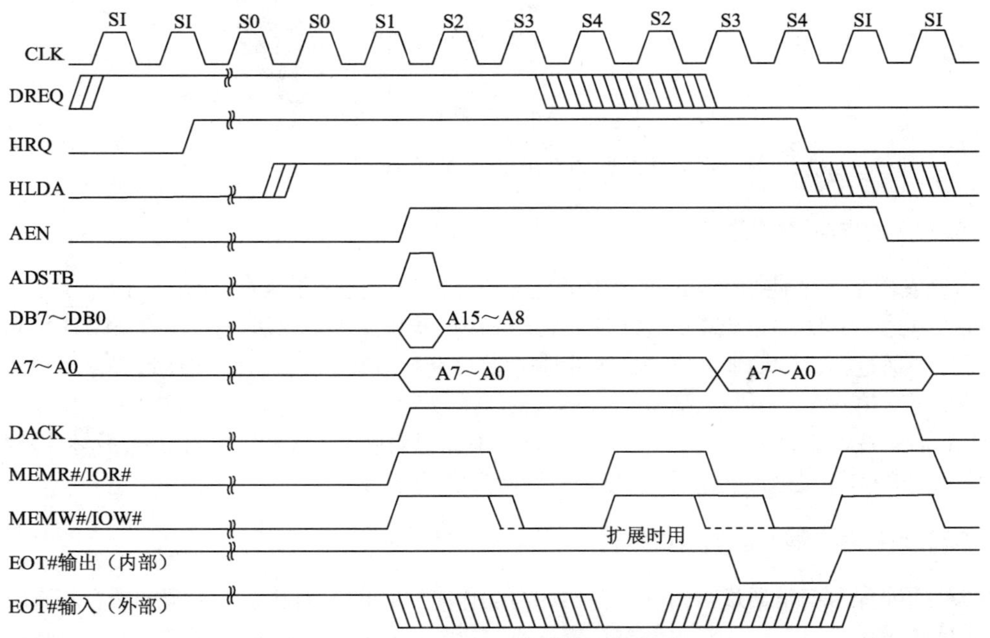

图 8-9 8237A 典型的工作时序

8237A 有两种操作周期，即空闲周期和有效周期，有效周期即 DMA 周期。每个操作周期由一定数量的时钟状态组成。8237A 有 7 种时钟状态，它们是空闲状态 SI，起始状态 S0，传送状态 S1、S2、S3、S4 和等待状态 SW。每个状态是一个时钟周期 T。

（1）空闲周期

当没有外部设备或软件请求 DMA 传送时，8237A 处于空闲周期。在空闲周期内连续执行 SI 时钟状态，个数不限。

在空闲周期内，每个时钟都要进行两种检测。

一是检测有无 CS#被选中，以确认 CPU 是否要对 8237A 的内部寄存器进行读写操作。若有，8237A 变成 CPU 的一个外部设备，进入编程状态，这时 CPU 可以对 8237A 进行读写操作。在编程状态，8237A 可以执行一组专门的软件命令，这些命令仅被译码为一组地址信号、CS#和 IOW#信号，不使用数据线。这组命令包括清先/后触发器、复位 8237A 和清除屏蔽标志。

8237A 在空闲周期内的另一个检测是有无 DMA 请求信号 DREQ，若检测出有 DREQ，8237A 就转入有效周期，同时它变成主控设备，后面的工作都由 8237A 控制进行。

（2）有效周期

有效周期的第一个状态是 S0。在这个状态下，8237A 将 HRQ 驱动为有效电平，向 CPU 发出 DMA 请求，所以 S0 状态就是总线请求状态。此状态一般要重复多次，直到 CPU 发出总线允许信号 HLDA，才使 8237A 进入 S1 状态。

在 S1 状态，8237A 传送地址允许信号，以便锁存 A15～A8。大多数情况下，这几位地址不需要改变，这时 S1 状态就被跳过去，只有在块传送跨越一个 256B 的数据块，从而需要改变 A15～A8 时，才用到 S1 状态。

S2 状态用来修改存储单元的低 16 位地址，这时 8237A 从 DB7～DB0 输出高 8 位地址，从 A7～A0 输出低 8 位地址，但高 8 位地址必须等到 S3 状态才出现在地址总线上。

如果外部设备的速度不够快，那么 S2 状态之后插入 SW 状态。

8237A 可以用两种时序之一工作，一种是普通时序，一种是压缩时序。如果用普通时序，就要用到 S3 状态，在 S3 状态将高 8 位地址送到地址总线。如果用压缩时序，就不用 S3 状态，而直接进入 S4 状态，此时只更新低 8 位地址，而不修改高 8 位地址。

在 S4 状态，8237A 对传送方式进行测试，如果不是块传送方式，也不是请求传送方式，那么测试之后立即返回到 S2 状态。这个过程一直持续到规定数量的数据传送完毕，8237A 又进入 SI 周期等待新的请求。

如果存储器与外部设备不能在 S4 周期之前完成数据传送，那么就要在硬件上通过 READY 信号使 8237A 插入 SW 状态。在 SW 周期，所有控制信号都维持不变，从而增加 DMA 的传送周期。

2．8237A 的工作方式

8237A 在进行 DMA 传送时，有 3 种工作方式，分别介绍如下。

（1）单字节传送方式

DMA 传送时，仅传送一个字节，传送之后，当前计数寄存器的值减 1，当前地址寄存器的值加 1 或减 1，并释放总线，将控制权还给 CPU，当前计数寄存器的值从 0 变成 0FFFFH 时，产生终止计数信号 T/C。如果通道编程为自动预置方式，它会自动重新装填计数值。

利用单字节传送方式也可以传送一个数据块。但是，它与块传送方式不同，在块传送方式中，整个数据块的传送是由一个 DREQ 启动的，整个数据块的传送期间，总线一直被 DMAC 所占用。在单字节传送方式下，CPU 可在两次 DMA 传送之间至少获得一个完整的总线周期。

（2）块传送方式

块传送方式由一个 DMA 请求启动传送整个一个数据块，在整个数据传送期间，系统总线一直被 DMAC 所控制，每传送一个数据，当前计数寄存器的值减 1。当计数值由 0 变成 0FFFFH 时，输出终止计数 T/C 信号。如果通道编程为自动预置方式，它会自动重新装填计数值。

在传送过程中，如果遇到外加的结束信号 EOP#，传送也会中止。

（3）请求传送方式

在请求传送方式下，8237A 被编程为连续传送，直至遇到 T/C 或外部来的 EOP#为止，或者 DREQ 不再有效为止。因此，传送可继续到外部设备将数据传送完。在结束服务时，只有 EOP#才能引起初始化。EOP#可以由 T/C 产生，也可以由一个外部信号产生。

3．8237A 的传送类型

每种有效的工作方式都对应 4 种不同的传送类型。

（1）读传送

读传送是将数据由主存储器传送至外部设备。在这种传送过程中，8237A 使用 MEMR#和 IOW#，8237A 首先使 MEMR#变为有效，将数据从存储器读至数据总线，然后再使 IOW# 变为有效将数据总线上的数据写入外部设备。

（2）写传送

写传送是读传送的反过程。在写传送中，数据从外部设备传至主存储器，在写传送过程中，8237A 使用 IOR#和 MEMW#。

（3）校验传送

检验传送是假的传送。在这种传送过程中，8237A 像读传送和写传送一样，产生地址和其他信号，然而，所有的存储器控制和 I/O 控制信号都视为无效。这种方式仅仅是为了检验 8237A 内部的寻址逻辑和控制逻辑是否正确，用户不使用这种方式。

（4）存储器到存储器传送

存储器到存储器传送就是把存储器中的一个数据块传送到另外一个存储器。为了实现这种传送，就要把源存储器的数据先送到 8237A 的暂存寄存器中，然后再将它送到目的存储器。这也就是说，存储器到存储器的传送每次要用到两个总线周期。

在进行存储器到存储器传送时，固定用通道 0 的地址寄存器存放源地址，用通道 1 的地址寄存器和计数寄存器存放目的地址和计数值。存储器到存储器传送的 DMA 请求是由通道 0 的编程发出的。在传送过程中，目的存储器的当前地址寄存器的值像通常一样进行加 1 或减 1 操作，而源存储器的当前地址寄存器的值可以通过对命令寄存器的设置而保持恒定，这样，就可将同一个数据传送至指定的整个内存区域。

4．8237A 的级联

多个 8237A 可以级联起来，用于扩展系统中的 DMA 通道的数量。8237A 的级联与 8259A 的级联类似，但是 8259A 只能级联两级，8237A 可以级联任意多级。

在将多个 8237A 级联时，将其中一个 DMAC 作为主片，其他作为从片。从片的 HRQ 和 HLDA 信号线分别与主片一个通道的 DREQ 和 DACK 信号线相连，这样从片的 DMA 请求将通过主片的一个通道的 DREQ 传给 CPU。图 8-10 给出了两级 8237A 级联的示意图。

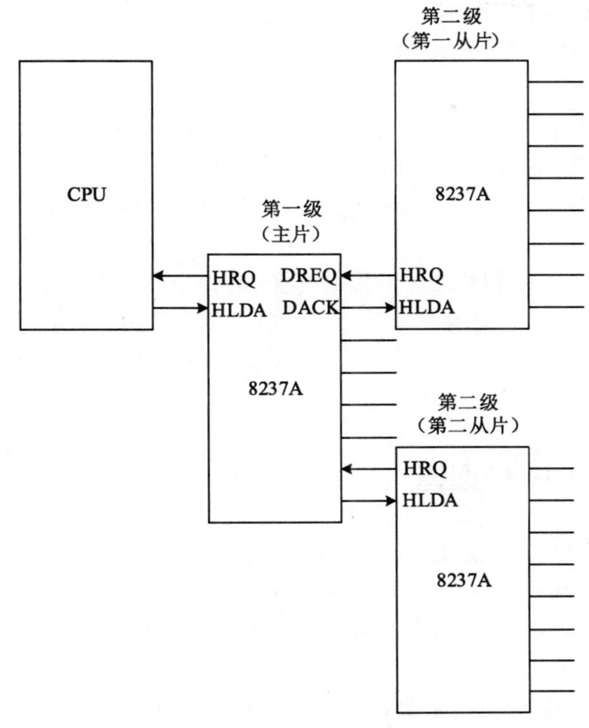

图 8-10　8237A 的级联

8.3 8237A 在 IBM PC 系列机中的应用

8.3.1 8237A 在 PC、PC/XT 中的应用

PC 和 PC/XT 的主板上使用了一片 8237A，系统分配给 8237A 的 16 个端口地址是 0000H～000FH。8237A 的 4 个通道已被系统使用了 3 个，这 3 个通道分别是通道 0、通道 2 和通道 3，剩余的通道 1 可供用户使用。其中通道 2 和通道 3 分别用于内存与软盘、硬盘之间的高速数据交换，通道 0 用于对系统 DRAM 的刷新。下面主要介绍通道 0 用于 DRAM 刷新的情况。

在 PC 和 PC/XT 上，将 8253 的通道 1 的输出 OUT1 接到了 8237A 的 DREQ0 上。系统在初始化时，将 8253 设置成工作方式 2，计数值为 18。由于 8253 的输入时钟为 1.19318MHz，所以 8253 每隔 15μs 输出一个负脉冲，向 8237A 的通道 0 发出 DMA 请求。8237A 的通道 0 在初始化时被编程为单字节的读传送方式，每隔 15μs 产生一次的 DRAM 读操作，使 DRAM 内部的地址缓冲器、地址译码器和放大器变为有效，从而完成 DRAM 的刷新。

8.3.2 8237A 在 PC/AT、80386 和 80486 等中的应用

PC/AT、80386 和 80486 上用了两片 8237A，一片用作主片，一片用作从片。从片的 HRQ 和 HLDA 分别接到了主片通道 0 的 DREQ 和 DACK 上。PC/AT 上通常把主片的通道 0～通道 3 称为

DMA 通道 4～通道 7，从片的 4 个通道仍叫通道 0～通道 3。从片的 4 个通道与 PC 和 PC/XT 一样，仅用作 8 位通道，而新增加的 4 个通道为 16 位通道。关于 8 位通道和 16 位通道的情况将在后面小节作详细介绍。

系统分配给 8237A 从片的 16 个端口地址与 PC 和 PC/XT 一样，仍为 0000H～000FH。而主片在与 CPU 相连时将地址线左移了一位，即主片的 A0 接到了 CPU 的 A1 上，主片的 A1 接到了 CPU 的 A2 上，……，这样就使主片的端口地址增加为 32 个，具体为 00C0H～00DFH，但只有 16 个偶地址有效。

在 PC/AT 上，两片级连的 8237A 可以提供 7 个 DMA 通道。其中系统仅占用了通道 2，用作软盘与内存之间的数据交换，其他的 6 个通道均可以供用户使用。由于存储器刷新由 CPU 本身来完成，所以 DMA 通道 0 为空闲，硬盘与内存的数据传输也不再占用 DMA 通道，故 DMA 通道 3 也就空闲了。

8.3.3 8 位通道与 16 位通道

如前所述，8237A 只有 8 条数据线，其内部的数据暂存寄存器也是 8 位的。当它用在以 8088 为 CPU 的 PC 和 PC/XT 中时不会存在任何问题。读操作时 8237A 启动 MEMR#信号，将数据从内存读到数据总线，然后再启动 IOW#信号将位于数据总线上的数据写入外部设备的寄存器。写操作时的操作顺序正好与此相反。

当 8237A 用在以 8086 或 80286 为 CPU 的微型计算机上时，问题就出现了。8086、80286 CPU 具有 16 条数据线，对存储器也是按照 16 位组织的，也就是说，当进行读操作时，具有偶地址的内存单元的数据总是出现在数据总线的 D7～D0 位，具有奇地址的内存单元的数据总是出现在数据总线的 D15～D8 位上。同样，8237A 在进行写传送时，使地址连续地递增或递减，偶地址时数据出现在数据总线的低 8 位，奇地址时数据出现在高 8 位。这样就要求一个附加的逻辑电路，该逻辑电路在奇地址时将高 8 位数据移到低 8 位上，才能使具有偶地址的 8 位 I/O 端口读到该数据。对于具有奇地址的 8 位 I/O 端口，则需要在存储器地址为偶时将数据从低 8 位移到高 8 位上。当把位于数据总线上的数据写入内存时也存在这样的问题。8086 利用控制信号 BHE 和地址线 A0 一起决定数据的高 8 位有效还是低 8 位有效。

为了简化设计，在 PC/AT 上新增加的 DMA 芯片的 3 个 DMA 通道设计成用于 16 位的 I/O。尽管 8237A 只有 8 条数据线，但是在进行读传送和写传送时，数据并不需要经过 8237A 内部，所需要的只是 8237A 产生的读写信号。在进行 16 位传送时，还要求 8237A 只产生字（偶）地址信号。为了实现这一功能，在硬件连线时，将 8237A 的 16 条地址线左移一位与系统的地址线相连，使系统的地址线 A0 总保持为 0，就能使 8237A 只产生偶地址。然而，这样做的后果就是不能进行正常的存储器到存储器的传送，因为在进行存储器到存储器的传送时，需要使用 8237A 的内部数据暂存寄存器。

8.3.4 8237A 的地址扩展

从前面的介绍中可以看到，8237A 只有 16 条地址线，其内存的管理范围只有 64KB。而 IBM PC 系列机的 CPU 的地址范围大大超过了 64KB，8086/8088 有 20 条地址线，寻址空间为 1MB，80286 有 24 条地址线，寻址空间为 16MB，而 80386、80486 具有 32 条地址线，其寻址空间达到了 4GB。很显然，必须对 8237A 的地址加以扩展才能在 IBM PC 系列机上使用。

扩展的方法是增加页地址寄存器，如图 8-11 所示。该页地址寄存器用来提供 16 位地址以上的部分。在 PC 和 PC/XT 上，页地址的宽度为 4 位，在以 80286 为 CPU 的 PC/AT 机其宽度为 8 位。每个通道有一个 DMA 页寄存器，其内容由 CPU 在初始化时装入，但其地址输出由 DMA 控制。

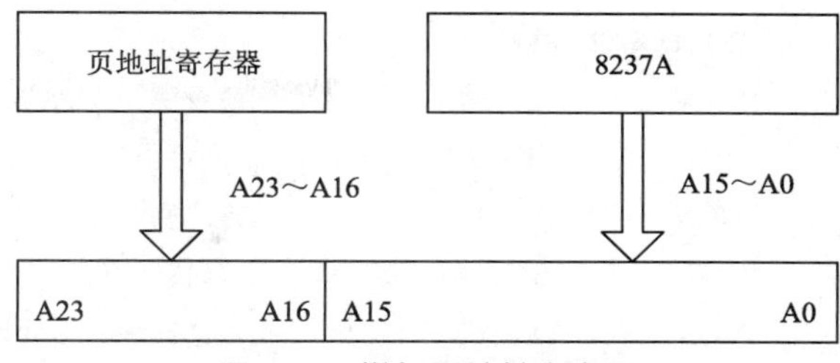

图 8-11　增加页地址寄存器

由于利用了 DMA 页寄存器的这种寻址结构，地址空间从物理上被分成了页。对于 8 位的通道 3～通道 0 来说，每页的大小为 64KB，而对于 16 位的通道 7～通道 4，每一页的大小是 128KB。值得注意的是，这种分页结构与 CPU 对存储器管理中的分段结构不是一回事。由于页地址是由 CPU 给出的，在 DMA 传送期间不能改变，所能改变的只是 8237A 提供的页内地址，所以初始化给定的 DMA 地址不能超出当前页的范围。例如，初始化时给定的基地址为 0FF00H，计数值为 0FFFH，即 0FF00H 开始传送 4KB 的内容，那么在传送了 100HB 的数据之后，地址值将由 0FFFFH 变为 0000H，即指向当前页的最低字节。如果在传送过程中地址寄存器发生了由 0FFFFH 到 0000H 的改变，则称 DMA 段溢出。产生的原因是指定的内存区域跨越了两个物理页。一旦发生 DMA 段溢出，DMA 传送将不能正常完成。因此，在对 DMA 进行初始化时应当注意这种问题，如果发现要传送的内存区域跨越两个物理页，必须将一次传送变为两次传送。如上面基地址为 0FF00H 计数值为 0FFFH 的内存区域，应分为两段：一段是基地址为 0FF00H，计数值为 00FFH，另一段的基地址为 0000H，计数值为 0EFFH。但是还要注意，这两次传送的页地址是不同的，后一次传送的页地址比前一次页地址多 1。

表 8-3 列出了在 IBM PC 系列机上各 DMA 通道的页寄存器地址，需要注意的是，在 PC 和 PC/XT 上只有 4 个 DMA 通道，且通道 0 与通道 1 共用一个 DMA 页寄存器，既可以通过地址 0083H 访问，也可以通过 0087H 访问。

表 8-3　IBM PC 系列机上各 DMA 通道的页寄存器地址

通道号	页寄存器地址	通道号	页寄存器地址
0	87H	4	8FH
1	83H	5	8BH
2	81H	6	89H
3	82H	7	8AH

8.4　8237A 的程序设计

下面给出了一个对 DMA 通道 2 进行初始化的子程序。该子程序将 DMAC 的通道 2 初始化为写传送，用于在 IBM PC 系列机将一个扇区的数据从软盘传送到内存中。

子程序的说明文件如下。

子程序名：INITDMA2。

子程序功能：将 DMA 通道 2 初始化为写传送方式。

入口条件：ES：BX=缓冲区的首地址。

出口条件：CF=0，如果初始化正常完成；CF=1，DMA 段溢出。

子程序的清单如下。

```
INITDMA2 PROC
MOV      AL，14H         ;命令字： DACK 低电平有效，DRQ 高电平有效，标准写
OUT      08H，AL         ; 固定优先级，标准方式，DMA 禁止
MOV      AL，36H         ;方式字： 单字节传送，地址递增，非自动初始化
OUT      0BH，AL         ; 写传送方式
MOV      AX，ES          ;根据提供的地址计算页地址和 8237A 的基地址
XOR      DL，DL
MOV      CX，04H
NEXT：  SHL AX，1        ;段地址左移 4 位
RCL      DX，1
LOOP     NEXT
ADD      BX，AX          ;与偏移量相加
ADC      DL，0H          ;DL 为页地址，BX 为基地址
CMP      AX，0FE00H      ;检查能否产生 DMA 段溢出
JBE      OK
STC                      ;设 DMA 段溢出标志
OK：     OUT 0CH，AL     ;清先/后触发器
MOV      AL，BL
OUT      04H，AL         ;先输出 DMA 基地址的低 8 位
MOV      AL，BH
OUT      04H，AL         ;再输出 DMA 基地址的高 8 位
MOV      AL，DL
OUT      81H，AL         ;再输出 DMA 页地址
MOV      AL，0FFH        ;输出计数值（511）
OUT      05H，AL
MOV      AL，01H
OUT      05H，AL
MOV      AL，02H
OUT      0AH，AL         ;去除通道 2 的屏蔽
MOV      AL，10H
OUT      08H，AL         ;重发命令字，允许 DMA
RET
INITDMA2 ENDP
```

8.5 小结

本章首先介绍了 DMA 的基本概念、DMAC 的基本功能及工作过程，然后主要以 Intel 8237A 为例介绍了 DMAC 及其使用方法，包括 8237A 的引脚结构、内部结构、寄存器的功能及结构、工作时序、编程以及 8237A 在 PC、PC/XT 和 PC/AT 机上的不同用法，最后给出了一个编程的例子。

8237A 是一片具有 40 个引脚的芯片，有 8 条数据线和 16 条地址线。它是为 8 位微型计算机设

计的，直接寻址范围 64KB。用在 PC 和 PC/XT 上时，在外部增加了页寄存器，用在以 80286 为 CPU 的 PC/AT 机上时，其连接方法有所不同，使其支持 16 位传送。8237A 也可以级联使用，在 PC 和 PC/XT 上是单独使用的，在 PC/AT 上是级联使用的。在 IBM PC 系列机上编程时需要特别注意 DMA 段溢出的问题，这不是 8237A 本身的问题，而是在 IBM PC 系列机上使用时增加了页寄存器造成的。另外，在编程时还要注意 8237A 的工作方式、传送类型，及清除先/后触发器。

8.6 思考题

1. 什么是 DMA？什么是 DMAC？
2. 在什么情况下需要 DMA 传送方式？
3. 试述 DMAC 的功能及工作过程。
4. 8237A 有几个通道？每个通道是不是完全独立的？
5. 8237A 有几种工作方式？有几种传送类型？
6. 8237A 包括多少个寄存器？各寄存器的名字是什么？
7. 8237A 的先后触发器具有什么功能？
8. 在 IBM PC 系列机上使用 8237A 时为什么要增加页寄存器？PC/XT 与 PC/AT 的页寄存器是否相同？
9. 8237A 的级联与 8259A 的级联有何异同？
10. 8237A 各通道在 PC 和 PC/XT 上是怎样分配的？在 PC/AT 上呢？

8.7 实验设计

1. 8237A 是怎样与像 80286 这样的 16 位 CPU 相连接的？如果与 80386 和 80486 这样的 32 位 CPU 相连接，应如何连接？
2. 在 PC/AT 上能否利用 8237A 实现存储器到存储器之间的传送？如果能，请编写对 8237A 的初始化程序。

第 9 章

定时器/计数器接口

9.1 定时器/计数器概述

CPU 通过接口电路产生时间符合要求的信号的过程，称为定时。该接口电路称为定时器。

CPU 通过接口电路对外部事件的数量进行统计的过程称为计数。实现计数的接口电路称为计数器。

在微型计算机里，通常把定时器和计数器做成一片大规模集成电路，称为定时器/计数器接口电路。

实现定时有 3 种不同的方法。

（1）软件定时。软件定时是指执行一个具有固定延迟时间的循环程序。这种程序通常用汇编语言编写，使用者可以选择不同 T 周期数的指令编写不同延迟时间的程序，也可以根据需要决定循环次数。这种方法的优点是不需要外加硬件，使用灵活，定时较准确。它的主要缺点是在定时过程中 CPU 不能做任何其他工作。因此这种方法只适用于定时时间短的场合。

（2）硬件定时。这种方法是采用中规模 TTL 或 MOS 芯片外加阻容元件来实现的。不同的时间间隔主要是通过配接不同的电阻、电容达到的。这种方法的优点是不占用 CPU 的时间，其缺点是变换定时时间较难，因此这种方法只适用于定时时间固定的场合。

（3）可编程的定时。这种方法综合了上述两种方法的优点，采用固定的硬件，通过编程（写控制字）实现不同的要求。既不占用 CPU 的时间，又有灵活性，因此得到了广泛的应用。目前在微型计算机中得到广泛应用的可编程定时器/计数器电路有 Z-80 CTC、Intel 8253/8254 和 MC6840 等。

9.2 8253/8254 可编程定时器/计数器

8253 是 Intel 公司为微型计算机设计的一种可编程的定时器/计数器芯片，它采用 N 沟道 MOS 工艺制成，只需要一组+5V 电源。

8254 是 8253 的改进型，8254 的引脚信号、内部结构及编程与 8253 完全相同。但它提高了计数速率，增加了部分功能，以下对 8253 的介绍完全适用于 8254。

9.2.1 8253 的引脚

8253 共有 24 个引脚，采用双列直插式封装，引脚排列见图 9-1，各引脚功能如下。

（1）D7～D0：三态双向数据总线。

（2）RD#：读命令信号。该命令告诉 8253，CPU 正在读入计数值。

（3）WR#：写命令信号。该命令告诉 8253，CPU 正在输出规定工作方式的命令；或向 8253 装入计数值。

（4）A0、A1：地址信号。这两个输入端通常连接到系统的地址总线上。其作用是选择三个计数器中的一个，以及用来选择控制寄存器，以便选择工作方式。

（5）CS#：片选信号。该信号有效表示芯片被选中。RD#、WR#和 CS#三者组合决定了 CPU 对 8253 的实际操作（见表 9-1）。

（6）CLK：计数器时钟。用于计数脉冲或定时脉冲。

（7）GATE：门控信号。该信号用于启动或禁止计数器操作，当 GATE=1 时，允许计数器计数，否则，禁止计数器计数。

（8）OUT：计数器输出信号。当计数器完成规定的计数操作时，该引脚输出相应的信号，该信号可用来向 CPU 发中断申请。

（9）Vcc：+5V 电源。

（10）GND：地。

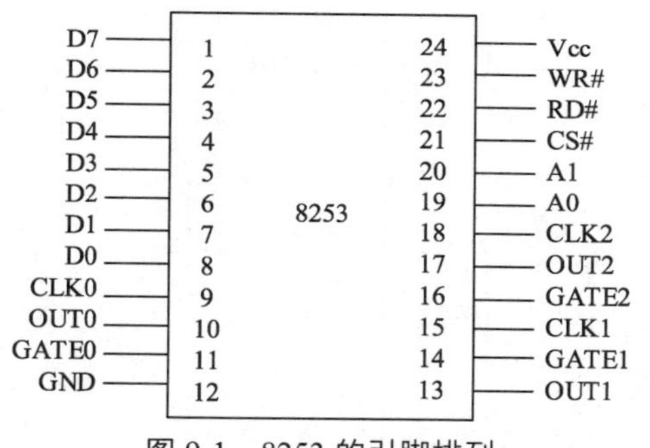

图 9-1　8253 的引脚排列

表 9-1　对 8253 的实际操作

A1	A0	RD#	WR#	CS#	操作
0	0	0	1	0	读计数器 0
0	1	0	1	0	读计数器 1
1	0	0	1	0	读计数器 2
1	1	0	1	0	无操作（三态）
0	0	1	0	0	装入计数器 0
0	1	1	0	0	装入计数器 1
1	0	1	0	0	装入计数器 2
1	1	1	0	0	写方式字
×	×	×	×	1	禁止（三态）
×	×	1	1	0	无操作（三态）

9.2.2　8253 的内部结构

1．8253 的基本功能

8253 有 3 个独立的 16 位计数器。每个计数器的主要功能如下。

（1）按照二进制或者二–十进制计数。

（2）计数速率可高达 2MHz。

（3）可以由程序确定按照 6 种不同的方式工作。

（4）所有输入输出都与 TTL 兼容。

2．8253 的内部结构

8253 的内部结构如图 9-2 所示。

8253 主要由 1 个控制寄存器、3 个计数器及相应的控制电路所组成。

控制寄存器负责对 3 个计数器设定工作方式。

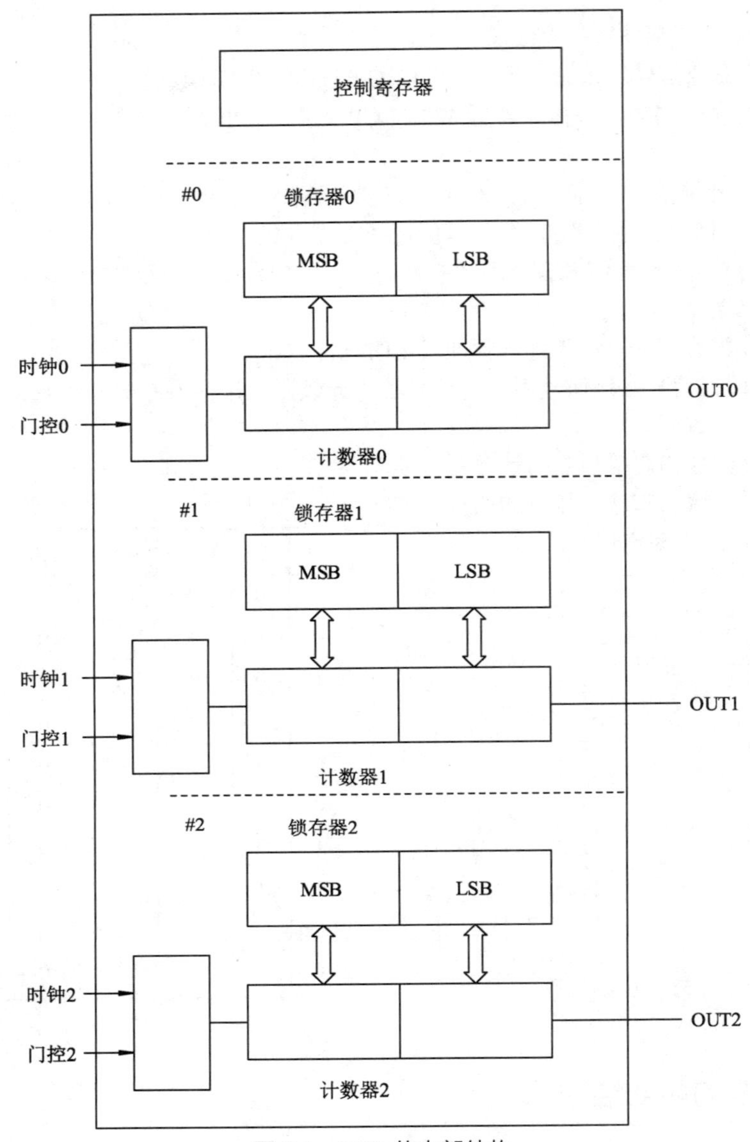

图 9-2 8253 的内部结构

3 个计数器的编号为计数器 0、计数器 1 和计数器 2，它们的结构完全相同，都由一个 16 位锁存器和一个递减计数器构成。这 3 个计数器的操作是完全独立的，每个计数器都可以对其时钟输入端的时钟脉冲按照二进制或二–十进制从预置的初值开始减 1 计数。当预置的数值减到 0 时，从 OUT 输出端输出一个脉冲信号。在计数开始和计数的过程中，计数器可以受门控输入端输入的门控信号控制。

计数器的初始值必须在开始计数之前，由 CPU 用输出指令预置。在计数过程中，CPU 随时可以用输入指令将任意一个计数器的当前数值读出，而不必中断计数器的时钟输入，也不会影响计数器的继续计数。

8253 的控制字

9.2.3 8253 的控制字

每个计数器同外面相连的输入、输出和控制端相互之间的关系及如何使用和控制，都是由控制寄存器中的“方式”决定的。控制寄存器各位的意义及作用如图 9-3 所示。

从图 9-3 可以看出，8253 的控制字可以选择计数器、确定向计数器写或从计数器读计数值的格式、确定计数器的工作方式和确定计数器计数的数值。

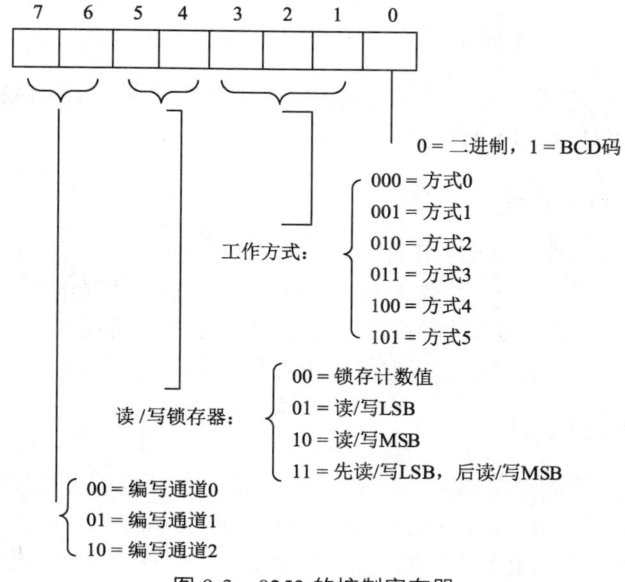

图 9-3　8253 的控制寄存器

9.2.4　8253 的工作方式

8253 有 6 种工作方式：方式 0～方式 5。

1．方式 0——计数结束时中断

当控制字写入控制寄存器后，计数器的输出 OUT 立即变为低电平，即使未给计数器赋予初值，也未开始计数，只要方式 0 一确定，输出就为低电平。计数值送入计数器且门控信号为高电平时，计数器开始计数。在计数器开始计数和整个计数过程中，OUT 都保持低电平，直到计数到 0，OUT 才变高电平，如图 9-4（a）所示。

按方式 0 计数时，计数只能计一遍。当计数到 0 时，计数器并不恢复初始值并重新开始计数（输出保持为高电平），直到 CPU 又写入一个新的计数值，OUT 立即变低电平，计数器按照新的数值开始计数。

方式 0 的计数过程可由门控信号控制暂停。当门控信号为低电平时，计数器暂停计数。门控信号变高电平后，计数器继续计数。

2．方式 1——可编程的单拍脉冲

方式 1 由外部门控脉冲（硬件）触发启动定时或计数，使 OUT 变低电平，单拍脉冲开始，在经过固定的时间间隔或计数之后，OUT 变高，单拍脉冲结束，硬件再次触发，OUT 可再发一个同样的单拍脉冲，如图 9-4（b）所示。

门控信号变低电平，可停止计数，门控信号变高电平后，重新开始计数。

3．方式 2——速率发生器

方式 2 的功能如同一个 N 分频计数器，输出是输入时钟按照 N 计数值分频后的一个连续脉冲。如果计数值为 N，结果是输入 N 个脉冲，输出一个脉冲，如图 9-4（c）所示。

4．方式 3——方波速率发生器

方式 3 和方式 2 都是周期性的，但方式 3 输出对称的方波。输入时钟脉冲与输出脉冲频率之比等于加载的计数值。如图 9-4（d）所示。

5．方式 4——软件触发选通

当控制字写入控制寄存器后，OUT 开始为高电平，设置完计数值之后，计数器立即开始计数。当计数到 0 后，OUT 变低电平，持续一个输入时钟周期，然后又恢复为高电平，计数器停止计数。这种计数也只能计一次，每次计数都要靠这种重新设置计数值进行“软件触发”，如图 9-4（e）所示。

门控信号变低电平，可暂停计数，门控信号变高电平后，继续计数。

6．方式 5——硬件触发选通

方式 5 输出初始状态为高。在设置计数值之后，计数器并不立即开始计数，而是要等到门控信号的上升沿出现才开始工作，即靠硬件触发选通计数。当计数到 0 时，输出变低电平（一个输入时钟周期的宽度），然后恢复为高电平。下次门控信号触发后才能再重新开始计数，如图 9-4（f）所示。

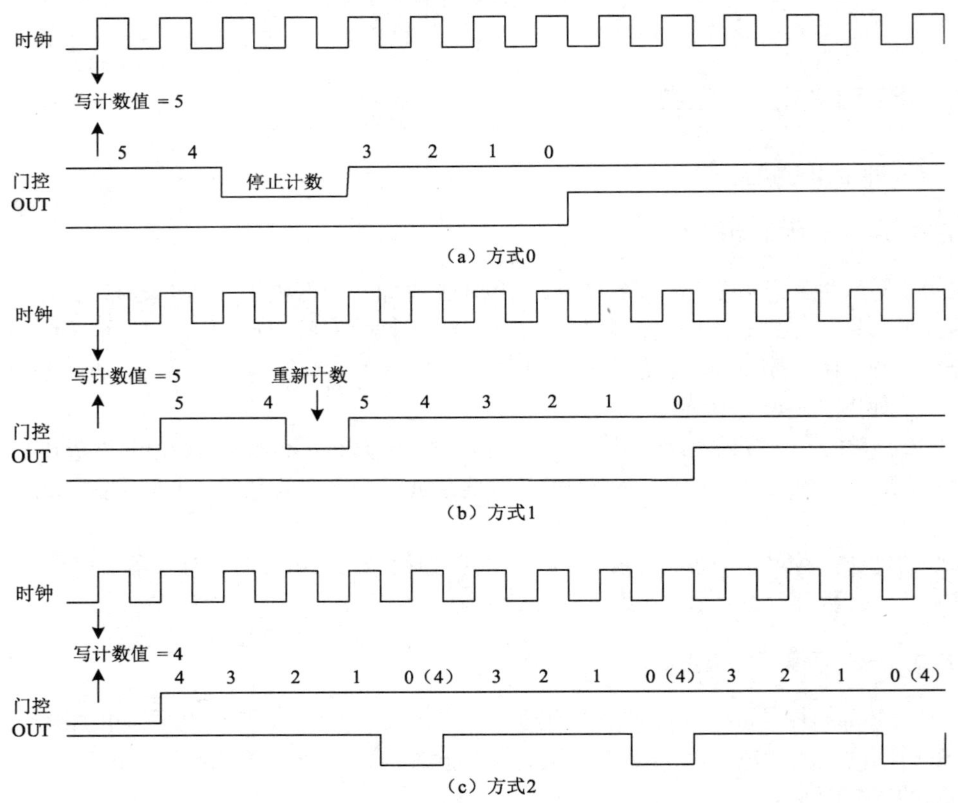

图 9-4　8253 的时间波形

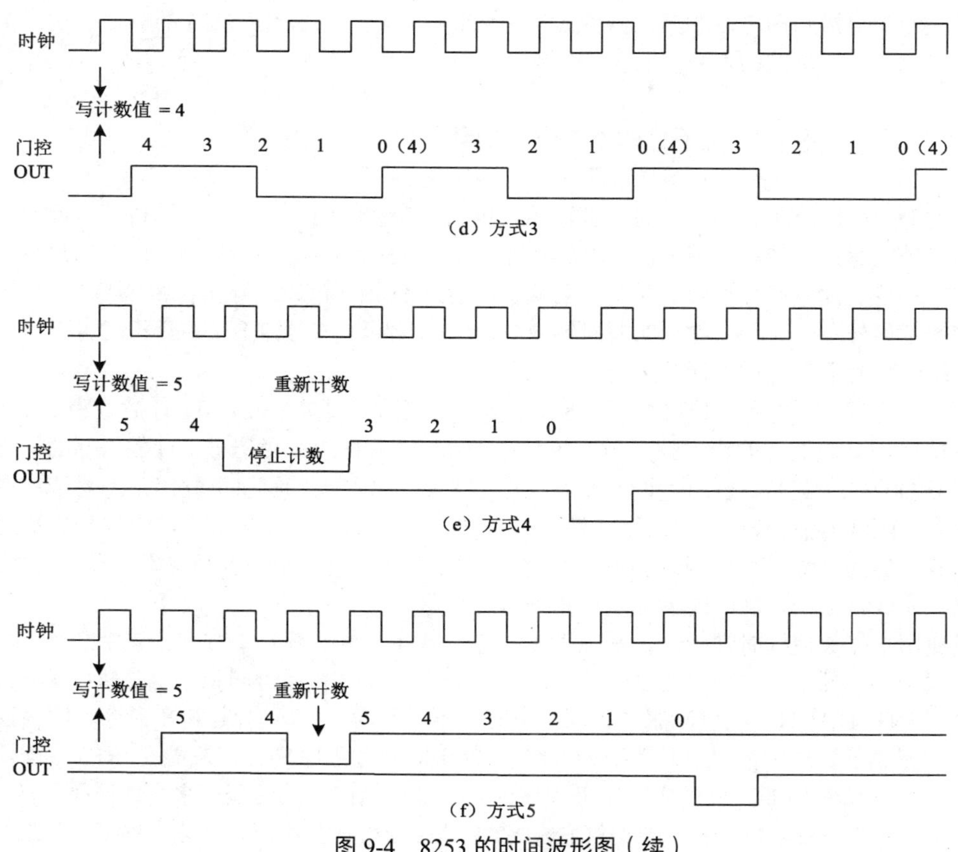

（d）方式3

（e）方式4

（f）方式5

图 9-4　8253 的时间波形图（续）

9.3 8253 在 IBM PC 系列机中的应用

PC 和 PC/XT 使用的是 8253-5。PC/AT 使用的是 8254。8253-5 和 8254 在内部结构及功能上与 8253 完全一样，其编程方法也完全一样，其差别只是最高计数速率不同。8253 的最高计数速率是 2MHz，8253-5 是 5MHz，8254 可高达 10MHz。

在 PC 机上，系统分配给 8253/8254 的地址是 40H～43H，其中 43H 是控制寄存器的地址，40H、41H、42H 分别为计数器 0～2 的锁存器地址，3 个计数器的输入时钟频率均为 1.19318MHz。计数器 0 和计数器 1 的门控信号输入端接至高电平，因此永远开启；计数器 2 的门控信号输入端由 8255A 的 PB 口的第 0 位控制。

8253/8254 的 3 个计数器在 IBM PC 系列机上的应用如下。

通道 0 的输出接到 8259A 的 IRQ0 上，系统在初始化时，将通道 0 设为工作方式 3，计数值为 0（相当于 65536）。因此，8253 通道 0 每隔大约 55ms 向 CPU 申请一次中断，系统中断服务程序利用这每隔 55ms 的中断来维持系统的日历时钟。

在 PC 和 PC/XT 上，通道 1 的输出接到了 DMAC 的 DREQ0 上，系统在初始化时，将通道 1 设为工作方式 2，计数值为 18，因此每 15μs 输出一个脉冲，向 DMA 发一次请求信号。该周期性的请求信号使 DMAC 进行动态存储器刷新。在 PC/AT 及以后的微型计算机中，动态存储器的刷新已使用专门的控制逻辑来完成，因此，8253 的通道 1 可供用户使用。

通道 2 的输出接到扬声器的驱动器输入端，因此，可以通过编程使 8253 的通道 2 输出不同频率的方波，以此来产生不同的声音。

9.3.1 8253 在 PC 和 PC/XT 中的应用

早期的 PC 和 PC/XT 每当开机时，都让用户输入日期和时间。之后，计算机就以此时间为准，通过内部时钟的运行维持该时间。这个内部时钟就是 8253 的计数器 0。然而，该时间只有在电源接通时可用，一旦关掉电源，设置的时间就丢掉了。后来推出的 PC/AT 除了保留了与 PC 兼容的时钟外，还增加了另外一个时钟（称为实时时钟或 CMOS 时钟）。该时钟不仅在开机时可以正常运行，而且在系统停电时靠电池供电保持运行。

前面已经说过，系统在初始化时已将 8253/8254 计数器 0 设置为方式 3，计数值为 0000H（相当于 65536），所以计数器 0 的输出频率为 1.19318MHz/65536=18.2Hz 的方波。计数器 0 的输出又接至 8259A 的 IRQ0 上，因此系统每秒钟产生 18.2 次类型为 8 的中断（称为时钟中断）。系统就是通过该中断修改其时间计数值，以维持其日历时钟的。另外，该时钟中断还负责在软盘操作完成之后关掉软盘驱动器马达的电源。因此，该时钟中断通常情况下是不能修改的，否则将影响日历时钟的运行，且使系统在完成软盘操作后不能关掉软盘驱动器的马达。

为了使用户能够使用时钟中断，系统中还设置了另外一个中断 INT 1CH，该中断被 INT 8 中断（即 8253/8254 计数器 0 的中断）服务程序调用，因此它与 INT 8 保持同步，也是每秒执行 18.2 次，并且在使用 INT 1CH 时，在中断服务程序结束时也不需要向 8259A 输出 EOI 命令，因为这项工作在 INT 8 中完成了。通常情况下，系统中 INT 1CH 中断服务程序只有一条指令 IRET，即什么也不做。因此，可以修改 INT 1CH 的中断服务程序的入口地址指向自编的程序来完成所需要的工作。

系统中每隔 1/18.2s 加 1 的一个计数值被 INT 8 的中断服务程序保存在内存的 4 个字节中，需要时可通过 BIOS 中断 INT 1AH 的 0 号功能读出，读出的计数值是一个 32 位的数值，表示的是自从当日 0 时 0 分 0 秒以来的计数值，使用时可通过计算转换成时分秒的形式。

下面给出的是一个利用 INT 1CH 中断编写一个驻留程序，该程序每隔大约 1s 在屏幕的右上角显示一个数字，数字在 0～9 之间变化。

```
;*****INT 1CH*****
CSEG        SEGMENT
            ORG     100H
            ASSUME  CS：CSEG，  DS：NOTHING
BEGIN：     JUMP    MAIN
COUNT       DB      18
CHAR        DB      '0'
INT1C       PROC
            DEC     COUNT                   ;到 1s?
            JNZ     EXIT                    ;没有退出
            MOV     COUNT，  18
            PUSH    AX
            PUSH    BX
            PUSH    CX
            PUSH    DX
            MOV     AH，  03H               ;取当前光标位置
            MOV     BH，  0
            INT     10H
            PUSH    DX                      ;保护起来
```

```
            MOV     AH, 02H              ;将光标设到 0 行 79 列
            MOV     DX, 004H
            INT     10H
            MOV     AL, CHAR             ;取要显示的字符
            MOV     AH, 0AH
            MOV     CX, 1
            INT     10H                  ;显示出来
            POP     DX                   ;取出保存的原光标位置
            MOV     AH, 02H              ;恢复原光标位置
            INT     10H
            INC     CHAR                 ;字符 ASCII 码增 1
            CMP     CHAR, '9'            ;超过'9'?
            JBE     OK                   ;没有,转 OK
            MOV     CHAR, '0'            ;设为'0'
OK:         POP     DX                   ;恢复现场
            POP     CX
            POP     BX
            POP     AX
EXIT:       IRET
INT1C:      ENDP
MAIN:       MOV     DX, OFFSET INT1C     ;INT1C 中断服务程序入口
            MOV     AX, 251CH
            INT     21H                  ;设置
            MOV     DX, OFFSET MAIN      ;驻留程序的长度
            INT     27H                  ;驻留退出
CSEG        ENDS
            END     BEGIN
```

9.3.2 利用 8253 的输出产生声音

计算机系统中有时需要有音响。例如，在游戏程序中，音乐和声音的效果会使游戏更加有趣；在演示程序时，音响会使表演更加丰富多彩；在大多数程序中，声音用来表示信息出错，或表示一个过程结束，或提醒用户输入信息，这时声音成为一种很有效的人机通信方式。因此，掌握音响接口是非常重要的。

将不同频率的波形通过扬声器输出，人耳就会听到不同的声音。不同频率波形的产生，即不同的声音的产生，既可以通过软件定时的办法来实现，也可以通过对可编程计时器/计数器编程使其输出所需频率的波形来实现。

1．8253 与扬声器的连接

如图 9-5 所示，IBM PC 系列机上有两个可以驱动扬声器的信号，一路是 8255A 的 PB 口的第 1 位的输出；另一路是 8253 的计数器 2 的输出，这可以通过对 8253 编程使其产生某一频率的方波。两路输出经过一个与非门之后，经驱动器驱动，推动扬声器发出声音。由于两个信号是与的关系，因此，要想使其中一个正常输出，另一个的输出必须保持为 1 状态。

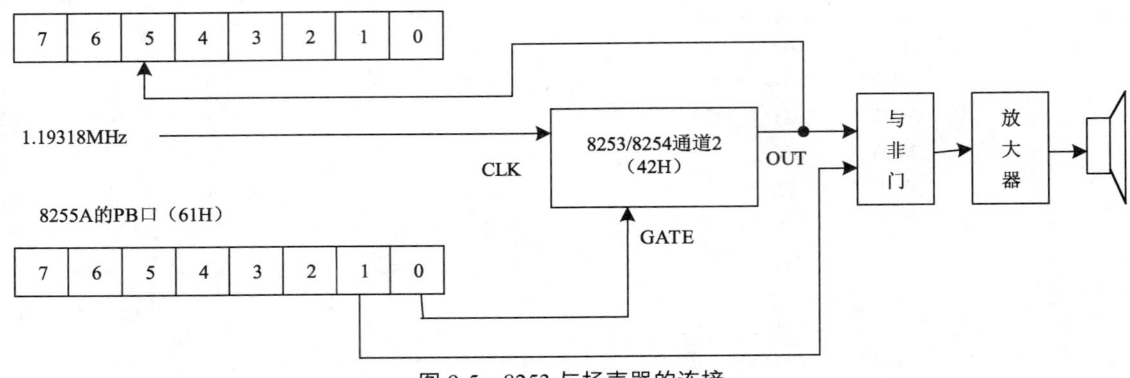

图 9-5　8253 与扬声器的连接

8253 计数器 2 的输出在 PC，PC/XT 和 PC/AT 上有所不同。在 PC 和 PC/XT 上，计数器 2 的输出分为两路，一路接至扬声器产生声音，另一路接至 8255A 的 PC 口第 5 位，可通过软件检测；在 PC/AT 上计数器 2 的输出仅接到扬声器。这在编程时需要注意。

2. 对 8253 编程产生声音

要使扬声器发声，只要对 8253 的通道 2 编程，使其工作在方式 3，根据声音的频率计算出 8253 所需的计数值并送入 8253 计数器 2 即可。

使声音持续一定时间，在 PC、PC/XT 上与在 PC/AT 上采用不同的方法实现。

（1） 在 PC 和 PC/XT 上可采用通过 8255A 的 PC 口的第 5 位检测 8253 计数器 2 的输出，并对其方波的周期进行计数来实现，延时时间与输出方波的周期（频率的倒数）和方波的个数之间的关系为：

延时时间=输出方波的周期 × 输出方波的个数。

（2）在 PC/AT 上可使用 INT 15H 调用完成，这时只要将延时时间（以 μs 为单位）送入 CX：DX 中，将 86H 送入 AH，然后执行 INT 15H 即可。

下面给出了一个使扬声器发出指定频率的声音并持续一段时间的子程序。延时采用的是第（2）种方法。

子程序说明文件及程序清单如下。

① 子程序名：SOUND。

② 子程序功能：启动 8253 计数器 2 产生指定频率的声音并持续指定的时间。

③ 入口条件：DX=产生方波的频率。

AX=持续（延时）的时间（ms）。

④ 出口条件：无。

⑤ 受影响的寄存器：AX，DX，F。

```
SOUND  PROC
       PUSH    CX              ;保存 CX、SI 寄存器
       PUSH    SI
       PUSH    AX
       MOV     SI，DX          ;频率送 SI
       MOV     AL，10110110B   ;将 8253 计数器 2 设置为方式 3
       OUT     43H，AL
```

```
        MOV     DX，0012H           ;1193180 的低位
        MOV     AX，34DCH           ;1193180 的高位
        DIV     SI                  ;1193180/频率=计数值
        OUT     42H，AL             ;送计数值的低位
        MOV     AL，AH              ;送计数值的高位
        OUT     42H，AL
        IN      AL，61H             ;读 8255A 的 B 口
        OR      AL，03H             ;允许产生声音
        OUT     61H，AL
        POP     AX                  ;恢复延时的时间（ms）
        MOV     DX，1000            ;变为 μs
        MUL     DX
        MOV     CX，DX
        MOV     DX，AX
        MOV     AH，86H
        INT     15H                 ;延时
        POP     SI
        POP     CX
        RET
SOUND   ENDP
```

有了上面的子程序就可以很容易调用该程序产生各种声音了。下面给出的程序就是利用 SOUND 子程序实现的模拟电话振铃声音的程序。

电话铃声一般由两个频率的声音组成，一个为 600Hz，另一个为 1500Hz，两个声音交替产生，各持续 0.03s，交替 30 次之后，停顿 2s，然后再重复，重复数次之后停止。

程序清单如下。

```
CSEG    SEGMENT
        ASSUME  CS：CSEG
RING    PROC    FAR
        PUSH    DS
        XOR     AX，AX
        PUSH    AX
        MOV     BP，8               ;循环计数值，响铃 8 次
AGAIN：  MOV     CX，30              ;产生 600 和 1500Hz 的声音 30 次
NEXT：   MOV     DX，600             ;频率=600Hz
        MOV     AX，30              ;时间=30ms
        CALL    SOUND
        MOV     DX，1500            ;频率=1500Hz
        MOV     AX，30              ;时间=30ms
        CALL    SOUND
        LOOP    NEXT                ;循环
        IN      AL，61H             ;读 8255A 的 PB 口
        AND     AL，0FCH
        OUT     61H，AL             ;关闭扬声器
        MOV     CX，001EH           ;2×10^6μs 的高 16 位
        MOV     DX，8480H           ;2×10^6μs 的低 16 位
        MOV     AH，86H
```

```
        INT         15H      ;延时
        DEC         BP       ;循环 8 次
        JNZ         AGAIN
        RET
RING    ENDP
CSEG    ENDS
        END         RING
```

9.4 MC146818 CMOS RAM/实时时钟

MC146818 是 Motorola 公司生产的 CMOS RAM/实时时钟芯片。该芯片带有 64B 的静态存储器，其中前 14 个字节被保留用于存放秒、分、小时、星期、日、月、年和一些状态，以及用作控制寄存器。程序可读出或修改上述时间数据，并能任意设定产生时隔为 30.517μs 至 1 天的中断申请。

MC146818 采用 CMOS 工艺生产，功耗非常低，并且有较宽的电源电压范围，因此，特别适合于采用电池供电。微型计算机系统可用 MC146818 产生日历时钟，同时利用它的静态 RAM 存放系统的配置信息。

9.4.1 MC146818 的引脚

MC146818 有 24 个引脚，采用双列直插式封装，其引脚排列见图 9-6，各引脚功能如下所述。

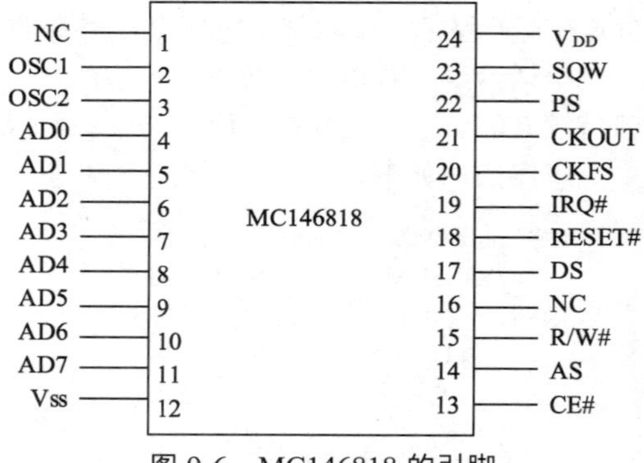

图 9-6 MC146818 的引脚

（1）AD7～AD0：双向地址/数据总线。

（2）R/W#：读/写选择。为高电平时表示 CPU 对 MC146818 读操作，为低电平时进行写操作。

（3）CE#：片选信号。

（4）AS：地址选通线。

（5）DS：数据有效或数据选通。

（6）IRQ#：中断请求输出端。

（7）RESET#：复位。

（8）PS：电源电压检测。MC146818 可通过该引脚检测外接电池电压是否低于临界最小值，如果是则在内部寄存器作上标志，供用户查询。

（9）OSC1、OSC2：时钟输入端。

（10）CKOUT：时钟输出端。该引脚的输出频率可以等于输入时钟频率，或是经四分频后的时钟频率。

（11）CKFS：时钟输出控制端。该引脚接高电平时，CKOUT 端的输出时钟频率等于输入时钟频率；该引脚接低电平时，CKOUT 端的输出时钟频率等于四分频后的输入时钟频率的。

（12）SQW：可编程方波输出端。

（13）V_{DD}：电源正端，+3V～+6V，通常接+5V。

（14）V_{SS}：电源负端，接地。

9.4.2　MC146818 的内部结构

MC146818 的内部结构如图 9-7 所示。从图中可以看出，MC146818 由两个基本部分组成：实时时钟和静态存储器。实时时钟部分将外部输入的时钟进行分频，实时更新存放在静态存储器中的秒、分、小时、星期、日、月、年等信息，需要时还向 CPU 提出中断申请。

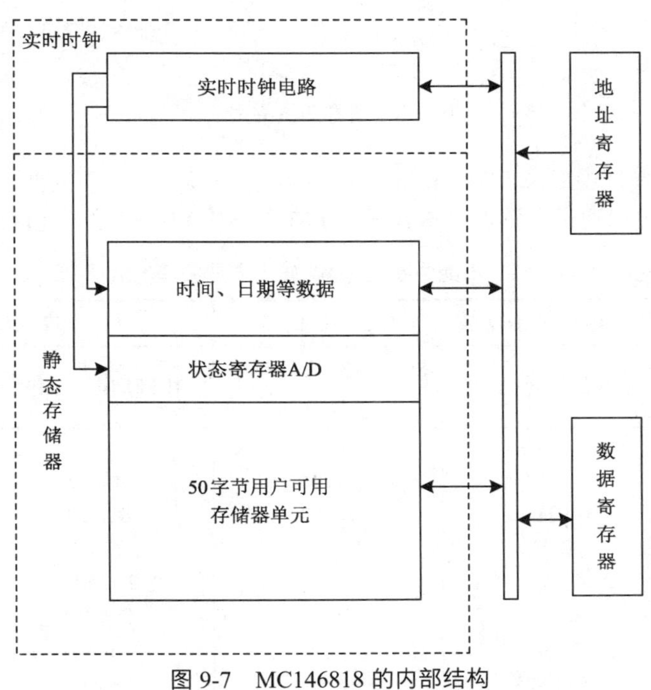

图 9-7　MC146818 的内部结构

1．静态存储器的分配

MC146818 的静态存储器由 64 个字节组成，其中前 10 个字节（地址 0～9）用于存放时间/日期数据（可以通过软件以二进制或 BCD 码形式存放），之后的 4 个字节（地址 0AH～0DH）是状态（命令）寄存器，最后的 50 个字节（地址 0EH～3FH）除地址 32H 有固定用途外，可供用户自定义使用。MC146818 存储单元的分配如表 9-2 所示。

表 9-2　MC146818 存储单元的分配

存储单元地址	存储单元内容	存储单元地址	存储单元内容	存储单元地址	存储单元内容
00H	秒	05H	小时报警	0AH	寄存器 A
01H	秒报警	06H	星期	0BH	寄存器 B
02H	分	07H	日	0CH	寄存器 C
03H	分报警	08H	月	0DH	寄存器 D
04H	小时	09H	年	32H	日期世纪

2．状态（命令）寄存器

MC146818 静态存储器的 0AH～0DH 4 个字节是 4 个状态（命令）寄存器，它们用来指出和控制芯片的工作状态。下面介绍这 4 个寄存器的格式。

（1）寄存器 A

寄存器 A 的格式如图 9-8 所示。

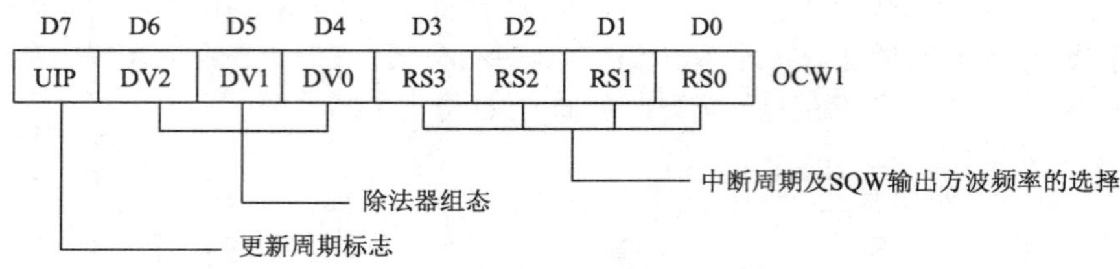

图 9-8 寄存器 A 的格式

① D3～D0 位：周期中断及 SQW 端输出方波频率选择位。各种不同的组合可以产生不同的输出（见表 9-3），用户可以通过设置寄存器 B 的 SQWF 和 PIE 位控制是否允许周期中断和方波输出。

表 9-3 周期中断及 SQW 输出方波频率的选择

RS3 RS2 RS1 RS0	4.194304MHz 或 1.048576MHz 时基		32.768KHz 时基	
	中断周期（μs）	SQW 输出方波频率（Hz）	中断周期（μs）	SQW 输出方波频率（Hz）
0 0 0 0	-	-	-	-
0 0 0 1	30.517	32768	3906.250	256
0 0 1 0	61.035	16384	7812.500	128
0 0 1 1	122.070	8192	122.070	8192
0 1 0 0	244.141	4096	244.141	4096
0 1 0 1	488.281	2048	488.281	2048
0 1 1 0	976.562	1024	976.562	1024
0 1 1 1	1953.125	512	1953.125	512
1 0 0 0	3906.250	256	3906.250	256
1 0 0 1	7812.500	128	7812.500	128
1 0 1 0	15625.000	64	15625.000	64
1 0 1 1	31250.000	32	31250.000	32
1 1 0 0	62500.000	16	62500.000	16
1 1 0 1	125000.000	8	125000.000	8
1 1 1 0	250000.000	4	250000.000	4
1 1 1 1	500000.000	2	500000.000	2

② D6～D4 位：除法器（分频器）组态位。MC146818 可以使用 3 种不同的输入频率作为时基，这 3 位的不同组合用来选择不同的时基频率和控制除法器处在工作状态还是复位状态（见表 9-4）。在除法器解除复位状态 0.5s 后，将开始另一个更新周期，因此，程序在初始化时可用这 3 位精确地使芯片在设定的时间开始工作。

表 9-4 时基选择

DV2 DV1 DV0	时基频率	除法器的状态	
		工作状态	复位状态
0 0 0	4.194304MHz	是	否
0 0 1	1.048576MHz	是	否
0 1 0	32.768KHz	是	否
1 1 0		否	是
1 1 1		否	是

③ D7 位：更新周期标志位，只读。该位为 1 时，表示芯片正处在或即将开始更新

周期，这时程序不能读写静态 RAM 的前 10 个字节（时间和日期）；该位为 0 时，表示至少在 244μs 后才开始更新周期，此时程序可以读写位于静态 RAM 前 10 个字节的时间和日期。

（2）寄存器 B

寄存器 B 可读可写，其格式如图 9-9 所示。

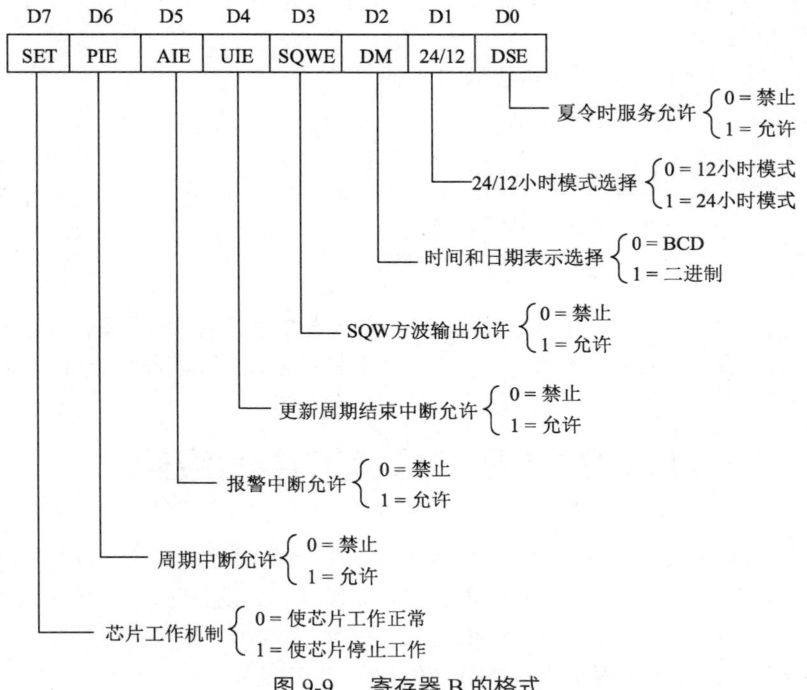

图 9-9　寄存器 B 的格式

（3）寄存器 C

寄存器 C 是只读的寄存器，它反映芯片向 CPU 申请中断的情况，在程序读出该寄存器的内容之后，该寄存器将自动清 0。寄存器 C 的格式见图 9-10。

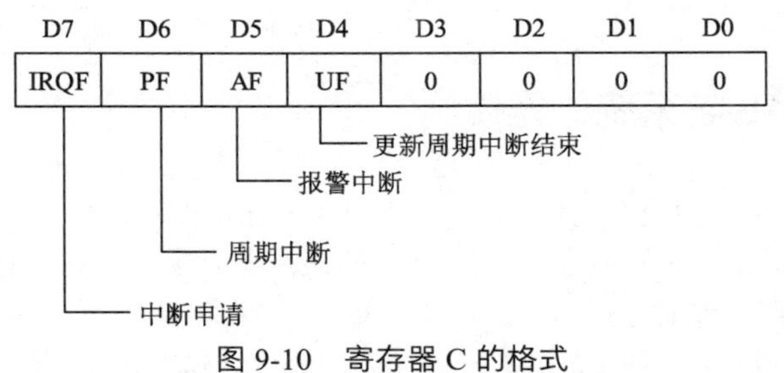

图 9-10　寄存器 C 的格式

① D3～D0 位：保留位，读出的值始终为 0。

② D6～D4 位：分别是周期中断、报警中断和更新周期中断结束标志位。由于 MC146818 只有一个总的中断输出引脚，所以在引起 CPU 中断之后，CPU 可以读出该寄存器的值，以确定到底产生了哪一种中断。

③ D7 位：中断申请标志位。当该位变为 1 时，IRQ#引脚将变低电平，向 CPU 发出中断申请。该位的逻辑表达式为：

$$IRQF=PF \cdot PIE+AF \cdot AIE+UF \cdot UIE$$

MC146818 处于正常工作状态时，每秒产生一个更新周期，更新周期的基本功能是秒单元内容加 1，同时检查是否有溢出（到 60 秒）；如果有溢出，则相应进位，并自动识别月、年的结束。其另一功能是检查 3 个报警单元的内容是否与当前的时间一致，若一致，则将 AE 位置 1（报警）。如果某个报警单元的内容为 0C0H～0FFH 范围内的值，则表示对该单元的内容“不关心”，即任何时候都认为当前的时间与其一致，利用这一特性，可以设置使 MC146818 在每小时的特定时刻开始报警。

（4）寄存器 D

寄存器 D 也是只读的寄存器，其格式见图 9-11。

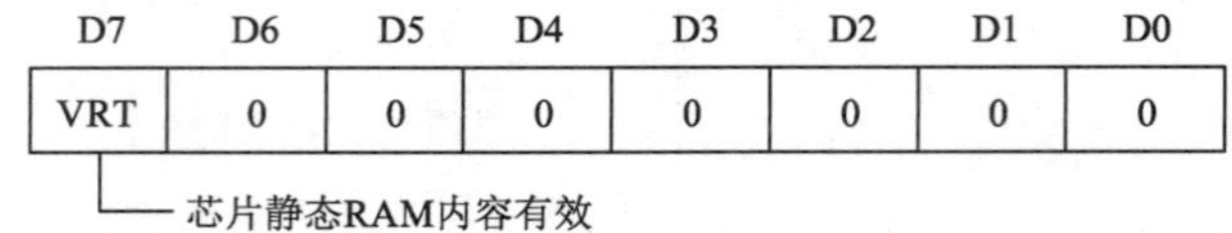

图 9-11 寄存器 D 的格式

寄存器 D 只使用了一个位 D7，其余位保留（读出时始终为 0）。D7 位是芯片静态 RAM 内容有效标志位。该位为 1 表示静态 RAM 的内容有效，否则表示无效。读该寄存器后，D7 位将自动置 1。

9.5 MC146818 在 PC/AT 中的应用

在早期的 PC 和 PC/XT 中，没有断电之后可以继续运行的时钟，因此，每次开机时都要输入日期和时间；另外，在这种机型中，系统的配置数据是靠拨键开关设置的，因此使用起来非常不方便。自 PC/AT 推出之后，各类 PC 兼容机的系统板上都采用 MC146818 提供实时时钟，并利用 MC146818 的内部静态 RAM 存放系统的配置信号。由于 MC146818 中的信息可以通过程序修改，因此，用户可以不打开机箱就能修改系统的配置信息，也不用每次开机都需要输入日期和时间，因此，给用户带来了很大的方便。

后推出的 80386 和 80486 等微型计算机一般在主板上使用一片或几片超大规模集成电路来代替原来的控制逻辑电路，这时 MC146818 的功能也相应包含在这些超大规模集成电路中了，但其对于用户的接口和使用方法仍保持不变。

9.5.1 MC146818 与系统的连接

图 9-12 是 MC146818 与系统的连接图。从图中可以看出，系统使用了一片 74HC14（或 CD4069）6 反相器外加电阻、电容和晶体构成了 32.768kHz 的振荡器，为 MC146818 提供时基。MC146818 的中断输出经反相后接到系统 IRQ8（第二片 8259A 的 IRQ0）上。

系统对 MC146818 的地址译码没有按常规的存储器地址译码方式，而是按 I/O 方式实现。系统分配了两个 I/O 地址给 MC146818，一个是 70H，一个是 71H。写 70H 的控制信号接到了 MC146818 的 AS（地址选择）引脚上，因此从 70H 输出给 MC146818 的数据实际上被 MC146818 当作地址锁存起来；对 71H 的读写控制信号接到了 MC146818 和 DS（数据选择）引脚上，因此对该 71H 的读写实际上就是对由 70H 指定的 MC146818 的内部 RAM 单元进行操作。

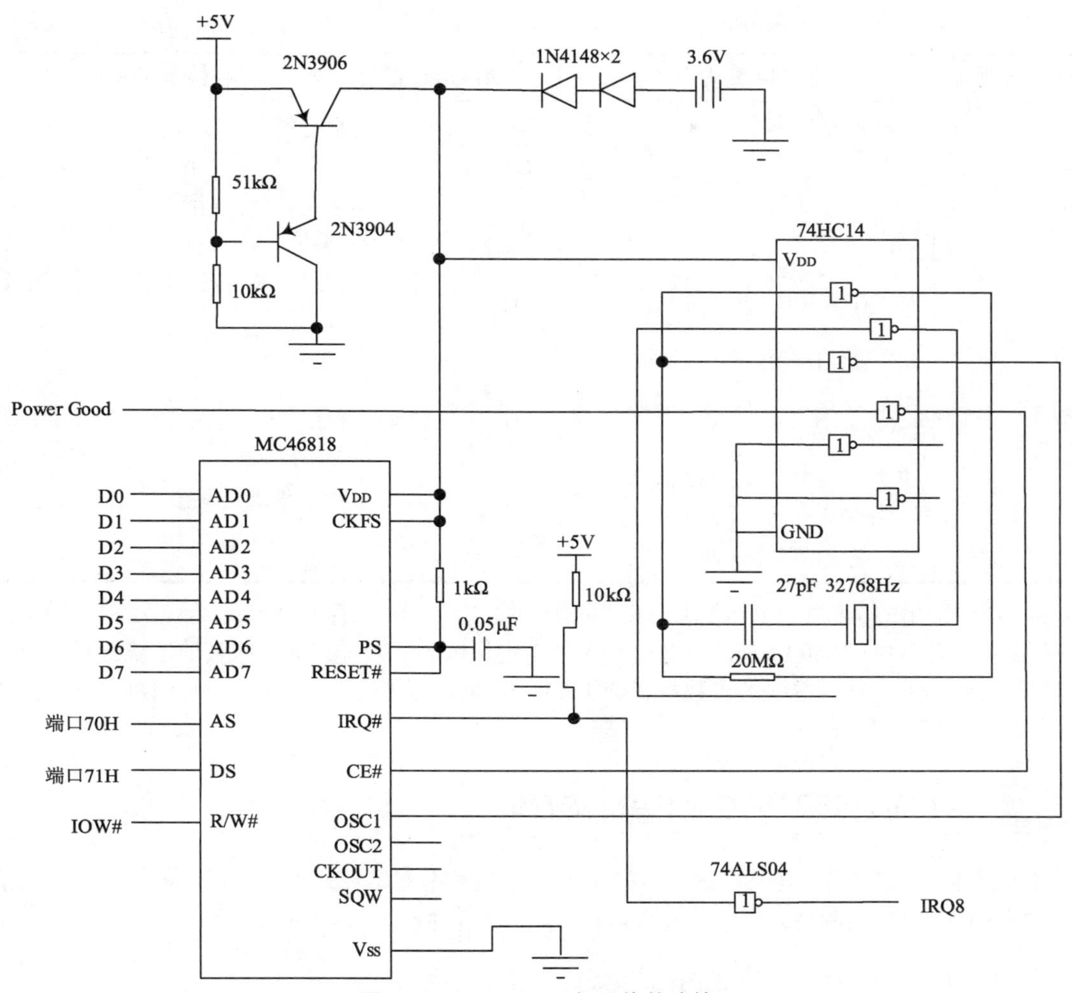

图 9-12　MC146818 与系统的连接

9.5.2 PC/AT 的配置信息

如前所述，MC146818 带有 64 字节的静态 RAM，其中前 14 个字节和第 32 字节已被 MC146818 定义为时间、日期数据和状态（控制）寄存器，剩余的 49 字节可被用户使用。在 PC/AT 机中，这剩余的 49 字节被用来存放系统配置信息，各字节的用法见表 9-5。

表 9-5　系统配置信息

存储单元地址	存储单元内容	存储单元地址	存储单元内容
0EH	诊断字节	1AH	第二硬盘扩展字节
0FH	保留	1BH～1FH	保留
10H	软盘驱动器的类型	20H～27H	48 型硬盘的参数
11H	保留	28H～2DH	保留

续表

存储单元地址	存储单元内容	存储单元地址	存储单元内容
12H	硬盘驱动器的类型	2EH	检查和（低字节）
13H	保留	2FH	检查和（高字节）
14H	设备字节	30H	系统自检得到的扩充存储器的数量（低字节）
15H	基本存储器的数量（低字节）	31H	系统自检得到的扩充存储器的数量（高字节）
16H	基本存储器的数量（高字节）	33H	SETUP 信息
17H	用户设置的扩充存储器的数量（低字节）	34H	保留
18H	用户设置的扩充存储器的数量（高字节）	35H～3CH	49 型硬盘的参数
19H	第一硬盘扩展字节	3DH～3FH	保留

表 9-5 中给出的是标准 BIOS 利用 MC146818 的静态 RAM 保存的系统配置信息。但是后来推出的一些微型计算机中的 BIOS 利用一些标准 BIOS 中保留的空间来存储一些其他系统配置信息，如处理器的时钟速率、数据总线的位数、影子 RAM 和 cache 的情况等，这些信息因机而异，使用时可参考有关系统说明书。

9.5.3 对 MC146818 内部 RAM 的存取

对于上面所述的存于 MC146818 内部 RAM 中的数据有两种方法存取。一种方法是利用系统 BIOS 的 INT 1AH 功能调用；另一种方法是直接通过 I/O 地址 70H 和 71H 进行。

1．通过 BIOS 对 MC146818 的内部 RAM 进行存取

系统 BIOS 中的 INT 1AH 中有 8 个功能调用。前两个是对 8253/8254 时钟访问的支持，后 6 个是对 MC146818 的支持。通过 BIOS 访问 MC146818 的限制较大，只能存取其时钟信息，对系统的配置信息既不能读，也不能写。

例如，将时间设置为 12 时 45 分，不使用夏时制，程序如下。

```
MOV    AH，03H         ；功能 3
MOV    CL，45H         ；45 分
MOV    CH，12H         ；12 时
MOV    DH，0           ；0 秒
MOV    DL，0           ；不使用夏时制
INT    1AH             ；通过中断调 1AH 设置时间
```

2．直接通过 I/O 地址对 MC146818 的内部 RAM 进行存取

如前所述，系统为 MC146818 分配了两个 I/O 地址 70H 和 71H。70H 是地址锁存口地址，71H 才是真正访问其内部 RAM 地址。因此，对 MC146818 进行读写操作，都要分两步进行，第一步写入要访问的内部 RAM 的地址，第二步才是读写数据。但是应该注意，在 PC/AT 中，70H 口的 D7

位用于控制 NMI 屏蔽寄存器，因此在使用 70H 口锁存 MC146818 的地址时，不能修改 70H 的 D7 位。可以从 70H 口读入原来的值，仅仅重写其低 6 位（因为 MC146818 只有 64B，只使用 6 位地址），然后再送出。

下面给出的是两段读写 MC146818 内部 RAM 的程序。

（1）从 MC146818 内部 RAM 读数据。

```
IN      AL，70H          ；读原 NMI 屏蔽状态
AND     AL，0C0H         ；清掉低 6 位
OR      AL，n            ；n 是要访问的 MC146818 内部 RAM 的地址
OUT     70H，AL          ；输出到地址端口
IN      AL，71H          ；从数据端口读出
```

（2）向 MC146818 内部 RAM 写数据。

```
IN      AL，70H          ；读原 NMI 屏蔽状态
AND     AL，0C0H         ；清掉低 6 位
OR      AL，n            ；n 是要访问的 MC146818 内部 RAM 的地址
OUT     70H，AL          ；输出到地址端口
MOV     AL，m            ；m 是要写入 MC146818 内部 RAM 的数据
OUT     71H，AL          ；将数据输出
```

例如，要读出系统基本存储器的容量，程序如下。

```
IN      AL，70H          ；从数据端口读出
AND     AL，0C0H         ；清掉低 6 位
OR      AL，16H          ；基本存储器容量的高字节地址
OUT     70H，AL          ；输出到地址端口
IN      AL，71H          ；从数据端口读出
MOV     AH，AL           ；送入 AH
IN      AL，70H          ；从数据端口读出
AND     AL，0C0H         ；清掉低 6 位
OR      AL，15H          ；基本存储器容量的低字节地址
OUT     70H，AL          ；输出到地址端口
IN      AL，71H          ；现在 AX 包含的是以 KB 为单位的基本内存的容量
```

9.6 小结

本章首先介绍了定时器/计数器的基本概念，然后以 8253/8254 为例，介绍了可编程的定时器/计数器，包括 8253/8254 的引脚、内部结构、工作方式以及在 PC 和 PC/AT 上的用法（定时和音响）。最后介绍了 CMOS 时钟芯片 MC146818，包括其引脚、内部结构、编程方法及在 PC/AT 上的使用方法。

8253/8254 是可编程的定时器/计数器，每个芯片包括 3 个独立的通道，有 6 种工作方式。在 PC 和 PC/XT 上使用的是 8253，在 PC/AT 机使用的是 8254，两者的功能、内部结构、编程方法相同，只是计数的最高速率不同。在 IBM PC 系列机上，8253/8254 的各个通道的用法是不一样的，通道 0 是用于系统日历时钟，每 55ms 向 CPU 申请一次中断；通道 2 在 PC 和 PC/XT 上用于通过 8237A 完

成动态储器刷新；通道 3 用来产生声音。

MC146818 是一种可以采用电池供电的时钟芯片，除时钟外，还有 64B 存储器。在 PC/AT 上，MC146818 在系统停电时，可保持日历时钟以及系统的配置情况。

9.7 思考题

1. 什么是定时器？什么是计数器？它们之间有何区别？
2. 8253 与 8254 有何区别？
3. 8253 有几个通道？这几个通道在 IBM PC 系列机中各有什么用途？
4. 8253 有几种工作方式？在 IBM PC 系列机中各用了 8253 的哪几种工作方式？
5. 采用 INT 15H 的 86H 号功能实现延时的程序，在 PC 和 PC/XT 上能否正常运行？为什么？
6. 8253/8254 每个通道有三根线与外部联系，说出这三根线的名称、功能及它们之间的关系。
7. 8253/8254 的计数值最大为多少？
8. 试设计一个电路，使 8253/8254 用作 8251A 的波特率发生器。
9. 从时钟角度看，8253 与 MC146818 有何异同？
10. MC146818 有几个内部寄存器？其功能各是什么？

9.8 实验设计

1. 利用 8253 提供的功能，编写一个在 PC 和 PC/XT 机上能通用的延时程序。
2. 编写发出音符 1、2、3、5、6、7 的音响程序。
3. 试编写一程序从 MC146818 中读出当前的时间。要求使用两种方法。
4. 试编写一程序修改 MC146818 中的日期。要求使用两种方法。
5. 如果图 9-12 中的后备电池改用可充电电池（即计算机工作时可对电池充电），应该怎样修改线路？
6. 图 9-12 中的时钟能否用 MC146818 的内部时钟振荡器？如果可以，怎样修改线路？

第 10 章 82380 多功能接口芯片

10.1 82380 概述

82380 是一个集 80386 环境下所必需的系统功能于一体的多功能外设支持芯片。它采用高速 CHMOSIII技术制造，132 引脚的 PGA 封装。82380 内部集成有高性能 DMAC 以及中断控制控制器、定时器/控制器、DRAM 刷新控制器、等待状态发生器和系统复位逻辑等。

10.1.1 82380 的结构

82380 把若干种 LSI 和 VLSI 元器件中才有的计算机系统功能集成在一个芯片内，其中包括：一个高速的 8 通道 32 位 DMAC；一个 20 级可编程中断控制器，它是 82C59A 的 1 个超集；4 个 16 位可编程定时器/计数器，它们在功能上等价于 82C54 定时器；一个 DRAM 刷新控制器；一个可编程的等待状态发生器和一个系统复位逻辑。对 82380 的接口设计采取优化技术，可与 80386 微处理器保持高速操作。82380 的内部结构如图 10-1 所示。

82380 的结构

82380 可直接在 80386 总线上操作，在从态下，82380 始终监控 CPU 的状态，并按照主机的命令动作或空闲，它监控地址流水线状态并为被存取的设备产生相应数目的等待状态。82380 还可用于复位 80386 的逻辑，通过硬件或软件的复位请求完成系统复位以及 CPU 关机状态。

系统复位后，82380 处于从态，它看来就像系统的 I/O 设备一样，而在执行 DMA 传送时，它就变成了总线的主设备（即处于主态）。

为保持和现存软件的兼容性，82380 内部寄存器以字节为单位进行存取。如果在 CPU 的一次存取前，82380 的内部逻辑需要延迟，则等待状态发生器就会自动地将相应数目的等待状态插入到存取周期中。这就使得在程序员编写初始化程序时不必考虑硬件的复原时间。

10.1.2 主接口

82380 可在 80386 微处理器的内部总线上有效地操作，其控制信号在功能上和 80386 的信号是一致的。82380 始终监控总线，并确定当前总线周期是流水线周期还是非流水线周期，它监视 80386 所有状态信号。

82380 的控制寄存器、状态寄存器和数据寄存器的地址是固定并彼此相关的，但是寄存器组可被重定位到存储器或 I/O 空间中的不同位置上。

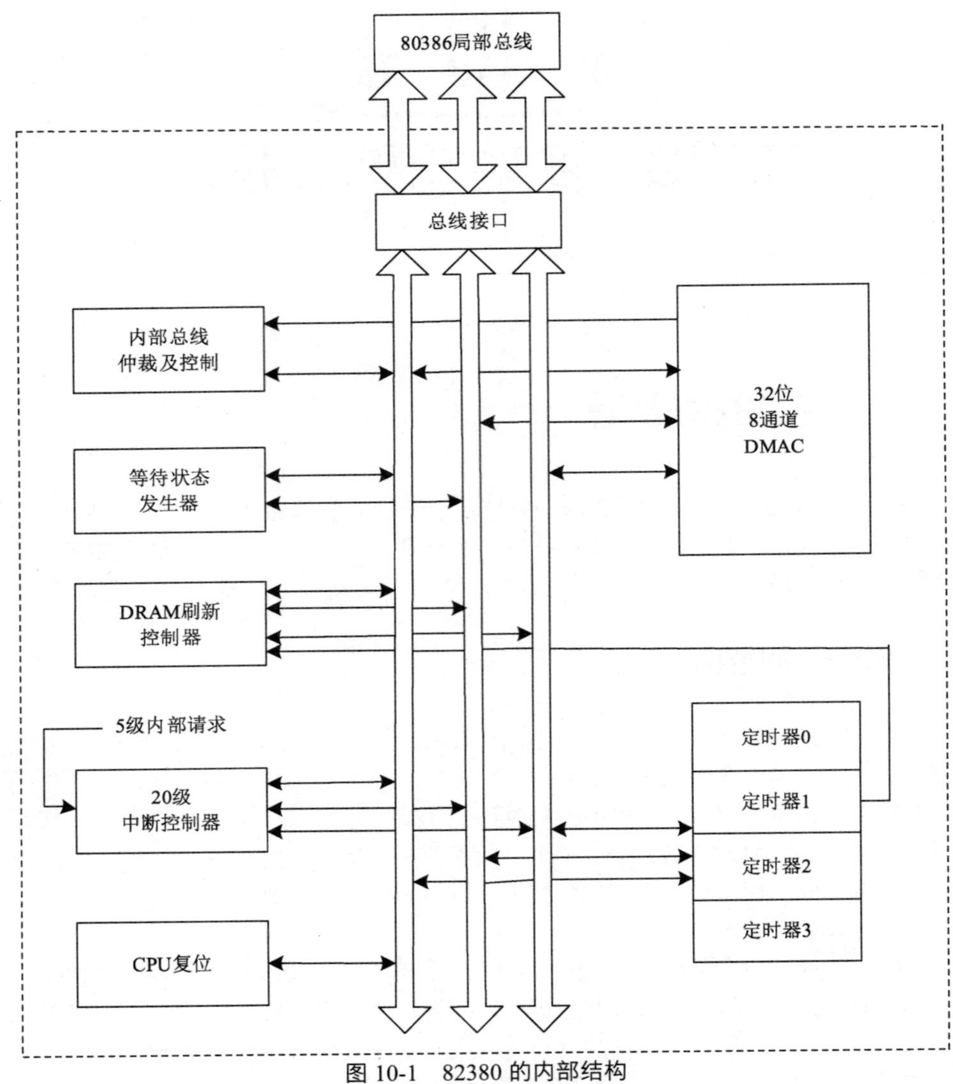

图 10-1 82380 的内部结构

作为从设备时，82380 能监视 80386 的控制总线。不管是否存取 82380，它都会产生所需的等待状态。这就使得程序员在编程时可随意地存取 82380 寄存器而不必在程序中插入空操作指令来等待低速的 82380 内部寄存器。

82380 能确定当前总线周期是流水线周期还是非流水线周期。这可通过监控 ADS#和 READY#信号来实现，并由此跟踪 80386 的当前状态。

处于主态时，82380 在系统的其余部分看来就像 80386 一样。这就给在包含 82380 的系统中进行设计的人员以更大的灵活性。设计人员不必改变为 80386 设计的任一外部设备的接口来适应 82380，82380 将以和 80386 相同的方式存取总线上的任一外部设备，包括识别流水线周期。

为保持和现有系统结构和软件的兼容性，可把 82380 作为一个 8 位的外部设备来存取。80386 把所存取的 8 位数据放置在 D0～D7 或 D8～D15 上。82380 处于从态时，将只接收这些线上的数据；处于主态时，82380 是 1 个全 32 位机，以与 80386 相同的方式发送和接收数据。

10.2 82380 与 80386 的接口

本节详细描述 82380 的基本总线功能与 80386 微处理器是怎样连接的。图 10-2 为典型的 80386/82380 系统配置。如图 10-2 所示，82380 拥有与 80386 微处理器进行有效操作的接口信号组。正是这些信号使 82380 与 80386 间的连接硬件数减至最少。

82380 位于数据缓冲器的另一边（相对于系统中的其他 I/O 设备而言），因此，为使数据缓冲器与 82380 不发生冲突，收发器的方向和使能控制电路应包括口地址译码电路在内，即在 82380 的任一内部寄存器被读取时，数据总线收发器即应被禁止，从而保证只有 82380 在驱动局部总线。

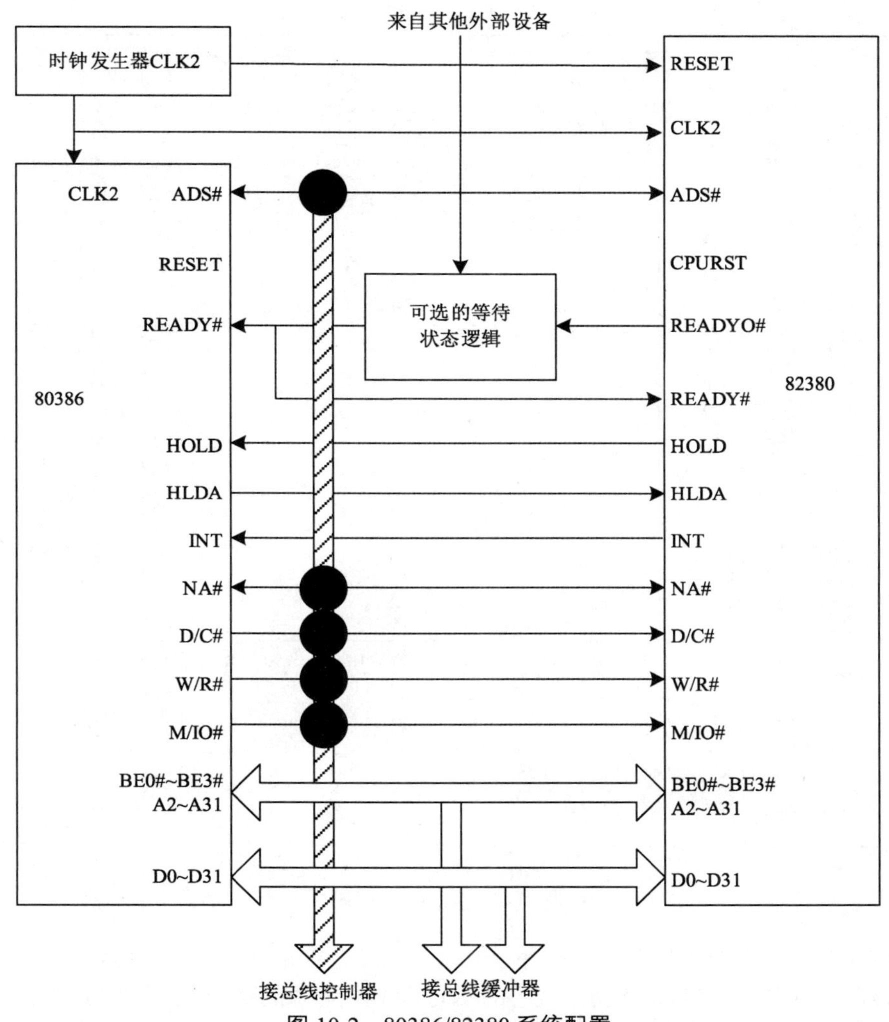

图 10-2　80386/82380 系统配置

10.2.1 主态和从态

82380 有两种不同操作形态，即主态和从态。在某一时刻，82380 只能工作于其中一种形态。复位后，82380 处于从态。此时，80386 可以读/写 82380 的内部寄存器，可通过编程将初始化信息写进 82380。

当请求 DMA 服务时（包括由 82380 产生的 DRAM 刷新周期），82380 将请求并随后获得 80386 局部总线的控制。这是通过 HOLD 和 HLDA 信号实现的。当 80386 发出 HLDA 信号作为应答时，82380 将转换到主态，并作为 DMAC 来使用。此时，82380 是系统总线的使用者，可读/写存储器或 I/O 设备的信息。当完成 DMA 传送或 HLDA 无效时，82380 返回到从态。

10.2.2 82380 的引脚排与 80386 的接口信号

82380 采用 132 个引脚的 PGA 封装，其引脚排列如图 10-3 所示。

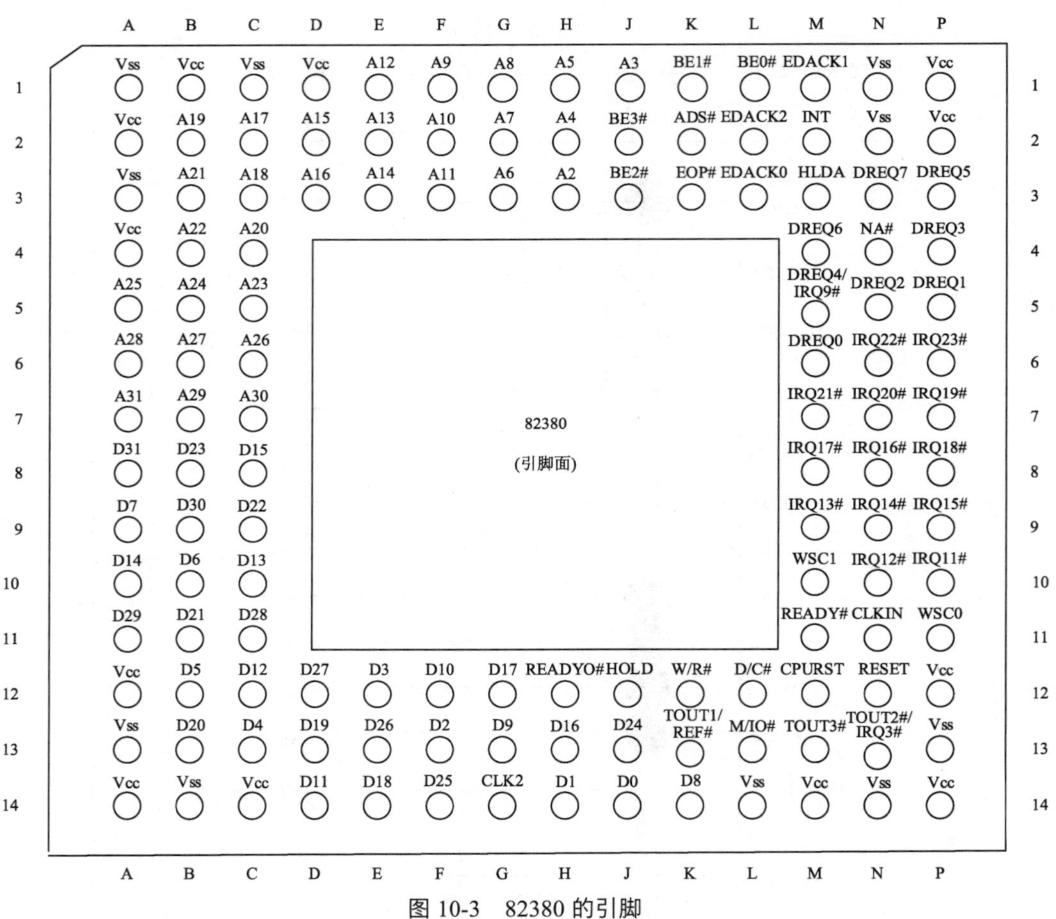

图 10-3 82380 的引脚

如前所述，82380 的总线接口部件包含一组和 80386 直接相连的信号，其数据和地址总线是独立的。另外，还有一些控制信号来支持系统上的不同总线操作。由于需要使用 80386 局部总线，82380 和 80386 共享地址总线、数据总线和控制总线。下面介绍 82380 与 80386 的接口的信号及其功能。

1．时钟信号 CLK2

时钟信号 CLK2 为 82380 提供基本时序，它在内部被 2 分频以产生 82380 的内部时钟。因此，CLK2 须以 2 倍于 80386 的时钟频率驱动。为和 80386 保持同步，82380 须和 80386 共享一个公用的时钟源。

2．数据总线（D0～D31）

该 32 位的三态双向总线在 82380 和系统之间提供了一个通用的数据道路。这些引脚直接连到对应的 80386 的局部总线的数据总线引脚上。82380 在中断应答周期内产生的中断向量也使用数据总线。

在从态操作时，82380 仅能读/写单字节。当 80386 向 82380 写数据时，依据字节使能信号（BE0#～BE3#）选择 D0～D7 或 D8～D15 总线上的数据锁存进 82380。82380 无须查看 D16～D31，因为 80386 会将单字节数据复制到总线的两个半部分上。当 80386 从 82380 读取数据时，单字节数据在数据总线 D0～D7、D8～D15、D16～D23 及 D24～D31 上被复制 4 次。

在主态操作时，82380 可通过其数据总线，将 8、16 或 32 位信息，在存储器与 I/O 设备或 I/O 设备与 I/O 设备之间传输。

3．地址总线（A31～A2）

这些三态双向信号直接连到 80386 地址总线上。在从态下，它们用作输入信号，处理器可以寻址 82380 内部端口/寄存器。在主态下，它们被 82380 用作输出信号，寻址存储器或外部设备。地址总线能寻址 4GB 的物理存储空间和 64KB 的 I/O 地址空间。

4．字节使能信号（BE3#～BE0#）

这些双向引脚在 A31～A2 寻址的双字中选择某一字节。与地址总线功能相似，这些信号在从态下时，用作输入以寻址 82380 内部寄存器。在主态下时，它们用作 82380 的输出以寻址存储器或 I/O 地址。另外，BE3#引脚还用作测试状态使能信号，在复位时必须为低电平。在复位期间 80386 自动使 BE3#保持低电平。字节使能信号的功能依 82380 处于何种形态而异。其定义见表 10-1 和表 10-2。

表 10-1　82380 处于从态时字节使能信号的功能

BE3#～BE0#（输入）	隐含的 A1、A0	写到 82380 的数据位
×　×　×　0	0　0	D0～D7
×　×　0　1	0　1	D8～D15
×　0　1　1	1　0	D0～D7
×　1　1　1	1　1	D8～D15

表 10-2　82380 处于主态时字节使能信号的功能

BE3#～BE0#（输出）	A31～A2 对应要存取的字节	只写时出现在数据总线上的数据			
		D31～D24	D23～D16	D15～D8	D7～D0
1　1　1　0	0	0	0	0	D7～D0
1　1　0　1	1	0	0	D7～D0	D7～D0
1　0　1　1	2	0	D7～D0	0	D7～D0
0　1　1　1	3	D7～D0	0	D7～D0	D7～D0
1　0　0　1	1，2	0	D15～D8	D7～D0	D7～D0
1　1　0　0	0，1	0	0	D15～D8	D7～D0
0　0　1　1	2，3	D15～D8	D7～D0	D15～D8	D7～D0
1　0　0　0	0，1，2	0	D23～D16	D15～D8	D7～D0
0　0　0　1	1，2，3	D23～D16	D15～D8	D7～D0	D7～D0
0　0　0　0	0，1，2，3	D31～D24	D23～D16	D15～D8	D7～D0

在读周期，数据复制到 D0～D7、D8～D15、D16～D23 和 D24～D31。在写周期，80386 将数据复制到 D0～D15 和 D16～D31 上，因此 82380 只需要考虑数据总线的低半部分即可。

5．总线周期定义信号（D/C#、W/R#、M/IO#）

这些三态双向信号定义目前正在进行的总线周期类型。W/R#识别是写周期还是读周期，D/C#识别是处理器的数据还是控制周期，M/IO#识别是存储器还是 I/O 周期。在 82380 为从态时，这些信号由 80386 驱动，为输入；在主态下，则由 82380 驱动，为输出。不论 82380 处于何种状态，这些信号必须在地址状态信号 ADS#为低电平时才有效。表 10-3 给出了总线周期的定义。在主态下，D/C#总是高电平。

表 10-3　82380 总线周期的定义

M/IO#	D/C#	W/R#	输入时（从态）	输出时（主态）
0	0	0	中断响应	不产生
0	0	1	未定义	I/O 读
0	1	0	I/O 读	I/O 写
0	1	1	I/O 写	不产生
1	0	0	未定义	不产生
1	0	1	若 BE3#～BE0#=X011，暂停；若 BE3#～BE0#=XXX0，	存储器读
1	1	0	关机	存储器写
1	1	1	存储器读	不产生
			存储器写	

6．地址状态信号（ADS#）

该双向信号指出一个有效地址（A2～A31、BE0#～BE3#）和总线周期定义（W/R#、D/C#、M/IO#）正出现在总线上。在主态时，它由 82380 驱动为输出；在从态下，该信号作为输入，由 82380 监控，根据 ADS#的当前和过去状态及 READY#输入，82380 能确定下一总线周期是否为流水线周期。ADS#被插入到 T1 和 T2P 总线状态之间（见总线状态定义）。

注意，在 DMA 处理的开始和结束的空闲状态期间，80386 和 82380 都不驱动 ADS#，即信号处于浮动状态，因此，需要在 ADS#上使用一个上拉电阻（大约 10KΩ）。

7．传送应答（READY#）

该信号低电平有效，用于指出当前总线周期已完成。在主态时，该信号指出 DMA 总线周期的结束。在从态时，82380 监控该信号和 ADS#信号来检测流水线地址周期。该信号须直接连到 80386 的 READY#输入端上。

8．下一地址请求信号（NA#）

该输入在主态时用于向 82380 指出系统正请求地址流水线传输。在主态下，当存储器或 I/O 设备令该信号为低电平有效时，表示在当前总线周期结束前，由 82380 收到一个总线操作周期的地址和总线周期定义信号。当 82380 检测到一信号有效时，只要内部有一个总线操作请求等待，82380 就会送出下一个地址。在从态时，NA#对 82380 不起作用。

9．复位信号（RESET、CPURST）

RESET 是复位输入信号，高电平有效。该同步输入信号终止正在处理的操作并使 82380 进入一个已知的初始状态。复位后，82380 处于从态，等待 80386 对其初始化。在复位时要求 RESET 高电平有效时间至少为 15 个 CLK2 周期。

CPURST 是输出信号，用于复位 80386。该信号在下列事件之一发生时，变为有效。

（1）82380 的 RESET 输入有效。

（2）82380 收到了一个软件复位命令。

（3）82380 检测到一个处理器关机周期并且该检测功能有效。

CPURST 有效时间会持续达 62 个 CLK2 周期，这使得 80386 与 82380 相互同步。

10．中断请求输出信号（INT）

INT 信号接到 80386 的 INTR 的输入脚，表示有一个或多个中断请求（内部的或外部的）。

10.2.3　82380 的总线时序

82380 的内部时序包括两相，PHI1 和 PHI2，不论处于主态或从态，82380 的每个总线操作的最小时间为一个总线状态（或总线周期），即一个 PHI 周期，也等于两个 CLK2 周期。如图 10-4 所示。通常 PHI1 用以锁住内部数据，PHI2 用以采样输入信号以及使内部信号定位。82380 产生的 CPURST 信号确保通知 80386 与 PHI1 信号同步。82380 共有 6 种不同的总线周期，每一个周期均以两个或多个以上总线状态组成。每一总线周期实际长度取决于 READY#输入何时变为低电平。

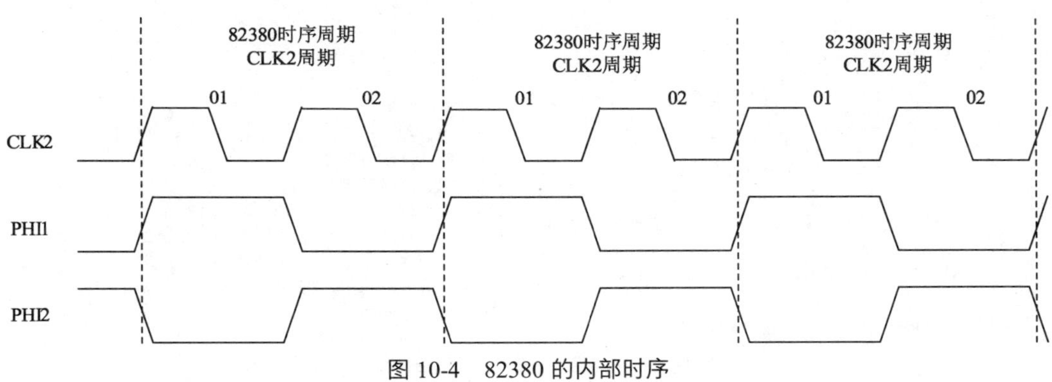

图 10-4　82380 的内部时序

1．地址流水线

82380 无论为主态或从态，均支持地址流水线传输。这一特性允许存储器或外部设备在比正常需要的等待状态数少一个的情况下操作。这是因为在一个流水线周期中，总线使用者可以在等待当前周期结束通知到来之前的这一段时间，产生下一周期的地址和总线周期的定义。流水线总线特别适用于交叉存储器环境。对 16MHz 的交叉存储器设计，用 100ns 的时间访问 DRAM，若选择流水线寻址，则可达到 0 个等待状态的存储器访问。

在主态下，82380 是否启动一个流水线传输周期，视其 NA#信号的状态而定。当外部 I/O 设备使 NA#有效时，82380 即启动一个流水线地址传输周期。在从态下，82380 不断地监控在 80386 局部总线上的 ADS#和 READY#信号，以确定当前总线周期是否是流水线周期。如果检测到一个流水线周期，则 82380 向 80386 请求少一个等待状态（若等待状态发生器配件已选好）。另一方面，在一个流水线周期的 82380 内部寄存器存取期间，它将利用超前地址和总线周期信号。在所有情况下，地址流水线将导致节省一个等待状态。

2．主态总线时序

在 82380 处于主态时，它将处于 6 种总线状态之一。图 10-5 为 82380 的主态总线状态图，包括流水线地址状态。82380 的总线状态图和 80386 的总线状态图极其相似，主要的不同是 82380 无保持状态，且在 82380 中，某些状态转换的条件依赖于 DMA 过程是否结束。

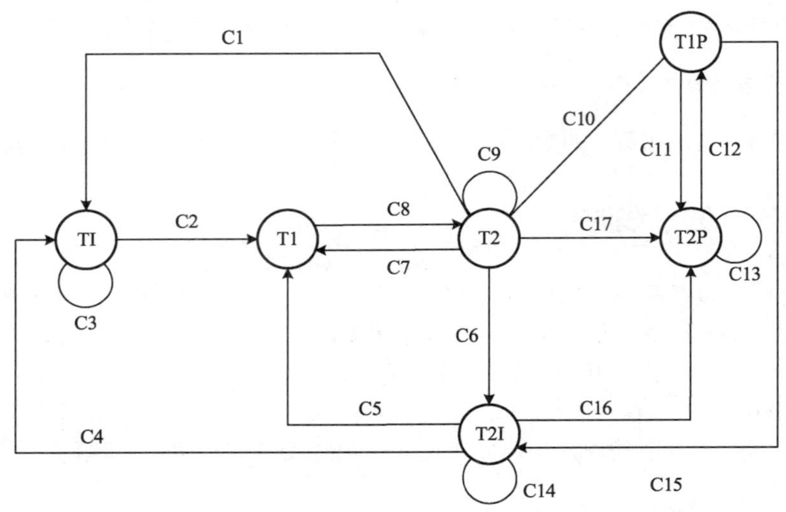

C1：READY#有效（内部地址不可用或DMA结束）
C2：内部地址可用
C3：内部地址不可用
C4：READY#有效（内部地址不可用或DMA结束）
C5：内部地址可用，READY#有效
C6：READY#无效，NA#有效（内部地址不可用或DMA结束）
C7：内部地址可用，READY#有效，DMA未结束
C8：总是由此开始
C9：READY#无效，NA#无效
C10：NA#无效
C11：内部地址可用，NA#有效，DMA未结束
C12：READY#有效
C13：READY#无效
C14：内部地址不可用，READY#无效
C15：NA#有效（内部地址不可用或DMA结束）
C16：内部地址可用，READY#无效
C17：内部地址可用，READY#无效，NA#有效，DMA未结束

图 10-5　82380 的主态总线状态

每次复位或每次在一 DMA 周期或过程结束时，在无内部地址的情况下，82380 均会进入空闲状态 TI。在未使用流水线地址传输（即 NA#无效）时，新的总线周期恒由 T1 开始。在 T1 状态，地址及总线周期定义信号等均出现在总线上。T1 之后为 T2。若总线周期在 T2 状态时未被 READY#信号所认可（即 READY#无效），且 NA#信号也无效，则 T2 状态会一直重复。若总线周期在 T2 状态被认可，则紧接的状态即为下一周期的 T1 状态（若内部地址锁存器已存入数值且 DMA 过程未结束）。否则，总线周期进入 TI 状态。因此，若被存取的存储器或 I/O 设备足够快，可以在第一个 T2 状态反应的话，最快的非流水线地址传输周期将只用到一个 T1 和一个 T2 状态。

流水线地址传输的应用使 82380 进入另一个三个总线状态：T1P、T2P 和 T2I。T1P 是流水线地址传输周期的第一个总线状态，若检测到 NA#信号有效，则 T1P（或 T2P）之后，紧接着为 T2P。在 T2P 期间，82380 会将总线周期的地址及总线周期定义等信号放置在总线上。由图 10-5 可以看出，在空闲状态下 TI 之后的第一个总线周期一定由 T1 开始，且一定为非流水线地址传输周期。若 NA#有效，且目前的总线周期以 T2 状态结束，则下一周期即为流水线地址传输周期。在进入流水线地址传输周期后，只要 NA#信号在每一周期有效，82380 即会一直在 T1P 与 T2P 状态之间转换。若总线周期该结束时，READY#信号一直无效，则 82380 会自动重复 T2P 状态，以延长周期。最快的流水线地址传输周期由一个 T1P 和一个 T2P 状态组成。

在 NA#信号有效而且下列两种情况之一发生时，82380 将进入 T2I 状态。第一种情况是 82380 处于 T2 状态时，若 READY#无效，而且下一地址未传送，则 82380 将进入 T2I 状态。这种状态类似等待状态。只要这种情况一直存在，则 82380 会一直处于 T2I 状态。第二种情况是 82380 正处于 T1P 状态，82380 须在 T2I 状态一直等到下一地址送到，才会进入 T2P 状态。此外，在这两种状态下，若 DMA 过程结束，则为了完成现有的 DMA 周期，82380 将进入 T2I 状态。图 10-6 是在主态下非流水线总线时序，而图 10-7 示出了主态下流水线总线时序。

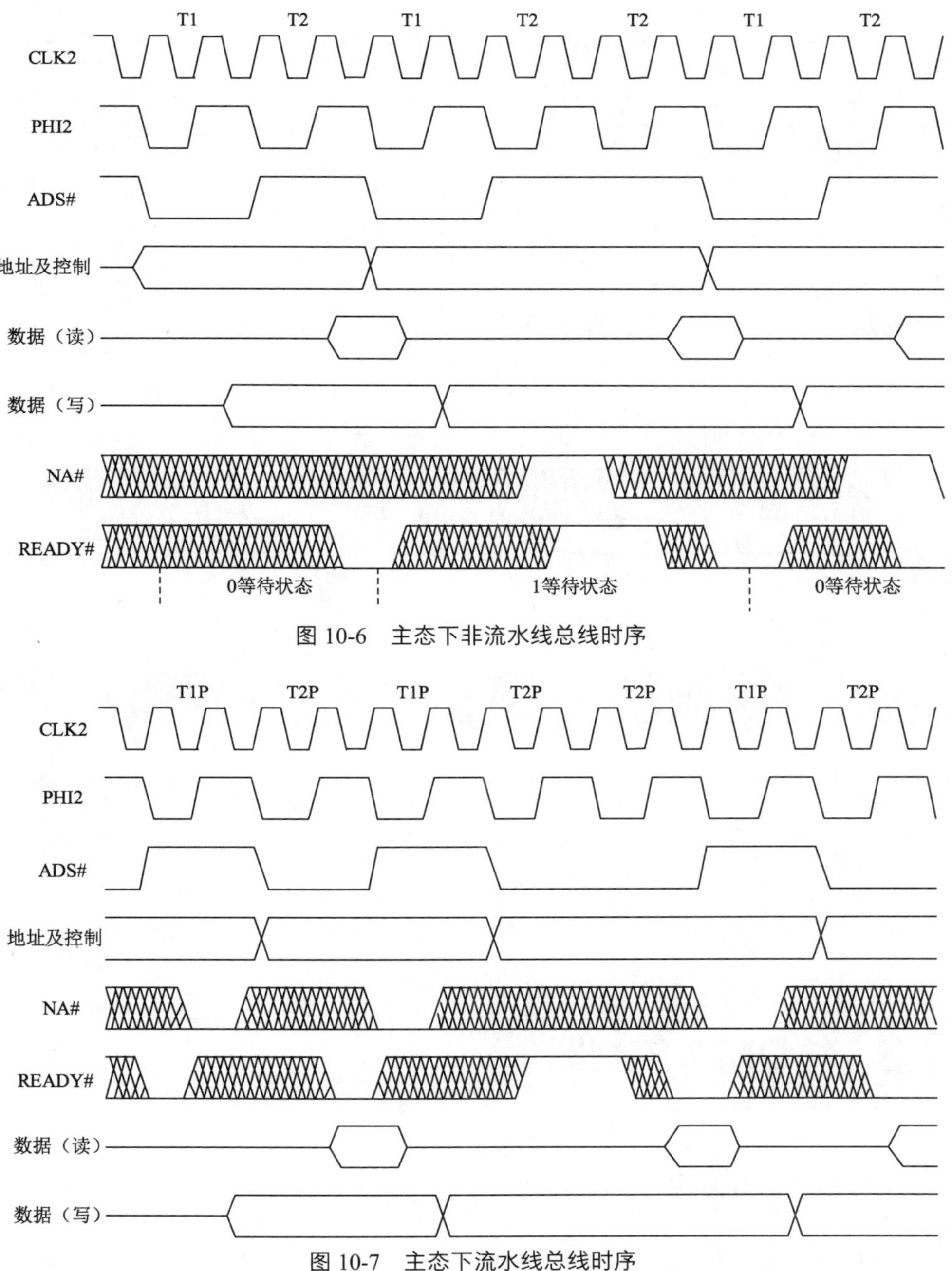

图 10-6　主态下非流水线总线时序

图 10-7　主态下流水线总线时序

3．从态下的总线时序

图 10-8 示出了从态下的 82380 读写时序。如前所述，在从态时，82380 会不断地监控 ADS#及 READY#信号，以确定下一周期是否是流水线地址传输周期。若是，则会提早一个总线状态的时间译码地址及总线周期定义信号。

82380 能在每一个 T2 及 T2P 状态的结束检查 READY#信号的状态，以确定目前的总线周期是否已结束。通常，82380 的等待状态发生器的 READYO#输出直接接到 80386 的 READY#输入。在这种情况下，READYO#和 READY#完全相同。

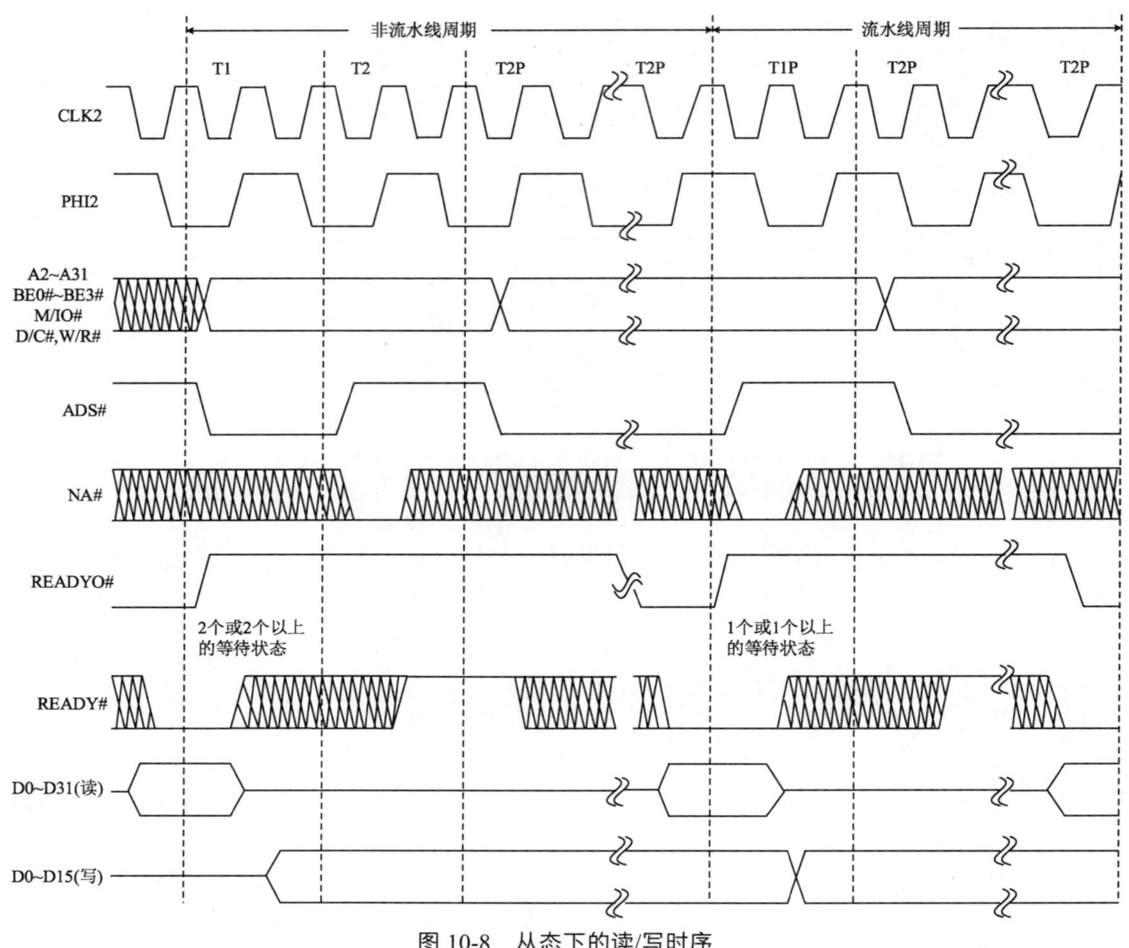

图 10-8 从态下的读/写时序

10.3 DMA 控制器

10.3.1 DMAC 的结构

82380 包含一个高速、8 通道、32 位的 DMAC，它可以在存储器和 I/O 之间的任一组合间传送数据，并能以字节、字或双字为单位传送数据。源和目标的地址可分别设定为增量、减量或保持不变，并覆盖 80386 的整个 32 位物理地址空间。可以通过一个 32 位的内部暂存数据寄存器装配和拆开未对正的数据，以实现在两个不同数据通路宽度的设备间传输数据。DMAC 也能在 I/O 设备和存储器之间进行对正数据的传送，以 16MHz 工作的 82380 的数据传输率可达 32MB/s。图 10-9 为 DMAC 的结构。

由图可知，整个 DMAC 由控制电路和寄存器两部分组成。控制电路部分包括 DMA 处理控制和 DMA 请求仲裁逻辑。寄存器部分则分控制/状态寄存器及通道寄存器。由于 8 个通道相互独立，因此每个通道都有属于自己的通道寄存器，但 8 个通道的这些寄存器都相同。而控制/状态寄存器则分为两组，上半部分通道（通道 0 至通道 3）用一组，下半部分通道（通道 4 至通道 7）用另一组。通过控制/状态寄存器可以将每一通道初始化编程为任一种可能的方式。每一通道的操作方式各自独立。同时每一通道有通过程序初始化其要传送的数据量及其位置的寄存器。

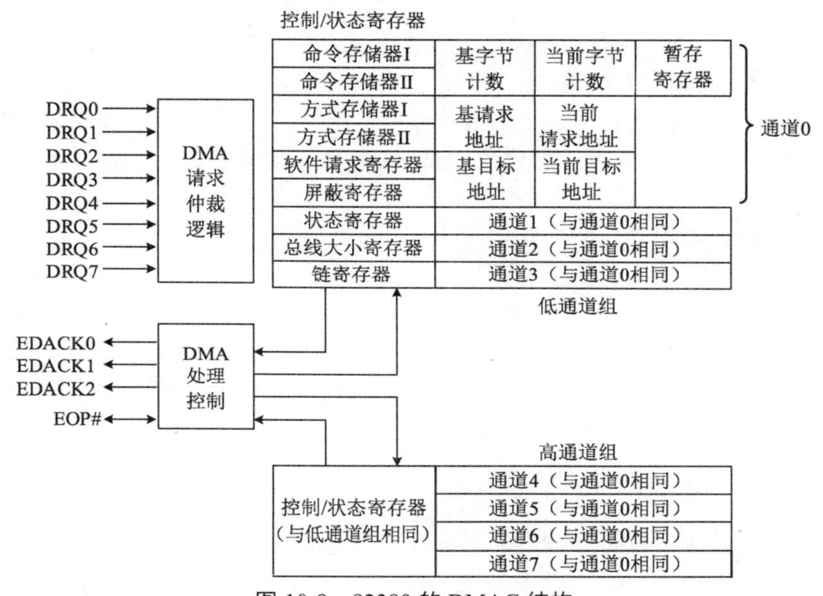

图 10-9 82380 的 DMAC 结构

10.3.2 DMAC 的功能

每个 DMA 通道由 3 个主要部分组成。这些部分用可编程的寄存器来标识。这些寄存器用于定义 DMA 服务的存储器或 I/O 设备。它们是目标设备、请求设备和字节计数寄存器。这里只介绍其一般功能，进一步的讨论详见 DMA 寄存器的定义部分。

请求设备是请求 82380 DMAC 服务的设备，它发出服务请求，DMAC 为特殊通道监控或产生的所有控制信号逻辑地址与请求设备相联系。只有请求设备可以初始化或终止一个 DMA 过程。

目标设备是请求设备希望与之交换信息的设备，在 DMA 过程中，目标设备是从属设备，它在整个过程中不具备控制能力。

数据传送的方向可从请求设备到目标设备，也可从目标设备到请求设备，即两者中的任一个都可作为请求设备或目标设备。

请求设备和目标设备都可以是 I/O 设备，也可以是存储器，每个设备都有一个相关的地址，它可以增量、减量修改或保持不变。请求寄存器和目标寄存器的内容可被分别设置。这些寄存器有两个：一个包含 DMA 过程使用的当前地址（当前地址寄存器）；另一个保存编程设定的基地址（基地址寄存器），该寄存器的内容不能被 82380 DMAC 改变。当前寄存器的内容随 DMA 过程的进行增量或减量修改。

字节计数寄存器用于指出被传送数据的数量。分为当前字节计数寄存器和基字节计数寄存器。每传送一个字节，当前字节计数寄存器减 1，当减到 0 时，则认为字节计数寄存器过时，DMA 过程结束或重新启动，这依赖于通道操作的方式。字节计数寄存器过时称为“计数终止”，有几个状态信号依赖这一事件。

82380 DMAC 的每个通道包含一个 32 位的暂存寄存器，用于装配和拆开未对正数据。

82380 DMAC 对总线来说是从属设备，CPU 可在任一时刻存取任一控制/状态或通道寄存器。只有当一个软件请求命令或硬件请求信号请求 DMA 服务时，它才变成总线的主设备。当 DMAC 收到一个 DMA 服务请求时，向 CPU 发出一个总线请求。当 CPU 发出总线应答信号并释放总线时，82380 就变成了总线的使用者，选出具有最高优先级的通道请求进行 DMA 服务。传送的数据类型、源和目标地址以及传送数据的数量由该通道的控制寄存器编程设置，当总线应答信号移去或 DMA 过程结束时，DMAC 交还总线的控制。这时 82380 又变成了总线从设备。若有其他 DMA 通道请求服务，DMAC 将再次发出总线请求信号并重新启动总线仲裁逻辑，接通 DMA 过程。

10.3.3 DMAC 的接口

82380 的 DMAC 共有 14 个对外接口信号。其中包括 8 个通道请求信号（DREQ0～DREQ7），3 个编码的 DMA 应答信号（EDACK0～EDACK2），2 个处理总线请求和应答信号（HOLD、HLDA），以及 DMA 过程结束信号（EOP）。DREQ 输入和 EDACK 输出是和请求 DMA 服务的设备的联络信号。HOLD 输出和 HLDA 输入是和 CPU 的联络信号。

1. DREQ0～DREQ7 和 EDACK0～EDACK2

这些信号是 I/O 设备和 82380 之间的联络信号。DREQ0～DREQ7 为连接外部请求设备的信号，共可连接 8 个请求设备。当任一设备请求 DMA 服务时，对应通道的请求信号有效（高电平）。此时 82380 将该请求与其他请求的优先顺序相比较并在服务完其他更高优先级的请求后，响应其中优先级最高的请求。

当对请求的通道进行 DMA 服务时，EDACK0～EDACK2 信号出现在存取处理设备的 DMA 通道上。在 EDACK0～EDACK2 上的 3 位编码指出存取请求设备所占的 DMA 的通道号。表 10-4 示出了这些信号的编码。

表 10-4　DMA 服务时 EDACK 的编码

EDACK2	EDACK1	EDACK0	通道编号
0	0	0	0
0	0	1	1
0	1	0	2
0	1	1	3
1	0	0	目标设备存取
1	0	1	5
1	1	0	6
1	1	1	7

由表 10-4 可以看出，第 4 通道无对应的硬件应答信号。DMA 应答信号（EDACK）只有在 DMA 存取请求设备时才显示其通道号。当在 DMA 存取目标设备时，EDACK0～EDACK2 即显示空闲码（100）。因此，可以用 EDACK0～EDACK2 在传送间隔选取一存取请求设备，即将应答码转换为请求设备的应答信号。

2. HOLD 和 HLDA

总线请求（HOLD）和总线应答（HLDA）信号是 DMAC 和 CPU 间的联络信号。HOLD 是从

82380 输出的信号，而 HLDA 则是 82380 的输入信号。当有 DMA 请求时，DMAC 使 HOLD 有效，请求主 CPU 释放总线的控制权以便进行 DMA 处理。当 82380 能在 HLDA 有效一个时钟周期后，开始总线操作时，总线上的其他设备均处于从态。

HOLD 和 HLDA 不能用于控制和选取要求 DMA 服务的 I/O 设备。这主要是因为 DRAM 刷新控制也使用了像 DMA 的操作。为了控制总线，DRAM 刷新控制器的刷新周期也须经 DMAC 的仲裁电路，且刷新周期享有最高优先权。一个刷新周期可以在两个 DMA 周期之间发生，DMAC 不必放弃总线控制。

3．EOP

EOP 是用于指示 DMA 过程结束的双向信号。82380 在一通道应执行的最后一个总线周期的 T2 状态时，令此信号有效。此时请求设备应做出反应，除去其 DMA 请求或请求主 CPU 中断并为其通道再设计一个新的缓冲区。

EOP 作为输入信号时，用以通知 DMAC，正服务的设备不需要传送任何数据了。

10.3.4　DMAC 的操作方式

82380 的 DMAC 有多种独立的操作功能。在与其他被服务的设备连接时，这些功能或方式都必须考虑在内。如前所述，DMA 的 8 个通道彼此之间都是相互独立的，而且每一通道均可操作于任一种方式。虽然操作方式可以独立编程，但有的操作方式会影响到其他一些操作方式。

1．目标设备/请求设备定义

所有的 DMA 传送都包含着 3 个设备：DMAC、请求设备和目标设备。DMAC 存取的设备差别很大，因此 DMAC 的操作特性必须适合请求设备和目标设备。请求设备既可作为数据传送的源，也可作为数据传送的目标。这可通过指明一个读/写传送来做到。在一个读传送中，目标设备是数据源，而请求设备则是数据的目标；在一个写传送中，请求设备是数据源，而目标设备是数据的目标。

请求设备和目标设备的地址可分别设计成每次递增、递减或保持不变。例如，在存储器至存储器传输时，将请求设备设计成地址递增，目标设备设计成地址递减，则 DMAC 将传输的字符串或数据存放的次序倒过来。

2．缓冲区传送方式

82380 的 DMAC 可以有 3 种可编程的缓冲区传送方式，这些方式定义了 DMAC 存取数据缓冲区的逻辑方法。它们是单缓冲区方式、缓冲区自动初始化方式和缓冲区链方式。下面分别介绍。

（1）单缓冲区方式

单缓冲区方式仅允许 DMA 通道传送一个缓冲区的数据。当缓冲区数据全部传输完毕时（当前字节计数寄存器减至 0 或 EOP 输入有效），DMA 过程结束，通道变成空闲。若要再使用该通道，则必须对其重新编程。这种方式通常适用于要传输的数据个数已知，并且已知在操作系统重新再设计通道前不再有其他数据要传输的情况。

（2）缓冲区自动初始化方式

缓冲区自动初始化方式能使多组数据传入或传出单缓冲区。这种方式不需要程序重新编程。在当前过程结束时，DMAC 会自动将基寄存器的内容送入当前寄存器，自动完成初始化操作。数据的传送将恒发生在同一组请求设备和目标设备之间。这种自动初始状态设置/过程执行周期将一直重复到通道被禁止或重新编程为止。

（3）缓冲区链方式

缓冲区链方式用于传送大量的数据到非连续的缓冲区地址。这种方式以一个通道处理来自多个缓冲区的数据，而只需要编程通道一次。每一新缓冲区均以流水线操作的方式设计。在旧缓冲区还正在处理时，新缓冲区的信息即已开始写入。因此，在现有的缓冲区处理完时，DMAC 即可利用新的缓冲区信息，自动再启动通道。

向新缓冲区写入信息是由 82380 执行的一个中断处理程序实现的。为此，中断请求 1（IRQ1）在内部接到 82380 的 DMAC 上。当新缓冲区信息装入通道的当前寄存器，致使基寄存器“空”时，由 82380 产生 IRQ1，由中断服务程序将一新缓冲区信息装入到基寄存器。在当前字节计数寄存器过时之前，主 CPU 必须再装入另一缓冲区的信息。这一过程一直重复到主 CPU 将通道重新初始编程为单缓冲区方式，或通道已经没有缓冲区为止。通道没有缓冲区是指当前缓冲区已经过时，而基寄存器还没装入新缓冲区信息的情况。当发生这种情况时，必须重新对通道初始化编程。

当执行一个缓冲区链过程时，如果出现了一个外来的 EOP 信号，则认为当前缓冲区已过时，且新缓冲区信息会被自动取入当前寄存器。若基寄存器“空”，则链过程终止。

通道使用目标基地址寄存器作为基寄存器是否满的指示器。当目标基地址寄存器的最高字节被装入时，通道即认为所有的基寄存器都装入了数据，从而移去中断请求。为此，其他基寄存器（请求设备基地址寄存器、最后字节计数）都必须在目标基地址之前被取入。以这种方式实现重载过程的原因是，对大多数应用来说，在由一个缓冲区换到另一个缓冲区时，字节数以及请求设备通常保持不变。因此，它就不需要重新编程。

3．数据传送方式

82380 的 DMAC 有 3 种数据传送方式，即单一传送、数据块传送和请求传送。这些数据传送方式可与 3 种缓冲区传输方式中的任意一种结合使用。即任意一种数据传输方式均可在任意一种缓冲区传输方式下使用，而且可用于每一个 DMA 通道。

（1）单一数据传送方式

在单一数据传送方式中，DMAC 每次只对请求设备作一次数据传送。每一次传输时，DMAC 均仲裁 DREQ 输入，且执行 HOLD/HLDA 操作。传送以这种方式一直进行到字节计数寄存器过时，或者 EOP 信号有效。如果 DREQ 上一直不断有请求存在，则整个 DREQ-HOLD-HLDA-DACK 反应序列不断地重复直到预设的字节数传送完为止。每一次传送后，总线控制权交还给主 CPU。

单一数据传送方式主要用于每一次数据存取都需要一个完整的信号交换周期的设备。数据传输只在请求设备准备好执行传送时才进行。每一次传送都要进行一次完整的 DREQ-HOLD-HLDA-DACK 信号交换周期。

（2）数据块传送方式

在数据块传送方式中，DMA 过程由 DMAC 请求启动并持续到字节计数寄存器过时或者 EOP 信号有效为止。在这种方式下，DREQ 信号只需保持有效时间至请求设备的第一次存取开始即可。此后只有 DRAM 刷新周期可以中断数据块传送过程。

（3）请求传送方式

请求传送方式提供了 DMA 过程中最灵活的信号交换过程。一次请求传送由一个 DMA 请求启动，然后整个过程一直进行，直到字节计数过时或出现一个外部的 EOP 信号。若请求设备需要，可通过停用 DREQ 来中断整个 DMA 过程。现有传送过程进行到检查到 DREQ 信号无效的那一次存取为止。

当 DREQ 信号无效时，DMAC 完成当前传送，包括对目标设备的任何必要的存取，然后释放总线的控制，将控制交还主 CPU。此时，DMAC 会自动保存当前过程的有关信息（字节计数值、请求设备和目标设备的地址、暂存寄存器的内容）。请求设备可以重新使 DREQ 信号有效来再启动传输过程。不过，此时 82380 会将该请求和其他请求进行比较，决定先为谁服务。

使用请求传送方式允许外部设备以突发方式访问少量的、不规则的存储器，而不浪费总线控制时间。82380 的设计使其在请求传送方式下使用尽可能少的总线控制等待时间。这里说的总线控制等待时间是指从前一个总线使用者的最后一个有效总线周期到新总线使用者的第一个有效总线周期的这段时间。82380 的 DMAC 在 HLDA 信号有效之后执行两个总线状态的第一个总线存取周期。在典型的配置中，82380 在 DREQ 信号无效后的一个总线状态将总线控制返回给主 CPU。

有两种情况可以使传送结束后的总线状态需要一个以上的总线控制等待状态。一种情况是自动初始化过程的结束；另一种情况是请求设备是源，并使用 2 周期传送的过程的结束。

当一个缓冲区自动初始化过程完成时，82380 要求 7 个总线状态，以完成从自动初始化通道的基寄存器中装入当前寄存器的内容。在 82380 是总线使用者的情况下才能执行重载过程，这样即保证了在释放总线后如需要可立即服务该通道。

在请求设备是源，使用 2 周期传送的情况下，在传送结束时有 2 个额外的空闲状态，这是 DMAC 内部流水线的要求。这两个空闲状态是在最后一个请求设备存取后，DMAC 停用 HOLD 信号前出现。

4. 通道优先级仲裁

DMA 通道的优先顺序可以通过编程设定为两种仲裁方式中的一种，这两种方式是固定优先级方式和循环优先级方式。DMAC 的上半部 4 个通道与下半部 4 个通道分别操作，相当于两个 DMAC 在级联下的操作一样。低组的 4 个通道（通道 0～3）的优先级恒处于高组的通道（通道 4～7）中的通道 7 和通道 4 之间。

可以将一组通道设定为循环优先级方式，而另一组设为固定优先级方式，或是其他的任意一种组合。在固定优先级方式中，程序可以指明哪一通道优先级最低。82380 的 DMAC 缺省为固定优先级方式，通道 0 优先级最高，通道 7 优先级最低。当有 DMA 请求时，DMAC 仲裁 DMA 请求，选出最高优先级的通道首先被服务。程序可在任一时刻通过一个软件命令进入固定优先级方式。方式转换后的有效优先级由编程设定的优先级确定。

由于 DMAC 操作起来就像两个 4 通道控制器级联使用，因此，全部 8 个通道的优先级可以采取不同的方式。两组通道间的优先顺序通常有 4 种可能的组合方式：全为固定优先级方式（缺省）；高组固定优先级方式，低组循环优先级方式；高组循环优先级方式，低组固定优先级方式；全为循环优先级方式。

5. 总线操作

DMAC 可以使用两种不同的总线周期操作传送数据：单周期传送和双周期传送。每一通道都可通过一个控制寄存器，独立选取其中一种总线信号交换方式。目标设备和请求设备的数据通路宽度及数据传送的方向都可以由程序独立设置。所有这些参数均可以在每一总线周期单独设置。

（1）单周期传送

单周期传送方式是使用 82380 的 DMAC 传送数据最快最有效的方式。在这种传送方式中，数据在它从源读出后即被写入到目标设备。完成这种传送只需一个总线周期。

在单周期传送方式中，DMA 应答信号用于选择请求设备。DMAC 同时将目标地址放置到地址总线上。此时，M/IO#和 W/R#的状态用于指出目标设备的类型以及目标设备是被写入还是被读出。目标设备的总线大小用作字节计数寄存器的增量值。在单周期传送方式中，请求设备的地址寄存器未用。

需要指出的是，单周期方式不能用于存储器到存储器的传送上。因为在这种方式下，DMAC 每次只能产生一个存储器或 I/O 地址。每个地址只能选中一个被存取的设备。同时，单周期数据传输还要求目标设备与请求设备的数据线要直接连在一起。这就要求成功的单周期存取必须在双字边界上，或者请求设备能将其接线变换至数据总线上。暂存寄存器在单周期方式中不受影响。

（2）双周期传送

双周期传送的执行要求至少两个总线周期来完成。在第一个总线周期，DMAC 将传送数据读进 DMAC 的暂存寄存器中；在第 2 个总线周期，把数据从暂存寄存器写到目标设备。

如果被传送的数据地址未对正到字或双字边界，则 82380 会自动识别这种情况，并以字节组读写数据，把它们放到正确的目标地址上。把这种搜集所需的字节并把它们放到一起的过程叫作“字节装配”。反之，读取对正的数据而把其写到不对正的位置上的过程则称为“字节拆开”。这一装配/拆开的过程对程序员是看不到的，并只能在双周期传送方式下完成。如需要，82380 会自动执行装配/拆开过程。这种方式适用于任一数据宽度的请求设备和目标设备。这对于 80386 的 32 位总线接口的已有 8 位和 16 位的外部设备非常便利。

无论何时，在将数据写入目标位置之前，82380 的 DMAC 总会将由源位置所读取的数据填满暂存寄存器。如果 DMA 过程在暂存寄存器填充时终止，82380 会自动地把部分数据写到目标位置上。如果过程只临时挂起（例如当 DREQ 在命令传送期间无效），暂存寄存器中填入的部分数据会被保存在 82380 内直到过程重新启动。例如，如果请求设备是 8 位，而目标设备是 32 位，则要填满暂存寄存器，需要从 8 位请求设备中读取 4 次，然后才能将 32 位内容写到目标设备上。这个周期反复执行直到过程终止或挂起。

使用双周期传送，82380 存取的设备可定位在 I/O 或存储空间的任一位置上。设备必须能对字节控制信号（BEn#）译码。如果设备不能以字节接收数据，则不能让 DMAC 在设备边界以外的任一地址存取设备。

（3）数据通路宽度及相关的数据传输率

传送一个字数据所需要的总线周期数，视实际采用的是单周期还是双周期方式而异。用于传送数据的总线周期数直接影响数据传输率。无效的总线周期的使用会降低数据传输率。通常，使用双周期传送数据，其传输率是单周期传送的一半。

目标设备和请求设备数据通路宽度的选择也会影响数据传输率。因此，要求每一总线周期应尽可能传送最多的数据。

在使用 82380 的 DMAC 传输数据时，必须将被存取设备的数据路宽设置在 DMAC 内。复位后，82380 缺省设置为 8 位到 8 位的数据传送。但是目标设备和请求设备也可以选择不同的数据路宽，这可由软件编程实现。

（4）读周期、写周期和校验周期

在一次数据传输中可以使用 3 种不同的总线周期类型：读周期、写周期和校验周期。这些周期类型指出了 82380 对被传送数据操作的方式。读周期将数据从目标设备传送到请求设备；写周期将数据从请求设备传送到目标设备。在单周期传送方式中，地址和总线状态信号用于识别对目标设备的存取（读或写），而对请求设备的存取则为其相反的操作（写或读）。

校验周期只用于执行读数据，不能进行写访问。校验周期在检验数据块操作的正确性时很有用。不过，读数据的比较必须通过一外加比较器完成。

10.3.5 DMAC 中的寄存器

82380 的 DMAC 包含 44 个寄存器，主 CPU 可以存取这些寄存器。其中 24 个寄存器含有每个 DMA 通道的设备地址和数据计数（每个通道 3 个）。其余的寄存器是控制寄存器和状态寄存器，用于初始化并监控 82380 的 DMAC 的操作。表 10-5 列出了 DMAC 中的寄存器及其存取方式。

表 10-5　DMAC 中的寄存器

控制/状态寄存器（每组一个）		通道寄存器	
寄存器名称	**存取方式**	**寄存器名称**	**存取方式**
命令寄存器I	只写	目标设备基地址寄存器	只写
命令寄存器II	只写	目标设备当前地址寄存器	只读
方式寄存器I	只写	请求设备基地址寄存器	只写
方式寄存器II	只写	请求设备当前地址寄存器	只读
软件请求寄存器	读/写	基字节计数寄存器	只写
屏蔽设置/清除寄存器	只写	当前字节计数寄存器	只读
屏蔽读/写寄存器	读/写		
状态寄存器	只读		
总线大小寄存器	只写		
链寄存器	读/写		

1．控制/状态寄存器

主 CPU 对 82380 的 DMAC 编程，设定不同的方式和检验 DMA 过程的操作状态时，可使用下述寄存器。4 个 DMA 通道组成的每一组都有一个与之相联系的寄存器。在以下的介绍中，每个寄存器都给出了两个地址，前一个地址是通道 0～3 的地址，后一个地址是通道 4～7 的地址。

（1）命令寄存器I（0008H，00C8H）

该寄存器用于使 DMA 通道组有效或无效，及设置组的优先级方式。该寄存器由硬件复位清除，缺省设置为对所有的通道有效和固定优先级方式。命令寄存器I的位模式见图 10-10。

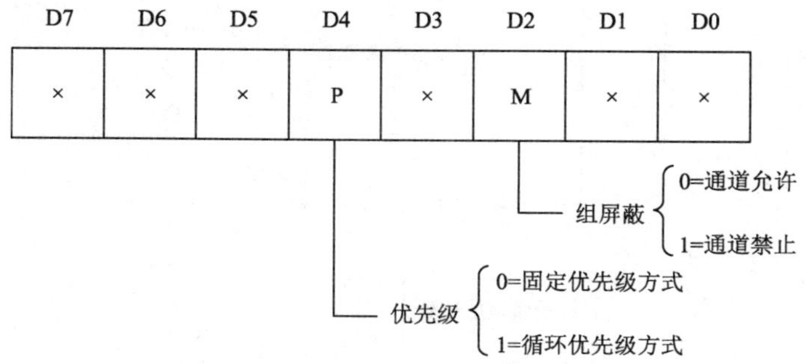

图 10-10　命令寄存器I的位模式

（2）命令寄存器II（001AH，00DAH）

该寄存器用于设置 DREQ 和 EOP#输入的取样方式，还用于设置以固定优先级方式操作的组中的最低优先级通道。命令寄存器II的位模式如图 10-11 所示。

（3）方式寄存器 I（000BH，00CBH）

方式寄存器I与 8237A 的方式寄存器的功能相同，它对每个选中的通道编程设定如下功能。

传送类型：读、写、校验。

自动初始化：允许或禁止。

目标设备地址计数：增或减。

数据传送方式：请求传送方式、单一数据传送方式、数据块传送方式、级联方式。

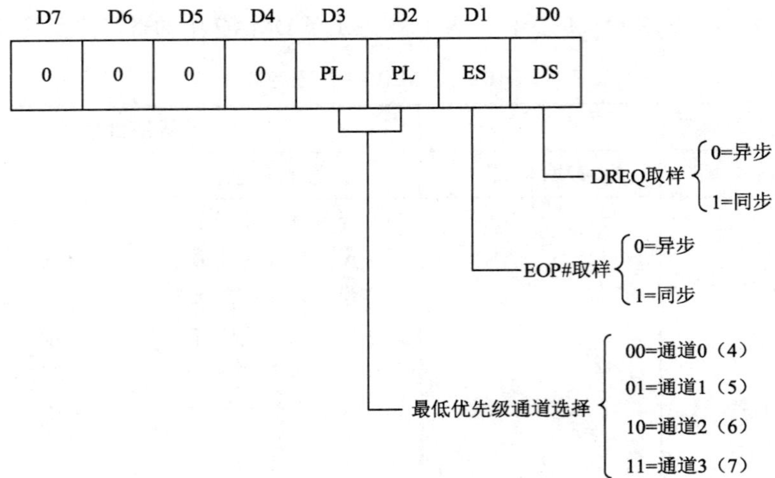

图 10-11 命令寄存器II的位模式

方式寄存器I的位模式如图 10-12 所示。

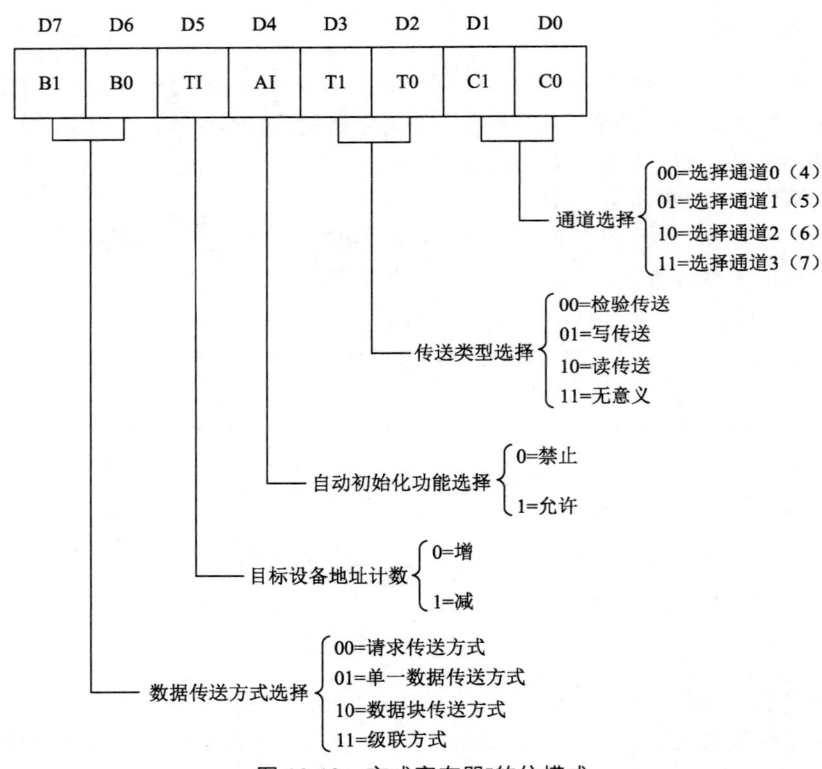

图 10-12 方式寄存器I的位模式

（4）方式寄存器II（001BH，00DBH）

方式寄存器II对每个选中的通道编程设定如下的功能。

目标设备地址保持：有效或无效。

请求设备地址计数：增或减。

请求设备地址保持：有效或无效。

目标设备类型：I/O 或存储器。

请求设备类型：I/O 或存储器。

传送周期：双周期或单周期。

方式寄存器II的位模式如图 10-13 所示。

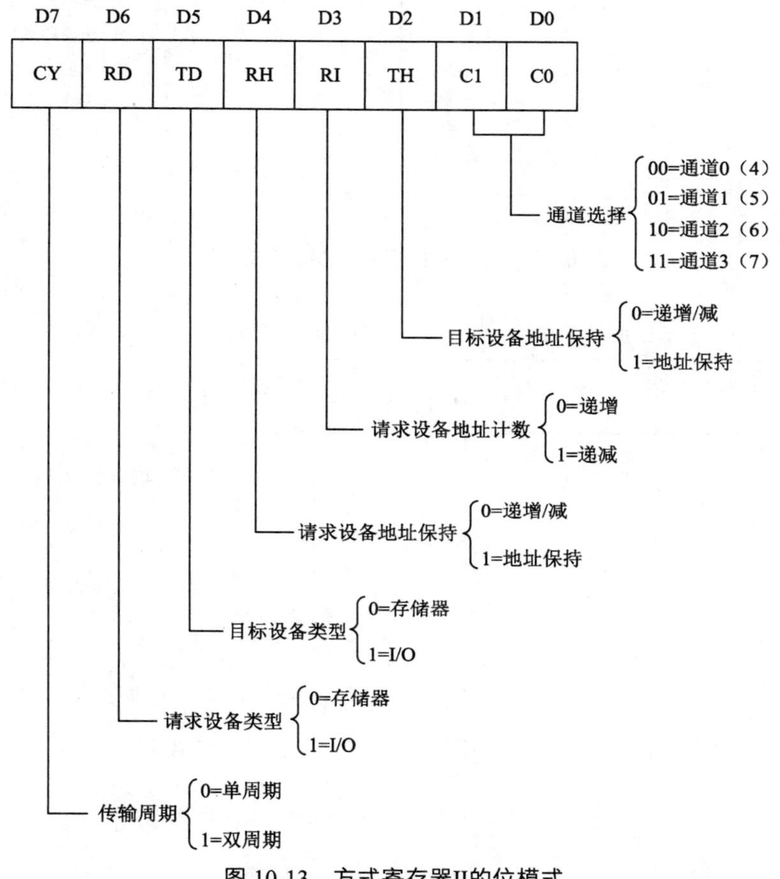

图 10-13　方式寄存器II的位模式

（5）软件请求寄存器（0009H，00C9H）

DMAC 能对由软件初始化的服务请求反应。每个通道都有一个与之相联系的内部请求状态位，主 CPU 可写该寄存器来设置或复位选中通道的请求位。

通道组的软件 DMA 服务请求状态也可从该寄存器中读出，每个请求位可由终止计数或外部的 EOP#信号清除。

软件 DMA 请求是不可屏蔽的，须和其他的软件及硬件请求一起进行优先级仲裁。整个寄存器由硬件复位清除。

软件请求寄存器的位模式如图 10-14（写）和图 10-15（读）所示。

（6）屏蔽寄存器

每个通道都有一个对应的屏蔽位。将该位置位/复位可使该通道无效/有效。设置/清除屏蔽位有两种方法。一是通过屏蔽设置/清除寄存器（地址是 000AH，00CAH），操作该寄存器允许主 CPU 选择一个通道并置位或复位该通道的屏蔽位。此外，还有一个屏蔽读/写寄存器（地址是 000FH，00CFH）用于读写组里的 4 个通道的屏蔽位。硬件复位后，所有通道的屏蔽位置位，使所有通道无效。

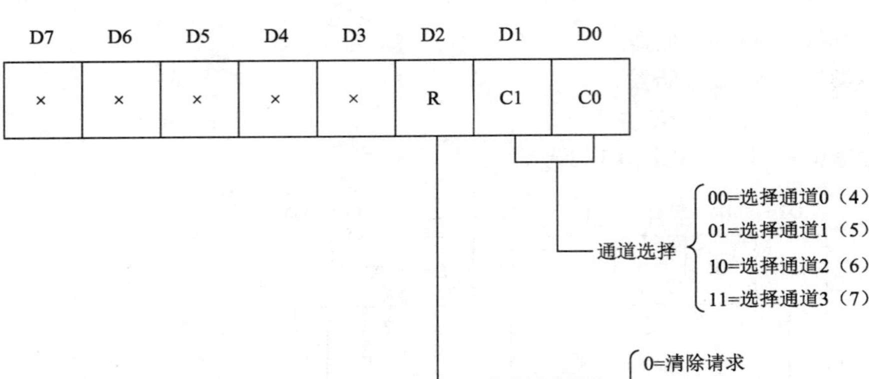

图 10-14　软件请求寄存器的位模式（写）

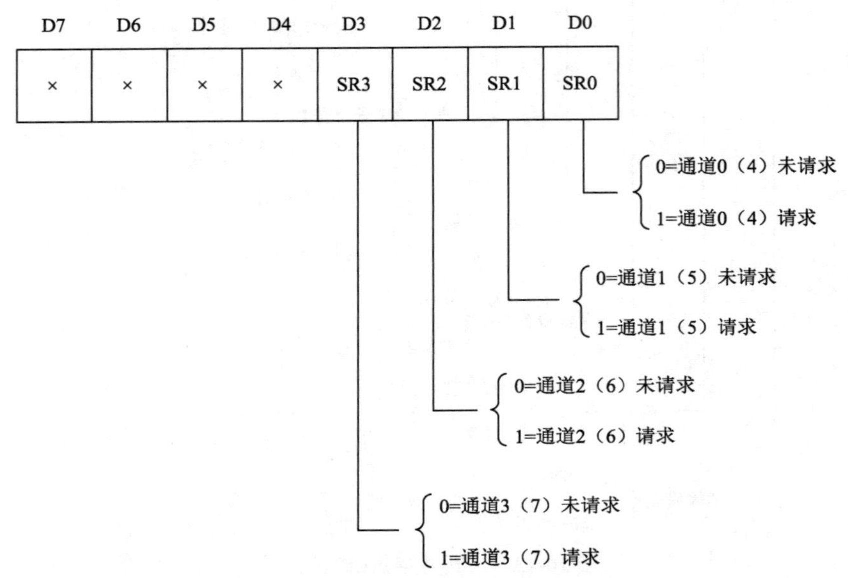

图 10-15　软件请求寄存器的位模式（读）

屏蔽寄存器的位模式见图 10-16 和图 10-17。

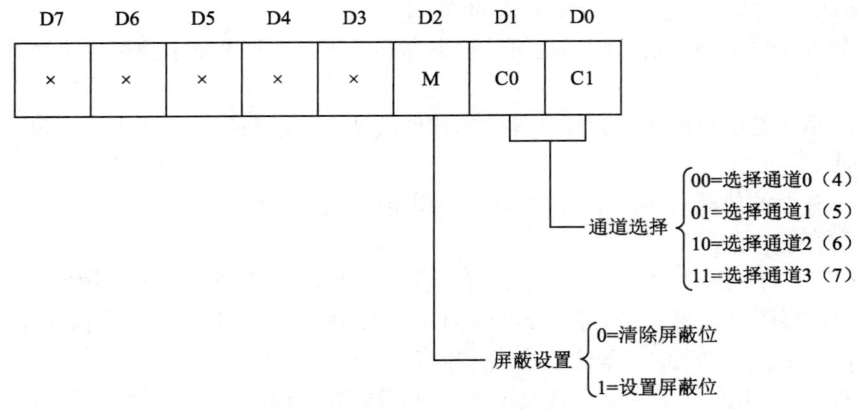

图 10-16　屏蔽设置/清除寄存器

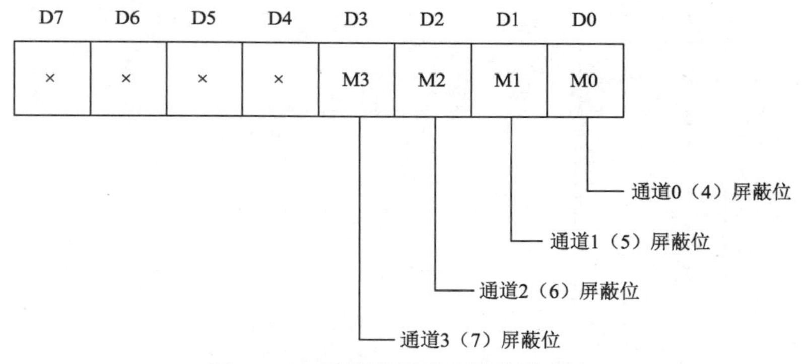

图 10-17　屏蔽读/写寄存器（读/写）

（7）状态寄存器（0008H，00C8H）

状态寄存器是只读寄存器。它包含一组通道的终止计数（TC）位和服务请求位，其中 4 位指出 TC 状态，另外 4 位指出组里的 4 个通道的硬件请求状态。当字节计数寄存器过时或外部 EOP#信号有效时，设置 TC 位。这些位由状态寄存器清除。通道的服务请求位指出该通道的硬件 DMA 请求（DREQ）何时有效。当请求移去时，服务请求位清除。

状态寄存器位模式见图 10-18。

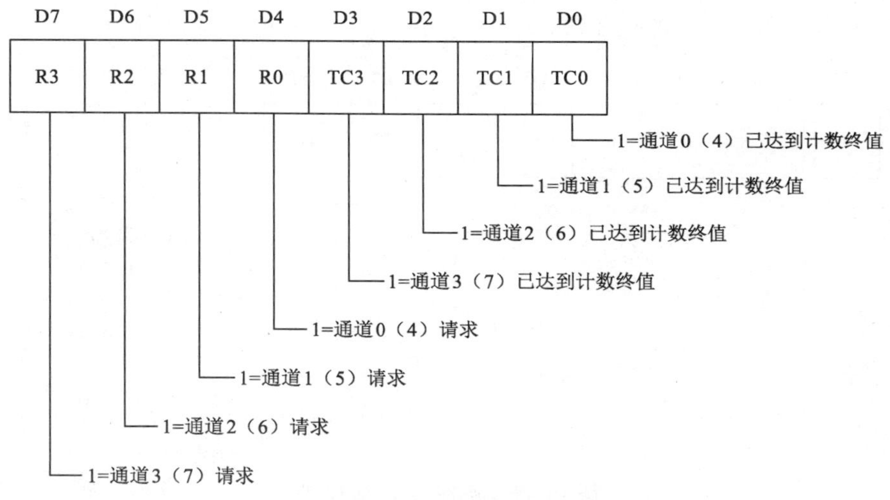

图 10-18　状态寄存器的位模式

（8）总线大小寄存器（0018H，00D8H）

这个只写寄存器用于定义选中通道的目标和请求设备总线的大小。设定的总线大小用于指出 DMA 通道操作时，被存取设备的数据通路的大小，编程设定的该寄存器的值影响暂存寄存器的操作，使用特定数据宽度传送所要求的字节装配由暂存寄存器完成，目标设备的总线大小寄存器用作单周期方式下字节计数寄存器和目标设备地址的增/减值。

总线大小寄存器的位模式见图 10-19。

（9）链寄存器（0019H，00D9H）

链寄存器用于使选中的通道作为级联方式或非级联方式，对某个通道来说，可以与其他通道的级联方式状态独立，既可为级联方式，也可为非级联方式。

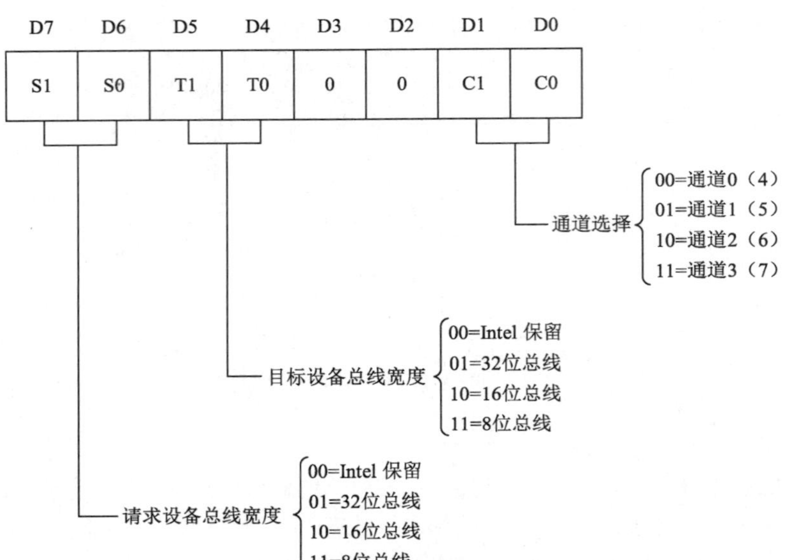

图 10-19 总线大小寄存器的位模式

当主机读操作时，链寄存器提供每个通道链中断的状态。这些中断状态位在新缓冲区信息被装入时被清除。链寄存器的位模式见图 10-20。

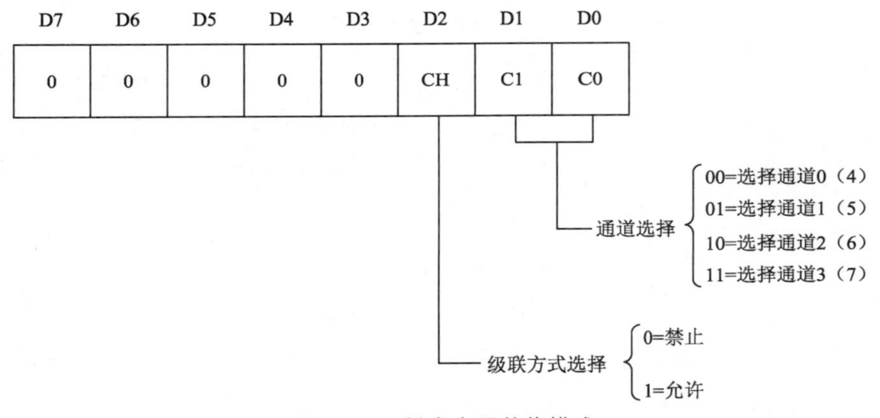

图 10-20 链寄存器的位模式

2. 通道寄存器

每个通道有 3 个独立的可编程寄存器，它们是基字节计数寄存器、目标设备基地址寄存器和请求设备基地址寄存器。基字节计数寄存器的宽度是 24 位，它包含通道传送的字节数目；目标设备基地址寄存器和请求设备基地址寄存器的宽度均为 32 位，目标设备基地址寄存器包含目标设备（存储器或 I/O）的开始地址，请求设备基地址寄存器包含请求 DMA 服务的设备（存储器或 I/O）的基地址。

DMAC 对每个 DMA 通道还存在 3 个与上述提到的寄存器直接相关的寄存器。这些寄存器包含 DMA 过程的当前状态。它们是当前字节计数寄存器、目标设备当前地址寄存器和请求设备当前地址寄存器。DMAC 在 DMA 过程操纵的是这些寄存器（递增、递减或保持恒定），当前寄存器的内容从基寄存器中装入。这些基寄存器在主 CPU 写入某个通道寄存器地址时装入。依据通道操作的方式，当前寄存器以同一种操作装入。

为保持与存取 8237A 的软件兼容性，用一个字节指示触发器控制对通道寄存器某些字的高低字节的存取。这些字在单端口地址时作为字节对存取。字节指示触发器的作用就像一个一位指示器，当每次访问限定的通道寄存器字节时被触发，它总是指向被存取的一对字节中的下一个逻辑字节。通道寄存器以字节对安排，每一对都有自己的端口地址，当字节指示触发器复位时，寻址端口存取的是字节对的低字节，而当字节指示触发器置位时，存取的则是高字节。关于字节指示触发器有一个例外，目标地址的第 3 个字节（第 16～23 位）通过它自身的端口地址访问，字节指示触发器不受对该字节的任何存取的影响。

当字节计数寄存器的低字节被装入时，其高 8 位清 0，这就提供了与存取 8237A 的软件的兼容性。8237A 有 16 位的字节计数寄存器。

各通道寄存器的地址及访问控制见表 10-6。

表 10-6　通道寄存器的地址及访问控制

寄存器名	寄存器地址								字节指示触发器	访问位
	通道 0	通道 1	通道 2	通道 3	通道 4	通道 5	通道 6	通道 7		
目标设备地址寄存器	00H	02H	04H	06H	C0H	C2H	C4H	C6H	0	0～7
									1	8～15
	87H	83H	81H	82H	8FH	8BH	89H	8AH	×	16～23
	10H	12H	14H	16H	D0H	D2H	D4H	D6H	0	24～31
字节计数寄存器	01H	03H	05H	07H	C1H	C3H	C5H	C7H	0	0～7
									1	8～15
	11H	13H	15H	17H	D1H	D3H	D5H	D7H	0	16～23
请求设备地址寄存器	90H	92H	94H	96H	98H	9AH	9CH	9EH	0	0～7
									1	8～15
	91H	93H	95H	97H	99H	9BH	9DH	9FH	0	16～23
									1	24～31

3．暂存寄存器

每个通道有一个 32 位的暂存寄存器，用于在双周期 DMA 传送期间暂时存储数据。该寄存器执行未对正数据的必要的字节装配/拆开。

如果目标设备是请求设备，并且前一过程是在请求方式中由 EOP 信号或 DREQ 无效来终止的，则暂存寄存器不受影响；若暂存寄存器中的部分数据是由于目标设备与请求设备的数据通路宽度不同所造成的，则此数据将不被传送，也不致丢失，而会存入最近的一次传送中。如目标地址是目标设备，并且在请求设备一次传送存取期间，EOP#信号有效，则 DMAC 会将在过程终止时的暂存寄存器中的信息发送给目标设备，从而完成本次传送。这意味着目标设备可被部分数据存取。为此建议将一个 I/O 设备设计为请求设备，除非它能处理部分数据传送。

10.3.6　DMAC 编程

对 DMAC 编程以执行所需的 DMA 功能，通常分为 4 步进行。

（1）通过两个命令寄存器对 DMAC 的全局特性进行设计。这些全局特性包括优先级，通道组允许，优先级方式和 DREQ、EOP#输入的取样方式。

（2）设置某个通道的操作方式，使用方式寄存器定义传送类型和联络方式。在这一步中还需要对总线大小寄存器和链寄存器进行编程。

（3）设置通道。装入与第二步选择的操作相对应的基寄存器，如缓冲区传送方式需要的话，当前寄存器会自动从基寄存器装入。信息的装入及其装入顺序取决于操作方式。例如，对级联使用的通道不需要缓冲区信息。该步骤可略过。

（4）使用一个屏蔽寄存器使新编程的通道有效。这样即可使用该通道执行所需的数据传送。通道状态可在任意时刻通过状态寄存器、屏蔽寄存器、链寄存器和软件请求寄存器获得。

一旦通道被编程并有效，则DMA过程可通过两种方法之一进行初始化：硬件DMA请求（DREQ）或软件请求（软件请求寄存器）。

一旦对一个特殊的过程/方式通道进行编程，通道就会以该配置进行操作直到另对其编程。为此，当前缓冲区过时时，为重新启动该通道，不需要对该通道完全编程，只需要对发生变化的参数重新编程即可。字节计数寄存器总是在变化着，必须重新编程。增量或减量的目标设备或请求设备地址寄存器也需要重新编程。

1．缓冲区传送方式

缓冲区传送方式由方式寄存器的自动初始化位和链寄存器决定，如果自动初始化有效，则不能使用链方式。

（1）单缓冲区方式

单缓冲区方式通过链寄存器使级联无效和编程方式寄存器I选择非自动初始化进行编程设定。

（2）缓冲区自动初始化方式

设置方式寄存器I的自动初始化位使通道进入该方式。缓冲区自动初始化方式不能和缓冲区链方式同时有效。因为这样会引起意想不到的结果。

一旦基寄存器装入，通道就准备好操作了。若当前缓冲区过时是由字节计数过时或外部的EOP#信号引起的，通道就会从基寄存器中重新装入当前寄存器的值。

（3）缓冲区链方式

缓冲区链方式是从单缓冲区方式进入的，必须先设置方式寄存器，使所有通道的传送方式操作在单缓冲区方式，通道的基寄存器和当前寄存器接着被装入，当以这种方式设置通道时，如果链中断服务程序已设置好，则可通过编程链寄存器进入链方式。

进入缓冲区链方式后会立即产生一个中断（IRQ1），于是通道认为基寄存器空，需要重新装入，在进入缓冲区链方式时确保中断服务程序已正确设置是非常重要的。当目标设备的基地址的高字节装入时，中断请求被移去。

当第一个缓冲区过时时，不会出现中断，此时从基寄存器中装入当前寄存器的值，该周期继续直到缓冲区链方式无效或主CPU在当前缓冲区过时前对IRQ1无反应。

跳出缓冲区链方式可通过重设置链寄存器来达到。如果重置链寄存器时，该通道的中断正处于挂起状态，则移去该中断请求。缓冲区链方式可通过设置屏蔽寄存器中的通道屏蔽位暂时无效。

IRQ1的中断服务程序应负责重新装入所需基寄存器，它必须检验通道状态以确定通道过时的原因。它也可存取关于通道的操作系统信息。IRQ1的中断服务程序要能确定链是否应该继续或终止并依据此信息产生相应的动作。

2．数据传送方式

数据传送方式通过方式寄存器I选择。3种数据传送方式由D6和D7位选择，个别的传送类型（单周期/双周期、读/写/校验、I/O/存储器）可通过两个方式寄存器进行程序设计。

3．级联总线主设备

级联方式通过方式寄存器I的 D7 和 D6 位设置。当将通道设置为级联方式时，与方式寄存器I和II相关的所有其他方式都被忽略。命令寄存器的优先级、DREQn 和 EOP#的定义及对通道的操作与其他方式相同。

4．软件命令

DMAC 有 5 个端口地址对立软件命令，当对其写入时，DMAC 执行某种命令操作。写入到这些地址的数据没有因果关系，然而却是命令 DMAC 执行指定功能所必需的。下面是对软件命令功能的描述。

（1）清除字节指示触发器（地址 000CH）

复位字节指示触发器。该命令必须在对通道寄存器的任一存取开始时执行，以便保证程序设计在寄存器的某一预定位置开始。

（2）主设置清除（地址 000DH）

所有的 DMA 功能设置成缺省状态，这个命令与 DMAC 的硬件复位功能是相等的。

（3）清除屏蔽寄存器（通道 0～3 的地址是 000EH，通道 4～7 的地址是 00CEH）

该命令同时清除寻址的组里所有通道的屏蔽位，使组里的所有通道有效。

（4）清除 TC 中断请求（地址 001EH）

该命令复位 TC 中断请求触发器，它允许发出软件 DMA 请求的程序作出应答表示，它已对请求的通道过时作出反应。

10.3.7　82380 的 DMAC 与 8237A 的 DMAC

82380 的 DMAC 的寄存器安排是 8237A 的 DMAC 的超集。82380 的 DMAC 在功能上和 8237A 的 DMAC 差别很大，8237A 的 DMAC 的大多数功能均被 82380 的 DMAC 执行。下面简要介绍 8237A 和 82380 的 DMAC 两者间的差异。

8237A 的 DMAC 限制只能在 I/O 和存储器之间传送（只有一种特殊情况例外，即用两个通道来执行存储器至存储器的传送）。82380 的 DMAC 可以在存储器和 I/O 设备的任一组合间进行传送。8237A 的 DMAC 的其他几个特性在 82380 中被加强或扩展，并加进了其他一些特性。

8237A 的 DMAC 是一个 8 位设备，为保持编程兼容性，所有的 8 位寄存器都被 82380 的 DMAC 保留下来。82380 的 DMAC 也可以进行 8 位的寄存器编程设计，为支持 80386 的 32 位总线，82380 的 DMAC 中的地址寄存器是 32 位寄存器，字节计数寄存器是 24 位的寄存器，允许比 8237A 的 DMAC 更大数据块的传送。

除需要两个通道实现存储器到存储器传送外，82380 的 DMAC 支持 8237A 的 DMAC 的所有操作方式，82380 的 DMAC 只使用一个通道执行存储器对存储器的传送。此外 82380 的 DMAC 还加进了缓冲区流水线的特性（缓冲区链方式），可编程优先级以及字节装配。

82380 的 DMAC 还加进了目标设备和请求设备地址寄存器的特性。这些地址可被增量、减量或保持恒定，视个别通道的应用而定，这就允许目标设备和请求设备可以任意组合。

与每个 DMA 通道相联系的有一个目标设备和一个请求设备。在 8237A 的 DMAC 中，目标设备是可被地址寄存器存取的设备；请求设备是由 DMA 应答信号存取的设备，而且必须是 I/O 设备，82380 的 DMAC 不受此限制。

10.4 可编程中断控制器

10.4.1 PIC 的功能描述

82380 的可编程中断控制器（PIC）由 3 个功能增强了的 82C59A 中断控制器组成。这 3 个中断控制器一起提供 15 个外部中断请求输入和 5 个内部中断请求输入，每个外部请求输入可以再级联一个 82C59A 从控制器，这种模式允许 82380 最大支持 120（15×8）个外部中断请求输入。出现一个或多个中断请求时，PIC 向 80386 发出中断信号，当 80386 以一个中断应答信号进行响应时，PIC 在等待的中断请求间进行仲裁并选出最高优先级中断，将其向量码放到数据总线上。

PIC 对 82C59A 增强的主要部分是每个中断请求输入均可独立设置其中断向量，从而在中断向量映射上带来了更大的灵活性。

1. PIC 内部结构

PIC 的内部结构如图 10-21 所示，PIC 内部由 3 个 82C59A 中断控制器 A、B 和 C 组成，3 个中断控制器彼此级联：即 C 级联到 B，B 级联到 A。A 的 INT 输出用于外接到 80386 中断输入。中断控制器 A 有 9 个中断请求输入（其中 2 个未用），而 B 和 C 各有 8 个中断请求输入，在 15 个外部中断请求输入中，2 个被其他功能共享。特别是中断请求输入 3（IRQ3#）可被用作定时器 2 的输出（TOUT2#），这个引脚可用作 3 种不同的用途：只用于 IRQ3#输入、只用于 TOUT2#输出或者用于 TOUT2#产生 IRQ3#中断申请。中断请求输入 9（IRQ9#）也可用作 DMA 请求输入（DREQ4），IRQ9#和 DREQ4 不能同时使用。

2. 中断控制器的结构

PIC 的 3 个中断控制器都是相同的，只有中断控制器 C 的 IRQ1.5 例外。因此，以下只讨论一个中断控制器。在 PIC 中，所有外部请求可被级联进来，每个中断控制器操作起来就像一个中断控制器一样，与 82C59A 相比，中断控制器增强功能的部分如下。

（1）所有的中断向量是独立编程的。（在 82C59A 中，向量必须编程为 8 个连续的中断向量码）

（2）级联地址在数据总线（D0～D7）上提供。（在 82C59A 中，3 个级联控制信号——CAS0、CAS1、CAS2 用于主/从级联）

一个中断控制器的结构如图 10-22 所示，一个中断控制器由 6 个主要部分组成：中断请求寄存器（IRR）、当前服务寄存器（ISR）、中断屏蔽寄存器（IMR）、优先级分析器（PR）、向量寄存器（VR）和控制逻辑。每个部分的功能描述如下。

（1）中断请求寄存器（IRR）和当前服务寄存器（ISR）

在中断请求输入（IRQ）线上的中断由级联的寄存器 IRR 和 ISR 处理。IRR 用于存放所有申请服务的中断，ISR 用于存放所有正在服务的中断。

（2）优先级分析器（PR）

PR 部件确定 IRR 中置位的中断的优先级，选出最高优先级的中断在一个中断应答周期存储进 ISR 的对应位中。

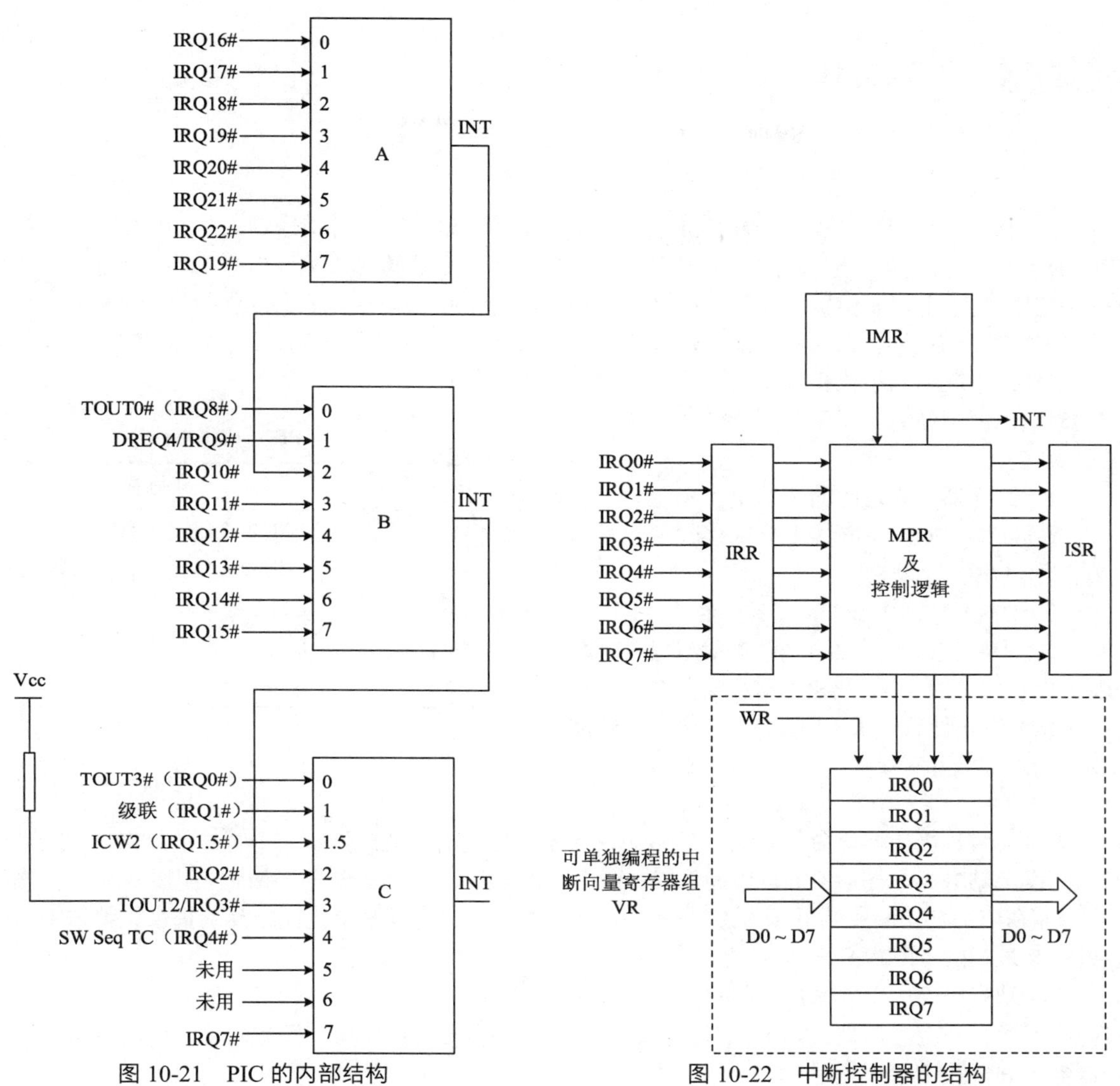

图 10-21　PIC 的内部结构

图 10-22　中断控制器的结构

（3）中断屏蔽寄存器（IMR）

IMR 存储被屏蔽的中断对应的那些位。IMR 在 IRR 上操作。屏蔽一个较高级输入不会影响较低级中断请求线。

（4）向量寄存器（VR）

VR 包含一组向量寄存器，每个中断请求线一个。用于存放预编程的中断向量码，对应的向量码在中断响应周期中驱动到 82380 的数据线上。

（5）控制逻辑

控制逻辑协调同一中断控制器中的其他部分的全局操作。当一个或多个未屏蔽的中断输入有效（低电平）时，控制逻辑驱动中断输出信号（INT）变高电平。INT 输出信号直接送到 80386（通过中断控制器 A 中）或级联的其他中断控制器中，控制逻辑还识别中断应答周期（通过 M/IO#、D/C# 和 W/R#信号），在这个总线周期中，控制逻辑选中对应的向量寄存器，驱动中断向量输出到数据总线上。

在中断控制器 C 中，控制逻辑还负责处理 ICW2 中断请求输入（IRQ1.5#）。

10.4.2 PIC 的接口

1．中断输入

PIC 有 15 个外部中断请求输入和 5 个内部中断请求输入，外部请求输入是 IRQ2#、IRQ9#、IRQ11#～IRQ23#。所有的这些输入均为低电平有效并可编程为边缘检测或电平检测（通过初始化命令字 ICW1 的一个控制位）。为识别一个有效的中断请求，中断请求输入必须保持有效（低电平）直到第一个 INTA#周期。所有 15 级外部中断请求输入都有一个内部上拉电阻。一个 82C59A 可被级联到一个外部中断输入上以扩展中断容量至最大 120 级。

5 个内部中断请求用于服务特殊系统功能，见表 10-7。

表 10-7 PIC 内部中断请求

中断请求	中断源
IRQ0#	定时器 3 输出（TOUT3#）
IRQ8#	定时器 0 输出（TOUT0#）
IRQ1#	DMA 链请求
IRQ4#	DMA 终止计数
IRQ1.5#	ICW2 写入

（1）定时器 0 和定时器 3 输出中断

IRQ8#和 IRQ0#中断请求分别接到了定时器 0 和 3 的输出。

（2）DMA 链请求和 DMA 计数终止中断

这些中断请求由 82380 的 DMAC 产生。DMA 链请求（IRQ1#）指出 DMA 基寄存器未装入；DMA 终止计数请求（IRQ4#）指出一个软件 DMA 请求被清除。

（3）ICW2 写入中断

无论何时，当初始化命令字 2（ICW2）写入中断控制器，就产生了一个特殊的 ICW2 中断。当对一刚设定的 ICW2 寄存器进行读操作时，该中断被清除。该中断请求在中断控制器 C 中，优先级为 1.5，在内部与中断控制器 B 的级联请求相或，并且总比级联请求优先级高。提供该特殊中断的目的是与最初的 82C59A 兼容。

（4）缺省中断（IRQ7#）

在一个中断应答周期，如果无有效请求等待，PIC 会自动产生一个缺省向量，该向量对应中断控制器 A 的 IRQ7#。

2．中断输出

中断输出（INT）输出引脚直接从中断控制器 A 得到，这个信号连到 80386 的可屏蔽中断请求（INTR）引脚上，该信号有效（高电平）时，指出有一个或多个内部/外部中断请求正等待服务，等待 80386 以一个中断应答周期进行应答。

10.4.3 PIC 的总线

当有一个未屏蔽的中断请求产生时，中断控制器 C 的 INT 输出激活，该请求可是非级联或级联的。当 PIC 将 INT 信号驱动为高电平时，80386 执行两个中断应答周期作为响应。

在使 INT 输出高电平有效后，82380 一直监控总线状态信号（M/IO#、D/C#和 W/R#），并等待 80386 开始第一个中断响应周期。在 80386 环境下，由 M/IO#为低电平，D/C#为低电平，W/R#为低电平来执行两个成功的中断响应（INTA）周期。在第一个 INTA 周期中，PIC 选出一个最高优先级的中断请求。假设此中断请求输入未级联任何从中断控制器，则在第一个 INTA 周期中，82380 将

00H 驱动到数据总线上。在第二个 INTA 周期，PIC 将相应的中断向量置于数据总线上。如果 PIC 能确定（根据 ICW3）该中断输入级联有一个外部从中断控制器，则在第一个 INTA 周期，把从中断控制器的级联地址驱动到数据总线上。从中断控制器的级联地址已事先存入对应的向量寄存器中。这就意味着从中断控制器的级联地址不能选择成 00H。而在第二个 INTA 周期，数据总线处于浮动状态，以保证从中断控制器的中断向量能够送到数据总线上。

为了得到 80386 正确的响应和服务，中断请求输入必须保持有效（低电平）状态直到第一个中断响应周期开始为止。若在第一个 INTA 周期到来时，无中断请求等待，则 PIC 会产生一个缺省向量，即为中断控制器 A 的 IRQ7#。

根据 80386 的总线周期定义，两个 INTA 周期之间有 4 个总线空闲状态。80386 会自动加入这些空闲的总线周期。此外，在每一个 INTA 周期，82380 内部的等待状态发生器会自动产生内部延迟所需要的等待状态数。

10.4.4 PIC 的操作方式

82380 的 PIC 有多种操作方式和控制命令，这些都是可编程的。也就是说，它们可在软件控制下动态地改变。实际上，每一个中断控制器都可独立地编程以不同方式操作。

1．中断结束

当一中断服务程序执行完后，PIC 收到通知并更新当前服务寄存器（ISR）的内容。这样，PIC 才能追踪服务的中断级及其对应的优先级别。有 3 种不同的中断结束（EOI）模式，即：非指定的 EOI 命令，指定的 EOI 命令和自动 EOI 方式。选择使用哪一种 EOI 模式视用户希望执行的中断操作而定。

如果 82380 未设置成自动 EOI 方式，则 80386 必须向特定的 PIC 中断控制器发出一个 EOI 命令。同时，若此中断控制器级联到另一中断控制器上，则它必须向级联的中断控制器发出一个同样的 EOI 命令。例如，向 PIC 中的中断控制器 C 发送中断请求，则 EOI 命令必须写入中断控制器 C、B 和 A。如果请求是从级联到中断控制器 C 的外部中断控制器来的，则 EOI 命令还必须写到外部的中断控制器上。

（1）非指定的 EOI 命令

从 80386 送出的非指定的 EOI 命令让 PIC 知道有一个中断服务程序执行结束，但不指定是哪一个中断级。有关的中断控制器自动确定中断级并复位对应的 ISR 位。为了充分利用非指定的 EOI 命令，有关的中断控制器必须操作于使其能事先得知正被服务的程序的优先级的方式。为此，非指定的 EOI 命令只能用于刚认可并服务的最高优先级。这样，在中断控制器收到一非指定的 EOI 命令时，即可将最高优先级对应的 ISR 位复位，以表示最高优先级的中断处理程序已被执行完。

当使用非指定的 EOI 命令时必须多加注意。由于完全嵌套方式结构会被破坏，因此在下面两种情况下最好不用非定指的 EOI 命令。

① 中断处理程序内有使用设置优先顺序的命令。

② 使用特殊的屏蔽方式。

（2）指定的 EOI 命令

与非指定的 EOI 命令每次均清除最高优先级的 ISR 位不同，指定的 EOI 命令每次均明确地指出被复位的 ISR 位。此命令可以说明一个中断控制块的任一个 IRQ 级。每次有中断服务程序被执行完时，如中断控制块无法自动确定应复位哪一个 ISR 位，即可使用指定的 EOI 命令。指定的 EOI 命令在所有的条件下都适用，包括上面提到的非指定的 EOI 命令不适用的情况。

（3）自动 EOI 方式

在 PIC 设置成自动 EOI 方式时，80386 不需要送出 EOI 命令通知中断控制器，执行完一个中断处理程序后，中断控制器会在第 2 个 INTA 周期结束时自动执行一非指定的 EOI 命令完成此项操作。

使用这种方式需要特别注意，因为它可能会干扰到完全嵌套方式结构。在自动 EOI 方式中，被执行的中断处理程序的 ISR 位在中断被响应之后即被复位，因此，ISR 位不再记载哪一个处理程序正被执行。如果在此期间，同一中断控制器正好有某一中断请求发生，而且 80386 允许中断，则不论其优先顺序如何，都会马上得到服务。因此，使用此种方式时，80386 在执行某一中断处理程序期间，必须保证其中断请求输入是无效的。这样，较高优先级的中断只有在当前的中断服务程序执行完时，才会被处理。这样，才能确保完全嵌套方式结构。然而，在这种模式下，由于 80386 的中断请求输入被禁止，所以正被服务的程序不能被中断。

2. 中断优先级

82380 的 PIC 提供了 3 种不同的方法来安排中断请求输入的优先级以适应不同的应用，即完全嵌套方式、自动循环方式和指定的循环/指定的优先级方式。

（1）完全嵌套方式

完全嵌套方式是一种通用优先级方式，它支持多级中断结构，使得一个中断控制器内的所有的中断请求输入（IRQ）的优先级由高到低排列。除非另外编程设计，否则在初始化后即进入缺省的完全嵌套方式。此时，IRQ0 优先级最高，IRQ7 优先级最低。

当 80386 响应中断时，PIC 会从 IRR 中找到最高优先级的中断请求，并将其中断向量送到数据总线上。另外，PIC 还会将 ISR 的对应位置位，以表示该中断请求正在被服务。该 ISR 位会一直保持为 1，直到 80386 在从服务程序返回前发出 EOI 命令为止；或者自动中断结束位（AEOI）置位，则在第 2 个 INTA 周期结束时复位 ISR 位。

当设置了 ISR 位之后，后来产生的中断，若其优先级等同或低于正被服务中断的优先级，则其请求被禁止。当 80386 内部中断允许触发器处于允许状态时，较高优先级的请求可中断当前正被服务的请求。

（2）自动循环方式

自动循环式用在中断层内的所有设备的中断优先级都均等时。使用这种方法时，某一设备一旦被服务，其中断优先级即变为最低，使其他的设备都有机会被服务。这样，在最坏的情况下，一个设备将等到连到一起的所有其他外部设备都被服务后，才能得到服务。

（3）指定的循环/指定的优先级方式

指定的循环/指定的优先级方式主要应用于必须更改某外设的中断优先级。与每次中断请求服务后自动设置优先级的自动循环方式相比，指定的循环完全由用户控制。由用户选择最低或最高优先级的中断，这可在主程序或中断服务程序中实现。

3. 中断屏蔽

在 82380 中，可以通过中断屏蔽控制器或特殊屏蔽方式来屏蔽此中断。

（1）中断屏蔽寄存器屏蔽方式

82380 的 PIC 中的每一个控制器都有一个 IMR，以加强中断控制能力。通过对 IMR 编程可屏蔽某个 IRQ 级，8 位 IMR 中的每一位置位时，对应的 IRQ 级被屏蔽。

IMR 只在 IRR 的输出上起作用，也就是说，若产生了一个中断，而其 IMR 位置位，则该请求并未被“忘记”。即使该 IRQ 输入被屏蔽，仍有可能设置 IRR。因此，当 IMR 位复位时，只要该 IRQ 请求仍保持有效，就会向 80386 提出中断请求。如果在 IMR 复位前，IRQ 请求已被移去，则缺省中断向量（中断控制器 A 的 IRQ7）就会在中断应答周期中产生。

（2）特殊屏蔽方式

在完全嵌套方式中，比正在服务的程序低的所有 IRQ 级都被禁止。然而，某些应用希望某一较低优先级能中断当前正执行的服务程序。一种方法即是使用特殊屏蔽方式。与 IMR 一起工作，特殊屏蔽方式使除正在服务的优先级外的所有中断有效，这通常是在一个中断服务程序里，屏蔽正在服务的优先级并接着发出特殊屏蔽方式命令来实现的。

4. 边沿或电平中断触发

82380 的 PIC 中的每一中断控制器均可独立编程为边沿或电平检测中断请求信号。所有的 IRQ 输入都是低电平有效。因此，在边沿触发方式中，IRQ 输入信号由高电平换成低电平时产生的信号边沿即为有效沿。没有产生另一个中断时，此中断输入保持有效状态。在电平触发方式中，中断请求信号只要是低电平就是中断输入。不过为了避免同一中断请求被处理两次，在中断处理完毕后，必须在送出 EOI 命令之前，清除中断请求信号。

5. 中断级联

82380 允许外部从中断控制器级联到其任一外部中断请求引脚上。在第一个 INTA 周期，PIC 将特殊请求所对应的向量寄存器的内容放到 80386 数据总线上，以指示一个外部从中断控制器正被服务。外部逻辑使用 INTA 状态信号将向量锁存到数据总线上，并用它来选择被服务的外部从中断控制器。被选中的从中断控制器在第二个 INTA 周期进行反应，并将其向量码放置到数据总线上。在这种方式中，如果系统中使用了外部从中断控制器，则在没有向量时须设计为 00H。

由于外部设备的级联地址在第一个 INTA 周期被放置到数据总线上，因此要求一个外部的锁存器捕捉从中断控制器的这一地址。

在级联的从中断控制器内的优先顺序需要保存时，优先顺序可采用特殊的完全嵌套方式。除下述两项例外之外，特殊完全嵌套方式与正常的完全嵌套方式一样。

（1）当从一个从中断控制器来的中断请求正被服务时，此从中断控制器并未被主中断控制器的 3 级逻辑所封锁。从同一从中断控制器来的较高级的中断请求会被 PIC 识别，并向 80386 提出中断请求。而在正常的完全嵌套方式中，当一个从中断控制器的请求正被服务时，则该从中断控制器被屏蔽掉，从同一中断控制器来的更高级的中断不能被服务。

（2）在中断服务程序结束之前，软件须检查被服务的中断是否是由从中断控制器来的唯一请求。这可通过向从中断控制器发出一个非指定的 EOI 命令，然后读 ISR 来实现。如果从中断控制器无请求，也可向对应的中断控制器发送非指定的 EOI 命令。

6. 读中断状态

82380 的 PIC 提供了几种方法以读取每一中断控制器的不同状态，以便获得更灵活的中断控制操作。其中包括查询最高优先级的等待中断请求和读不同中断状态寄存器的内容。

（1）查询命令

PIC 使用查询命令支持状态查询操作。查询命令可以确定具有最高优先级的等待中断请求。为使用该命令，不能使用 INT 输出，或 80386 中断无效。对设备的服务是通过软件使用查询命令实现的，查询命令的另一个作用是用来扩充优先级数目。但是应当注意，查询命令不支持 ICW2 方式，不过，若使用了查询命令，由于不会有 INTA 周期产生，可编程向量寄存器的内容也就无须考虑了。

（2）读中断寄存器

每一个中断寄存器（IRR、ISR、IMR）的内容均可被读，以便在 PIC 的当前状态上修改用户的程序。读 IRR 和 ISR 的内容可以利用读状态寄存器命令，通过第三个操作命令字完成，而读 IMR 的内容则可简单地由读状态寄存器的读操作完成。

10.4.5 PIC 的寄存器

82380 的 PIC 中的每一中断控制器都由一组 8 位的寄存器组成，以控制其操作。与这些寄存器相对应的地址示于表 10-8 中。由于 3 组寄存器在功能上相同，所以在此仅讨论一组寄存器。

表 10-8 中断控制器中的寄存器地址

端口地址			访问方式	寄存器功能描述
中断控制器 B	中断控制器 C	中断控制器 A		
20H	A0H	30H	写	ICW1，OCW2，OCW3
			读	查询、请求或 ISR
21H	A1H	31H	写（ICW2 可读）	ICW2，ICW3，ICW4，OCW1
			读	IMR
22H	A2H	32H	读	ICW2
28H	A8H	38H	读/写	IRQ0 的中断向量寄存器
29H	A9H	39H	读/写	IRQ1 的中断向量寄存器
2AH	AAH	3AH	读/写	IRQ2 的中断向量寄存器
2BH	ABH	3BH	读/写	IRQ3 的中断向量寄存器
2CH	ACH	3CH	读/写	IRQ4 的中断向量寄存器
2DH	ADH	3DH	读/写	IRQ5 的中断向量寄存器
2EH	AEH	3EH	读/写	IRQ6 的中断向量寄存器
2FH	AFH	3FH	读/写	IRQ7 的中断向量寄存器

在功能上，每组寄存器均可分成五级。分别为 4 个初始化命令字（ICW），3 个操作命令字（OCW），查询/中断请求/中断服务状态寄存器，中断屏蔽寄存器和中断向量寄存器。

1．初始化命令字（ICW）

PIC 在开始正常操作前，必须处于某一已知的状态。其每一中断控制器中均有 4 个 8 位的初始化命令字，用以设置正确操作的必要条件和方式。只有 ICW2 是可读/写的，而其他 3 个初始化命令字只能写入。

（1）ICW1

ICW1 有 3 个主要功能。

① 选择 IRQ 输入触发方式，是边沿触发还是电平触发。

② 说明中断控制器是单独使用还是级联使用。

③ 确定是否需要 ICW4，即是否使用某种 ICW4 操作。

ICW1 的位模式见图 10-23。

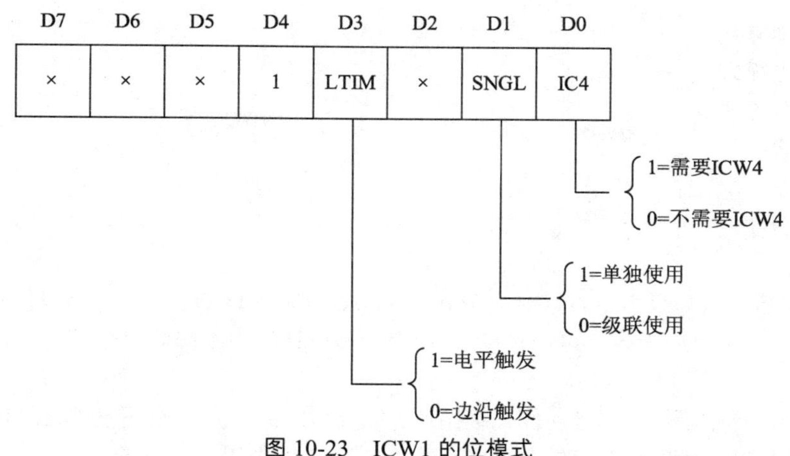

图 10-23 ICW1 的位模式

（2）ICW2

ICW2 是为与 82C59A 兼容而提供的，其内容不会影响 PIC 的操作。无论何时，当向 3 个中断控制器之一写入 ICW2 时，从中断控制器 A 中产生一个 IRQ1.5 中断请求。当 80386 读 ICW2 时，该中断请求被清除。用户可以使用它来设计相对应的向量寄存器或把它用作一个指示器，以指出有改变内容的意图。

（3）ICW3

当需要外部级联方式时，需要 ICW3。ICW3 中的某个位为 1，指出该位对应的一个中断请求输入引脚上接有一个从属的级联控制器。

（4）ICW4

当在 ICW1 中选择了 ICW4 时，才需要接收 ICW4。这个命令字寄存器有两种功能。

① 选择自动 EOI 方式还是非自动 EOI 方式。

② 选择是否使用特殊完全嵌套方式与级联方式组合。

ICW4 的位模式见图 10-24。

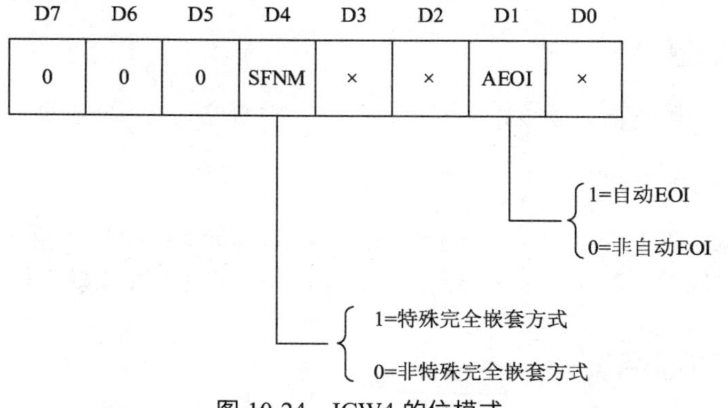

图 10-24 ICW4 的位模式

2. 操作命令字（OCW）

在中断控制器被 ICW 初始化后，即缺省进入完全嵌套方式，并准备好接收中断请求。但是，每一中断控制器的操作可通过使用 OCW 进一步控制或改变。共有 3 个 OCW 命令字，所有的 OCW 都是 8 位只写寄存器。由 OCW 控制的方式和命令有如下。

① 完全嵌套方式。

② 循环优先级方式。

③ 特殊屏蔽方式。

④ 查询方式。

⑤ EOI 命令。

⑥ 读状态命令。

（1）OCW1

OCW1 是中断屏蔽命令字，直接对应 IMR。80386 可写入该 OCW 寄存器以使中断输入有效或无效，0 对应有效，1 对应无效。可通过读 IMR 得到预设计的中断屏蔽命令字。

（2）OCW2

OCW2 用于选择中断结束，自动优先级循环，以及指定的优先级循环方式。在 OCW2 中使用不同的位组合选择与这些操作相对应的命令和方式。OCW2 特别用于以下场景。

① 在指定的 EOI 命令或指定的优先级命令中给定一个中断级。

② 选择软件 EOI 命令的种类。

③ 选择优先级循环操作的方式。

（3）OCW3

OCW3 控制的方式和命令可分为 3 类。概括如下。

① 选择并执行读状态寄存器命令，读 IRR 或 ISR。

② 发出查询命令，若查询命令和读寄存器命令同时有效，则查询命令先执行。

③ 置位或复位特殊屏蔽方式。

3 个 OCW 的格式与 8259A 完全一样，见图 7-6。

3．查询/中断请求/中断服务状态寄存器

该 8 位只读寄存器有多种功能。依赖 OCW3 设定的命令，该寄存器的内容反映命令执行后的结果。对一个查询命令，读寄存器得到请求服务的最高优先级的二进制编码；对一个读 IRR 命令，寄存器的内容表示当前请求服务的中断级；而对一个读 ISR 命令，该寄存器说明正被服务的所有中断级。

4．中断屏蔽寄存器

这是一个只读 8 位寄存器，读该寄存器可得到同一中断控制器内被屏蔽的所有中断级。

5．中断向量寄存器

每个中断请求输入都有一个 8 位可编程的读/写中断向量寄存器与之相联系。可对该寄存器编程，包含与请求相对应的中断向量。中断向量寄存器的内容在 INTA 周期中被放置到数据总线上。

10.4.6 PIC 的程序设计

对 82380 的 PIC 的程序设计通过使用两种类型的命令字来完成：ICW 和 OCW。前面介绍的所有方式和命令都可使用 ICW 和 OCW 设计。ICW 的设置必须满足一定的顺序，用于将 PIC 的中断控制器设置成所需的初始状态。当需要改变和控制 PIC 的操作时发出 OCW。

ICW 和 OCW 都是由 80386 通过数据总线发送给 PIC 的中断控制器的。每一中断控制器根据 I/O 地址、命令发出的顺序（只在 ICW 中）以及在 ICW 和 OCW 中的某些指示位来区别不同的 ICW 和 OCW。

3 个中断控制器均可使用类似的方法进行程序设计。因此，以下只以一中断控制器为例进行讨论。

1．初始化

在开始正常操作之前，每一中断控制器都必须按照一定顺序写入 ICW 寄存器中的 2 至 4 个字节的内容进行初始化。图 10-25 给出了初始化一个中断控制器的流程。对任一种操作形式都必须设置 ICW1 和 ICW2。而 ICW3 和 ICW4 只在需要时（由 ICW1 指定）才设置。一旦初始化，若在 ICW 内作出了任一改变，整个 ICW 序列必须重新设置。

注意，尽管 PIC 中的 ICW2 不影响中断控制器操作，但是为了保证与 82C59A 的兼容性，必须设置 ICW2。设置的内容与中断控制器的全局操作无关。而且，无论何时，只要设置了 3 个 ICW2 中之一，中断控制器 A 就会产生一个 IRQ1.5 中断。这个中断请求在读 ICW2 寄存器时被清除。因为 3 个 ICW2 共享同一中断优先级，系统不知道中断源，因此 3 个 ICW2 都必须读到。

然而，没有必要对 ICW2 中断提供中断服务程序。在开始初始化中断块时，使 80386 关中断。当每个 ICW2 寄存器写操作执行完后，再读对应的 ICW2 寄存器。这个读操作将清除 82380 的中断请求，在初始化结束时，再打开 80386 的中断。使用这种方法，80386 检测不到 ICW2 中断请求，因此无须中断服务程序。

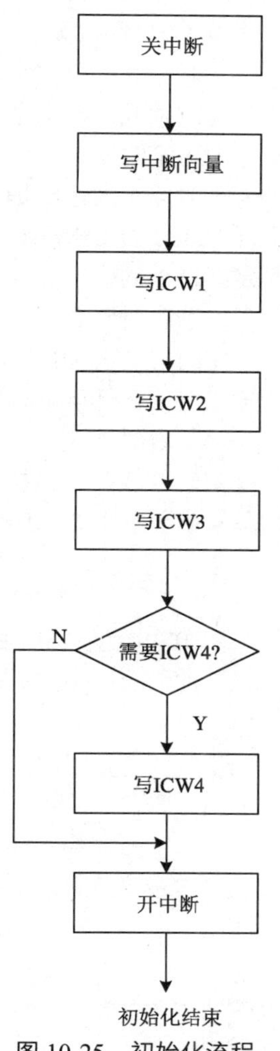

图 10-25　初始化流程

2．向量寄存器

每个中断请求输入有一个独立的向量寄存器。这些向量寄存器用于存放对应中断源的预编程的向量码。为保证正确地处理中断，所有的向量寄存器必须以预定义的向量码进行编程。由于只要在初始化过程中写入了 ICW2，就会产生中断请求，因此中断控制器 A 中的 IRQ1.5 的向量寄存器必须初始化，并且在 ICW 写完前设置与该向量相对应的中断服务程序。

3．操作命令字

ICW 设计完后，每一中断控制器的操作可由写入到 OCW 寄存器中的内容改变。写 OCW 寄存器时不需要一定的顺序。为改变中断控制器的操作方式或执行某种操作，可在任一时间写入任一 OCW 寄存器。

10.5 82380 的可编程定时器/计数器

10.5.1 可编程定时器/计数器功能与内部结构

82380 包含有 4 个可独立编程的定时器/计数器：定时器 0～3。这 4 个定时器在功能上是与 Intel 公司的 82C54 兼容的，共享一个与系统时钟无关的公共时钟输入，有 6 种工作方式。在任意方式中，当前计数值均可被 80386 在任一时刻锁存并读取。

1．82380 的可编程定时器的功能

定时器 0～2 有特定的功能，定时器 3 可用于一般的事件定时。下面简单地描述每个定时器的使用情况。

（1）定时器 0

定时器 0 主要用作事件计数器。其输出在上升沿产生中断请求 8（IRQ8）。通常此计数器用以实现日历时钟或系统定时时钟。定时器 0 无外部输出引脚。

（2）定时器 1

定时器 1 的输出 TOUT1 可用作一个通用的定时器或作为 DRAM 刷新请求信号。该输出的上升沿向 82380 DRAM 刷新控制器产生一个 DRAM 刷新请求。复位后，刷新请求功能无效，输出引脚是定时器 1 的输出。

（3）定时器 2

定时器 2 的输出 TOUT2#可连到一个外部扬声器上以产生声音。该引脚是一个双向信号。当用作输入时，其低电平有效，可产生一 IRQ3#中断请求。

（4）定时器 3

定时器 3 的输出接到了一个边沿检测器，用于在 82380 内部产生一 IRQ0 中断请求。其取反之后的输出（TOUT3#）也可作为一通用的外部信号使用。

2．内部结构

图 10-26 为 82380 的可编程定时器/计数器的结构框图。

下面结合图 10-26 介绍 82380 可编程定时器/计数器各部分的功能。

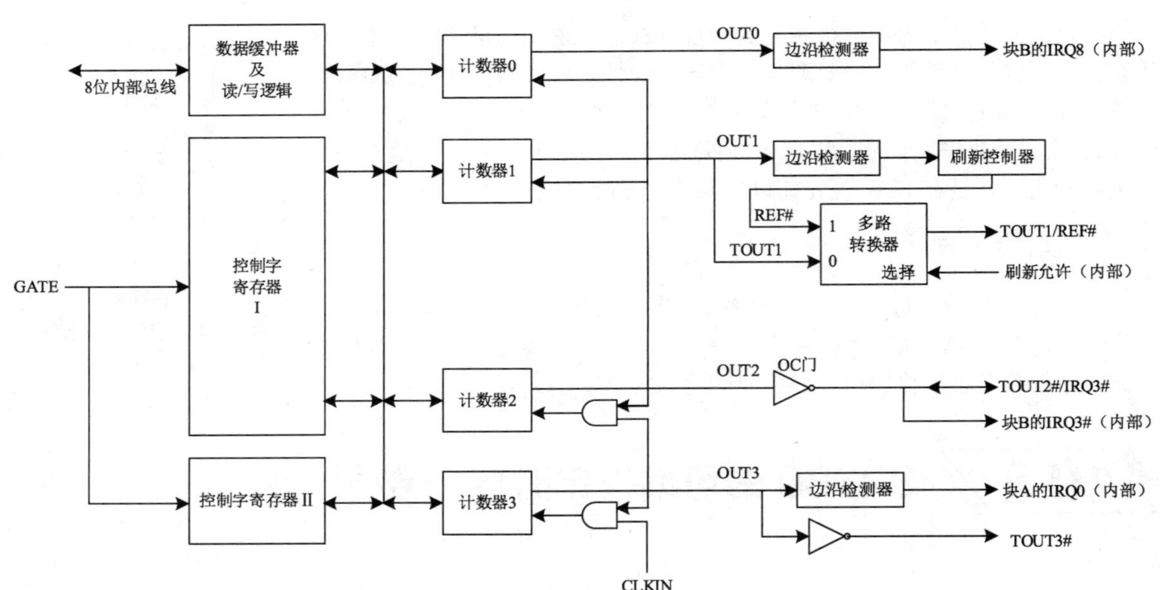

图 10-26　82380 可编程定时器/计数器的结构

（1）数据缓冲器及读/写控制电路

该部件用于将 4 个可编程定时器/计数器接到 82380 的内部总线上。

数据缓冲器用于在 8 位内部总线和定时器间传送命令和数据。

读/写控制电路用于接收内部总线上的输入并产生控制定时器内其他功能块的信号。

（2）控制字寄存器I和II

该寄存器是只写寄存器。它们用于控制定时器的操作方式。控制字寄存器I控制定时器 0～2，控制字寄存器II控制定时器 3。

（3）计数器 0，计数器 1，计数器 2 和计数器 3

计数器 0～3 分别是定时器 0～3 的主要部分。这 4 个功能块的操作相同，因此，只讨论一个计数器。一个计数器的内部结构如图 10-27 所示。

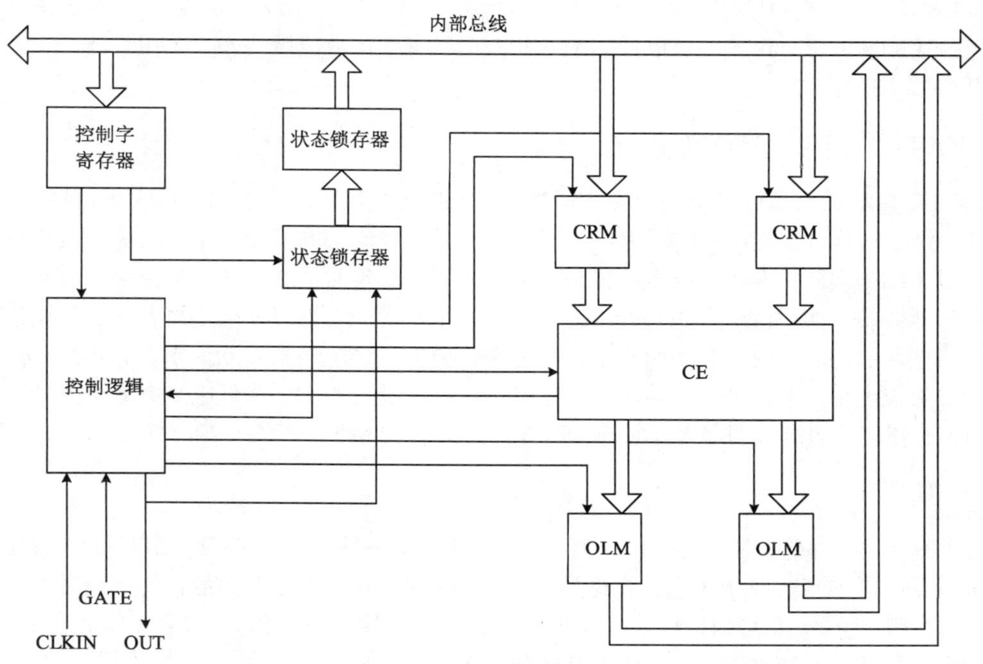

图 10-27　计数器的内部结构

4 个计数器共享一个公共的时钟输入（CLKIN），但都是完全独立的。尽管图 10-27 示出了控制字寄存器，但它并不是计数器本身的组成部分，它用于控制计数器的操作。在锁存后，状态寄存器中含有控制字寄存器的当前内容以及输出状态和回零标志。计数部件（CE）是实际的计数器，为同步的 16 位减 1 计数器。输入锁存器（OL）包含两个 8 位的锁存器（OLM 和 OLL）。通常这个锁存器跟踪 CE 的计数值。OLM 包含计数器的高字节，而 OLL 包含低字节。如果计数器锁存命令发送给计数器，OL 即会锁存当前计数值，直至被 80386 读取为止，然后再返回去跟踪 CE。定时器/计数器的锁存命令字每送一次，则产生一次锁存使能，以驱动内部数据总线。这使得 16 位计数器可利用 8 位内部总线通过 OL 的两个 8 位寄存器相互联系。但 CE 的内容不能被读取，取计数值时，实际读的是 OL 的内容。当一个新的计数值被写入计数器时，该值被存放在计数寄存器（CR）中，并传递给 CE。CR 的内容送入 CE 称为“取入”计数器。CR 由两个 8 位寄存器组成：CRW（高字节）和 CRL（低字节）。与 OL 相似，控制逻辑允许一次从 8 位内部总线上装入一个寄存器的内容。然而，两个字节是同时从 CR 传送到 CE 中的。当设置计数值时，两个 CR 均被清除。这样，如果计数器被设置为单字节计数，则另一个字节被自动清 0。注意，不能直接对 CE 执行写入操作。当写计数值时，实际写入的是 CR。

如图 10-27 所示，控制逻辑由 3 个信号组成：CLKIN，GATE 和 OUT。其中 OUT 是计数器的内部输出信号。某些定时器的外部输出（TOUT）是 OUT 的取反输出（TOUT1，TOUT2#，TOUT3#）。

OUT 的状态依赖于定时器的操作方式。

10.5.2 可编程定时器/计数器接口信号

1．CLKIN

CLKIN 是被 4 个定时器用作内部定时参考的输入信号。这个信号可独立于 82380 的系统时钟 CKL2。在 CLKIN 的上升沿期间，取样 GATE 状态。所有新计数值被装入，而在 CLKIN 的下降沿，计数器开始减 1 操作。

2．TOUT1，TOUT2#，TOUT3#

TOUT1，TOUT2#，TOUT3#分别是定时器 1、定时器 2 和定时器 3 的外部输出信号。TOUT2# 和 TOUT3#是各自计数器输出 OUT 的取反信号。定时器 0 无外部输出。如果定时器 2 被用来产生扬声器的声音，则必须外接驱动电路以提供足够的驱动能力。定时器 2 和 3 的输出是具有双重功能的引脚，定时器 2 的输出引脚（TOUT2#/IRQ3#）是一个双向的集电极开路信号，它也可用作中断请求输入。当中断功能有效时，在此引脚上的低电平将向 PIC 产生一个中断请求 3（IRQ3#）。该引脚有一个内部上拉电阻。为使用 IRQ3#功能，定时器 2 必须设定 OUT2 为低电平有效。另外，定时器 3 的 OUT3 连到一个边沿检测器上，它在 OUT3 的上升沿向 82380 产生一个中断请求 0（IRQ0）。

3．GATE

GATE 不是一个外部控制信号，但它可由软件通过内部控制端口来控制。定时器/计数器总是在 CLKIN 的上升沿取样 GATE 的状态。根据操作方式，GATE 用于控制计数/停止计数或触发一个操作的开始。对定时器 0 和 1，GATE 总是有效的（高电平）。对定时器 2 和 3，GATE 分别连接到 82380 的一个内部控制端口（地址为 61H）的第 0 位和第 6 位上。硬件复位后，定时器 2 和 3 的 GATE 状态无效（低电平）。

10.5.3 可编程定时器/计数器工作方式

每个定时器都可独立地编程在 6 种不同的方式下操作。82380 可编程定时器/计数器的工作方式与 8253/8254 完全一样，可参见第 9 章 8253 工作方式。

10.5.4 可编程定时器/计数器的寄存器

82380 的可编程定时器/计数器包含 8 个寄存器。这些寄存器的端口地址见表 10-9。

1．计数器 0，1，2，3 寄存器

这 4 个 8 位寄存器功能相同。它们用于将计数初值写入各自的定时器，由于它们是 8 位的寄存器，因此在读/写 16 位的计数初值时必须遵循控制字寄存器中说明的方式，即只存取低字节，只存取高字节，或先存取低字节，再存取高字节。

2．控制字寄存器 I 和 II

有两个控制字寄存器与定时器相关。一个用于控制计数器 0～2 的操作（控制寄存器I），另一个用于控制计数器 3 的操作（控制寄存器Ⅱ）。两个控制寄存器的主要功能如下。

（1）选择被编程的定时器。

（2）定义定时器的操作方式。

（3）定义计数制：二进制计数或 BCD 码计数。

（4）选择定时器读/写操作期间，字节的存取顺序：只存取低字节、只存取高字节，或者先存取低字节、再存取高字节。

也可对控制寄存器编程，以执行一个计数器锁存命令或一个回读命令。

控制寄存器的位模式见图 10-28。

表 10-9　可编程定时器/计数器寄存器

端口地址	寄存器说明	操作
40H	计数器 0 寄存器	读/写
41H	计数器 1 寄存器	读/写
42H	计数器 2 寄存器	读/写
43H	控制寄存器Ⅰ	写
44H	计数器 3 寄存器	读/写
45H	保留	
46H	保留	
47H	控制寄存器Ⅱ	写

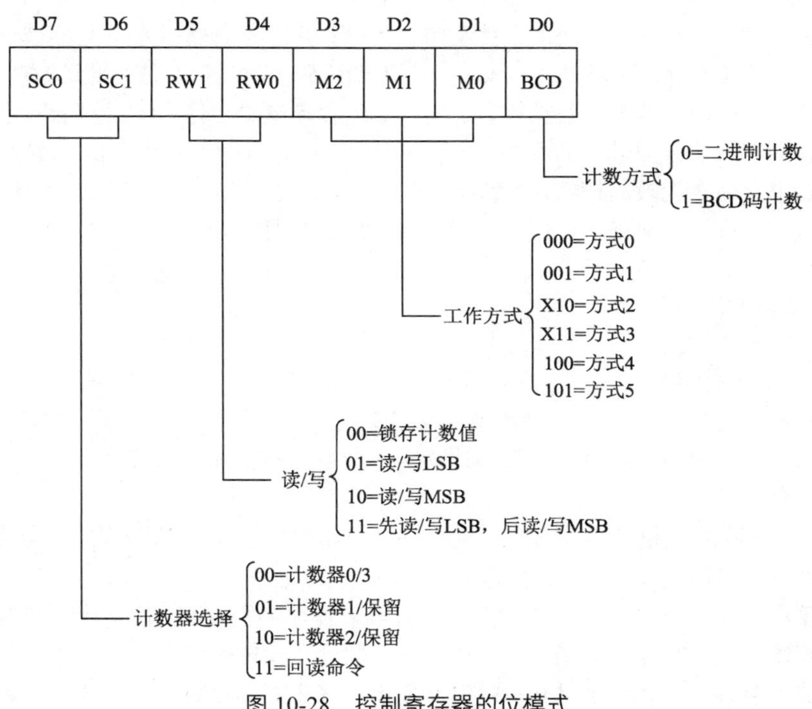

图 10-28　控制寄存器的位模式

10.5.5　可编程定时器/计数器的程序设计

1．初始化

上电或复位后，所有定时器的状态都是未定义的。方式、计数值，以及所有定时器的输出都是随机的。每个定时器如何操作取决于如何对其编程。每个定时器在使用前均须对其编程。由于某些定时器可向 82380 产生中断信号，因此所有定时器必须初始化为一已知状态。

定时器的程序设计是通过向各自的控制寄存器写入控制字来实现的。接着将一计数初值写入对应的计数寄存器中。

2．读操作

有 3 种方法读当前计数值和每个定时器的状态，即读计数器寄存器、计数器锁存命令和回读命令。下面分别介绍。

（1）读计数器寄存器

定时器的当前计数值可由读对应的计数器寄存器得到。该读操作的唯一要求是使用外部逻辑禁止定时器的 CLKIN 信号。否则，在读取时，计数值处于变化中，得不到正确结果。注意，由于 4 个定时器共用一个 CLKIN 信号，这样在读一个定时器时禁止 CLKIN 不可避免地造成其他定时器停止计数。这是不实用的。因此建议读定时器的当前计数值时使用计数器锁存命令或回读命令来实现。

另一种方法是在读计数器寄存器前，使用 GATE 信号使定时器暂时无效。然而，这种方法只适用于定时器 2 和 3，因为定时器 0 和 1 的 GATE 信号总是在内部处于开启状态。

（2）计数器锁存命令

当将一个特殊的控制字写入控制字寄存器时，就会执行计数器锁存命令。控制字寄存器中的两位用于区别计数器锁存命令和“常规的”控制字，另两位用于选择哪一个计数器被锁存。

通过执行计数器锁存命令，被选择的 OL 锁存收到该命令时的计数值。此计数值保存在 OL 中，直到被 80386 读取、或定时器被重新编程。之后计数值自动解除锁存，OL 返回跟踪 CE。这就提供了读计数器内容而不影响计数过程的方法。如果在第一次锁存计数值被读取前，再次锁存该计数器，则第二个计数器锁存命令无效。计数器锁存命令的另一特点是，读/写同一定时器的操作可交替进行。例如，如果定时器被设计成两字节计数值，则下面的序列是有效的。

① 读低字节。

② 写新计数值的低字节。

③ 读高字节。

④ 写新计数值的高字节。

如果定时器被设定为读/写两字节计数值，则需要注意：程序不能在读第一个字节和第二个字之间将控制传递给另一个读同一定时器的程序。否则，会得到不正确的计数值。

（3）回读命令

回读命令是另一个特殊的命令字操作，它允许用户读取当前计数值和/或所选定时器的状态。和计数器锁存命令一样，用命令字中的两位识别回读命令。

可使用回读命令在一个命令字中选择多个定时器来锁存多个 OL。每个计数器的锁存计数值将保持到被 80386 读取或定时器重新编程。当读取时计数器自动解除锁存，而其他计数器仍然保持锁存状态直到其被读取时为止。如果对同一定时器发出了多个回读命令而没有读取计数值，则只有第一个命令有效。

如前所述，回读命令可用于锁存所选定时器的状态信息。当该功能有效时，在发出回读命令后，可通过读计数器寄存器得到定时器的状态信息。定时器的状态信息包含如下内容。

① 定时器的操作方式

这允许用户检验定时器的操作方式。

② 定时器的 TOUT 引脚的状态

这使得用户可以通过软件监视定时器的输出引脚。

③ 空计数/计数

状态字节中的空计数位指出写入到 CR 中的计数值是否已装入 CE。发生的时间依赖于定时器的操作方式。计数值在装入 CE 之前，不能被读取。如在此之前锁存或读取计数值，则读得的计数值不能反映新写入的计数值。如果对定时器执行了多个状态锁存命令，而没有读取状态，则只有第一个命令有效。

被选中定时器的当前计数值和状态可同时锁存，这可通过在一个回读命令中使两个功能均有效来实现。如果一个定时器的计数值和状态都被锁存，则关于该定时器的第一个读操作返回锁存的状态；下一个或下两个读操作返回锁存的计数值，随后的读操作会返回未锁存的计数值（如同讨论的第一种读方式）。

回读命令的格式见图 10-29 所示，回读的状态字格式见图 10-30。

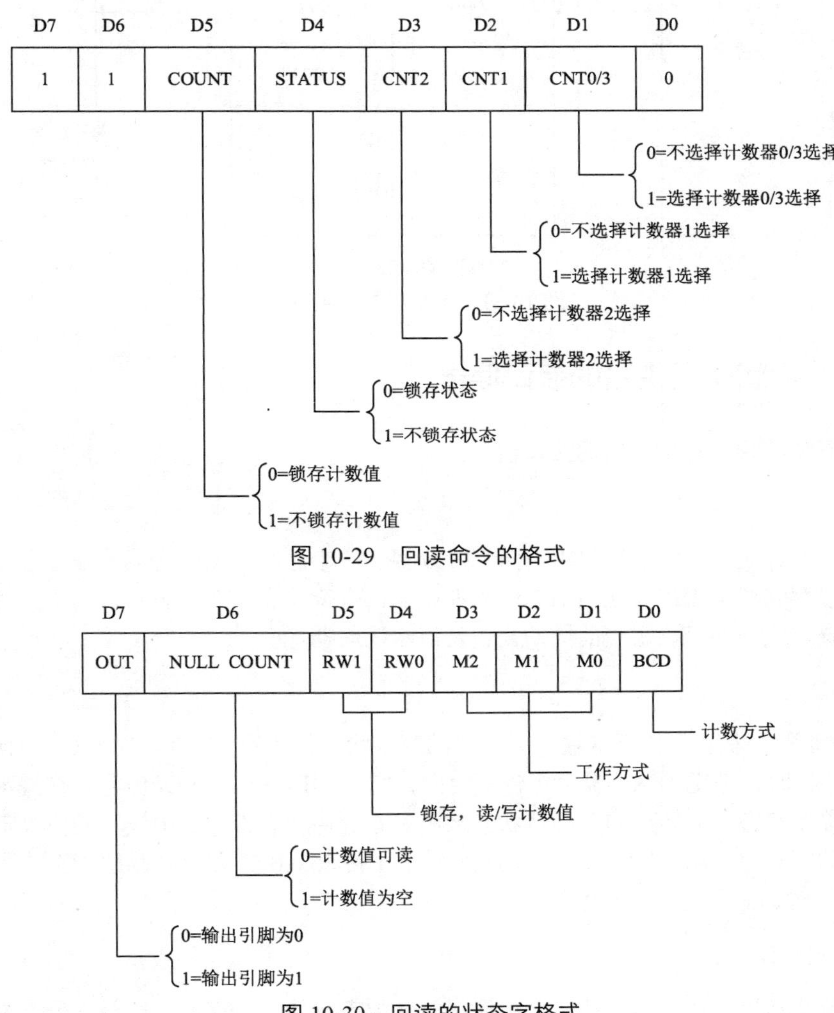

图 10-29　回读命令的格式

图 10-30　回读的状态字格式

10.6 等待状态发生器

10.6.1 等待状态发生器的功能描述

82380 内部有一个可编程的等待状态发生器，用于在 CPU 和 DMA 初始的总线周期期间产生指定数目的等待状态。等待状态发生器能在非流水线方式下产生 1～16 个等待状态，在流水线方式下产生 0～15 个等待状态，也可以使等待状态发生器无效，而使 82380 自己产生其所需的 READY#信号。图 10-31 是等待状态发生器的方框图。

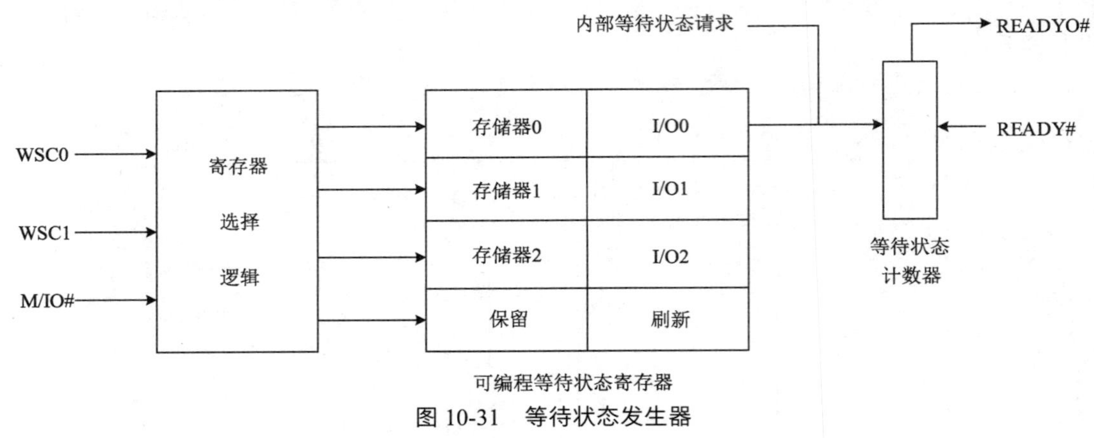

图 10-31　等待状态发生器

10.6.2 等待状态发生器的接口信号

下面介绍影响等待状态发生器的接口信号。

1．READY#

READY#是低有效的输入信号，用于向 82380 提示一个总线周期的完成。在主态下，该信号以确定外部设备或存储器是否需要在当前总线周期中插入等待状态。在从态下，用于（和 ADS#信号一起）跟踪系统总线周期以确定当前周期是否是流水线周期。

2．READYO#

READYO#是等待状态发生器的输出。产生的等待状态数依赖 WSC0 和 WSC1 的输入。当存取 82380 内部寄存器时，考虑到寄存器命令恢复时间，需要延迟 READYO#信号，在流水线周期中产生 1 个或多个等待状态，刷新期间，等待状态数由刷新等待状态寄存器中设置的值决定。

在最简单的配置中，READYO#可直接连到 82380 和 80386 的 READY#引脚上。用外部电路控制 READY#输入时，需要附加逻辑电路。

3．WSC0 和 WSC1

这两个等待状态控制输入信号从 3 个预编程的 8 位等待状态寄存器中选择一个，用以确定需产生的等待状态数。3 个等待状态寄存器的高半部分反应存储器存取，低半部分反应 I/O 部件的存取，WSC0、WSC1 的组合为 11 时，等待状态发生器未选中。

10.6.3 等待状态发生器的总线

1．非流水线周期中的等待状态

用 82380 产生的等待状态的两个典型的非流水线周期的时序如图 10-32 所示。该图假设未寻址 82380 内部寄存器。在每个总线周期的第一个 T2 状态期间，取样等待状态控制信号和 M/IO#输入以确定选择了哪一个等待状态寄存器（如果有的话）。如果 WSC 输入有效（即不都为高电平），则请求与选中的等待状态寄存器相对应的预置的等待状态数目。这是通过在每一个 T2 状态结束时使 READYO#输出为高电平来实现的。

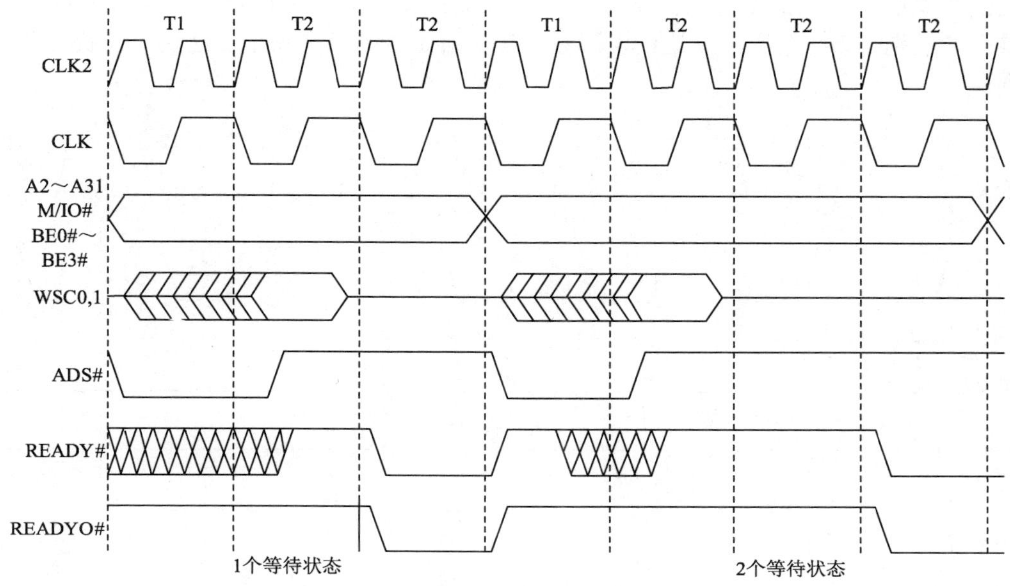

图 10-32　非流水线周期的等待状态

WSC0 和 WSC1 只须在每个非流水线周期的第一个 T2 状态期间有效。一般在 ADS#有效的最后状态的下一个时钟（82384 CLK）的上升沿取样 WSC 输入。

产生的等待状态数依赖于总线周期的类型和所需的等待状态数。下面讨论各种组合。

（1）存取 82380 内部寄存器：根据特定的寄存器地址产生 2 至 5 个等待状态。

（2）对 82380 的中断应答：5 个等待状态。

（3）刷新：取决于刷新等待状态寄存器的设定值，但是，如果 WSC0、WSC1=11，则 READYO#无效。

（4）其他总线周期：依赖于 WSC 和 M/IO#的输入；这些输入选择一个等待状态寄存器，其中等待状态数等于寄存器中的预定义的等待状态数加 1。等待状态寄存器的选择如表 10-10 所示。

表 10-10　等待状态寄存器的选择

M/IO#	WSC1	WSC0	选择的寄存器
0	0	0	等待寄存器 0（D3～D0 位）
0	0	1	等待寄存器 1（D3～D0 位）
0	1	0	等待寄存器 2（D3～D0 位）
1	0	0	等待寄存器 0（D7～D4 位）
1	0	1	等待寄存器 1（D7～D4 位）
1	1	0	等待寄存器 2（D7～D4 位）
×	1	1	禁止产生等待状态

等待状态控制信号 WSC0 和 WSC1 可由地址译码以及读/写控制信号产生。

在暂停和关机期间，等待状态数依赖于 WSC0 和 WSC1 的输入，它将选择一个等待状态寄存器的存储器部分。

2．流水线周期中的等待状态

带有 82380 产生的等待状态的两个典型的流水线周期的时序如图 10-33 所示，该图假定未存取 82380 内部寄存器。和 80386 的时序一样，地址（A2～A31）、字节允许（BE0#～BE3#）和其他控制信号（M/IO#，ADS#）要比非流水线周期早一个状态发出，即它们是在 T2P 状态发出的。与非流水线情况相似，在 ADS#信号变为有效的最后一个状态的中间取样等待状态控制输入（WSC）。因此，WSC 输入需要在每个流水线周期的 T1P 状态期间发出（比流水线周期早一个状态）。

流水线周期中产生的等待状态数以一种和前面讨论的非流水线情况中类似的方法进行选择。唯一的差别是产生的等待状态的实际数目比非流水线周期少一个。这由等待状态发生器自动实现。

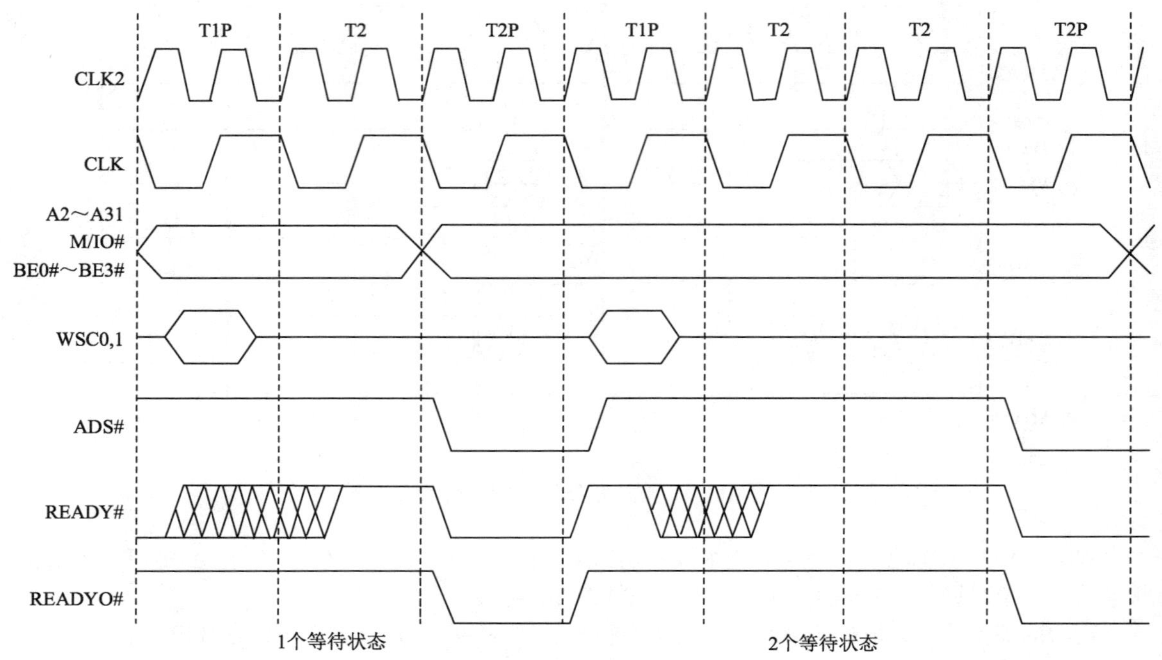

图 10-33 流水线周期的等待状态

3. 延长和提前终止总线周期

82380 允许外部逻辑延长等待状态或提前终止一个总线周期，这可通过控制到 82380 和 80386 的 READY#输入来实现。可能的配置见图 10-34。图 10-34 中的"外部 READY#"信号使得总线周期提前终止。当该信号为低电平时，电路的输出也变低电平（即使 82380 的 READY0#仍为高电平）。这一输出耦合到 80386 和 82380 的 READY#输入上以指示当前总线周期的完成。类似地，"外部未准备"信号用于延迟 80386 和 82380 的 READY#输入。只要此信号为高电平，电路的输出将驱动 READY#输入为高电平。这将有效地延长总线周期的长度。然而，须注意若两级逻辑的速度不能满足 READY#的设置时间，或门需要去掉。可将 WSC0 和 WSC1 驱动为高电平使 82380 等待状态发生器无效，在这种情况下，当寻址的存储器或 I/O 设备准备终止当前总线周期时，必须激活外部 READY#输入。图 10-35 和图 10-36 示出了与提前终止和延长总线周期相关的 READY#的时序。

鉴于下述原因，在存取 82380 内部寄存器时，建议不要提前终止总线周期。

（1）从寻址的寄存器中读出或写入到寻址的寄存器中的数据可能会出错。

（2）82380 必须在 HLDA 有效前或在对 82380 内部寄存器存取的另一个总线周期前恢复。

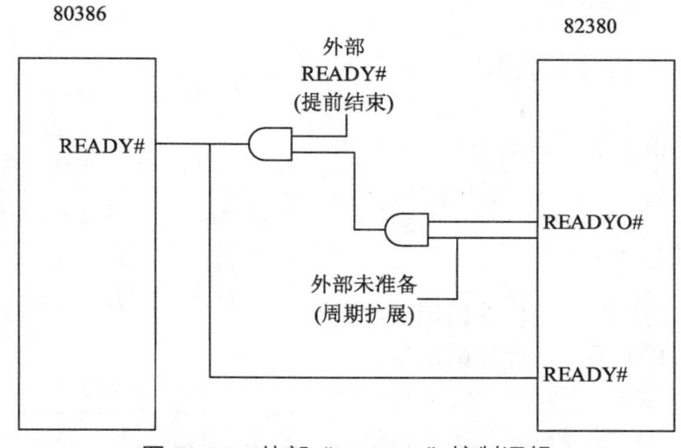

图 10-34　外部“READY”控制逻辑

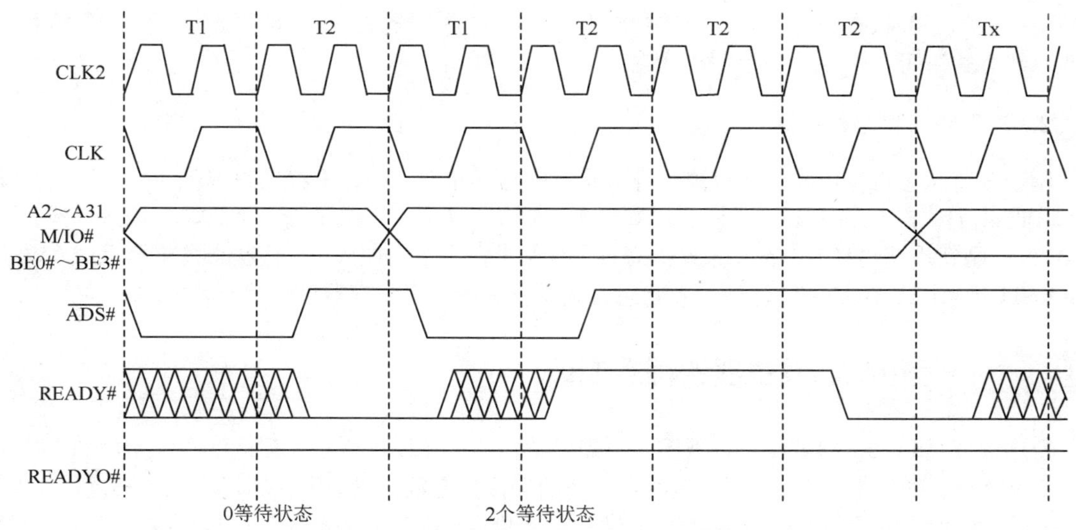

图 10-35　由“READY#”提前终止总线周期

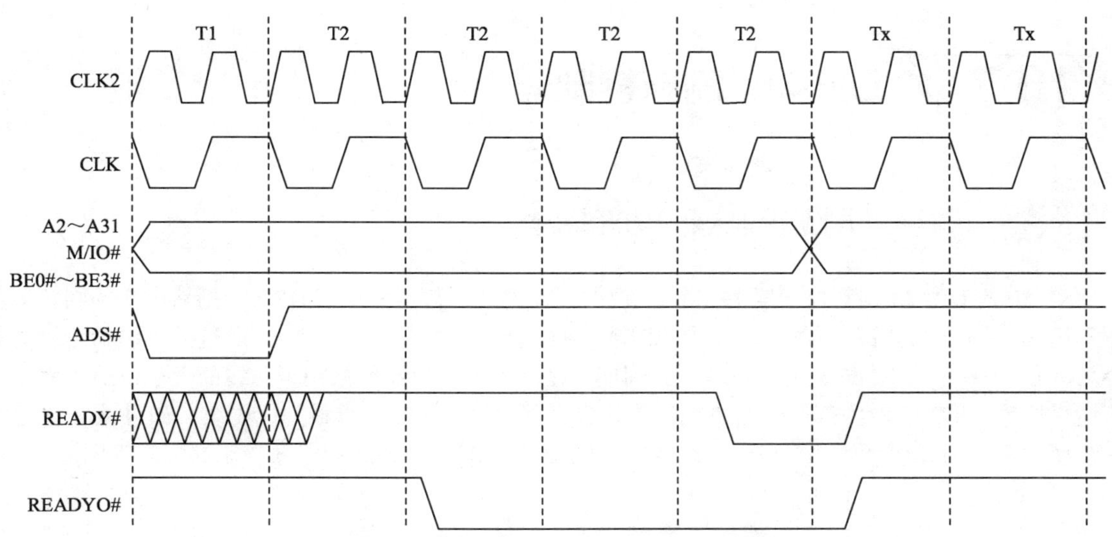

图 10-36　由“READY#”延长总线周期

10.6.4 等待状态发生器的寄存器

与等待状态发生器相联系的有 4 个 8 位内部寄存器，其地址见表 10-11。下面详细讨论其作用。

表 10-11 等待状态发生器的寄存器

端口地址	寄存器功能描述	操作
72H	等待状态寄存器 0	读/写
73H	等待状态寄存器 1	读/写
74H	等待状态寄存器 2	读/写
75H	刷新等待状态寄存器	读/写

1．等待状态寄存器 0～2

这 3 个 8 位寄存器的功能相同，它们用于存储预定义的等待状态数，其中每个寄存器的低半部分包含 I/O 存取的等待状态数，而高半部分含有存储器访问的等待状态数。产生的等待状态的数目依赖于总线周期的类型。对一个非流水线周期，需要的等待状态的实际数目等于等待状态数加 1；对一个流水线周期，等待状态的数目等于所选择的寄存器中存放的等待状态数。因此，等待状态发生器在非流水线方式下能够产生 1～16 个等待状态，在流水线方式下可产生 0～15 个等待状态。

2．刷新等待状态寄存器

刷新等待状态寄存器与前面讨论的等待状态寄存器相似，但该寄存器只有低 4 位有效，高 4 位为 0。低 4 位用于存放在 DRAM 刷新周期产生的等待状态数。该寄存器不用 WSC 输入选择，当一个 DRAM 刷新周期出现时，自动选择该寄存器。如果在刷新周期中，等待状态发生器无效（WSC0、WSC1=11），则 READYO#将保持无效状态直到刷新等待状态寄存器被忽视。

10.6.5 等待状态发生器的程序设计

使用等待状态发生器是相当直观的，不需要特殊的程序设计顺序。为保证产生期待的等待状态数，当选择一个寄存器时，必须在上电后将适当的等待状态数写进该寄存器以实现对其的程序设计。硬件复位后，所有的等待状态寄存器均以 FFH 初始化，给出可能的最大等待状态数。也可读这些寄存器以检查前面存进的等待状态数。

10.7 DRAM 刷新控制器

10.7.1 DRAM 刷新控制器的功能描述

82380 的 DRAM 刷新控制器由一个 24 位的刷新地址计数器和用于 DRAM 刷新操作的刷新请求逻辑组成。可使用定时器 1 的输出作为 DRAM 刷新请求逻辑的触发信号。可通过编程刷新总线的大小为 8 位、16 位或 32 位宽度。每一刷新周期，刷新地址计数器依据刷新总线的大小以适当大小的值增量修改。82380 的内部逻辑在总线控制仲裁过程中给刷新操作以最高优先级。如果 82380 已为总线使用者，则无须释放并再申请总线控制。图 10-37 给出了 DRAM 刷新控制器的方框图。

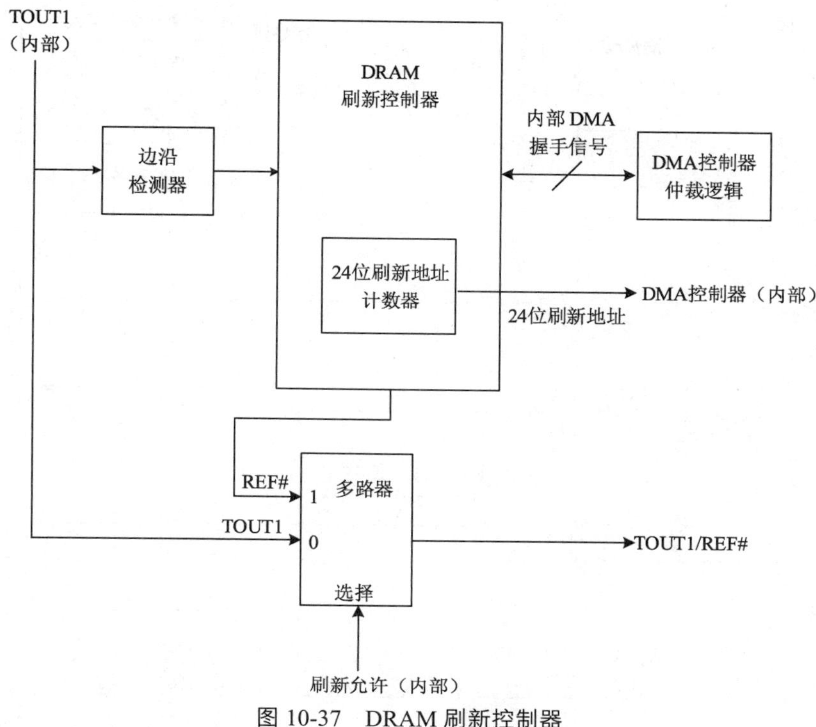

图 10-37　DRAM 刷新控制器

10.7.2　DRAM 刷新控制器的接口信号

可对定时器 1 的双重功能的输出引脚（TOUT1/REF#）进行编程以产生 DRAM 刷新信号。如该特性有效，定时器 1 输出（TOUT1）的上升沿将触发 DRAM 刷新请求逻辑。延时一段时间以获得总线的访问权后，DRAM 控制器通过驱动 REF#输出为低电平来产生一个 DRAM 刷新信号。如果 DRAM 刷新功能无效，则 TOUT1/REF#输出引脚就是定时器 1 的输出。

10.7.3　DRAM 刷新控制器的总线

为保证 DRAM 数据的完整性，82380 在其仲裁逻辑中给 DRAM 刷新信号分配最高优先级。这使得 DRAM 刷新请求得以中断 DMA 过程以执行 DRAM 刷新周期，刷新完成后再继续 DMA 过程。

在 DMA 过程中，如果出现了 DRAM 刷新请求，则要求级联的设备让出总线。这是通过令 EDACK 信号无效来实现的。一旦 DREQ 无效，82380 执行刷新操作。DMAC 在刷新期间并未完全释放系统总线，刷新控制器只是在 DMA 存取之间“挪用”了一个总线周期。

刷新周期的时序如图 10-38 所示。依赖于定时器的终止时间，82380 发出 HOLD 请求控制系统总线，只要 82380 检测到 HLDA 有效，即激活 REF#信号，刷新地址总线以及系统总线上的控制信号，以执行一个 DRAM 刷新周期（HLDA 有效后两个 CLK 周期后 REF#信号才有效）。地址总线包含刷新地址计数器中的 24 位当前地址。以和存储器读周期中的相同方式驱动控制信号。当 READY#信号为低电平时，执行读操作。然后，82380 使 HOLD 无效，释放总线。通常执行一个无等待状态的刷新周期需要 5 个总线状态。如需要 n 个等待状态，则刷新周期将持续 $5+n$ 个总线状态。

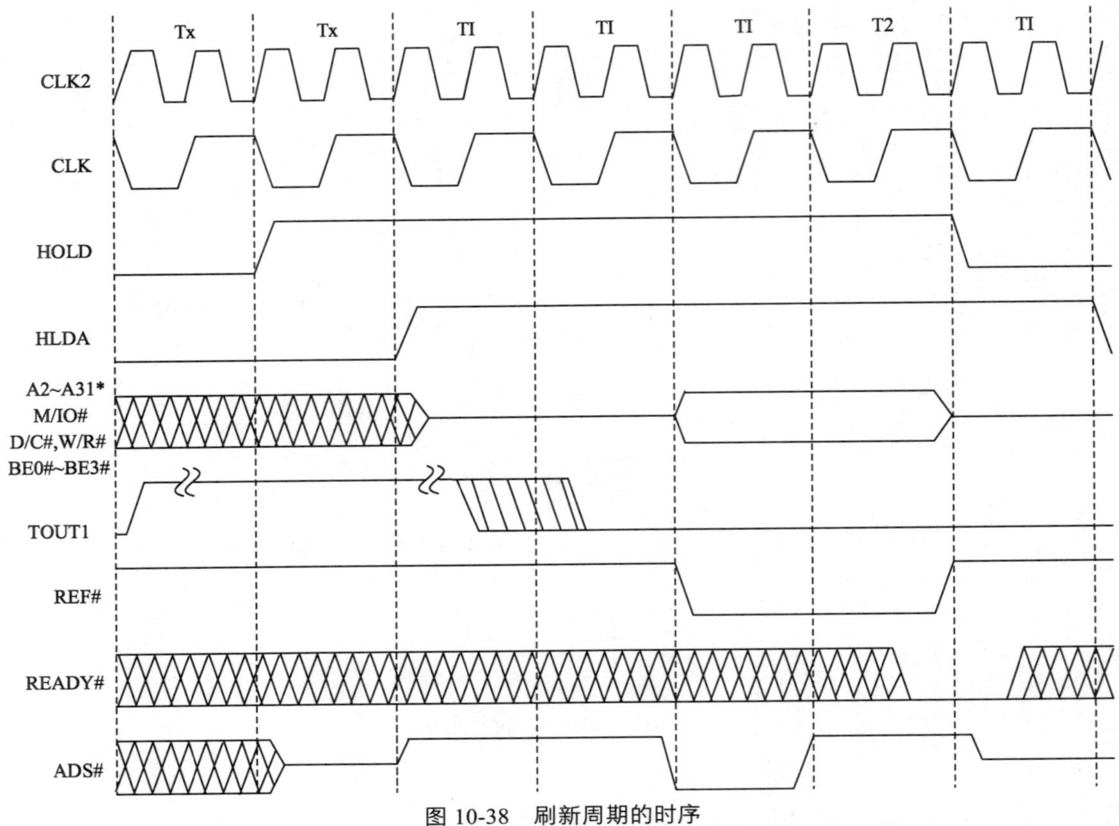

图 10-38 刷新周期的时序

刷新控制器多长时间开始一个刷新周期依赖于 CLKIN 的频率和编程设定的定时器的操作方式。为此特殊应用，定时器 1 应工作在方式 2 或方式 3 下，以产生恒定的时钟频率。每次定时器 1 计数结束（当 TOUT1 由低电平变到高电平时）时，就会产生一个 DRAM 刷新周期。可使用等待状态发生器在一个刷新周期中插入等待状态，82380 能自动地插入在刷新等待状态寄存器中设定的所需等待状态数。

10.7.4 DRAM 刷新控制器的操作方式

82380 支持 8 位，16 位和 32 位的刷新周期。在一个刷新周期中的总线宽度由程序设定。总线大小可使用刷新控制寄存器来设定。若 DRAM 总线大小是 8 位，16 位或 32 位，则刷新地址计数器将分别以 1、2 或 4 增量修改。刷新地址计数器在硬件复位后被清除。

10.7.5 DRAM 刷新控制器的寄存器组

刷新控制器有两个内部寄存器控制其操作，即刷新控制寄存器和刷新等待状态寄存器，其地址分别为 1CH 和 75H。

刷新等待状态寄存器并不是刷新控制器的部件，只是利用它来设置插入到刷新周期中的等待状态数。

刷新控制寄存器是 2 位的寄存器，有 2 种作用。首先，它用于使 DRAM 刷新功能输出有效或无效。如无效，则定时器 1 的输出仅用作一般的定时用。其次，该寄存器设置 DRAM 刷新操作的总线大小、可编程的总线大小，还能确定每一次刷新操作后，刷新地址计数器如何增量修改。刷新控制寄存器的位模式见图 10-39。

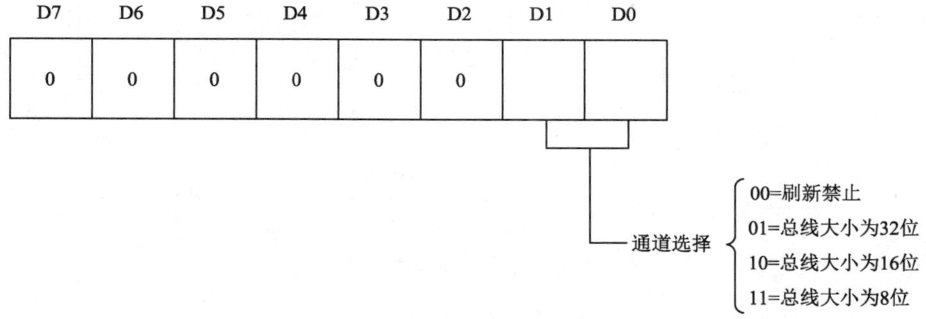

图 10-39　刷新控制寄存器的位模式

10.7.6 DRAM 刷新控制器的程序设计

硬件复位后，DRAM 刷新作用无效。在使用刷新控制器之前，须按以下步骤对其进行程序设计。

（1）初始化定时器 1，选择其操作方式以及正确的刷新间隔。

（2）根据刷新周期中是否需要产生等待状态，以适当的数值设置刷新等待状态寄存器。

（3）使 DRAM 刷新特性有效，并定义 DRAM 总线宽度。这些可通过将适当的控制字写入到刷新控制寄存器来一步完成。

完成了上述步骤后，当定时器 1 计数结束，产生刷新请求时，就会自动地执行刷新操作。

除上述的程序设计步骤外，必须注意，复位后，尽管 TOUT1/REF#变成了定时器 1 输出，但是该引脚的状态却是未定义的。这是因为定时器模块尚未初始化。因此，如果用该引脚作 DRAM 刷新信号，则该引脚必须被外部逻辑取代直到刷新作用有效为止。一个简单的解决方案即将该输出与 HLDA 作逻辑与，因为复位后 HLDA 无效。

10.8 重定位寄存器和地址译码

10.8.1 重定位寄存器

集成在 82380 中的所有部件都由一组内部寄存器控制。这些寄存器占据了 256 个连续的地址位置。82380 中提供了一个重定位寄存器，用户可使用该寄存器将这组内部寄存器映射到存储器或 I/O 地址空间中。重定位寄存器的这一功能就是定义 82380 内部寄存器组的基地址，使寄存器看起来就如同映射到的存储器或 I/O 部件一样。重定位寄存器的位模式如图 10-40 所示。

重定位寄存器是 82380 内部寄存器组中的一个部件，其端口地址为 7FH。每次改变重定位寄存器的内容时，该寄存器的物理地址也随之改变。82380 复位后，重定位寄存器清 0，这就意味着 82380 将内部寄存器的 I/O 地址映射到 0000H 至 00FFH。

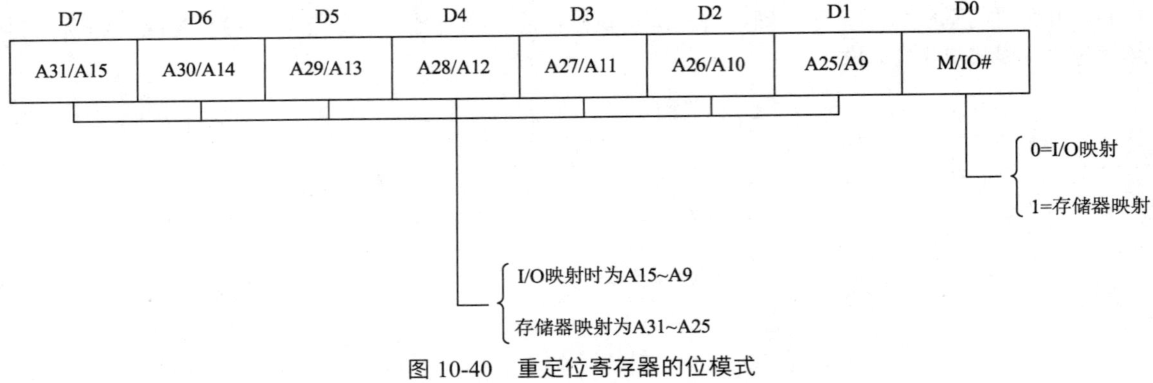

图 10-40　重定位寄存器的位模式

1．82380 的 I/O 映射

如图 10-40 所示，重定位寄存器的 D0 位确定 82380 寄存器是 I/O 映射还是存储器映射。当 D0=0 时，82380 映射到 I/O 地址空间，地址信号为 BE0#～BE3#，A2～A7 用于选择被存取的一个内部寄存器。重定位寄存器的 D1 位至 D7 位分别对应地址总线的 A9 至 A15。A8 设定为 0，A15 至 A8 将由 82380 全译码。下面的例子说明了 82380 是如何映射到 I/O 地址空间的。

例：重定位寄存器=11001110（0CEH），则 82380 应于 I/O 地址范围 0CE00H 至 0CEFFH。

2．82380 的存储器映射

当重定位寄存器的 D0 位设置为 1 时，82380 映射到存储器地址空间。地址信号为 BE0#～BE3#，A2～A7 用于选择被存取的一个内部寄存器。重定位寄存器的 D1 位至 D7 位对应 A25～A31。A24 设定为 0，A8～A23 不用。

例：重定位寄存器=10100111（0A7H），则 82380 映射到存储器，地址范围为 0A6XXXX00H 至 0A6XXXXFFH。

10.8.2　地址译码

82380 的内部寄存器并没有全部占用整个的 256 个连续的地址位置。某些位置未“占用”。82380 总是译码低 8 位地址以确定是否有寄存器被访问。如地址未对应到任一寄存器，则 82380 不反应。这就可使得其他外部设备可以使用 82380 地址空间中的未用地址。

10.9　CPU 复位和关机检测

当下述条件出现时，82380 将激活 CPURST 信号以复位 CPU。

（1）82380 RESET 有效。

（2）82380 检测到一个 80386 关机周期。

（3）CPURST 软件命令发送给 80386。

当 CPURST 信号激活时，82380 将自己复位为从属总线状态。

10.9.1 硬件复位

硬件复位后，82380 使其 CPURST 输出有效，以复位 CPU。只要 RESET 输入有效，则该输出即保持有效。在硬件复位期间，82380 内部寄存器被初始化。

10.9.2 软件复位

可通过向 82380 的寄存器地址 64H 写入如图 10-41 下所示的位模式来产生 CPURST 信号。此寄存器的写操作被认为是一个 82380 的访问，内部的等待状态发生器会自动确定所需要的等待状态。当该写周期结束后，CPURST 就被激活。该信号将持续 80 个 CLK2 周期。在 CPURST 信号无效后，才能访问 82380。

内部端口 64H 是只写的，82380 不能对该端口的读操作作出反应。在一个 CPU 软件复位命令期间，82380 也将复位为从属总线状态。然而，82380 的内部寄存器保持不变。这便使得操作系统可以通过读 82380 的任一曾设置过的内部寄存器，得到一非缺省值来识别一个热启动。诊断寄存器即可用作此目的。

D7	D6	D5	D4	D3	D2	D1	D0
1	1	1	1	×	×	×	0

图 10-41　软件复位命令的位模式

10.9.3 关机检测

82380 能不断地检测总线周期定义信号（M/IO#、D/C#、R/W#）并能检测 80386 何时执行一个关机总线周期。当检测到 CPU 关机操作时，82380 将使 CPURST 有效达 62 个 CLK2 周期以复位 CPU，该信号在关机周期由 READY#信号终止后产生。

虽然 82380 的等待状态发生器不能自动地对关机周期进行反应，但是等待状态控制输入信号（WSC0，WSC1）可用于以和其他的非 82380 总线周期相同的方式确定等待状态数。通过向内部控制端口 61H 写一个控制位来使关机检测特性有效或无效。82380 硬件复位后，该特性无效。和软件复位情况相同，82380 将会复位为从属总线方式，但不会改变其内部寄存器的内容。

10.10 内部控制和诊断端口

10.10.1 内部控制端口

82380 的内部控制端口的位模式见图 10-42。该控制端口用于使 CPU 关机检测特性有效或无效，并控制定时器 2、3 的门控输入。这是一个只写端口，其地址为 61H。硬件复位后，此端口清空，亦即关机检测特性和定时器 2、3 的门控输入无效。

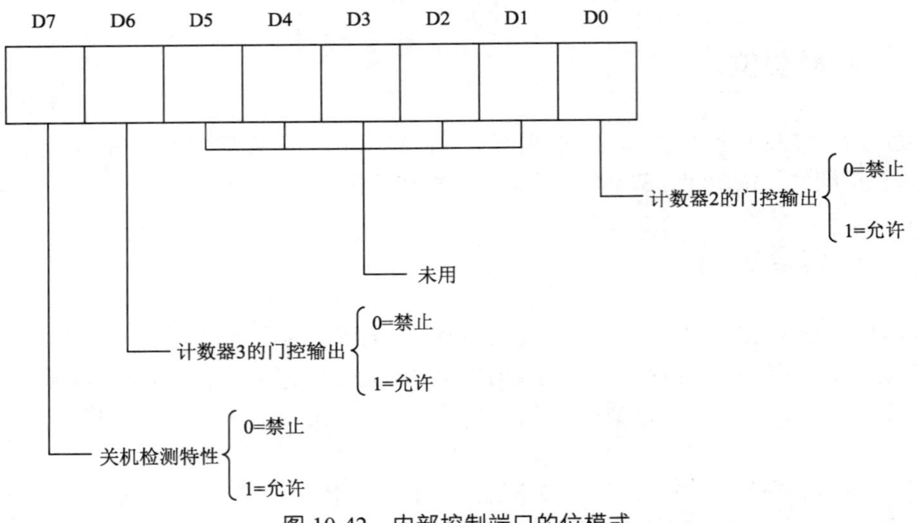

图 10-42 内部控制端口的位模式

10.10.2 诊断端口

82380 提供了 2 个 8 位可读/写的诊断端口，它们是两个存储寄存器，对 82380 的操作无影响。可用于在上电时和诊断服务程序中存储检测点数据或错误码。可使用这些诊断端口区别冷启动和热启动。硬件复位后，诊断端口均被清 0。这些诊断端口的地址为 80H 和 81H。

10.11 小结

82380 是一个集 80386 环境下所必需的系统功能于一体的多功能外设支持芯片，主要包括如下 I/O 功能部件：DMA 控制器（DMAC）、可编程中断控制器（PIC）、可编程定时器/计数器、等待状态发生器、DRAM 刷新控制器和系统复位逻辑。

82380 包含一个高速、8 通道 32 位的 DMAC，它能以字节、字或双字为单位传送数据。请求设备和目标设备的地址可分别设置为增量、减量或保持不变，并覆盖 80386 的整个 32 位物理地址空间。可以通过一个 32 位的内部暂存数据寄存器装配和拆开未对正的数据，以实现在两个不同数据通道宽度的设备间传输数据。

DMA 传送可以在存储器和 I/O 设备之间的任一种组合中进行，即可以实现存储器—存储器、存储器—I/O 设备、I/O 设备—存储器、I/O 设备—I/O 设备之间的数据传送。数据传送方式有 3 种：单一传送、数据块传送和请求传送。通道的优先级仲裁是固定优先级方式或循环优先级方式，可通过编程选择。

82380 的 PIC 由 3 个增强的 82C59A 中断控制器组成。提供有 15 级外部中断和 5 级内部中断请求输入。每个外部请求输入还可以级联一个 82C59A 从中断控制器，这样可以使 82380 最多支持 120 级外部中断请求输入。

82380 的 PIC 与 82C59A 的主要不同是每个中断请求输入均可独立编程设计其中断向量码。

82380 包含 4 个 16 位可编程定时器/计数器，其功能与 82C54 可编程定时器/计数器是一致的，可工作于 6 种方式。

等待状态发生器是为 80386 总线设计的 READY#产生电路。它可使 80386 的 READY#输入在外部设备所需的等待状态数期间保持无效状态，能在非流水线方式下产生 1～16 个等待状态，在流水线方式下产生 0～15 个等待状态。根据总线周期类型和两个等待状态控制输入信号（WSC0、WSC1）产生指定数目的等待状态。

82380 的 DRAM 刷新控制器由一个 24 位的刷新地址计数器和用于 DRAM 刷新操作的刷新请求逻辑组成。可使用定时器 1 作为 DRAM 刷新请求逻辑的触发信号。可通过程序设计选择刷新总线的大小为 8 位、16 位或 32 位宽度。82380 的内部逻辑在总线控制仲裁过程中给刷新操作以最高优先级。

82380 还有一个专门的复位功能，与 82380 的硬件复位信号相对应，也可由一个软件复位命令启动。当一个外部复位信号出现在它的 RESET 输入端时，该电路保持 80386 的 RESET 信号有效。

10.12 思考题

1. 82380 的 DMAC 与 8237A 的 DMAC 有何异同?
2. 82380 的可编程定时器/计数器与 8253 有何异同?
3. 什么是等待状态发生器？它有何用途?
4. 试比较 82380 的地址与 PC/AT 机各端口地址的功能差别。

10.13 实验设计

利用 82380 提供的功能，编写一个在 80386 上使用的可更改延时时间的延时程序。

第11章 硬盘与光盘接口

11.1 硬盘与固态硬盘接口

目前，硬盘是微型计算机上必配的存储设备。硬盘以金属作为盘基，同软盘一样，其尺寸分为5.25in和3.5in，但存储容量比软盘要大得多，存取速度也比软盘快得多。硬盘分为两种类型：一种是活动硬盘，它的盘片是可更换的；另一种是固定硬盘，又称为温式硬盘（winchester disk），在这种硬盘中，驱动器与盘片密封装在一起，因此防尘性好，而且没有活动硬盘的机械变动，因此定位精度高，可靠性高，提高了记录密度。在IBM PC系列机上配备的几乎都是固定硬盘，其容量从PC/XT的10MB发展到今天各种微型计算机上的数百GB到数TB。本节主要介绍硬盘与固态盘接口。

11.1.1 IDE接口

1．IDE接口简介

IDE（integrated drive electronics）接口又称为ATA（AT attachment）接口，该接口是由著名PC兼容机制造商Compaq首先提出来的，其着眼点在于降低当时并不便宜的硬盘适配器的成本和增加硬盘驱动器的可靠性。IDE接口是由Compaq开发并由Western Digital公司生产的控制器接口，是在ST506的基础上改进而成的。

IDE接口以PC/AT为基础，所以它受到了AT系统BIOS的限制。主要限制如下。

（1）数据传输速率的限制，最大数据传输速率为4MB/s。

（2）一个IDE接口只能串接2个硬盘驱动器。这是因为主机与硬盘的通信必须要通过BIOS预留给硬盘的1F0H～1F7H及3F6H、3F7H这10个I/O寄存器进行，从而限制了所接硬盘的数量。

（3）硬盘容量的限制，允许硬盘的最大容量为528MB。这是因为IDE接口的命令寄存器用16位表示柱面数，4位表示磁头数，6位表示扇区数，即最大柱面数为65536，最大磁头数为16，最大扇区数为63（扇区号从1开始）；而PC/AT的BIOS用10位表示柱面数，用8位表示磁头数，用6位表示扇区数，即最大柱面数为1024，最大磁头数为256，最大扇区数为63。两者一结合，只能取两者之中的较小值，即用10位表示柱面数，用4位表示磁头数，用6位表示扇区数，这就导致了最大柱面数为1024，最大磁头数为16，最大扇区数为63。这样限制硬盘的最大容量为$1024\times16\times63\times512=528482304$B，即528MB。

随着微型计算机的发展，CPU速度越来越高，应用软件所占硬盘的容量也越来越大，IDE接口528MB硬盘容量的限制成了许多硬盘制造商所必须面对的问题。于是Western Digital公司联合其他生产CD-ROM驱动器的厂商提出一个EIDE（enhanced IDE）接口方案。EIDE接口支持3种方式：

方式 0 为 Normal 方式，方式 1 为 LBA（logical block addressing）方式；方式 2 为 Large CHS 方式。方式 0 是原 IDE 接口就支持的方式；方式 1 和方式 2 是 EIDE 接口新增加的用于支持超过 528MB 容量的硬盘。至于提高数据传输速率还要配合局部总线（如 VL BUS 和 PCI BUS）才能实现，一般可达 16MB/s。在较新的微型计算机中的 EIDE 接口还支持两种新的工作方式 UDMA33 和 UDMA66，这两种工作方式使接口的数据传输速率可达 33MB/s 和 66MB/s。

硬盘的控制功能与硬盘驱动器集成在一起也有利于提高硬盘数据传输的可靠性，不同厂商制造的硬盘很容易兼容。后来的微型计算机系统中不再使用适配卡，而把适配电路集成到系统主板上，并留有专门的 IDE 连接器插口。由此可见，IDE 实际上是系统级的接口，而 ST506、ESDI 等属于设备级接口。因此，在有的资料上也称 IDE 为 ATA 接口。

2．IDE 接口信号

IDE 接口和 EIDE 接口与硬盘之间使用一条 40 线的电缆相连，其信号见表 11-1。

表 11-1　IDE 接口信号

IDE 信号线	引线	信 号 意 义	对应的 ISA 总线信号	信号方向
RESET	1	使驱动器复位	RESET DRV	CPU→硬盘驱动器
GND	2	信号地		
DD7	3	数据总线第 7 位	SD7	双向
DD8	4	数据总线第 8 位	SD8	双向
DD6	5	数据总线第 6 位	SD6	双向
DD9	6	数据总线第 9 位	SD9	双向
DD5	7	数据总线第 5 位	SD5	双向
DD10	8	数据总线第 10 位	SD10	双向
DD4	9	数据总线第 4 位	SD4	双向
DD11	10	数据总线第 11 位	SD11	双向
DD3	11	数据总线第 3 位	SD3	双向
DD12	12	数据总线第 12 位	SD12	双向
DD2	13	数据总线第 2 位	SD2	双向
DD13	14	数据总线第 13 位	SD13	双向
DD1	15	数据总线第 1 位	SD1	双向
DD14	16	数据总线第 14 位	SD14	双向
DD0	17	数据总线第 0 位	SD0	双向
DD15	18	数据总线第 15 位	SD15	双向
GND	19	信号地		
	20	标记		
DMARQ	21	DMA 请求	DRQx	硬盘驱动器→CPU
GND	22	信号地		
DIOW	23	经 I/O 通道写数据	IOW	CPU→硬盘驱动器
GND	24	信号地		
DIOR	25	经 I/O 通道读数据	IOR	CPU→硬盘驱动器

续表

IDE 信号线	引线	信 号 意 义	对应的 ISA 总线信号	信号方向
GND	26	信号地		
IORDY	27	I/O 存取完成	IOCHRDY	硬盘驱动器→CPU
SPSYNC	28	主轴马达转动同步	IOCHRDY	硬盘驱动器→硬盘驱动器
DMACK	29	DMA 应答	DACKx	CPU→硬盘驱动器
GND	30	信号地		
INTRQ	31	中断请求	IRQx	硬盘驱动器→CPU
IOCS16	32	经 I/O 通道进行 16 位数据传送	I/OCS16	CPU→硬盘驱动器
DA1	33	地址总线第 1 位	SA1	CPU→硬盘驱动器
PDIAG	34	由从驱动器来的诊断信号		硬盘驱动器→硬盘驱动器
DA0	35	地址总线第 0 位	SA0	CPU→硬盘驱动器
DA2	36	地址总线第 2 位	SA2	CPU→硬盘驱动器
CS1Fx	37	基地址 1F0H 的片选		CPU→硬盘驱动器
CS3Fx	38	基地址 3F0H 的片选		CPU→硬盘驱动器
DASP	39	驱动器活动/从驱动器存在		硬盘驱动器→CPU
GND	40	信号地		

从表 11-1 可以看出，IDE 接口的信号绝大多数直接来源于系统的 ISA 总线，只有 5 个信号是由 IDE 适配器产生或从硬盘驱动器到 IDE 适配器的。

3．IDE 接口的编程

CPU 可以通过数个数据寄存器、控制寄存器和状态寄存器来访问 IDE 接口。这些寄存器地址的分配完全与 PC/AT 机上的 ST506 接口一样，见表 11-2。

表 11-2 IDE 接口的寄存器地址分配

寄存器名称	I/O 地址	宽度（位）	读（R）/写（W）
数据寄存器	1F0H	16	R/W
错误寄存器	1F1H	8	R
预补偿寄存器	1F1H	8	W
扇区数寄存器	1F2H	8	R/W
扇区号寄存器	1F3H	8	R/W
柱面号寄存器（LSB）	1F4H	8	R/W
柱面号寄存器（MSB）	1F5H	8	R/W
驱动器号/磁头号寄存器	1F6H	8	R/W
状态寄存器	1F7H	8	R
命令寄存器	1F7H	8	W
第二状态寄存器	3F6H	8	R
数字输出寄存器	3F6H	8	W
驱动器地址寄存器	3F7H	8	R

下面逐个介绍 IDE 接口的寄存器。

（1）数据寄存器

CPU 通过数据寄存器在内存与 IDE 适配器之间传送数据。在 AT 之后的计算机已不再使用 DMA 方式在硬盘与内存之间传送数据，因此只能用可编程的 I/O 方式来完成数据传送。通常数据的传送都是按 16 位进行的，只有在传送 ECC 数据时，按 8 位进行，这时只使用该寄存器的低 8 位。

（2）错误寄存器

错误寄存器包含硬盘驱动器最近执行命令的出错信息。该寄存器的内容只有在状态寄存器的 ERR 位为 1，BSY 位为 0 时才有效，各位的意义如图 11-1 所示。

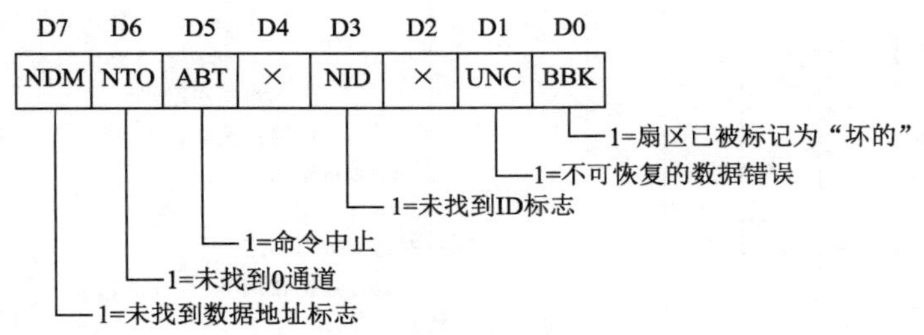

图 11-1　错误寄存器的位模式

（3）预补偿寄存器

该寄存器包含的是硬盘的写预补偿值。由于 IDE 接口的驱动器在内部实现时已经定好了写预补偿值，因此，该寄存器的值被硬盘驱动器忽略，IDE 接口中保留该寄存器的目的是与 PC/AT 机硬盘接口寄存器保持兼容。

（4）扇区数寄存器

该寄存器中包含的是需要读、写或校验的扇区的个数。每当完成了一个扇区的读、写或校验后，该寄存器的值就自动减 1，读、写或校验的过程直到该寄存器的值减到 0 为止，因此该寄存器的初始值 0 相当于 256。CPU 可在读、写或校验的过程中读出该寄存器的值，以便了解还剩下多少个扇区未完成。

（5）扇区号寄存器

该寄存器包含的是完成某个磁盘存取命令的起始扇区号。在命令执行过程中，每完成一个扇区的处理，该寄存器的值都自动加 1，因此该寄存器始终包含下一个要处理的扇区的编号。

（6）柱面号寄存器

柱面号寄存器有两个，分别为柱面号的高位 MSB 和低位 LSB。这两个寄存器包含指定的硬盘的柱面号。柱面号由 10 位组成，10 位柱面号的低 8 位放在 LSB 中，高 2 位放在 MSB 的低 2 位中，MSB 的高 6 位未用。

（7）驱动器号/磁头号寄存器

驱动器号/磁头号寄存器用来指出要操作的磁盘驱动器是主盘还是从盘，以及磁头号。该寄存器的位模式如图 11-2 所示。其中磁头号用低四位表示，用 0000 表示磁头 0，用 0001 表示磁头 1，……，用 1111 表示磁头 15。

（8）状态寄存器

状态寄存器是一个只读寄存器，包含硬盘驱动器最近执行命令的状态。如果该寄存器的 BSY 位被硬盘驱动器置 1，则表示硬盘驱动器正在执行命令，这时候，除了数字输出寄存器外，所有其他寄存器都不可访问。此外，如果 CPU 读该寄存器，恰好有 IDE 接口向 CPU 申请中断但还未得到响应，则该中断请求会被自动取消。状态寄存器的位模式如图 11-3 所示。

D7	D6	D5	D4	D3	D2	D1	D0
1	0	1	DRV	HD3	HD2	HD1	HD0

0000～1111表示磁头0～15

驱动器选择：0=主盘，1=从盘

图 11-2　驱动器/磁头号寄存器的位模式

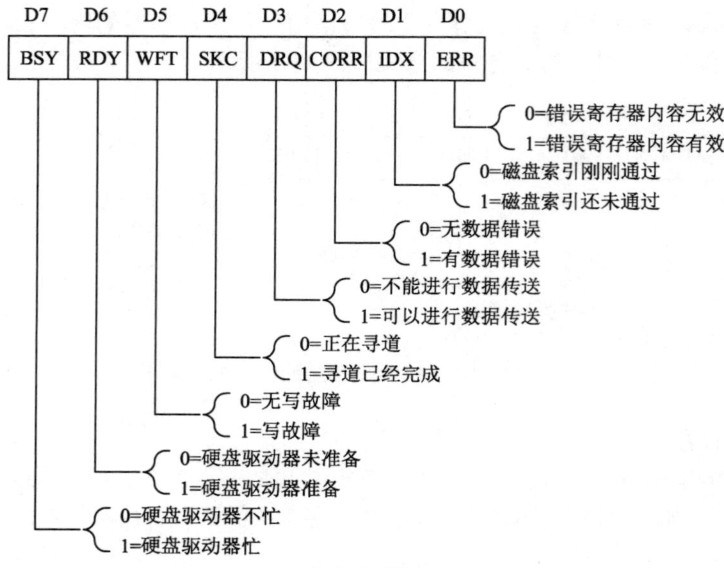

图 11-3　状态寄存器的位模式

（9）第二状态寄存器

这是一个只读寄存器，它的内容、位模式与位于 1F7H 的状态寄存器完全相同，只是，在 CPU 读该寄存器时，即使恰好有 IDE 接口向 CPU 申请中断但还未得到响应，该中断请求也不会被自动取消。

（10）命令寄存器

命令寄存器用于存放 CPU 发送给硬盘的命令代码。标准 AT 机规定了 8 种命令，IDE 在此基础上又扩充了一些命令，这里仅给出标准 AT 机中规定的 8 种命令，如表 11-3 所示。

表 11-3　标准 AT 机规定的命令

命　令	命令码								命令要求的参数				
									NS	SN	CY	DR	HD
硬盘驱动器校准	0	0	0	1	R3	R2	R1	R0				√	
寻道	0	1	1	1	R3	R2	R1	R0			√	√	√
读扇区	0	0	1	0	0	0	L	T	√	√	√	√	√
写扇区	0	0	1	1	0	0	L	T	√	√	√	√	√
格式化磁道	0	1	0	1	0	0	0	0			√	√	√
读校验	0	1	0	0	0	0	0	T	√	√	√	√	√
诊断	1	0	0	1	0	0	0	0					
置参数	1	0	0	1	0	0	0	1	√			√	

下面对表 11-3 中用到的一些符号作出解释。

NS：扇区数。

SN：扇区号。

CY：柱面号（包括 LSB 和 MSB）。

DR：硬盘驱动器号（在驱动器号/磁头号寄存器中）。

HD：磁头号（在驱动器号/磁头号寄存器中）。

R3～R0：这 4 位定义磁头的步进速率。

L：用于指定在读写扇区时是否由用户提供额外 4 字节 ECC。如果 L=1 则由用户提供 ECC，否则由硬盘驱动器自动生成。

T：用于规定在读写扇区出现错误时硬盘驱动器是否自动重试。如果 T=1，则不允许重试，否则允许重试。

（11）数字输出寄存器

该寄存器用于规定 IDE 适配器的一些特性，其位模式见图 11-4。

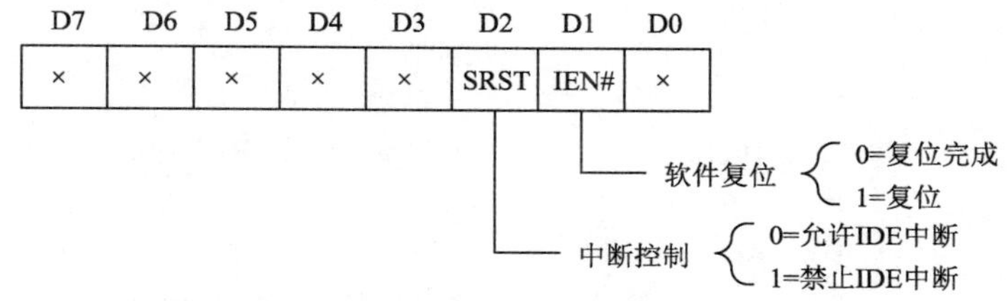

图 11-4　数字输出寄存器的位模式

（12）驱动器地址寄存器

这是一个只读寄存器，该寄存器中存放的是当前选中的硬盘驱动器和磁头信息，见图 11-5。

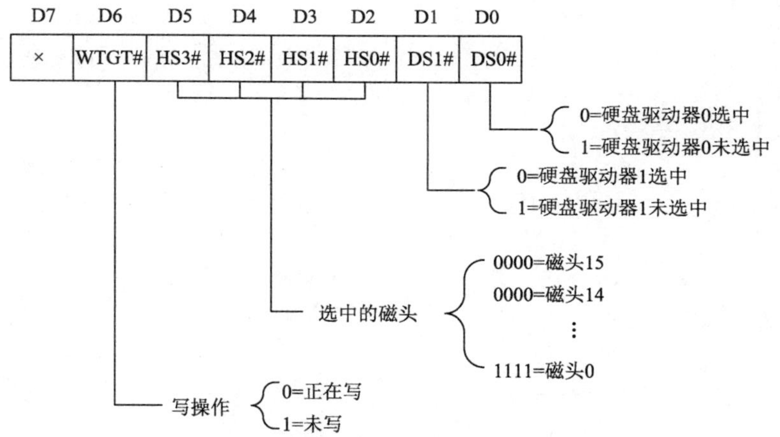

图 11-5　驱动器地址寄存器的位模式

4．硬盘接口程序实例

下面给出一个程序，该程序将 0 号硬盘驱动器 0 号磁头，10 号柱面，2 号扇区的内容读到内存中。程序中的中断服务程序省略了识别中断源，仅完成了数据的传送。如果想使程序进一步实用化还应加入检查硬盘驱动器工作状态的代码。

程序清单如下。

```
CSEG    SEGMENT
BUFF    DB          512 DUP（0）
FLAG    DB 0
OLD14   DW          ？，？
        ASSUME CS：CSEG，DS：CSEG
MAIN：  PUSH        CS
        POP         DS
        MOV         AX，3576H          ；取原 IRQ14 的中断服务程序的入口地址
        INT         21H
        MOV         OLD14，BX          ；保护起来
        MOV         OLD14+2，ES
        LEA         DX，NEW14          ；设置新的 IRQ14 中断服务程序入口地址
        MOV         AX，2576H
        INT         21H
        MOV         DX，01F7H          ；IDE 接口状态寄存器地址
WAIT1： IN          AL，DX             ；读入状态
        TEST        AL，80             ；接口忙？
        JNZ         WAIT1              ；忙，等待
        MOV         DX，1F2H；         ；IDE 接口扇区数寄存器地址
        MOV         AL，1              ；设置为 1
        OUT         DX，AL
        INC         DX                 ；IDE 接口扇区号寄存器地址
        MOV         AL，2              ；设置为 2
        OUT         DX，AL
        INC         DX                 ；IDE 接口柱面号寄存器（LSB）地址
        MOV         AL，10             ；设置为 10
        OUT         DX，AL
        INC         DX                 ；IDE 接口柱面号寄存器（MSB）地址
        XOR         AL，AL             ；设置为 0
        OUT         DX，AL
        INC         DX                 ；IDE 接口驱动器号/柱面号寄存器地址
        MOV         AL，0A0H           ；设置为 0 驱动器 0 头
        OUT         DX，AL
        INC         DX                 ；IDE 接口命令寄存器地址
        MOV         AL，21H            ；读命令，L=0，R=1
        OUT         DX，AL
AG：    CMP         FLAG，0            ；等待读完成
        JE          AG
        MOV         DX，OLD14          ；恢复原中断服务程序入口地址
        PUSH        DS
        MOV         DS，OLD14+2
        MOV         AX，2576H
        INT         21H
        POP         DS
        MOV         AH，4CH            ；结束
        INT         21H
        NEW14       PROC               ；中断服务程序
```

```
        PUSH    DS              ; 保护现场
        PUSH    DX
        PUSH    CX
        PUSH    BX
        PUSH    AX
        PUSH    CS
        POP     DS
        LEA     BX，BUFF        ; 缓冲区首地址
        MOV     CX，256         ; 每扇区的字数
        MOV     DX，1F0H        ; IDE 接口数据寄存器
NEXT：  IN      AX，DX          ; 读入一个字
        MOV     [BX]，AX        ; 存入缓冲区指针
        ADD     BX，2           ; 移动缓冲区指针
        LOOP    NEXT            ; 未读完，继续读
        MOV     FLAG，0FFH      ; 读完，置标志
        MOV     AL，20H         ; 发送 EOI 命令
        OUT     0A0H，AL
        POP     AX              ; 恢复现场
        POP     BX
        POP     CX
        POP     DX
        POP     DS
        IRET                    ; 从中断返回
NEW14   ENDP
CSEG    ENDS
        END MAIN
```

11.1.2 EIDE 接口

随着微型计算机的发展，CPU 速度越来越高，应用软件所占硬盘的容量也越来越大，IDE 接口的 528MB 的容量限制成了许多硬盘制造商所必须面对的问题。于是 Western Digital 公司联合其他生产 CD-ROM 驱动器的厂商提出一个 EIDE（enhanced IDE）接口方案，也称为 ATA-2（/fast ATA 接口）。

在采用 EIDE 接口的微型计算机系统中，EIDE 接口已直接集成在主板上。原有 IDE 只提供一个 IDE 插座，最多只能挂接两个硬盘。EIDE 提供了两个接口插座，分别称为第一 IDE（primary）接口插座和第二 IDE（secondary）接口插座。每个插座又可连接两个设备，分别称为主（master）和从（slave）设备，因此最多可连接 4 个 EIDE 设备。

第一 IDE 接口通常与高速的局部总线相连，用于硬盘等高速的主 IDE 设备（primary IDE device）。第二 IDE 接口一般与 ISA 总线相连，可连接 CD-ROM 或磁带机等辅 IDE 设备（secondary IDE device）。BIOS 设置要求用户对 secondary IDE device 的数量、主从设备的工作模式进行设置。注意：以上说明只针对 80486 计算机。

在 ATA-2 推出之后，硬盘标准组织 SFFC （small form factor committee）又推出了 ATA-3 标准。ATA-3 标准没有定义更高速率的传输模式，但改进了 ATA-2 的安全性和可靠性。SFFC 还推出 ATA-4 标准，集成 ATA-3 和 ATAPI（ATA packet interface）并且支持更高速率的传输模式。在 ATA-4 标准没有正式推出之前，作为一个过渡性的标准，Quantum 和 Intel 推出了 Ultra ATA（Ultra DMA）标准，增加了一个同步 DMA 协议，即数据直接从 HDD 快速传输到主存。

这一时期市场上应用较多的是 Ultra ATA/33、Ultra ATA/66、Ultra ATA/100 和 Ultra ATA/133，其

突发数据传输率理论上分别可达 33MB/s、66MB/s、100MB/s 和 133MB/s，接口电缆由原来的 40 线增加到了 80 线（增加了 40 根地线），其主要目的是减小电缆相邻线间的信号串扰，以保证高速数据传输的可靠性。ATA/133 最显著的技术特点就是将接口传输速率的理论值提高到了 133MB/s，从而能够充分利用 PCI 总线提供的 133MB/s 的总线速率，更好地发挥 PCI 总线的效能。

EIDE 接口支持以下 3 种工作方式。

（1）方式 0：Normal 方式

与原 IDE 接口兼容。在普通模式下对硬盘访问时，BIOS 和 IDE 控制寄存器对参数不作任何转换，最大柱面数为 1024，最大磁头数为 16，最大扇区数为 63，每扇区字节数为 512。因此支持最大硬盘容量为：$512 \times 63 \times 16 \times 1024$=528MB。

（2）方式 1：LBA（logical block addressing）方式

在 LBA 方式下，设置的柱面、磁头、扇区等参数并不是实际硬盘的物理参数而将原来的 28 位看成是一个表示地址的数。BIOS 程序将其转换成符合 INT13 要求的 CHS，最大容量为 $2^{28} \times 512$=128GB。但旧版 BIOS（INT13）使用 10bit 表示柱面数，8bit 表示磁头数，6bit 表示扇区数，因此最多可以支持 8.4GB（$512 \times 63 \times 255 \times 1024$=8.4GB）的容量。

（3）方式 3：LARGE CHS 方式

当硬盘的柱面超过 1024 而又不为 LBA 方式支持时可采用 LARGE CHS 方式。LARGE CHS 方式采取的方法是把柱面数除以 2，把磁头数乘以 2，其结果总容量不变。例如，在 NORMAL 方式下柱面数为 1220，磁头数为 16，进入 LARGE CHS 方式则柱面数为 610，磁头数为 32。这样在 BIOS 看来柱面数小于 1024，即可正常工作。相反的转换进程由 BIOS 的 INT 13H 完成，以便取得正确的硬盘地址。

11.1.3 SCSI

小型计算机系统接口（small computer systems interface，SCSI）来源于 SASI（shugart associates system interface）。SASI 是 Shugart 与 NCR 公司所制定的一个接口规范。20 世纪 80 年代初，美国的 ANSI 在寻找一个能为小型计算机系统所广泛接受的外部设备接口，Shugart 和 NCR 就将该标准提供给了 ANSI。ANSI 略作修正之后，于 1986 年将它改名为 SCSI，这就是 SCSI-1 标准，后又推出了 SCSI-2 标准。SCSI-1 与 SCSI-2 的差别仅在其支持的命令集、容量及传输速度。SCSI-2 支持 8 位、16 位、24 位和 32 位的数据传输，今天广泛使用的就是 SCSI-2 标准。

SCSI 是通用的外设接口标准，它不仅可以支持硬盘，还可以支持其他的外设，如光盘等。SCSI 定义了一条总线，这条总线上最多可以连接 8 个设备，连接这条总线的设备通过协议互相交换数据。图 11-6 是一个 SCSI 总线的示意图。连接总线上的 8 个设备之一是 SCSI 主机适配器，它一端插入主机的扩充模中，另一端与 SCSI 总线相连。

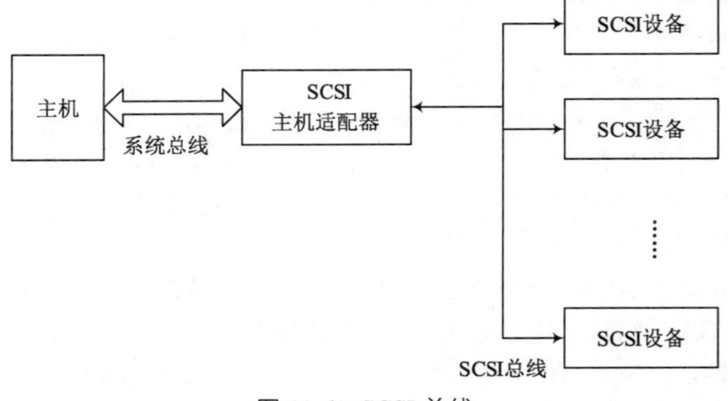

图 11-6 SCSI 总线

连接 SCSI 总线的每个设备都分配一个地址，地址的范围为 0～7。按照 SCSI 标准，地址 7 保留给了磁带驱动器。

SCSI 设备之间通过一条 50 线的扁平电缆互相连接。SCSI 总线的信号分配如表 11-4 所示。

表 11-4　SCSI 总线的信号分配

信号名称	引线号	信号意义	信号名称	引线号	信号意义	信号名称	引线号	信号意义
GND	1	信号地	DB（P）#	18	数据校验位	GND	35	信号地
DB（0）#	2	数据第 0 位	GND	19	信号地	BSY#	36	忙
GND	3	信号地	GND	20	信号地	GND	37	信号地
DB（1）#	4	数据第 1 位	GND	21	信号地	ACK#	38	应答
GND	5	信号地	GND	22	信号地	GND	39	信号地
DB（2）#	6	数据第 2 位	GND	23	信号地	RST#	40	复位
GND	7	信号地	GND	24	信号地	GND	41	信号地
DB（3）#	8	数据第 3 位		25	空脚	MSG#	42	信息
GND	9	信号地	TERMPWR	26	终止	GND	43	信号地
DB（4）#	10	数据第 4 位	GND	27	信号地	SEL#	44	选择
GND	11	信号地	GND	28	信号地	GND	45	信号地
DB（5）#	12	数据第 5 位	GND	29	信号地	C#/D	46	命令/数据
GND	13	信号地	GND	30	信号地	GND	47	信号地
DB（6）#	14	数据第 6 位	GND	31	信号地	REQ#	48	请求
GND	15	信号地	ATN#	32	注意	GND	49	信号地
DB（7）#	16	数据第 7 位	GND	33	信号地	I/O#	50	I/O 选择
GND	17	信号地	GND	34	信号地			

11.1.4 SATA 接口

SATA 是 serial ATA 的缩写，即串行 ATA。从 ATA-1 到 Ultra ATA/100，甚至 Ultra ATA/133，采用的都是并行传输模式，在这种模式下，线路之间存在信号串扰问题，尤其是在高速数据传输过程中，信号间的互相干扰对系统的稳定性造成了很大的影响，会严重降低系统的运行效率。这也就是在 ATA/66 推出时要将硬盘接口电缆从 40 线增加到 80 线的原因。但是这样的设计，不但成本较高，而且容易造成机箱内部的电缆杂乱无章，使得空气流通受阻，影响各种芯片的散热，此外，并行 ATA 的设计，需要 5V 电压供电，这也不符合低电压、降低能耗的趋势。正是在这种背景下，在 2001 年 SATA 标准的 1.0 版本正式公布。

SATA 介绍

1. SATA 的技术特征

SATA 是内部存储器设备的高性能串行接口标准，用于取代并行 ATA 技术，它是 ATA 从并行总线到串行总线体系结构的演变，从而能够突破并行 ATA 在提高传输速率上的电气方面的限制。SATA 主要用于硬盘、DVD 驱动器、CD-RW 驱动器、可擦写光驱等存储设备与主机之间的高速数据交换。其嵌入式时钟为 1500MHz，每个时钟传输 1 位，由于采用 8bit/10bit 编码方式，最高传输速率可达到 150MB/s，从而确保数据传输速率能够跟上千兆级 CPU，后续速度还扩展到 1.6GB/s、3.2GB/s。

SATA 提供各个驱动器跟 PC 主板之间点到点的通信能力，取代了以往共享一个通信通道的模式。SATA 协议简单，所以额外负荷较小。支持对主机的第一方（first party）DMA 访问，这是一种驱动器不用主机软件干涉独立进行 DMA 数据传输操作的机制。SATA 标准的引脚数目很少，电缆、连接器尺寸小，工作电压低，所以制造商们设计的 SATA 产品会更小巧灵活，数据的传输和设备的安装更简单，耗电量也比较小，而且与并行 ATA 相比在价格上更具竞争力，安装和配置也比较容易（即插即用，无跳线，无外部端接器）。虽然 SATA 不能直接与原来的并行 ATA 设备相连，但与并行 ATA 协议完全一致，所以软件完全兼容。

SATA 只支持异步方式，所以只适用于没有同步要求的设备。不支持主控技术，即不能有多个主控设备。不支持对等传输方式，只能以主机为主进行数据输入或输出。

2．并行 ATA 与 SATA 连接结构的比较

图 11-7 是 2 个设备如何与一个标准（并行）ATA 主机适配器连接的示意图。这种方法最多允许 2 个设备与一个端口连接，一个为主设备，一个为从设备。每个设备与电缆的连接采用菊花链结构。

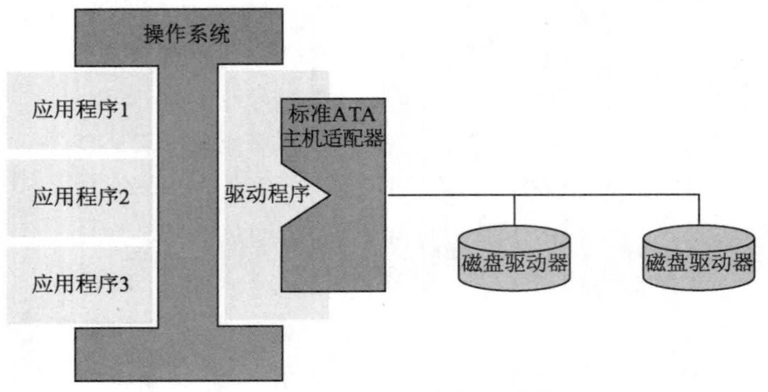

图 11-7　标准 ATA 设备的连接

图 11-8 是 2 个设备如何与一个 SATA 主机适配器连接的示意图。图中阴影部分与上图一样，原来的 ATA 主机软件可以相同的方式访问 SATA 子系统，但是软件将这两个设备看作在两个端口上的主设备。主机适配器右边的设计将软件的正常操作变成了一个串行的数据/控制流。SATA 与 2 个设备的连接采用了点到点方式，每个设备通过单独的电缆相连。

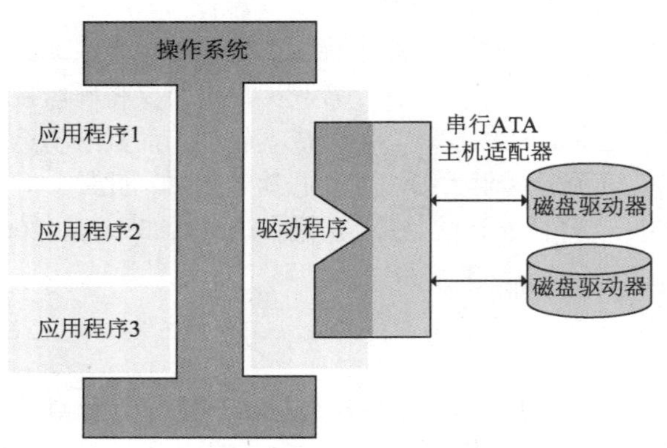

图 11-8　SATA 设备的连接

3．SATA 的电缆和连接器

如图 11-9 所示，SATA 设备可直接与主机相连，也可以通过电缆相连。若直接连接，设备端的插头（a）和（b）直接插入主机的插座（g）中，采用交错技术设计以保证不会插错。若通过电缆连接，设备端的插头（a）与信号电缆一端的插头（c）相连，信号电缆另一端的插头（e）插入主机插座（f）

上。信号电缆由 2 对信号线组成，每一对信号共用一个电缆外套。除了信号电缆，还有一个单独的电源电缆和电缆插头（d），一端可以直接与主机电源相连，另一端可以与设备电源插座（b）相连。

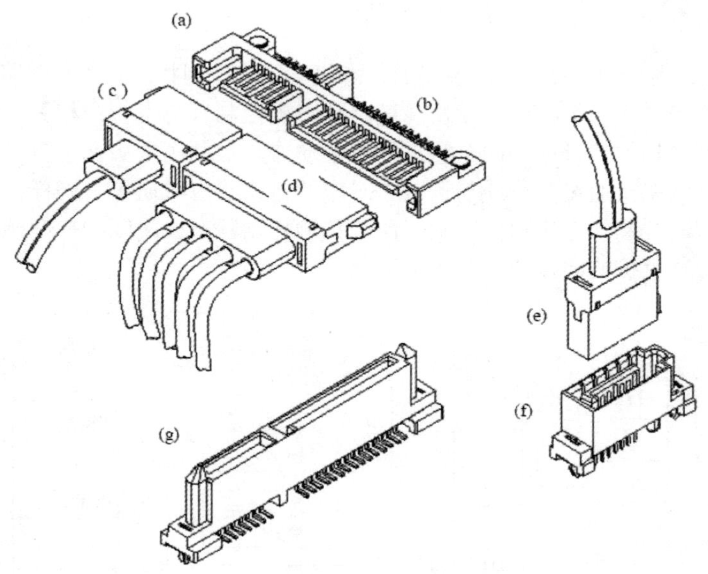

图 11-9　串行 ATA 连接器示意图

图 11-10、图 11-11 为通过电缆相连和直接相连的信号线分配图。其中 G 为接地，A+/A−和 B+/B−为差分信号对，HT+/HT−为主机发送信号对，HR+/HR−为主机接收信号对，DT+/DT−为设备发送信号对，DR+/DR−为设备接收信号对。

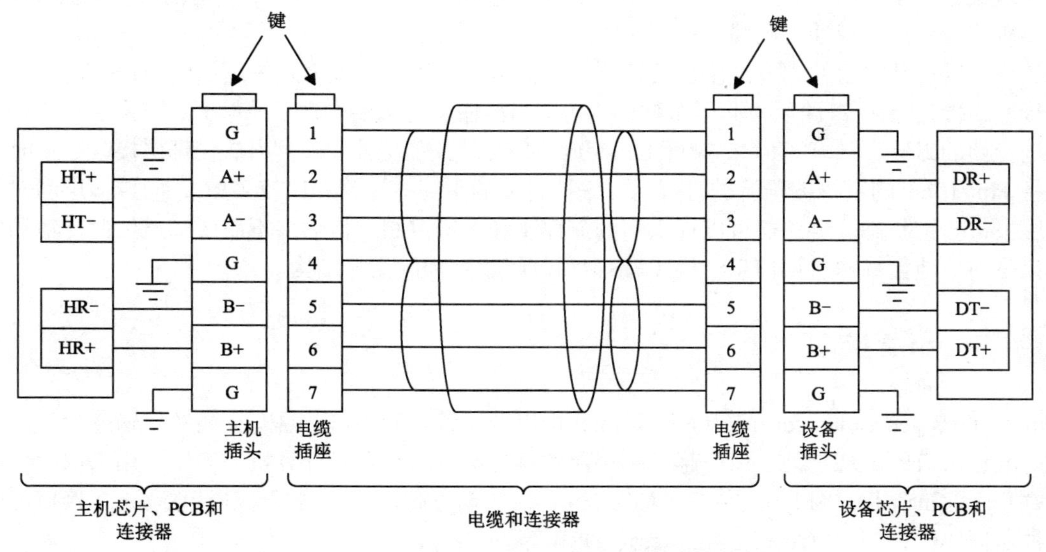

图 11-10　通过电缆相连时信号线的分配

用 0.5mm^2 电缆直接与 7 线（2 对差分信号线、3 根地线）单排接收端电缆连接器相连，电缆长度小于 1m。因为连接器上有接地引脚进行屏蔽，所以引入的串扰很少。接收端采用扩展了 3 根地址线的连接器，设备和主机具有相同的基准地。

Maxtor 公司在 ATA 100 的基础上，研发推出了 ATA 133 接口标准，除了增加接口传输率，保持了 ATA 接口一贯的技术特征。其最大优点就是使现存的 ATA 设备能够在新接口上继续使用。

4．SATA 通信模型

SATA 通信模型如图 11-12 所示。传输层的状态机（传输控制状态机）和链路层的状态机（链路状态机）是控制整个操作的两个核心子模块。链路状态机控制着与串行线相关的操作，传输控制状态机控制着与主机平台相关的操作。两个状态机协调动作并且利用资源在主机与海量存储设备之间传输数据。主机链路状态机通过串行线与设备上对应的链路状态机通信。同样，主机传输控制状态机与设备上对应的传输控制状态机通信。确保两个传输控制状态机之间的控制顺序的两个链路状态机可以互换。每一层均直接或间接地与对等方通信。

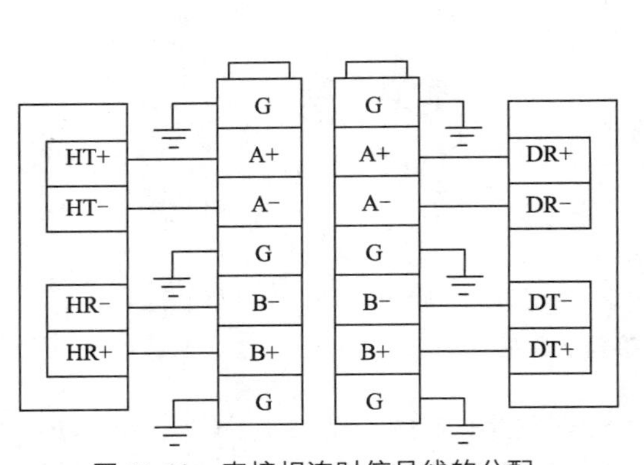

图 11-11　直接相连时信号线的分配

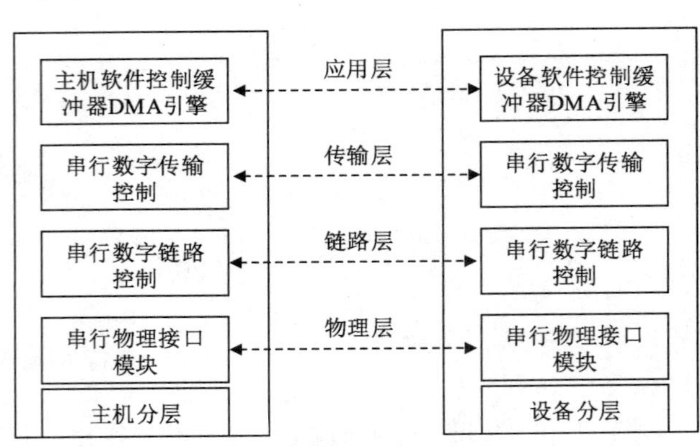

图 11-12　SATA 通信模型

物理层定义了 SATA 连接器和电缆组件，包括形状、尺寸和引脚以及一些电器规范。SATA 设备可直接连接到主机或通过电缆连接到主机。

链路层发送和接收帧，发送来自传输层控制信号的原语，接收来自物理层的原语（转换成控制信号传递给传输层）。链路层不必了解帧的内容。当传输层请求要发送一个帧时，链路层对传输层的数据进行帧的封装，计算 CRC，执行 8bit/10bit 编码，然后发送该帧。当从物理层接收数据时，链路层将 8bit/10bit 的字符编码流进行解码，去掉封装的头部，计算和比较 CRC，向传输层和对等的链路层报告差错状态。链路层可以提供帧的流控制和差错控制。传输层不需要知道如何传输和接收帧，只是简单地传输构造帧信息结构（FIS）和分解收到帧的信息结构。

11.1.5 m.2 接口

m.2（next generation form factor）是 Intel 推出的一种存储接口，具有更高的传输速度和更小的体积。m.2 接口的出现是为了适应越来越轻薄的笔记本电脑和台式计算机的需求，用来取代传统的 SATA 接口和 mSATA 接口（迷你版 SATA 接口），实现更高效的数据存储和读取。m.2 接口可以兼容多种通信协议，如 SATA、PCI Express、USB 等。

m.2 接口有多种规格，主要分为两种类型：B 键和 M 键。B 键的 m.2 接口有 6 个触点，支持 SATA 和 PCI Express 两种信号，最高可以达到 6Gbps 的速度。M 键的 m.2 接口有 5 个触点，只支持 PCI Express 信号，最高可以达到 32Gbps 的速度。不同类型的 m.2 接口的插槽有不同的缺口，以防止插错。此外，m.2 接口还有不同的长度和宽度，常见的有 2230、2242、2260 和 2280 等，数字前两位表示宽度，后两位表示长度，单位都是 mm。例如，2230 表示宽度为 22mm，长度为 30mm。

m.2 接口的优势在于可以支持更高速度的非易失性内存快速通道（non-volatile memory express，NVMe）协议。NVMe 协议是专门为固态硬盘（SSD）设计的一种通信协议，可以充分利用 PCI Express 总线的高带宽和低延迟，提高固态硬盘的性能和效率。m.2 接口可以利用 PCI Express 总线的高带宽，实现更高的传输速度。相比于传统的 SATA 协议，NVMe 协议可以支持更多的队列和命令，减少 CPU 的负担，降低数据传输的延迟。NVMe 协议也可以支持热插拔和电源管理等功能，提高固态硬盘的兼容性和稳定性。

m.2 接口的缺点在于它需要更多的空间和散热。由于 m.2 接口的固态硬盘直接插在主板上，而不是通过数据线连接，所以它会占用主板上的 PCI Express 插槽或者 SATA 端口，这可能会影响其他设备的安装和使用。m.2 接口的固态硬盘工作时会产生较高的温度，如果没有良好的散热措施，可能会导致固态硬盘性能下降或者寿命缩短。因此，在使用 m.2 接口的固态硬盘时，需要注意主板上的空间分配和散热设计。

m.2 接口由于其高速、小巧和灵活的特点，适用于高性能计算、人工智能、机器学习、大数据分析等应用场景。另外，由于 m.2 接口可以缩短固态硬盘的启动时间，因此使用 m.2 接口的固态硬盘作为系统盘，可以大幅提升系统的启动速度和运行效率，尤其是使用 NVMe 协议的固态硬盘，其性能远超传统的 SATA 接口的固态硬盘。m.2 接口的固态硬盘也可以与其他类型的存储设备组成混合硬盘或者 RAID 阵列，进一步增强系统的稳定性和安全性。使用 m.2 接口的扩展卡，可以增加设备的功能和性能，如无线网卡、声卡、显卡等。m.2 接口的扩展卡通常比传统的 PCI Express 接口的扩展卡更小巧和省电，但也需要注意兼容性和散热问题。m.2 接口可以支持低功耗模式，降低系统的耗电量和发热量。

11.2 光盘接口

光盘存储技术集中了许多尖端技术领域取得的成就，包括近代光学技术、光电子技术、微电子技术及材料科学技术等。光盘存储技术的基本原理是利用聚焦激光光束在存储介质上进行光学读写。

光盘分为 CD 和 DVD 两种类型。

在光盘驱动器推向市场的初期，光盘驱动器没有一个完全统一的接口，许多厂商使用 SCSI 或自己的专用驱动器接口，如日本的索尼、松下公司，新加坡的 Creative 公司等生产的光盘驱动器都使用自己的专用接口。将这种光盘驱动器接入微型计算机系统需要一块专门接口卡。许多声音卡和 MPEG 解压卡上都带有上述光盘驱动器的接口，供用户选用。随着光盘驱动器市场的扩大及 IDE 接口的广泛使用，后推出的许多光盘驱动器都使用 IDE 接口。由于在一个 IDE 接口上可以接两个盘，而当时绝大多数微型计算机系统上只有一个硬盘，所以可以利用微型计算机系统中的 IDE 接口再接一个 IDE 接口的光盘驱动器。这样可以使微型计算机用户不必另购置接口卡就可以安装光盘驱动器。

由于 PC 系列微型计算机标准 BIOS 并不支持光盘驱动器，因此，在一个微型计算机中安装一个光盘驱动器，还需要一个软件接口。过去的光盘驱动器都带有一张光盘的驱动程序，不同厂家生产的驱动器的驱动程序是不一样的。在系统中安装光盘驱动器之后，还要将该驱动程序装入系统，再配合 DOS 系统提供的 MSCDEX（MS-DOS CD-ROM 扩展器）就可以在 PC 系统中使用了。不过随着操作系统的升级，后来的机器不再需要安装驱动，因为已经集成在操作系统中了。

光盘驱动器接口主要包括 IDE 接口、EIDE 接口、SCSI 和 SATA 接口，这些接口的介绍详见本章的第一节。

11.3 小结

硬盘分为活动硬盘和固定硬盘，微型计算机上采用的绝大多数是固定硬盘，其容量从几十 GB 到几 TB 都有，其存取速度差异也很大。硬盘和固态硬盘使用较多的接口有 EIDE 接口、SATA 接口 SCSI 等。

光盘有 CD 和 DVD 两种类型。光盘驱动器使用较多的接口有 EIDE 接口和 SATA 接口等。

11.4 思考题

1. 解释下列名词

（1）IDE （2）EIDE （3）SCSI

（4）SATA （5）DVD

2. 微型计算机的硬盘有什么特点？微型计算机硬盘常见的接口有几种？各是什么？

3. 光盘驱动器的常用接口是什么？

11.5 实验设计

1. 一个 IDE 接口可接几个硬盘？如何连接？

2. 一个 EIDE 接口可接几个硬盘？如何连接？

第 12 章 专用键盘接口与通用鼠标接口

12.1 专用键盘接口

键盘是计算机系统中最常用的输入设备。一个键在结构上相当于按键开关，按下则触点接通，松开则弹簧自动弹起，计算机识别按下的键后就转向要处理的程序。计算机键盘接口类型随技术进步不断演变，主要有 PS/2 接口、USB 接口、无线接口和其他接口。其中，PS/2 接口将在 12.2 节中介绍，USB 接口已经在 5.4 节进行了详细介绍，无线接口连接时遵循无线通信的标准。PC/AT 的键盘接口现在部分 PC 上仍然在使用，而且即使是现在常用的 USB 接口，也只是硬件上发生了变化，键盘与主机的通信使用的命令还是一样的。通过编程验证，PC/AT 的键盘接口的程序在 USB 键盘接口上仍然是可以使用。因此，以下将对 PC/AT 的键盘接口进行介绍。

PC/AT 的键盘接口采用单片机（旧版的 PC/AT 采用 8042 微处理器，新版的 PC/AT 采用 8741 微处理器或 8742 微处理器）作为键盘控制器，实现键盘的扫描、消抖、生成扫描码，并对扫描码进行并串转换，将串行码送往主机，负责键盘接口的全部功能，从而实现键盘与主机之间的双向数据传送。

12.1.1 8042 微处理器

8042 是一个具有 40 个引脚的单片微处理器。它内部包括 8 位 CPU、2KB ROM、128B RAM、两个 8 位 I/O 端口、8 位定时器／计数器以及时钟发生器，其内部结构如图 12-1 所示。

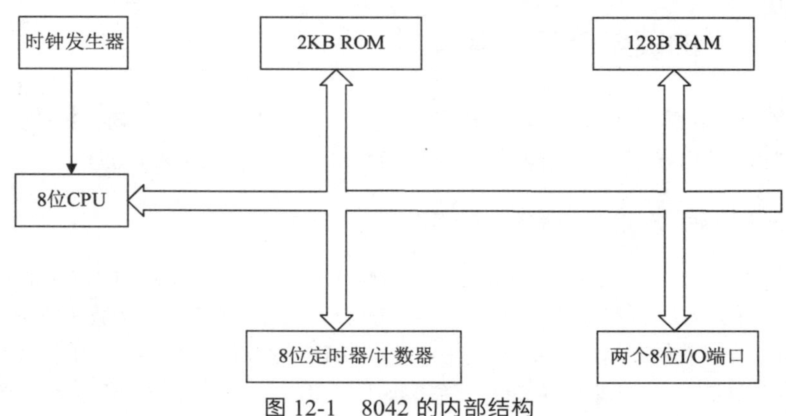

图 12-1 8042 的内部结构

8042 的引脚分布如图 12-2 所示，各引脚的功能如下。

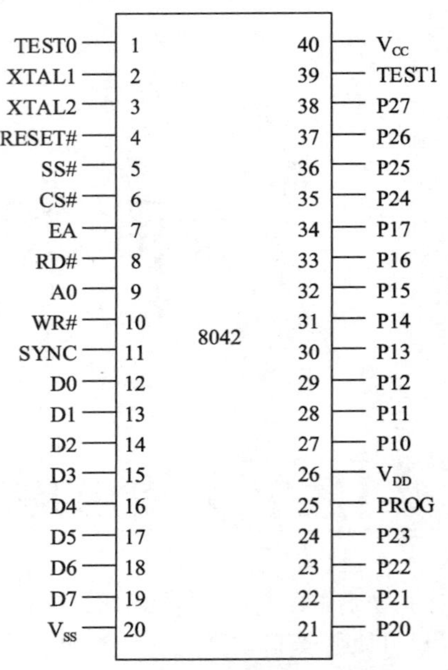

图 12-2 8042 的引脚分布

（1）XTAL1，XTAL2：该引脚外接晶体振荡器及 LC 电路，或直接输入时钟信号，以确定内部振荡器频率。

（2）RESET#：复位信号，低电平有效。该信号有效时，使内部状态寄存器复位，并置编程计数器为 0。

（3）SS#：单步信号，低电平有效。若与 SYNC 输出相连，则进入单步执行程序状态。

（4）CS#：片选信号，低电平有效。该信号有效时，可对芯片读写。

（5）EA：外部访问允许，用于对芯片仿真、测试和 ROM 校验。若不用应接地。

（6）RD#：读信号，低电平有效。该信号有效时，允许 CPU 读取数据或状态。

（7）WR#：写信号，低电平有效。该信号有效时，允许 CPU 写入命令和数据。

（8）A0：最低位地址写入信号，用于选择传送的是数据（A0=0）还是命令（A0=1）。

（9）SYNC：输出时钟信号。每一个指令周期输出一次。可用作外部电路选通信号，也可用作单步操作输入信号。

（10）TEST0：条件转移指令测试的条件输入引脚。

（11）TEST1：条件输入的定时信号。

（12）D0～D7：双向数据线。

（13）P10～P17：I/O 端口 P1。

（14）P20～P27：I/O 端口 P2。其中低 4 位 P20～P23 可直接与 I/O 扩展器 8243 相连，高 4 位 P24～P27 可编程用于中断请求信号和 DMA 请求-应答信号。

（15）PROG：对芯片编程用的编程脉冲输入信号（此时，V_{DD} 接+21V）；若访问 I/O 扩展器 8243，该引脚用作地址/数据选通信号。

（16）V_{DD}：电源端（正常操作接+5 V，编程时接+21 V）。

（17）V_{CC}：电源端+5 V。

（18）V_{SS}：地。

12.1.2 PC/AT 的键盘接口逻辑

8042 用于 PC/AT 的键盘接口，其逻辑如图 12-3 所示。从图 12-3 可知，PC/AT 采用 8042 作为键盘控制器替代标准键盘接口和 8255A 的部分功能。8042 能实现的功能如下。

1．从键盘获取扫描码并产生键盘中断请求

8042 通过 TEST0 和 TEST1 引脚接受来自键盘的键盘时钟（KBD CLK）和键盘数据（KBD DATA）。键盘数据采用 11 位格式的串行方式：第 1 位起始位，第 2～9 位是 8 位数据位（D0 在前，D7 在后），第 10 位是奇偶校验位，第 11 位是停止位（PC 键盘串行数据仅有前 9 位）。

8042 接收的键盘数据用键盘时钟同步。当接收了整个串行序列并校验正确时，8042 把键盘扫描码转换为系统扫描码，作为一个数据字节放到输入缓冲器。此时，I/O 端口 P24 输出高电平，这就是键盘中断请求信号 IRQ1。

2．使键盘中断程序读取系统扫描码

当键盘中断得到响应后，CPU 对输入缓冲器（端口地址 60H）进行读操作，可从数据线 D7～D0 得到系统扫描码，以完成对按下键符的判别。8042 为确保 CPU 取走扫描码，在此期间，它会自动禁止数据接口再接收键盘扫描码（强制键盘时钟变为低电平）。

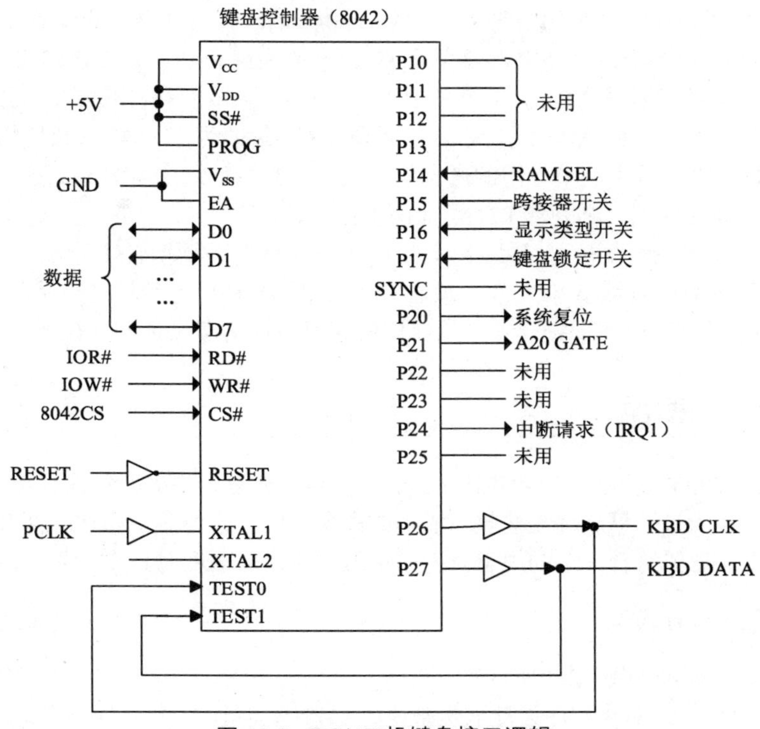

图 12-3 PC/AT 机键盘接口逻辑

3．对键盘数据进行校验

8042 一旦检测到键盘数据奇偶校验错，则将 FFH 送入输入缓冲器（同时状态寄存器奇偶校验错位置 1），作为重发命令要求键盘重新发送原来的数据。

4．向键盘传送命令，要求在指定时间内做出响应

8042 可通过 I/O 端口 P26 和 P27 把时钟和数据送到键盘（也符合 11 位串行格式），作为系统发回的键盘命令，要求键盘在指定的时间内做出响应。如果在指定时间内 8042 没有完成发送，或者没有接收到键盘响应，则将状态寄存器的发送超时位和接收超时位置 1，同时，将 FFH 放入输入缓冲器，但不允许在发生超时情况下进行重试，即不输出重发命令。

5．接收键盘发出的命令响应

键盘除向键盘控制器传送按下键的一字节接通扫描码和释放键的二字节断开扫描码外，还对键盘命令回送其命令响应。

6．键盘锁定

PC/AT 主面板上有一个键盘锁定开关，可禁止键盘工作，通过输入端口 P17 输入低电平实现。

但应注意，这种禁止并不影响 8042 接收键盘发送的串行数据序列，它的作用仅在于键盘传送的数据不是命令响应而是键盘扫描码时，将予以忽略，此时用户按键失去意义。

7．替代 PC 的 8255A 端口的某些功能

PC/AT 取消 PC 使用的 8255A，为保持其兼容性，用 8042 替代 8255A 原有端口的某些功能。如：CPU 原从 8255A 的 A 口获得键盘扫描码，现改为从 8042 的输入缓冲器（端口地址均为 60H）读取；CPU 原从 8255A 的 C 口接受系统硬件配置开关状态，现改为由非易失的 CMOS RAM 设备标志字节（位移 14H）保存，某些设置状态通过 8042 的 I/O 端口 P14～P16 获得；8255A 的 B 口原控制扬声器工作、键盘禁止／允许以及 RAM 奇偶校验禁止／允许等，现改为由 8042 直接输出命令禁止／允许键盘工作，其余控制部分改由一个专门的逻辑电路实现（其端口地址均为 61H）。

此外，8042 利用 I/O 端口 P20 和 P21 增加两个控制动作。

① P20 低电平用于系统复位（可使 CPU 从 HLT 指令状态下重新启动）。

② P21 高电平允许地址线 A20 有效，确保 CPU 访问 1MB 以上的扩充存储器。

这两条控制线在 CPU 进入保护模式或从保护模式返回到实模式时十分有用。

12.1.3 8042 的编程

由前述可知，PC/AT 的 8042 的功能比 PC 的键盘接口要复杂得多，经编程后的 8042 不仅可向键盘发送键盘命令，而且，可从键盘接收扫描码或命令响应。这些命令和响应都有特定的含义。同时，发送或接收方式也要符合一定的规定。下面从编程应用的角度对其作一些介绍。

1．8042 的程序设计模型

8042 的程序设计模型如图 12-4 所示。

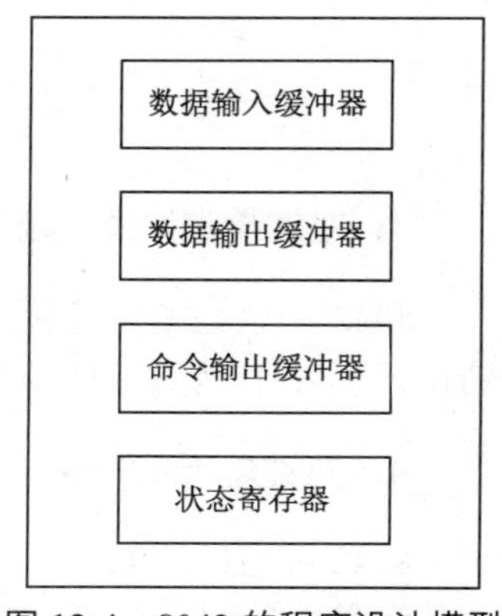

图 12-4 8042 的程序设计模型

从图 12-4 可以看出，对于程序设计人员来说，8042 有 4 个 8 位寄存器：数据输入缓冲器，数据输出缓冲器，命令输出缓冲器和状态寄存器。这里的输入/输出是从主机的角度上定义的。

主机不仅可以从键盘接口逻辑读取数据，而且可以向键盘接口和键盘发送命令，键盘也可以向主机发送应答信息。

（1）数据输入缓冲器

数据输入缓冲器的地址为 60H，它保存键盘发送的应答数据或键盘的系统扫描码。CPU 在读该寄存器前，应先测试状态寄存器的 D0 位，只有当 D0 = 1 时，读入的数据才有效，

数据读入之后，状态寄存器 D0 位会自动复位为 0。

键盘发送给主机的应答共有 7 个，其代码及意义如表 12-1 所示。

表 12-1 键盘发送给主机的应答

命令码	意　义	说　　明
FEH	重新发送响应	当键盘接收到一个无效命令或奇偶校验错时，以 FEH 应答，要求主机重新发送键盘命令
FDH	诊断故障应答	键盘接收复位命令后，进行自检，若检查出错误，则以 FDH 应答，并等待主机发送下一个键盘命令
FAH	正常应答	键盘接收到的任何一个有效命令都以 FAH 应答

续表

命令码	意　义	说　　明
F0H	断开扫描码前缀	按键抬起后应答的第一个字节为 F0H，第二个字节为键的接通扫描码
EEH	回响命令应答	对主机发给键盘的 ECHO 命令的应答
AAH	诊断正常应答	键盘复位正常完成，以 AAH 应答
FFH	超限应答	当用户按键速度超出键盘所能容纳的最大键符个数时，以 FFH 应答

（2）数据输出缓冲器

数据输出缓冲器的地址为 60H，它保存主机发送给键盘的命令。主机发送给键盘的命令共有 8 条，详见表 12-2。

表 12-2　主机发送给键盘的命令

命令码	意　义	说　　明
FFH	让键盘复位	令键盘复位并自检
FEH	重新发送	主机检测到传输错误，发此命令要求键盘重新发送原内容
F6H	设置成缺省态	使键盘复位到电源接通时的缺省状态
F5H	设置缺省态并停止键盘	除完成 F6H 命令功能外，使键盘停止扫描，等待下一个命令
F4H	启动键盘	清除键盘输出缓存器，启动键盘开始扫描
F3H	设置拍发速率和延时参数	指定拍发速率和延时参数，命令后跟一个数据参数，指出拍发速率和延时参数
EEH	回送响应	用于诊断，重新发出 EEH，键盘收到后也发 EEH 应答
EDH	置位或复位指示灯	将键盘上 3 个 LED 指示灯点亮或熄灭，此命令后跟一个参数

下面解释一下 F3H 和 EDH 命令。

① F3H 命令

拍发速率指连续送出按下键的接通扫描码的速度，缺省值为 10 个。延时参数指按下键后键盘输出的响应时间，缺省值为 500ms。

F3 命令的参数字节格式如图 12-5 所示。

其中，S、P 用于指定拍发速率（单位是 Hz），T 用于指定延时时间（单位是 ms），计算公式如下。

$$拍发速率=1/[(8+S)\times 2^{P}\times 0.00417]$$

$$响应时间=(1+T)\times 250$$

② EDH 命令

多数键盘右上角有 3 个 LED 指示灯，分别标识 Caps Lock，Num Lock 和 Scroll Lock 的锁定状态。这 3 个 LED 指示灯可用 EDH 命令使其点亮或熄灭。此命令的参数字节格式如图 12-6 所示。

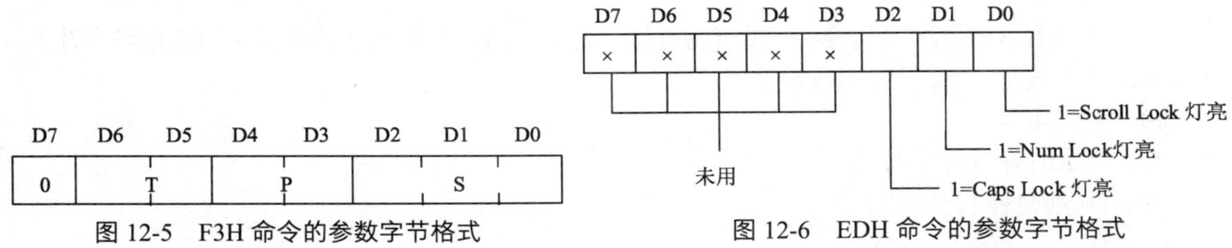

图 12-5　F3H 命令的参数字节格式

图 12-6　EDH 命令的参数字节格式

（3）命令输出寄存器

命令输出寄存器的地址是 64H。用于保存主机对键盘接口发送的命令。共有 12 条命令，见表 12-3。

表 12-3 键盘接口命令

命令码	意 义	说 明
20H	读出键盘接口命令	将键盘接口命令字节送至数据输入缓冲器
60H	写入键盘接口命令	此命令后写入数据输入缓冲器的数据为键盘接口命令
AAH	键盘接口自检	令键盘接口自检，检测结果送入数据输入缓冲器
ABH	键盘接口检测	检测键盘时钟线和键盘数据线，检测结果送入数据输入寄存器
ACH	诊断转储	将键盘接口中 RAM 的 16 字节，输入、输出端口及程序状态字节依次送入主机
ADH	禁止键盘接口	使接口命令字 D4=1，强制键盘时钟线为低电平，停止键盘传输
AEH	允许键盘接口	使接口命令字 D4=0，致使键盘时钟线为高电平，允许键盘传输
C0H	读输入端口 P1	将端口 P1 的数据送入数据输入缓冲器
D0H	读输入端口 P2	将端口 P2 的数据送入数据输入缓冲器，参数的 D0 位不应为 0
E0H	读测试端输入	将 8042 的 TEST0 和 TEST1 的状态送入数据输出缓冲器
FXH	脉冲输出	输出控制端口 P2 的低 4 位，该命令的低 4 位值（0～FH）可使 P2 的低 4 位对应 0 的位输出负脉冲

下面着重说明的是 60H 和 ABH 命令。

① 60H 命令

60H 命令的参数写入输入缓冲器，参数字节格式如图 12-7 所示。

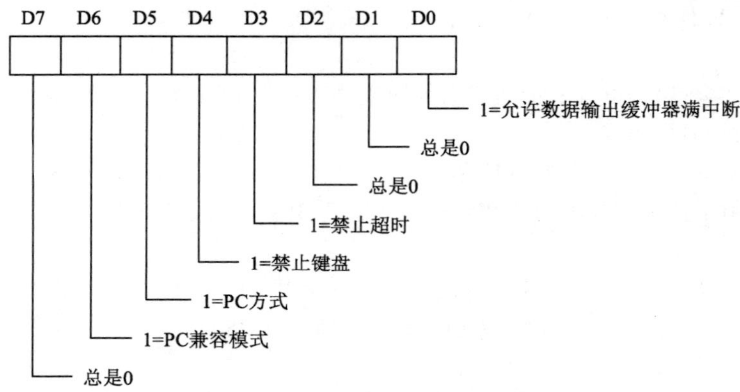

图 12-7 60H 命令的参数字节格式

② ABH 命令

当主机发出 ABH 命令后，8042 进行键盘接口检测，然后从输入缓冲器读入的状态即为键盘时钟和键盘数据线的状态，其意义如下。

00：检测无错。

01：键盘时钟线为低电平。

02：键盘时钟线为高电平。

03：键盘数据线为低电平。

04：键盘数据线为高电平。

（4）状态寄存器

状态寄存器的地址为 64H，它用于保存键盘接口的状态，供 CPU 读取测试。其各位定义如图 12-8 所示。

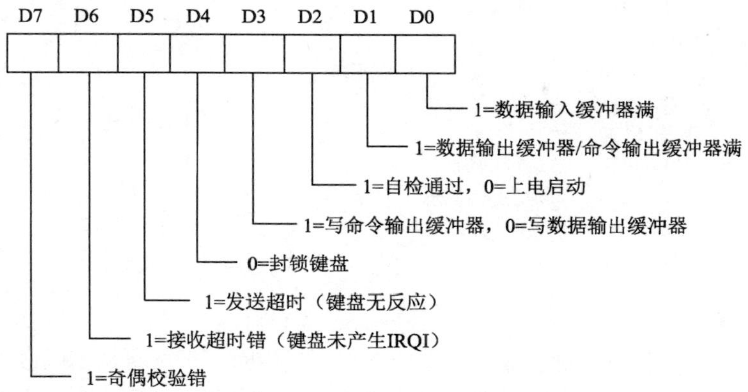

图 12-8　状态寄存器位定义

2．键盘接口程序设计

扩展键盘接口逻辑比标准键盘接口要复杂得多，对它进行程序设计除要熟悉各种命令的意义和作用外，还要注意以下两点。

（1）主机在读取键盘响应信息或系统扫描码之前，要检测状态寄存器的第 0 位，D0 = 1 说明键盘已送入数据，才可读取数据输入缓冲器的内容。

（2）主机在发送键盘命令或键盘接口命令之前，要检测状态寄存器的第 1 位，D1 = 0 说明数据输出寄存器或命令输出寄存器空，方可把命令写入 60H 或 64H。

下面给出一个用于向键盘发送命令的子程序。

（1）子程序名：SNDCMD。

（2）子程序功能：主机向键盘发送命令。

（3）入口条件：AL = 命令码。

（4）出口条件：AL = 键盘应答码，CX = 0 出错。

（5）受影响的寄存器：AL，CX，F。

```
SNDCMD   PROC     NEAR
         PUSH     BX
         PUSH     AX              ；保存命令码
         XOR      CX,CX
SNDCMD1:IN        AL,64H          ；读状态寄存器
         TEST     AL,02H          ；数据输出寄存器空？
         JZ       SNDCMD2         ；空，则转 SNDCMD2
         LOOP     SNDCMD1         ；满，等待
         POP      AX
         JMP      SNDCMD7         ；键盘忙，退出
SNDCMD2:POP       AX              ；取出命令码
         CLI                      ；关闭中断
         OUT      60H,AL          ；输出命令码
         XOR      CX,CX
SNDCMD3:IN        AL,64H          ；读状态寄存器
         TEST     AL,02H          ；数据输出寄存器空？
```

```
        JZ      SNDCMD4     ；空，则转 SNDCMD4
        LOOP    SNDCMD3     ；满，等待
        JMP     SNDCMD7     ；未接受命令
SNDCMD4:XOR     CX,CX
SNDCMD5:IN      AL,64H      ；读状态寄存器
        TEST    AL,01H      ；有应答吗？
        JNZ     SNDCMD6     ；有，则转 SNDCMD6
        LOOP    SNDCMD5     ；无，等待
        JMP     SNDCMD7
SNDCMD6:IN      AL,60H      ；读应答码
        MOV     CX,-1       ；置正常标志
SNDCMD7:POP     BX
        STI
        RET                 ；返回
SNDCMD  ENDP
```

利用上面的子程序，可以将键盘命令发送给键盘。使用时，只要将命令码放入 AL 寄存器，调用该子程序即可。如果要发送的命令后跟参数，那么需要两次调用，第一次调用发送命令码，第二次调用发送命令参数。

12.2 通用鼠标接口

除键盘外，微型计算机常用的输入设备还有鼠标。鼠标使用户对计算机的操作变得简单、容易。鼠标按接口分类有 USB 接口鼠标，总线式鼠标和 PS/2 型鼠标等。

USB 接口鼠标是目前最常见的鼠标，具体的标准见 5.4 节。

总线式鼠标出现得比较早，但现在已不太常见。它本身比较简单，不带微处理器，但需要一块专用的接口板配合使用。这块接口板直接插在 PC 的总线扩展槽，用一个 9 针插头与鼠标连接。这种鼠标有多种工作方式，不同厂家的产品可能差别相当大。这种鼠标的优点是其反应速度比其他鼠标器快，但它要占用 PC 的一个扩展槽。

PS/2 接口是随 IBM 的 PS/2 PC 一起推出的，PS/2 为鼠标提供专用接口。部分 80486 微型计算机主板和几乎所有的 Pentium 微型计算机主板上提供有专用鼠标接口，通过一个六芯插座与鼠标相连接。六芯插座的布局（主机箱后视图）如图 12-9 所示，各引脚的定义见表 12-4。

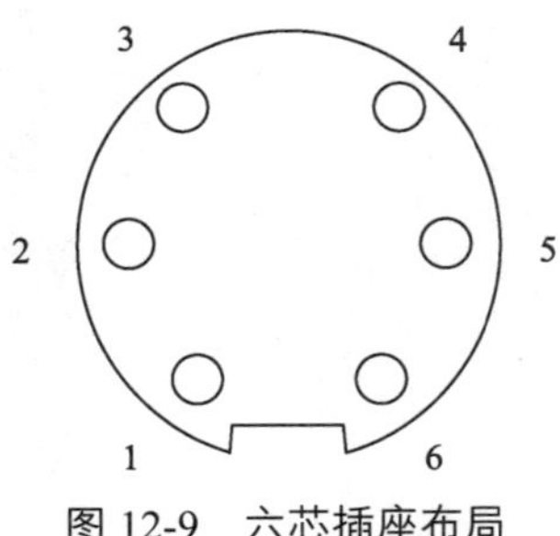

图 12-9 六芯插座布局

表 12-4 六芯插座引脚意义

引脚	信号名称	含义
1	CLK	时钟
2	GND	地
3	DATA	数据
4	NC	未用
5	+5V	电源
6	NC	未用

当有鼠标事件发生时，通过 IRQ12（第二片 8259A 的 IRQ4）向 CPU 发出中断请求信号。

1．安装鼠标驱动程序

绝大多数传统微型计算机的 BIOS 都没有鼠标的驱动程序，因此在使用鼠标之前，必须先安装它的设备驱动程序。

对 Microsoft 鼠标，一定要将以下源代码放在 CONFIG.SYS 文件中。

device=mouse.sys

为安装 IBM 鼠标驱动程序，执行程序 MOUSE.COM。对这种情况，将以下源代码放入 AUTOEXEC.BAT 文件中。

mouse

也有一些鼠标驱动程序能够自动识别是 Microsoft 鼠标还是 IBM 鼠标。

2．鼠标中断

鼠标驱动程序安装就绪后，用户就可通过鼠标驱动程序（INT 33H）来处理鼠标的操作。INT 33H 提供许多子功能，可用来实现对鼠标的预置、显示或消隐光标、取得及设置鼠标在屏幕上的位置、取得按钮状态、设置最大、最小水平和垂直位置、设置图形及字符的光标形状等功能。在调用时，将子功能号放入 AX 寄存器中。

（1）子功能 0：鼠标安装标志。

子功能 0 预置鼠标，它将光标放在屏幕中心，并关掉光标，在 BX 中返回按钮号，AX 中返回鼠标安装与否的标志：0 表示未安装，FFFF 表示已安装。

例如以下代码。

```
        MOV   AX,0
        INT   33H
        AND   AX,AX
        JNZ   INSTALL
        …                    ;未安装鼠标
        …
INSTALL: …                   ;安装时的处理
        …
```

（2）子功能 1：显示光标。

（3）子功能 2：从屏幕上隐去光标。

（4）子功能 3：读按钮状态和光标位置。

子功能 3 用来取得光标在屏幕上的位置及鼠标按钮的当前状态。

入口参数：AX=03H。

出口参数：BX 为按钮状态。其中，第 0 位为 0 表示左按钮释放；第 0 位为 1 表示左按钮按下；第 1 位为 1 表示右按钮释放；第 1 位为 1 表示右按钮按下。CX 表示光标的水平位置。DX 表示光标的垂直位置。

（5）子功能 4：设置光标位置。

入口参数：AX=04H。CX 为水平位置，DX 为垂直位置。

出口参数：无。

例如将光标定位于(40,50)处的代码如下。

```
MOV   AX,04H
MOV   CX，50
MOV   DX，40
INT   33H
```

…
…

以下代码可完成下列功能：测试鼠标是否安装，若未安装，则显示信息 MOUSE NOT INSTALLED，并退出程序；否则显示信息 TEST BEGIN。然后检测是否有鼠标事件发生，若有，则显示相应的信息：若移动鼠标，则显示 MOUSE MOVED；若按下鼠标左键，则显示 LEFT BUTTON ENTERED，并检测按下左键的次数，若按下次数为偶数，则显示光标，否则不显示光标；若按下了鼠标右键，则显示 RIGHT BUTTON ENTERED. TEST OVER，并结束程序。详细代码如下。

```
DSEG    SEGMENT
MES0    DB      'TEST BEGIN',0DH,0AH,'$'
MES1    DB      'MOUSE MOVED',0DH,0AH,'$'
MES2    DB      'LEFT BUTTON ENTERED',0DH,0AH,'$'
MES3    DB      'RIGHT BUTTON ENTERED. TEST OVER',0DH,0AH,'$'
MES4    DB      'MOUSE NOT INSTALLED',0DH,0AH,'$'
COUNT   DB      0
DSEG    ENDS
CSEG    SEGMENT
        ASSUME  CS:CSEG,DS:DSEG
START:  MOV     AX,DSEG
        MOV     DS,AX
        MOV     AX,0            ;检测鼠标是否安装
        INT     33H
        AND     AX,AX
        JNZ     B0              ；安装则转到 B0
        LEA     DX,MES4         ；未安装，显示相应信息
        MOV     AH,9
        INT     21H
        MOV     AH,4CH          ；结束退出
        INT     21H
B0:     MOV     AX,1            ；显示光标
        INT     33H
        LEA     DX,MES0         ；显示信息 TEST BEGIN
        MOV     AH,9
        INT     21H
        MOV     CX,0            ；光标定位在(0,0)
        MOV     DX,0
        MOV     AX,4
        INT     33H
        PUSH    CX
        PUSH    DX
B1:     MOV     AX,3            ；读按钮状态和光标位置
        INT     33H
        POP     DI
        POP     DI
```

```
        PUSH    CX
        PUSH    DX
        CMP     CX,SI
        JNZ     M0
        CMP     DX,DI
        JZ      T0
M0:     LEA     DX,MES1         ；光标移动则显示信息 MOUSE MOVED
        MOV     AH,9
        INT     21H
T0:     TEST    BX,01H
        JNZ     L0              ；左按钮按下
        TEST    BX,02H
        JZ      B1
        LEA     DX,MES3         ；右按钮按下
        MOV     AH,9
        INT     21H
        POP     CX
        POP     DX
        MOV     AH,02H          ；消隐光标
        INT     33H
        MOV     AH,4CH          ；结束退出
        INT     21H
L0:     MOV     AX,3
        INT     33H
        TEST    BX,01H
        JNZ     L0              ；左按钮未释放则等待
LM2:    MOV     AH,9            ；左按钮释放则显示信息 LEFT BUTTON ENTERED
        LEA     DX,MES2
        INT     21H
        INC     COUNT           ；记录左按钮按下的次数
        TEST    COUNT,01H       ；测试左按钮按下的次数是否为偶数
        JZ      V0              ；是则转 V0
        MOV     AX,02H          ；否，不显示光标
        INT     33H
        JMP     B1
V0:     MOV     AX,01H          ；显示光标
        INT     33H
        JMP     B1
CSEG    ENDS
        END     START
```

12.3 小结

本章主要介绍了微型计算机上最常用的输入设备——键盘和鼠标的接口技术。

键盘是常用的输入设备。虽然键盘接口类型随技术进步不断演变，但是PC/AT的键盘接口仍然在现在部分计算机上使用着。即使是现在常用的USB键盘接口，也只是硬件上发生了变化，键盘与主机的通信使用的命令还是一样的。本章主要介绍了PC/AT的键盘接口及其应用程序。

除键盘外，微型计算机常用的输入设备还有鼠标。鼠标使用户对计算机的操作变得简单、容易。本章介绍了总线式接口、PS/2型接口以及一些鼠标基本操作相关的程序。

12.4 思考题

1. 键盘与主机的接口有几种形式。
2. 鼠标与主机的接口有几种形式?

12.5 实验设计

1. 编制读取键盘信息并存入键盘缓冲区的子程序，写出子程序说明文件。
2. 编制从系统键盘缓冲区中取按键信息的子程序，写出子程序说明文件。
3. 编制发送键盘接口命令的子程序，写出子程序的说明文件。

第 13 章 显示器接口

在任何计算机系统中,显示设备是不可缺少的输出设备。一般计算机系统都配置显示器，VGA 接口、DP 接口，HDMI 接口，DVI 接口，Type-C 接口以及雷电接口都可以连接显示器，它们各有特点和优势，可以根据不同需要，适用于不同的应用场景。其中 Type-C 接口已经在第 5 章介绍过，本章对 VGA 接口、DP 接口、HDMI 接口、DVI 接口以及雷电接口进行介绍。

13.1 VGA 接口

视频图形阵列（Video Graphic Array，VGA）是 1987 年由 IBM 提出的一个使用模拟信号的电脑显示标准。VGA 接口即采用 VGA 标准输出数据的专用接口。VGA 接口通常用于电脑显卡、显示器及其他设备之间传送模拟信号。

VGA 接口有多种分辨率标准，如 SVGA（800 × 600）、QVGA（320 × 240）、WVGA（800 × 480）、XVGA（1280 × 960）等。

VGA 接口的 15 个引脚中，3 条基本色彩（红、绿、蓝）引脚以及水平、垂直 2 条控制引脚是其中最重要的。这 5 条引脚可以组成 8 种组合，显示 8 种色彩。

VGA 公头接口和 VGA 母头接口都是梯形的，公头梯形内有 15 个引脚，对应母头上的 15 个孔，如图 13-1 所示，左边的为公头接口，右边的为母头接口。

图 13-1　VGA 接口

VGA 接口具有以下优点。

（1）具有广泛兼容性，几乎所有的计算机和显示器都支持 VGA 接口，即使是较老的设备也可通过其进行连接。

（2）VGA 线缆的价格相对便宜。

（3）安装和设置相对简单，适合普通用户和初学者；支持较长距离传输，最高可达 30 米，适用于大型会议室或演讲厅等场所。

（4）在分辨率较低的情况下，仍能提供良好的图像质量和显示效果。

13.2 DVI

数字视频接口（Digital Visual Interface，DVI）是 1999 年由数字显示工作组（Digital Display Working Group，DDWG）推出的一种接口标准。DVI 以 Silicon Image 公司的 PanalLink 接口技术为基础，基于 TMDS 电子协议作为基本电气连接。最小化传输差分信号（Transition Minimized Differential Signaling，TMDS）是一种差分信号机制，可以将像素数据编码，并通过串行连接传递，应用于 DVI 与 HDMI 的视频传输接口。显卡产生的数字信号由发送器按照 TMDS 协议编码后通过 TMDS 通道发送给接收器，经过解码送给数字显示设备。

DVI 有 DVI-A、DVI-D 和 DVI-I。其中，DVI-A 只兼容模拟信号，现在已停用。DVI-D 只兼容数字信号，接口上只有 3 排 8 列共 24 个引脚，其中右上角的一个引脚为空，不兼容模拟信号，是应用广泛的 DVI 接口。DVI-I 能够兼容数字信号和模拟信号，兼容模拟信号并不意味着模拟信号的接口 D-Sub 接口可以连接在 DVI-I 接口上，而是必须通过一个转换接头才能使用，一般采用这种接口的显卡都会带有相关的转换接头。传统 VGA 模拟信号可通过比 DVI-D 多出来的 4 根线传输。

DVI 在数字信号传输时又分为单通道和双通道两种传输方式。分别对应 18 个引脚和 24 个引脚的 DVI。单通道 DVI 的传输速率只有双通道 DVI 的一半，为 165MHz/s，最大的分辨率和刷新率只能支持到 1920 × 1200，60Hz；双通道 DVI 能支持到 2560 × 1600，60Hz，也可以支持 1920 × 1080，120Hz。总的来说，如果是 1920 × 1200 以内的分辨率，单、双通道 DVI 输出的画质是一样的。

DVI 较于传统的 VGA 接口主要有以下优势。

（1）速度快：DVI 传输的是数字信号，数字图像信息不需经过任何转换，就会直接被传送到显示设备上，因此没有了烦琐的转换过程，大大节省了时间，因此速度更快，能有效消除拖影现象。而且使用 DVI 进行数据传输，信号没有衰减，色彩更纯净，更逼真。

（2）画面清晰：计算机内部传输的是二进制的数字信号，如果使用 VGA 接口连接液晶显示器，就需要先把信号通过显卡中的 D/A（数字/模拟）转换器转变为 R、G、B 三原色信号和行、场同步信号，这些信号通过模拟信号线传输到液晶内部，还需要相应的 A/D（模拟/数字）转换器将模拟信号再一次转变成数字信号，才能在液晶上显示出图像来。在上述的 D/A、A/D 转换和信号传输过程中不可避免会出现信号的损失和受到干扰，导致图像出现失真甚至显示错误，而 DVI 无须进行这些转换，避免了信号的损失，使图像的清晰度和细节表现力都得到了大大提高。

13.3 HDMI

高清多媒体接口（High-Definition Multimedia Interface，HDMI）是 2002 年 HDMI 联盟推出的一种数字化的音视频接口标准，可以传输高清视频和高保真音频信号。HDMI 是现代多媒体设备中最常见的接口标准之一，如电视、显示器、投影仪、游戏机、摄像机等都广泛使用了 HDMI。

HDMI 采用了全数字传输，可以同时传输音频和视频信号，而且不会有信号损失。HDMI 支持多种分辨率，包括 720p、1080i、1080p、4K、8K 等，同时还支持多种音频格式，如立体声、杜比环绕声等。此外，HDMI 还支持双向数据传输和智能设备控制，可以实现设备之间的互联互通。

如图 13-2 所示，根据外观尺寸的不同，HDMI 可以分为 Standard HDMI[图 13-2（a）]、Mini HDMI[图 13-2（b）]、Micro HDMI[图 13-2（c）]3 种。

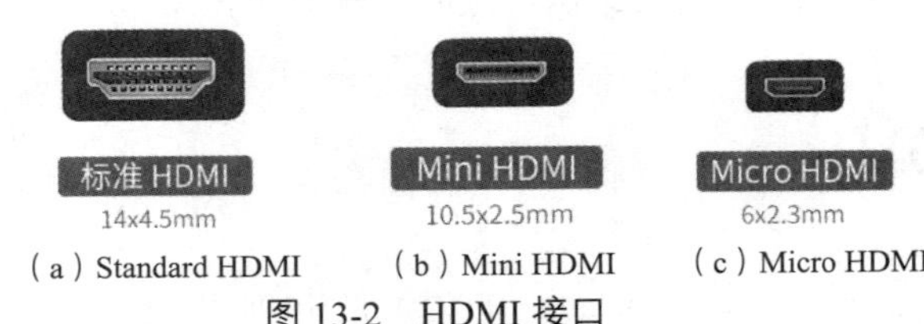

（a）Standard HDMI （b）Mini HDMI （c）Micro HDMI

图 13-2 HDMI 接口

HDMI 连接由一对信号源和接收器组成，有时候一个系统中也可以包含多个 HDMI 输入或输出设备。每个 HDMI 信号输入接口都可以依据标准接收连接器的信息，同样信号输出接口也会携带所有的信号信息。HDMI 数据线和接收器包括 3 个不同的 TMDS 数据通道和 1 个时钟通道，如图 13-3 所示，这些通道支持视频、音频数据和附加信息，视频、音频数据和附加信息通过 3 个通道传送到接收器上，而视频的像素时钟则通过 TMDS 时钟通道传送，接收器接收这个频率参数之后，再还原另外 3 个数据信息通道传递过来的信息。视频和音频信号传输 HDMI 输入的源编码格式包括视频像素数据、控制数据和数据包。其中数据包中包含有音频数据和附加信息，同时 HDMI 为了获得声音数据和控制数据的高可靠性，数据包中还包括一个 BCH 错误纠正码。HDMI 的数据信息的处理可以有多种不同的方式，但每一个 TMDS 通道都包含 2 位的控制数据、8 位的视频数据和 4 位的数据包。

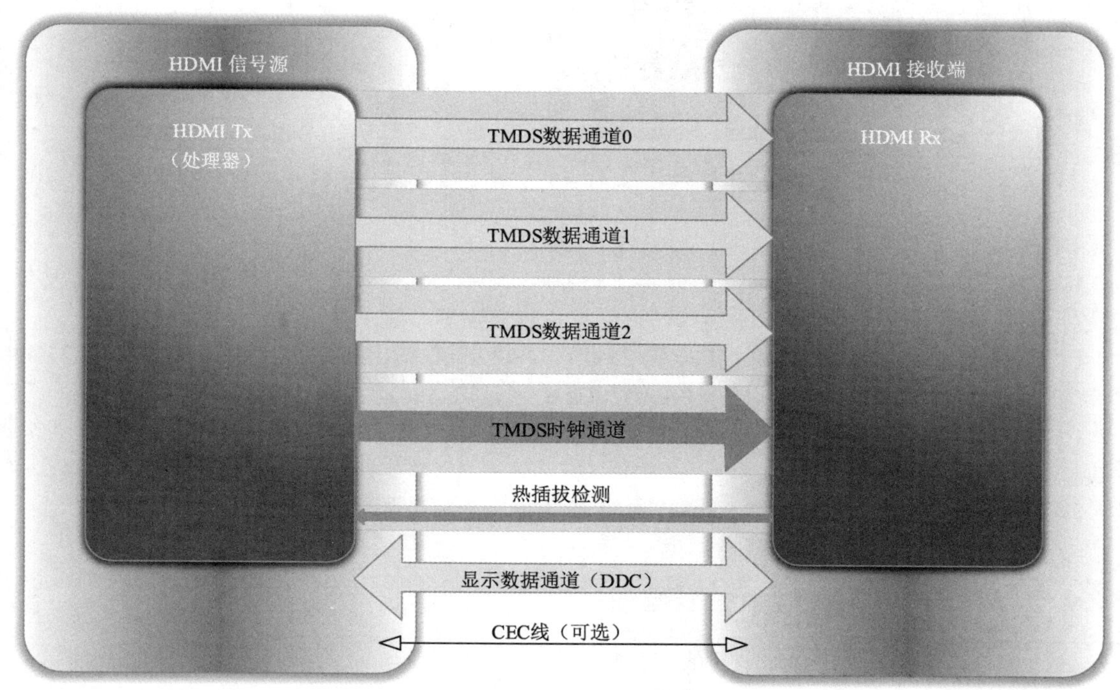

图 13-3　HDMI 的通道

HDMI 有以下优点。

（1）应用广泛：现代电视、显示器、投影仪、游戏机和摄像机等都可以通过 HDMI 连接。

（2）高品质音频和视频传输：支持多通道音频、ARC、eARC、4K@60Hz、4K@120Hz 等多种功能，可以确保图像和声音的质量不受损失。

（3）简化布线：传统连接方式需要通过不同线材分别传输音频、视频，而 HDMI 线只需要一根就可以连接设备，简化了连接过程。

（4）支持数字版权管理：HDMI 支持高带宽数字内容保护（HDCP）技术，HDCP 可以确保通过 HDMI 传输的内容受到保护，适用于传输受版权保护的高清和超高清内容。

13.4 DP 接口

DP 接口介绍

DisplayPort（DP）是 2006 年由视频电子标准协会（VESA）推出的一种数字视频接口标准。DP

接口可以同时传输音频与视频，可以用来连接计算机和显示器，以及支持传输音频、USB 或其他形式的数据。

DP 接口有两种：标准 DP 接口与 Mini DP 接口。其中标准 DP 接口如图 13-4 所示，其设计目标是为了取代传统的 VGA 接口、DVI 和 FPD-Link（LVDS）接口，并且可与 HDMI 和 DVI 等传统接口兼容。Mini DP 接口如图 13-5 所示，由苹果公司于 2008 年 10 月推出，开始是应用在 MacBook（取代先前的 Mini-DVI）、MacBook Air（取代先前的 Micro-DVI）与 MacBook Pro（取代先前的 DVI）中。之后被应用到其他便携式计算机上。

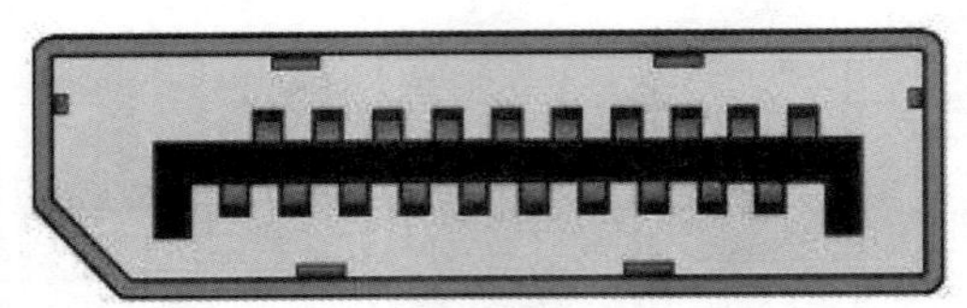

图 13-4　标准 DP 接口

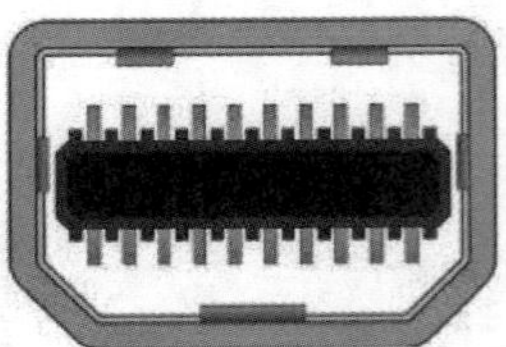

图 13-5　Mini DP 接口

DP 接口有以下优点。

（1）支持多个显示器显示：如果显示器支持 DP 1.2 菊花链，且 DP 接口是 DP 1.2 或更高版本并且支持 MST 多流传输，那么可以使用单个 DP 接口连接到多个显示器。

（2）高带宽和 8K 分辨率：DP 接口支持 2560 × 1600 12bit 的输出。DP 2.0 版本可以达到 77.37Gbps 的带宽，并支持 16K@60Hz 或者两个 8K@120Hz 的视频输出，还支持 HDR-10 等技术。

（3）内容传输更有安全保障：DP 接口采用了 AES 加密技术，提供高达 2048 位的密钥长度，保护视频内容不被非法复制。

（4）DP 接口在清晰度、色彩还原和传输速率方面有着显著的优势。

13.5 雷电接口

雷电（Thunderbolt）接口是英特尔公司推出的一款高速传输技术产品，目前应用较多的是第四代，即雷电 4 接口。雷电 4 接口在维持与前代雷电 3 接口相同的 40Gbps 传输带宽的基础上，进一步提升了接口的功能性和实用性。雷电 4 接口和 Type-C 接口在物理形态上是相同的，但是功能不完全相同。

雷电 4 接口有以下优势。

（1）不但能支持数据传输，还能作为视频输出接口使用，并支持最高 100W 的 PD 快速充电。

（2）具备出色的兼容性，能够连接多种设备，如高速固态硬盘、外接独立显卡等，为用户提供极大的便利。

（3）结构设计巧妙，其独立双口设计。相较于雷电 3 接口多为两个接口共用一个通道的设计，雷电 4 接口的独立双口设计，能够更好地避免信号损失，保证了传输的稳定性。且雷电 4 接口的线缆长度也得到了提升，可增至 2 米，使得连接更为灵活。

13.6 小结

一般计算机系统都配置显示器，VGA 接口、DVI、HDMI、DP 接口以及雷电接口都可以连接显示器，本章对这些接口逐一进行了介绍。

13.7 思考题

1. 解释下列名词

（1）VGA　（2）DVI　（3）HDMI

2. 试述雷电接口的优势。

第 14 章 打印机接口

主机与打印机之间既可以采用并行方式传输数据，也可以采用串行方式传输数据。在前一种情况下主机要使用并行接口与打印机相连，后一种情况则采用串行接口与打印机相连。串行接口打印机使用 USB 接口或 RS232C 接口进行连接，USB 接口和 RS-232-C 接口在第 5 章中已经介绍过了，因此本章仅介绍并行打印机接口。

14.1 Centronics 标准打印机接口

长期以来，并行打印机接口所使用的标准是由美国 Centronics 公司制定的，几乎所有的打印机都带有符合该标准的接口。Centronics 标准定义了一个 36 条引线的连接器，其中包括 8 条数据线、4 条控制信号线和 5 条状态信号线等。信号电平是 TTL 电平，电缆最大长度为 2m。表 14-1 给出的是 Centronics 标准打印机接口的信号。

表 14-1　Centronics 标准打印机接口的信号

引脚号	信号名称	方向（对打印机）	信号说明
1	STROBE#	输入	选通脉冲，低电平时读入数据
2	DATA1	输入	数据最低位
3	DATA2	输入	
4	DATA3	输入	
5	DATA4	输入	
6	DATA5	输入	
7	DATA6	输入	
8	DATA7	输入	
9	DATA8	输入	数据最高位
10	ACKNLG#	输出	低电平表示打印机准备接收数据
11	BUSY	输出	高电平表示打印机不能接收数据
12	PE	输出	高电平表示打印机缺纸
13	SLCT	输出	高电平表示打印机能工作
14	AUTOFEEDXT#	输入	低电平时打印机打印一行后自动走纸
15	未用		
16	逻辑地		
17	机壳地		
18	未用		
19～30	地		

续表

引脚号	信号名称	方向（对打印机）	信号说明
31	INIT#	输入	低电平时打印机复位
32	ERROR#	输出	低电平表示打印机出错
33	地		
34	未用		
35			通过 4.7kΩ 电阻接+5V
36	SLCTIN#	输入	低电平时打印机才能接收数据

以下对 Centronics 标准打印机接口的信号作简要的介绍。

（1）STOBE#：使打印机接收数据的选通脉冲信号。为使打印机能可靠地接收到数据，该脉冲的宽度应大于 0.5μs。

（2）DATA1～DATA8：由主机送往打印机的 8 位并行数据。

（3）ACKNLG#：打印机在收到主机送给它的数据之后，给出的一个应答信号。该脉冲信号的宽度大约为 5μs。

（4）BUSY：由打印机送给主机的状态信号，表示打印机“忙”。打印机处于“忙”状态时不能接收来自主机的数据。下列情况能使打印机处于“忙”状态。①正在读入数据；②正进行打印操作；③打印机处于脱机状态；④打印机出错。

（5）PE：这是打印机在检测到“打印纸用完”后，向主机发出的“缺纸”信号。

（6）SLCT：打印机送给主机的信号。该信号有效表示打印机处于与主机联机的状态。有的打印机的控制面板上有一个“联机（ON LINE）”按钮，操作人员可操作该按钮，打印机处于“联机”状态时，按一下“联机”可使打印机改变成“脱机”状态；打印机处于“脱机”状态时，按一下“联机”可使打印机改变成“联机”状态。

（7）AUTOFEEDXT#：主机发送给打印机的一个控制信号。当该信号有效时，打印机每当接收到一个“回车”命令，将自动“换行”。

（8）INIT#：这是主机发送给打印机的复位信号。当该信号有效时，将打印机复位成初始状态，并将打印机缓冲区的内容清除。该信号是一个低电平脉冲，要求其宽度应大于 50μs。

（9）ERROR#：这是打印机发送给主机的一个表示打印机出错的信号。打印机出错包括下列 3 种情况：“缺纸”，“脱机”和“故障”。

（10）SLCTIN：主机发送给打印机的一个控制信号。仅当该信号有效时，才能将数据送入打印机，这实际上是主机是否允许打印机工作的一个控制信号。

在打印机处于正常状态（不忙）时，主机可将数据送入到打印机，其工作时序见图 14-1。

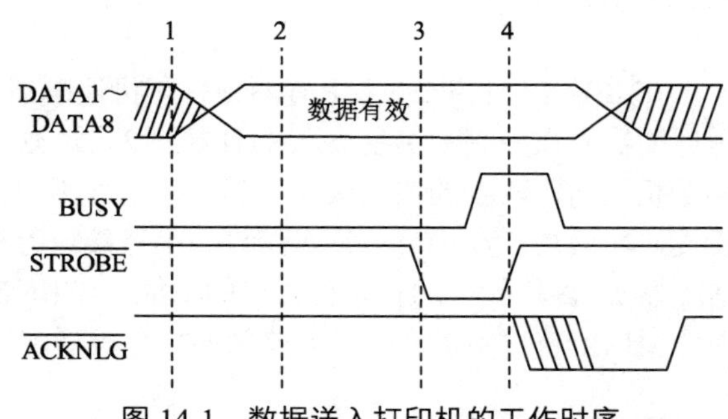

图 14-1 数据送入打印机的工作时序

14.2 标准并行外设接口 IEEE1284

自从 1981 年 IBM 推出 PC 以来，PC 系列微型计算机上所配接的唯一并行接口就是符合

Centronics 标准的打印机接口。随着技术的进步，各种外部设备大量普及，例如：扫描仪、打印机共享器、便携式硬盘驱动器、便携式光盘驱动器等，连接这些外部设备的最方便的接口应该是并行接口。尽管 PC 系列微型计算机上的并行打印机接口可以实现双向并行通信，但其性能较差，其最高数据传输速率不超过 150KB/s，且与软件有关，连接距离一般也限制在 2m 之内。为此，IEEE 成立了一个 1284 委员会来开发新的并行接口标准，该标准于 1994 年正式公布，定名为 IEEE 1284 标准，全称为“用于个人计算机的一个双向并行外部设备接口的标准信令方法（Standard Signaling Method for a Bidirectional Parallel Peripheral Interface for Personal Computer）”。该标准发布之后推出的大部分 80486 微型计算机及几乎所有的 Pentium 微型计算机上的并行接口都符合该标准。

IEEE 1284 标准并行外设接口与原来微型计算机上的并行打印机接口向下兼容，但支持更高的数据传输速率和更远的传输距离。IEEE 1284 标准定义了以下 5 种数据传输方式。

IEEE 1284 标准

（1）兼容方式：即与 Centronics 标准兼容的方式，也称为标准方式。采用数据线完成 8 位数据的并行正向传输（从主机到外部设备）。

（2）尼伯方式：利用状态线完成一次一个尼伯（Nibble），即 4 位的反向数据传输（从外部设备到主机）。

（3）字节方式：利用数据线完成一次 8 位的反向数据传输（从外部设备到主机）。

（4）EPP 方式：即增强的并行接口（Enhanced Parallel Port）方式，该方式支持高速半双工数据传输，主要用于连接非打印机设备，如 CD 拟 ROM 驱动器、磁带驱动器、硬盘驱动器和网络适配器等，且允许在一个接口上以串联的方式连接多个外部设备。

（5）ECP 方式：即扩充能力接口（Extended Capability Port）方式，该方式也支持高速半双工数据传输，但主要用于连接新一代打印机（如激光打印机）和扫描仪等外部设备。

前三种方式使用软件来完成数据的传输，例如，用软件输出数据，然后检查握手信号线（如 BUSY）的状态，再发出适当的控制信号（如 STROBE），然后再进行下一字节（或尼伯）的数据传输。后两种方式使用硬件完成数据传输，如在 EPP 方式，CPU 只需执行一条简单的 OUT 指令就可以完成将一个字节的传输，传输所需要的各种控制信号全部由硬件产生。

14.3 IBM PC 系列机的并行打印机接口

在 IBM PC 和 PC/XT 上有两种打印机适配器，一种是独立的打印机适配器，另一种是与单色显示适配器做在一起的单色显示/打印机适配器。这两种适配器的打印机接口电路以及与打印机的连线都是相同的，两者的差别仅在于其 I/O 地址不同。在 PC/AT 和 80386、80486 微型计算机上，打印机接口一般与软盘接口、硬盘接口、串行接口等做在一块接口板上，一般称为多功能卡（或多功能适配器）。多功能卡的打印机接口的功能、结构和编程都与 IBM PC 机上单独的打印机适配器一样。因此，以下将以 IBM PC 机上单独的打印机适配器为例进行介绍。

14.3.1 打印机适配器结构

图 14-2 是 IBM PC 的打印机适配器的原理图。这是一个典型的并行 I/O 接口电路，PC 通过一个 25 针 D 型插座和电缆线与 36 针的打印机适配器相连。从图中可以看出，打印机适配器的译码器根据 CPU 送来的地址信号、IOW 信号和 IOR 信号进行译码，形成 5 个译码信号（WPA，WPB，RPA，RPB，RPC），用于控制对适配器所属各端口的访问。LPT1 和 LPT2 的基地址是 0378H 和 0278，这可以通过译码电路中的异或门和一个开关进行选择。

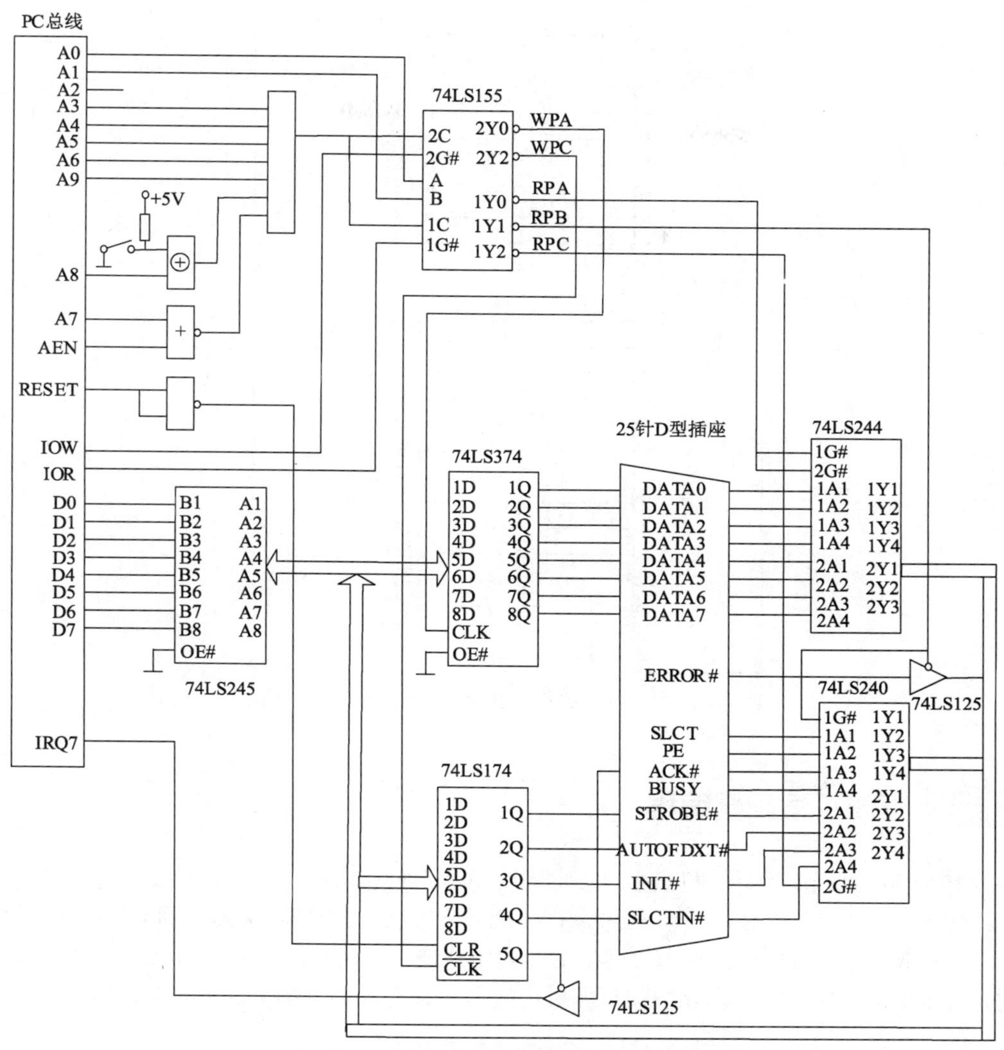

图 14-2 IBM PC 的打印机适配器原理图

数据锁存器 74LS374 用来暂存 CPU 送出的打印数据，它一方面将数据通过 D 型插头送往打印机，同时又将数据送入总线缓冲器 74LS244，以便 CPU 必要时读取、进行故障诊断和系统自检。74LS174 用作控制锁存器，用来锁存控制字，它根据控制字的内容产生相应的信号并进行驱动，这些信号送到打印机控制其操作，同时通过 74LS240 的一部分和 74LS125 送回到数据总线，供 CPU 读取，目的也是为了诊断。74LS240 的另一部分与打印机的状态信号线相连，通过它将打印机的状态送到数据总线，供 CPU 读取。

PC 检测到 BUSY 信号无效时调用 BIOS 打印机服务子程序传送一个打印行，每次传送一个字节，然后等待 ACK#信号的触发，ACK#表示打印机准备好接收下一个字符，CPU 可以采用查询的方式，也可以采用中断的方式，通过 74LS174 的 5Q 引脚进行控制。

图 14-3 是 IBM PC 的打印机适配器与打印机的连接图。在 IBM PC 中，打印机适配器的输出插座是一个 25 针的 D 型插座，它是将标准 Centronics 打印机接口的未用引线和部分地线去掉而成的，在与具有标准 Centronics 接口的打印机相连时通过连接电缆转换成标准 Centronics 接口。

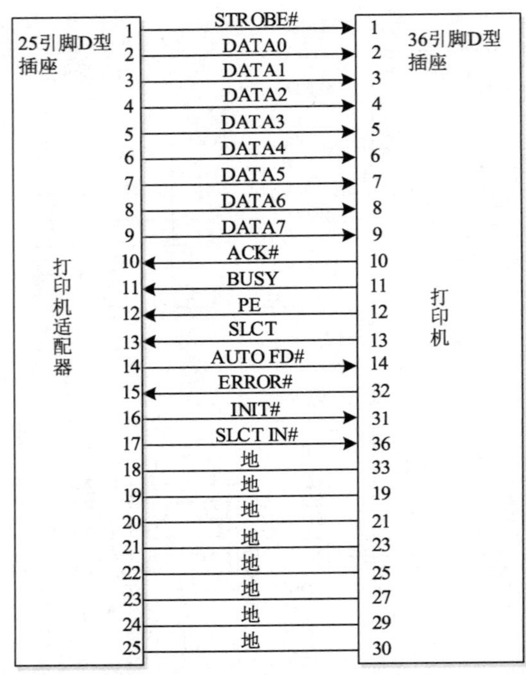

图 14-3　IBM PC 的打印机适配器与打印机的连接

14.3.2 打印机适配器编程

一台 IBM PC 系列微型计算机最多可以同时支持 3 台打印机工作，也就是说允许同时配备 3 个打印机适配器，但其中一个必须是单色显示/打印机适配器。3 台打印机适配器的 I/O 地址见表 14-2。IBM PC 系列微型计算机所配的打印机适配器的起始地址可以在其内存的 0040H:0008H～000DH 单元找到，每个地址占两个字节。相应的打印机适配器没有安装时，对应单元的内容为 0。

表 14-2　打印机适配器的 I/O 地址

寄存器名称	单色显示器/打印机适配器	打印机并行口 1	打印机并行口 2
数据寄存器	3BCH	378H	278H
状态寄存器	3BDH	379H	279H
控制寄存器	3BEH	37AH	27AH

（1）数据寄存器（8 位）

用于保存 CPU 输出的打印数据。

（2）控制寄存器（8 位）

用于选择打印机接口的工作方式和输出控制，其位模式如图 14-4 所示。

① D0 位：选通位。此位初始化后应为 0，CPU 将数据送入数据寄存器后，先将此位置 1，并保持至少 0.5μs，然后再复位为 0，相当于输出一个正脉冲的选通信号，使打印机将数据从数据线读走。

② D1 位：自动换行位。当该位为 1 时，使打印机在接到回车命令后，自动走纸。

③ D2 位：初始化打印机位。使此位短暂（50μs 左右）为 0，可使打印机初始化。

④ D3 位：联机控制位。只有该位为 1 时，打印机才与打印机适配器接通，在这种状态下，打

印机适配器才能与打印机交换数据。

D4 位：中断控制位。以中断方式打印时将该位置 1 。

（3）状态寄存器（8 位）

用于保存打印机的当前状态，其位模式如图 14-5 所示。CPU 可以通过测试该寄存器了解打印机的工作状态。一般在将一个数据送给打印机之前都要测试有效状态位，以控制打印机能正常打印。

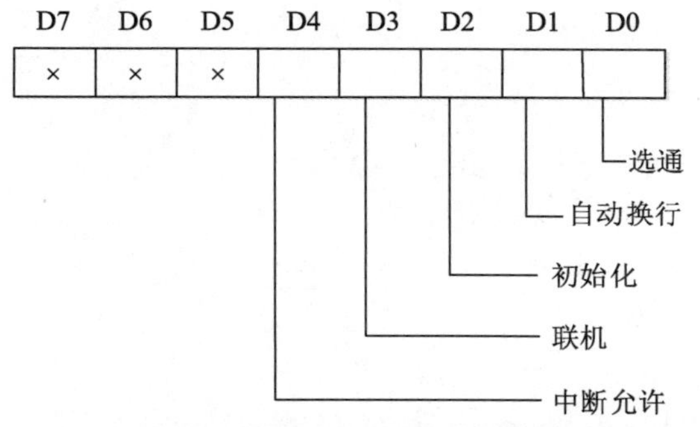

图 14-4　打印机适配器的控制寄存器的位模式

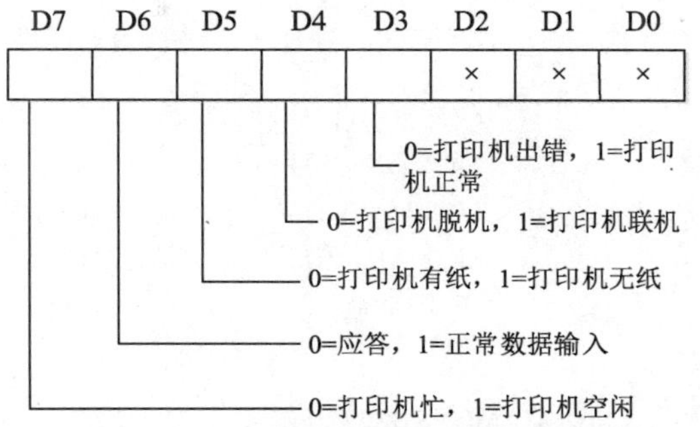

图 14-5　打印机适配器的状态寄存器的位模式

下面给出的是一个打印一个字符的子程序。

（1）子程序名：PRINT。

（2）子程序功能：打印一个字符。

（3）入口条件：打印字符在 AL 中。

（4）出口条件：无。

子程序清单如下。

```
PRINT PROC
        PUSH    AX
        MOV     DX,379H         ;打印机状态寄存器地址
BUSY: IN        AL,DX           ;读打印机状态寄存器
        TEST    AL,80H          ;测试打印机忙否?
        JZ      BUSY            ;忙则等待
        POP     AX              ;恢复打印数据
        DEC     DX              ;打印机数据寄存器地址
        OUT     DX,AL           ;输出数据
        ADD     DX,2            ;打印机控制寄存器地址
        MOV     AL,1DH          ;发选通信号
        OUT     DX,AL
        AND     AL,1EH
        OUT     DX,AL
        RET
PRINT ENDP
```

可以通过调用上面的子程序编写出打印任意数据的程序。下面给出的就是利用上面的子程序将内存 CHR 开始且以$符结束的一串字符打印出来的程序，在打印时，如果发现打印机工作不正常，还能显示打印机出错的信息。程序清单如下。

```
SSEG    SEGMENT STACK
STK     DB 80H DUP(0)
SSEG    ENDS
```

```
DSEG    SEGMENT
        CHR DB Printer test progam!,0DH,0AH,$
        ERR DB Printer error!$
DSEG    ENDS
CSEG    SEGMENT
        ASSUME CS:CSEG,DS:DSEG,SS:SSEG
        PRNSTR: MOV AX,DSEG
         MOV DS,AX
         MOV DX,37AH          ;初始化打印机
         MOV AL,08H
         OUT DX,AL
         MOV CX，500
         LOOP $               ;等待一段时间
         MOV AL,0CH           ;设置控制字
         OUT DX,AL
         LEA SI,CHR
         CLD
 NEXT:  MOV DX,379H
         IN AL,DX
         TEST AL,08H          ;测试打印机是否正常
         JZ ERROR             ;不正常转出错处理
         LODSB                ;取出打印字符
         CMP AL,$             ;是结束符?
         JE DONE              ;是结束
         CALL PRINT           ;将打印字符送打印机
         JMP NEXT
DONE:    MOV AX,4C00H         ;结束,正常退出
         INT 21H
ERROR:   LEA DX,ERR           ;显示出错信息
         MOV AH,09H
         INT 21H
         MOV AX,4C01H         ;结束,出错退出
         INT 21H
 CSEG    ENDS
         END PRNSTR
```

14.3.3 打印机适配器的其他应用

虽然 IBM PC 系列微型计算机的打印机适配器是专门为连接带有 Centronics 标准接口的打印机而设计的，但是从图 14-2 可以看出，该适配器也可以作为通用的并行输入/输出接口使用。在 MS-DOS 版本 6 下有一个双机通信支持程序就可以利用该打印机接口来连接两台 PC 微型计算机来实现双机磁盘的共享。

1．8 位输出端口

打印机适配器的 8 位数据寄存器可以作为通用的 8 位输出端口来使用，向该寄存器内各位写 1 就能在相应的 25 针 D 型输出插座的第 2～9 引脚上得到 TTL 高电平，写 0 就能得到 TTL 低电平。

2．5 位输入端口

打印机适配器的 8 位状态寄存器中有 5 位（第 3 位～第 7 位）是可用的，这 5 位分别对应 25 针 D 型输出插座的第 15、13、12、10、11 引脚。用一条输入指令，就能在该寄存器中得到相应引脚的状态，但是由于第 11 脚（对应第 7 位）上带有反相器，引脚为低电平时，读入的数据位反倒为 1，这点在使用时应当注意。

3．4 位准双向端口

打印机适配器的 8 位控制寄存器中有 5 位是可用的，这 5 位中只有 4 位（第 0 位～第 3 位）接到了 25 针 D 型输出插座上，分别对应 1、14、16、17 引脚，第 4 位（中断控制位）在内部使用。向该寄存器写数据就能在相应引脚上得到输出状态，但是由于与第 0、1、3 位相连的引脚上带有反相器，在这些位上写 1 时，在相应引脚上得到的是它们反相的状态，即低电平。

另外，实际上这 4 位的输出是 OC 门输出，因此允许“线与”，当使这 4 个引脚输出为高电平，而外接的输入信号为低电平时，可以将该引脚的状态变为低电平；外接输入信号为高电平时，则不发生变化。所以，在这种情况下，读入引脚的状态实际上就反映出了输入信号的状态。但是，由于第 1、14、17 引脚（对应第 0、1、3 位）带有反相器，因此，在读入这些位时正好与其引脚状态相反。

图 14-6 给出了一个应用实例，在该例中，用并行打印机接口将两台 IBM PC 系列微型计算机连接起来，实现双机通信其中左侧为发送方，右侧为接收方。要求发送方将存放在其内存的 CHR 开始、以$结束的一串字符通过打印机接口发送出去，而接收方在收到字符后，在屏幕上显示出来。

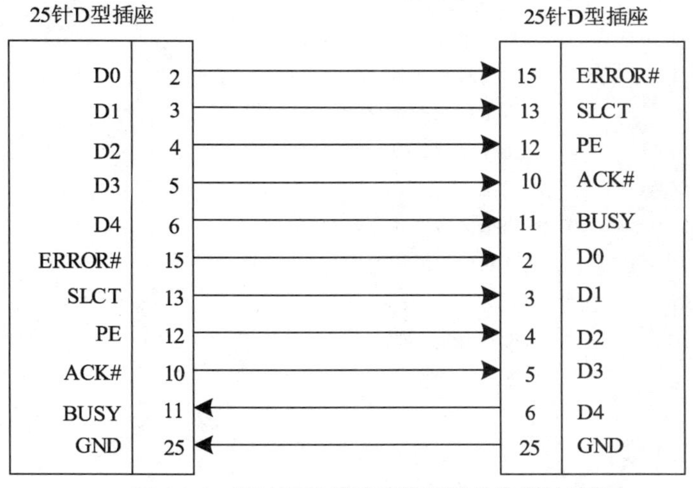

图 14-6　通过打印机接口连接两台微型计算机

用并行打印机接口实现两台计算机双机通信有好几种连法，图 14-6 给出了一种连法。在这种连法中，双方向通信可以是对等的，每次可传送 4 位数据。其中，发送方通过第 2、3、4 和 5 引脚发送数据，通过第 6 引脚发送控制信号，通过第 15 引脚得到对方的回答；接收方则通过第 13、12、10、11 引脚接收数据，通过 15 引脚接收对方的控制，通过第 2 引脚给对方以回答。空闲时，发送方的第 6 引脚为 0（引脚为低电压），当它要发送数据时，随数据一起将第 6 引脚置为 1，表示已将数据输出，然后等待接收方给出一个回答。接收方发现第 11 引脚为高时，知道已读到了对方的数据，就通过将其第 2 引脚置 1 给出回答，然后对收到的数据进行处理，处理完后，再将第 2 引脚清 0，允许发送方发送下一个数据。发送方在发现第 15 引脚为高（读入的相应位为 0）后，将其第 6 引脚清成无效状态（为低电平），然后继续等待，直到发现第 15 引脚变为低之后，再发送下一个数据。

发送程序清单如下。

```
DSEG    SEGMENT
        CHR DB Commnication test program!,0DH,0AH,$
DSEG    ENDS
CSEG    SEGMENT
        ASSUME CS:CSEG,DS:DSEG
;子程序名称:PUT4
;子程序功能:发送一个数据(4 位)
;入口条件:待发送数据在 AL 中
;出口条件:无
;影响的寄存器:DX,F
        PUT4 PROC
        PUSH AX             ;保存待发送数据
        MOV DX,378H         ;数据寄存器地址
        AND AL,0FH          ;选使第 6 引脚为 0
        OUT DX,AL
        OR AL,10H           ;再使第 6 引脚为 1
        OUT DX,AL           ;将数据发送出去
        INC DX              ;指向数据状态寄存器
WAIT1:  IN AL,DX            ;读对给出的回答
        TEST AL,08H         ;有回答?
        JZ WAIT1            ;没有,继续等待
        DEC DX              ;再指向数据寄存器
        XOR AL,AL           ;将控制位清 0
        OUT DX,AL           ;输出
        INC DX              ;再指向数据状态寄存器
WAIT2:  IN AL,DX            ;读对给出的回答
        TEST AL,08H         ;对方处理完?
        JNZ WAIT2           ;没有,继续等待
        POP AX              ;恢复原数据
        RET
        PUT4 ENDP
;子程序名:PUT8
;子程序功能:发送一个字节(8 位)
;入口条件:待发送数据在 AL 中
;出口条件:无
;影响的寄存器:DX,F
PUT8    PROC
        PUSH AX             ;保存待发送数据
        MOV AH,AL
        CALL PUT4           ;发送低 4 位
        MOV AL,AH
        MOV CL,4
```

```
         SHR AL,4
         CALL PUT4          ;发送高 4 位
         POP AX             ;恢复原数据
         RET
  PUT8   ENDP
;发送主程序
 SEND:   MOV AX,DSEG
         MOV DS,AX
         MOV SI,OFFSET CHR
         CLD
NEXT:    LODSB              ;取一个字符
         CALL PUT8          ;发送出去
         CMP AL, $          ;是结束符?
         JNE NEXT           ;不是,继续
         MOV AH,4CH         ;结束退出
         INT 21H
  CSEG   ENDS
         END SEND
```

接收程序清单如下。

```
 CSEG    SEGMENT
         ASSUME CS:CSEG
;子程序名称:GET4
;子程序功能:接收一个数据(4 位)
;入口条件:无
;出口条件:收到的数据在 AL 中(高 4 位)
;影响的寄存器:DX,F
         GET4 PROC
         MOV DX,379H        ;状态寄存器地址
WAIT3:   IN AL,DX           ;读输入口
         TEST AL,80H        ;有数据到来?
         JNZ WAIT3          ;没有,等待
         MOV BL,AL          ;暂存入 BL
         IN AL,DX           ;等待数据稳定
         TEST AL,80H
         JNZ WAIT3
         CMP AL,BL
         JNE WAIT3
         DEC DX             ;数据寄存器地址
         MOV AL,01H         ;应答
         OUT DX,AL
         MOV AL,BL          ;恢复得到的数据
         SHL AL,1           ;将数据调整到 AL 高 4 位
         RET
 GET4    ENDP
;子程序名:GET8
;子程序功能:接收一个字节(8 位)
```

```
;入口条件:无
;出口条件:收到的数据在 AL 中
;影响的寄存器:DX,F
GET8    PROC
        CALL GET4          ;接收 4 位数据
        MOV CL,4
        SHR AL,CL          ;从高 4 位调整到低 4 位
        MOV AH,AL          ;暂存入 AH
        MOV DX,378H
        XOR AL,AL          ;清除应答,允许发送下一个
        OUT DX,AL
        CALL GET4          ;再接收 4 位
        AND AL,0F0H        ;将两次收到的数据组合一个字节
        OR AL,AH
        RET
GET8    ENDP
;接收主程序
RECE:   CALL GET8          ;接收一个字节
        CMP AL,$           ;是结束符?
        JE EXIT            ;是退出
        MOV AH,0EH         ;显示出来
        INT 10H
        MOV DX,378H
        XOR AL,AL          ;清除应答,允许发送下一个
        OUT DX,AL
        JMP RECE
EXIT:   MOV DX,378H
        XOR AL,AL          ;清除应答,允许发送下一个
        OUT DX,AL
        MOV AH,4CH         ;结束退出
        INT 21H
CSEG    ENDS
        END RECE
```

上面给出的是通过打印机接口在两台计算机之间一次传递 4 位数据的程序。读者也可以仿照此例子不难编写出一次传递 8 位数据的程序，当然，两个接口之间的连线也需要修改，这是需要将打印机 4 位准双向口与 5 位输入口合到一起，每次读入 8 位数据和来自对方发送的控制信号。

14.4 新一代打印机连接方式

新一代打印机连接方式主要包括 USB 数据线连接、Wi-Fi 连接以及蓝牙连接。其中 Wi-Fi 连接和蓝牙方式连接都是无线连接打印机的方式，其原理主要是通过内置的无线网卡或蓝牙设备将打印机连接到电脑或是手机、平板电脑上，打印机实现与电脑、手机及平板电脑等设备的无线通信。这些方法提供了灵活的选项，用户可以根据自己的需求和设备配置选择最适合的连接方式。

1．USB 数据线连接

这种方法适用于直接通过 USB 数据线将打印机连接到计算机上。将 USB 数据线的一端插入打印机的 USB 接口，另一端插入计算机的 USB 接口。然后，根据操作系统的提示安装打印机驱动程序，完成后即可使用。

2．Wi-Fi 连接

首先，确保打印机和计算机都连接到同一个 Wi-Fi 网络。在打印机上启用 Wi-Fi 功能，并根据打印机手册设置网络连接。在计算机上，打开控制面板或设置菜单，找到打印机和扫描仪设置，然后添加新打印机并选择无线连接选项，按照提示完成设置。

另外，可以通过将打印机的 USB 数据线插入无线路由器的 USB 接口来实现无线连接。打开打印机和无线路由器的电源，等待无线路由器识别打印机。然后，将计算机连接到无线路由器的无线网络中，在计算机上添加无线打印机，选择添加网络打印机并按照提示操作。

3．蓝牙连接

首先，确保计算机和打印机都支持蓝牙功能，并且已经开启。

然后，在计算机中打开设置，找到“蓝牙”或“无线和网络”选项，并确保蓝牙功能已经开启。

在计算机上，搜索可用的蓝牙设备，并找到打印机。可以在设置中的“蓝牙和其他设备”选项中，点击“添加蓝牙或其他设备”按钮，或者右键点击任务栏上的“蓝牙”图标上，选择添加设备。计算机会显示附近的蓝牙设备的列表，可以根据打印机的名称或型号来识别它。

选择打印机，并按照屏幕上的提示完成配对过程。配对可能需要输入一个配对码，或者确认两个设备上显示的数字是否一致。配对码通常是四位数字，可以在打印机的说明书或屏幕上找到它。配对成功后，计算机会显示已连接的状态，打印机也会有相应的提示。

安装打印机的驱动程序和软件，以便后续使用打印机的所有功能。安装完成后，可以在“设置”中的“打印机和扫描仪选项”中，或者在“控制面板”中的“设备和打印机”选项中，看到蓝牙打印机的图标。

14.5 小结

Centronics 标准的并行打印机接口定义一条 36 线的电缆，包括 8 条数据线，4 条控制线和 5 条状态线。IEEE 1284 标准定义了 5 种数据传输方式。

本书介绍了 IBM PC 系列微型计算机的并行打印机接口编程，并介绍了新一代打印机连接方式包括 USB 数据线连接方式、Wi-Fi 连接方式以及蓝牙方式连接方式。

14.6 思考题

1. 常见的打印机接口有几种？ Centronics 标准并行打印机接口有什么特点？
2. 对 IBM PC 系列微型计算机的打印机接口的数据寄存器进行读操作能得到什么？
3. 将 IBM PC 系列微型计算机的 4 位准双向口用作输入时应注意什么？

14.7 实验设计

1. 编写一个中断驱动的打印机驱动程序。

2. 用 IBM PC 系列微型计算机的打印机接口连接两台 PC 完成单向通信，如何连接？试编写通信程序。

3. 试用 8255A 为 CPU 设计一个打印机接口。

4. 为实验设计第 3 题设计的打印机接口编写驱动程序，要求其入口及出口参数与 IPM PC 系列微型计算机的 INT 17H 一致。